JESÚS M. PANIAGUA

COMIDA

Tecnología y futuro de la producción de alimentos

GUADALMAZÁN

Guadalmazán • Colección Divulgación científica
Director editorial: Antonio Cuesta
Edición: Ana Cabello

www.editorialguadalmazan.com
pedidos@almuzaralibros.com - info@almuzaralibros.com

Talenbook, s.l.
C/ Cervantes, 26 • 28014 • Madrid

Imprime: Black Print
ISBN: 978-84-19414-97-7
Depósito Legal: M-19410-2025
Hecho e impreso en España - *Made and printed in Spain*

Índice

Introducción

Podemos saber poco del futuro, pero lo suficiente como para darnos cuenta de que hay mucho que hacer.

Alan Turing

Toda la historia atestigua que la felicidad del hombre, ese pecador hambriento desde que Eva comió manzanas, depende con mucho de la comida.

Lord Byron

Lo importante no es convencer, sino dar pie a la reflexión.

Bernard Werber

Este libro trata de comida. Es lo más importante que necesitamos para vivir, junto con el agua. Antes que la electricidad, antes que internet, antes que un coche, antes que una buena película e incluso una casa habitable. Lo que pasa es que la comida es algo que estamos muy acostumbrados a tener, a que no falte nunca. Vivimos en un mundo superabundante en comida, y por eso no nos fijamos demasiado en el complicado proceso de producirla y ponérnosla al lado de casa. Pero no siempre ha sido así: el hambre ha sido una constante en la historia de la humanidad, y aún lo es hoy en día, aunque para una fracción cada vez más pequeña de nosotros.

En algún momento, hacia el final de este siglo, la población humana alcanzará su pico y empezará a decrecer muy despacio.

Pero para entonces seremos ya más de 10.000 millones de personas, y todas y cada una de ellas tienen que comer, preferiblemente varias veces al día. Está claro que eso va a suponer un esfuerzo adicional, aunque no debemos esperar que todo se desarrolle linealmente. De todos esos millones, cada vez una fracción abrumadoramente mayor va a estar en Asia y África (supondrán el 80 % del total de la gente del mundo), y a la vez su desarrollo seguirá progresando, con lo que vivirán mejor, su salud será mejor, su dieta será mejor y su esperanza de vida más larga. Cuando llegue ese pico, la inmensa mayoría de las personas de clase media vivirán en Asia.

Mientras tanto, y a pesar de nuestros esfuerzos, el mundo irá cambiando. Una parte importante del cambio climático que percibimos desde hace tres décadas será inevitable, y eso significa adaptaciones en muchas cosas, también en la manera de producir alimentos en muchos casos.

El hecho es que, hace solo cincuenta años, en el mundo había 4000 millones de personas, la mitad que hoy en día. Era difícil prever que cincuenta años después seríamos no solo capaces de alimentar a 8000 millones, sino también de que la desnutrición se haya reducido drásticamente y el nivel de vida general haya mejorado. Detrás de esto hay trabajo, organización y esfuerzo de millones de personas. Y tecnología. Es difícil saber cómo serán las cosas dentro de otros cincuenta años, pero las tendencias actuales nos permiten al menos extrapolar algunas líneas.

La tecnología de la comida es algo que no ha dejado de evolucionar. Lo que pasa es que no siempre es muy evidente, no tanto como un teléfono móvil o un ordenador, a pesar de que la comida de hoy encierra en su interior siglos de un desarrollo tecnológico puntero.

Cuando nos encontramos con alguien que es un completo ignorante en la cocina, solemos decir: «Es que no sabe ni freír un huevo». Decimos eso, «freír un huevo», como expresión de la mayor simpleza posible en la elaboración de alimentos. Y sin embargo, si miramos hacia atrás —muy, muy hacia atrás— con perspectiva, veremos que no siempre fue así. La producción y el uso de la comida han evolucionado de una forma que sería inimaginable para un antepasado nuestro, un *Homo sapiens* de hace solo 15.000 años, que a pesar de todo tenía exactamente el mismo cerebro que nosotros. Ya empezaba a disfrutar de un clima más suave al final de la última glaciación, cuando la agricultura aún no existía. Pero para él, freír un huevo habría sido una proeza tecnológica tan inalcanzable como construir un cohete. Freír un huevo implica manejar el fuego, o alguna fuente de calor que proporcione 500 o 600 °C; para entonces esto ya lo conocían hace tiempo, pero no fue tan sencillo llegar ahí. También supone tener una sartén, lo que implica conocer el propio concepto de recipiente; y eso es un invento clave que solo surgió con la agricultura, en forma sobre todo de cerámica, al principio del Neolítico. Además, ese recipiente tiene que ser preferiblemente de acero, lo que implica conocer la metalurgia. Pero no la simple metalurgia golpeada —la de martillar oro o cobre nativo—, sino la mucho más elaborada metalurgia de fusión. El aceite para freír es un vehículo graso que se mantiene a temperatura cercana a ebullición, a unos 160 °C. Eso supone conocer frutos o semillas oleaginosas, y conocer cómo extraer las grasas y purificarlas. Llegamos al huevo en sí, que no tiene tanto mérito, ya que lo consumíamos desde que éramos primates arborícolas. Pero sí lo tiene saber, aunque sea empíricamente, que sus proteínas coaguladas por el calor son mucho más digeribles, se conservan más tiempo y se aprovechan mejor. Que nos permite ser más saludables y tener un cerebro más capaz. Y por último, está la sal. Buena parte de los pueblos antiguos vivían lejos del mar, o incluso de lugares cálidos donde pudiera haber salinas, así que usar sal implica comercio: transportar cargas a largas distancias de forma organizada. Fuego, recipientes, metalurgia, principios de nutrición, comercio… Si sumamos todo esto, y aunque no lo parezca, resulta que un humilde huevo frito resume en su sencillez milenios de civilización.

Y es que el mundo de los alimentos incluye tecnologías tan antiguas como nuestra historia. Cada pequeña cosa que comemos reúne en sí una riqueza de conocimiento. El arte de hacer el pan, el queso o el vino, el arte de cocinar los alimentos, el arte de las salazones o los encurtidos, son tecnologías que ha desarrollado y difundido la humanidad durante milenios, aunque hoy pueda sonar pueril llamarlos así, «tecnologías». Pero lo son.

Estas «artes» evolucionaron a tecnologías avanzadas a través de la ciencia y la ingeniería. La tecnología que hay, hoy en día, detrás de nuestra comida, es tan enorme y tan compleja, tan avanzada y a la vez tan eficiente, que ni siquiera la percibimos. Bioquímica, biotecnología, robótica, maquinaria especializada, bioplaguicidas, drones, agricultura de precisión, una gigantesca industria alimentaria digitalizada y automatizada, logística robotizada con inteligencia artificial, una densa y eficiente cadena de frío… Pero también son tecnologías cosas como la agricultura regenerativa, las técnicas de conservación de la biodiversidad, la fijación de carbono en los suelos. Todo esto forma parte de *la trastienda de la civilización*, todo eso que no vemos pero nos mantiene vivos. Solo vemos el resultado final: comida variada, asequible, siempre suficiente y al alcance de la mano. Podemos estar seguros de que la tecnología de la comida seguirá evolucionando, cada vez con soluciones más sofisticadas, pero con el mismo objetivo de alimentar, de forma saludable, a toda la humanidad. Y en buena parte seguirá siendo invisible.

He hecho un esfuerzo en el libro para no confundir la evolución probable —la que indican las tendencias— con el futuro que nos gustaría que fuera. Eso es algo que pasa mucho en las predicciones sobre cualquier sector. Tampoco pretendo decir aquí cómo deben ser las cosas. En su lugar procuro explicar cómo son realmente, y también las ventajas e inconvenientes de nuestras opciones para producir comida, que nos obligan a tomar decisiones. Casi nunca es todo color de rosa. Y aunque en algunos casos sugiera un futuro deseable, no siempre está claro si llegaremos a él.

Tampoco es imprescindible que lea todo el libro. Si algún capítulo o apartado no le interesa, puede saltarlo tranquilamente y eso no afectará a la comprensión del resto. Y además, como suelo decir, yo no me voy a enterar.

No se trata de saber qué sucederá dentro de un siglo. Me declaro incompetente para aventurar algo tan lejano, aunque por otro lado ya no estaré aquí para que me recriminen mis conjeturas. Más bien se trata de entender la situación actual de la producción de comida y de analizar las tendencias para las próximas décadas, viendo de dónde venimos y cómo está evolucionando todo.

Producir comida para todo ese mundo es un reto. Pero a la humanidad los retos nos desafían. Vamos a intentar ver en este libro por dónde irán las tendencias y cómo vamos a seguir produciendo comida en un mundo que está cambiando.

1.
La tecnología de producir comida

¿DE DÓNDE SALE LA COMIDA?

Hace unos años se hizo popular un estudio británico que intentaba averiguar qué conocen los niños sobre la comida. Se trataba de niños de hasta doce años, es decir, en los últimos cursos de la escuela primaria, y por tanto ya con un cierto conocimiento de su entorno. El estudio dio algunos resultados muy graciosos, aunque por otro lado también podría decirse que eran bastante descorazonadores. Descubrieron que muchos de esos niños pensaban que la pasta y el pan estaban hechos con carne, que el yogur nace en los árboles o que hay plantas que dan queso. Bastantes de ellos no podían ni imaginar que los plátanos salen de un árbol. Tampoco sabían que los tomates o las lechugas nacen en algo tan sucio como… el suelo. Puede sonar duro decirlo, pero hay que pensar que, poco más de un siglo antes, muchos niños iguales que esos ya habrían estado ordeñando vacas o recogiendo patatas en la granja de sus padres —igual que hacen hoy en día en muchos países africanos o asiáticos—.

Pero al fin y al cabo son niños, y su experiencia de la vida es limitada. Tampoco es para ponerse así. Así que mejor veamos lo que piensan personas algo más mayores, digamos entre 16 y 23 años. Hay una encuesta similar que se hizo a este tramo de población y en el mismo país, esta vez de LEAF (Linking Environment and Farming), pero me temo que los resultados tampoco eran muy esperanzadores. Más de dos tercios no sabían que el *bacon* viene de los cerdos, ni tampoco podían asociar un envase de leche con una vaca. ¿Increíble? Pues era así. Y de los Estados Unidos tenemos una encuesta parecida, esta de la Universidad de Michigan y hecha ya entre jóvenes universitarios: aumentan las esperanzas de que sepan cosas. De hecho, un 38 % de ellos afirmaba tener un conocimiento sobre la alimentación por encima de la media. Pues bien, otro 37 % (esperemos que no fuera el mismo) aseguraba que los alimentos que incluyen productos transgénicos tienen genes, y los demás no. Creo que no es necesario decirlo: estoy seguro de que ya sabe perfectamente que cualquier célula de cualquier ser vivo —que es mayormente lo que comemos—, «tiene genes, porque tiene ADN. Incluso los ojos con los que está leyendo esto tienen genes en cada una de sus células.

No cabe duda de que este conocimiento tan pobre se da en todas partes, no solo en los países donde se hizo la encuesta. Aparentemente, la pregunta que abre este apartado es muy tonta, tremendamente tonta: ¿de dónde sale la comida? Para hablar de una simpleza como esa, seguramente no hacía falta escribir un libro. Porque desde luego, todo el mundo sabe de dónde sale la comida... ¿o no?

Un hecho relevante que tiene que ver con este conocimiento es que la población mundial es cada vez más urbana, y esto tiene su influencia. Cada vez una fracción mayor de las personas opta por vivir agrupada en ciudades. En 2008 se produjo un hito que quizá no se ha remarcado lo suficiente, y que, sin embargo, tiene una importancia enorme en nuestra historia: por primera vez en el desarrollo de la humanidad, más del 50 % de los seres humanos estaban viviendo en ciudades. Es decir, que por primera vez la población que vivía en ciudades superaba a la que lo hacía en zonas rurales. Es algo que, obviamente, nunca había pasado antes.

Hoy en día la proporción de personas que viven en áreas urbanas sigue aumentando y alcanza ya un 57 % de la población total. Eso es un promedio para todo el mundo, pero en Europa el porcentaje es bastante mayor que esta media. Por ejemplo, España tiene un 80 % de población urbana, una cifra similar a la de Francia, y un poco superior a la de países como Alemania o Italia. Además, esta es una tendencia que no parece frenarse, sino todo lo contrario. Por si fuera poco, se estima que un 24 % del total vive en «grandes ciudades» de más de un millón de habitantes, que además siguen aumentando en número.

Así que, en resumen, vivimos cada vez más en las ciudades, y a la vez esas ciudades son cada vez más grandes. Vivimos, por lo tanto, cada vez más alejados del campo, de esos lugares que se consideran a la vez idílicos y ásperos, y que es donde en realidad se produce casi toda la comida. Una visita de fin de semana no suele ser suficiente para hacerse una idea cabal de cómo funciona todo eso. No, hay que vivirlo un poco más. La vida en el campo hace que las personas sean conscientes de los ciclos meteorológicos, agrícolas y ganaderos, mientras que la vida en la ciudad tiende a aislar de la naturaleza y del entorno en que se produce la comida.

En las ciudades hay edificios, aceras, coches, tranvías, tiendas, escuelas, jardines, templos, cines, hospitales, bares... Cosas que la mayoría de la gente aprecia para vivir. Pero no hay ningún sitio donde se produzca comida. Hay muchas personas que pasan años sin ni siquiera observar de cerca los lugares de donde se obtiene, si es que lo han hecho alguna vez. Cuando en la ciudad necesitamos comida, nos dirigimos sin mayor preocupación a un lugar donde nunca falta, donde parece generarse ella sola y donde se renueva eternamente, perfectamente ordenada y disponible sin límite: el supermercado.

Aunque algunos niños piensen que las pechugas de pollo nacen en las bandejas del supermercado, y que no tienen ninguna relación con esos simpáticos pollitos amarillos que pían con tanta ternura, obviamente la mayor parte de los adultos sí que tiene una idea, al menos somera, de la procedencia de la comida. Aunque es verdad que la profundidad de esa idea es muy diferente si hablamos de una simple manzana, de algo más elaborado como un queso, o bien de un alimento complejo como unas galletas con chocolate, que pueden tener dieciocho ingredientes y se han fabricado en una industria a partir de otros productos básicos. Aquí las dudas ya empiezan a aflorar en la cabeza.

En todo caso, la producción de comida reposa en una actividad que, en lo esencial, sigue siendo igual desde el Neolítico: toda la comida sale de la tierra. De acuerdo, excepto el pescado. Pero sí, podemos decir que toda la comida surge de nuestro manejo controlado de un proceso que depende, en esencia, de la energía solar: la fotosíntesis. Vegetales que hacemos crecer, y animales que alimentamos con esos vegetales. Peces que en último extremo dependen del fitoplancton (otra vez la fotosíntesis). Agricultura, ganadería y pesca: esta es la clave de nuestra alimentación desde que existe la civilización agrícola hace más de 9000 años, ahora y siempre, en el pasado remoto y en el futuro indescifrable.

Pero a veces surgen dudas sobre la capacidad de todo este sistema para alimentarnos en el futuro: frases del tipo «¡Cómo vamos a dar de comer a ocho mil millones de personas!» se oyen cada vez más. A veces, incluso en la cola del supermercado, mientras nos apoyamos en los carritos llenos de comida envasada.

Desde luego, aunque la esencia es la misma, la tecnología de la producción de comida ha evolucionado tremendamente a lo largo de los siglos. Con el trabajo de un solo agricultor se podía producir algo más de una tonelada de trigo al año en la época romana. Esa cantidad ya había aumentado a cinco toneladas a finales del siglo XIX, con tiros de varios caballos y tractores de vapor. Y ese mismo agricultor —si hubiese sobrevivido dos mil años, claro—, pero ya con un tractor de ocho ruedas, variedades mejoradas, fertilizantes y cosechadoras, sería capaz de producir fácilmente 1000 toneladas al año en el siglo XXI.

Desde luego, mucha más energía se ha ido metiendo en cada hectárea trabajada a lo largo del tiempo. Hay una enorme distancia desde la pareja de bueyes, que desarrolla una potencia de 0,8 kW, hasta el tractor John Deere de 200 kW. Y sobre todo mucho más conocimiento científico y tecnología. Nos asombra a veces cómo han evolucionado otros sectores tecnológicos; por ejemplo, el automóvil, desde el entrañable Ford-T de 1910 hasta el Tesla Model X eléctrico de 2024: «¡Que increíble evolución!». Pero no somos conscientes de la evolución sideral de la ingeniería que hay tras ese modesto grano de trigo mejorado con biotecnología, que permite hoy alimentar a una población ocho veces mayor que la de 1900 y con bastante mayor holgura. No es en absoluto descabellada la frase de José Miguel Mulet[1] al respecto: «Hoy en día hay más tecnología en un tomate que en un iPhone», especialmente si nos damos cuenta de los conocimientos profundos de bioquímica vegetal, de tecnología genética, de maquinaria de cosecha sofisticada y de toda la ingeniería de cultivo controlado que lo sustentan. Una tecnología de la que podemos esperar que evolucione todavía mucho más, aunque desde luego no sabemos cuánto.

Este es, de hecho, el tema central de este libro: ¿cómo vamos a ser capaces de producir tanta comida en el futuro? ¿Cuánto va a evolucionar esa tecnología y cuáles son sus límites? ¿Qué va a cambiar, incluso en nuestra forma de comer?

PRODUCIR COMIDA HOY

Es conveniente, para empezar, tener una idea general de los grandes datos de la agricultura actual, que es la generadora de la comida. Y de sus tendencias, sin necesidad de remontarnos a un pasado demasiado lejano. Poner algunos números en todo esto nos ayudará sin duda. La FAO[2] es una magnífica fuente de información para este tipo de cosas, ya que en ella trabajan miles de especialistas de todo el mundo que no hacen otra cosa que preocuparse de estos temas desde 1945. Así que lo primero y más simple que cabría preguntarse es: ¿cuánta comida produce la humanidad?

---

1 J.M. Mulet: *Comer sin miedo*; Ed. Destino, 2014.
2 FAO (Food and Agriculture Organization) es en español la Organización de las Naciones Unidas para la Alimentación y la Agricultura. Su misión fundacional es colaborar para erradicar el hambre en el mundo, y de ahí el lema en latín que figura en su logotipo: *Fiat panis* («Hágase el pan»).

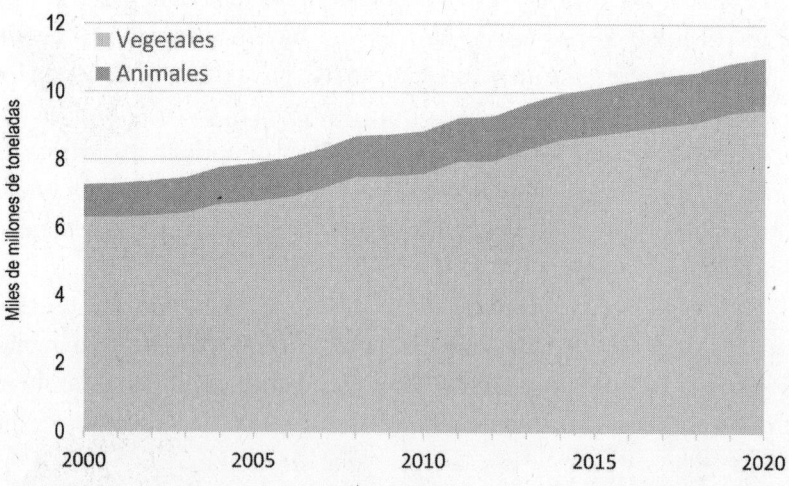

PRODUCCIÓN MUNDIAL DE ALIMENTOS

En 2020, el total de alimentos producidos alcanzó casi 11.000 millones de toneladas. Si dividimos por la población (unos 8000 millones), este número equivale a una producción de 3,7 kilos de alimentos por persona y día. Puede parecer mucho o poco, pero es lo que mantiene vivos a todos los millones de habitantes que somos actualmente. Porque da igual lo desarrolladas o atrasadas que estén nuestras sociedades, todos sus individuos necesitan comer, y sus necesidades son muy parecidas.

Es importante resaltar que esa cantidad de comida que producimos *no deja de aumentar*. Si miramos únicamente a las dos décadas posteriores al año 2000, la producción de alimentos ha crecido un 53 %, que es muchísimo. De hecho, la población no ha aumentado tanto: éramos 6200 millones en el año 2000, y 7800 millones en 2020, lo que supone un crecimiento del 25 %. Hoy superamos ya los 8000 millones. Así que la disponibilidad de alimentos por habitante ha crecido considerablemente solo en este periodo: esos 3,7 kilos por persona eran tan solo 3,1 en el año 2000, luego cada habitante de la tierra dispone hoy de un 20 % más de comida que hace veinte años. Evidentemente, esto es un promedio, pero el hecho es que producimos mucha más comida por persona. Los cultivos —esto es, la agricultura de vegetales, sin incluir producción animal— ha crecido en un ratio similar.

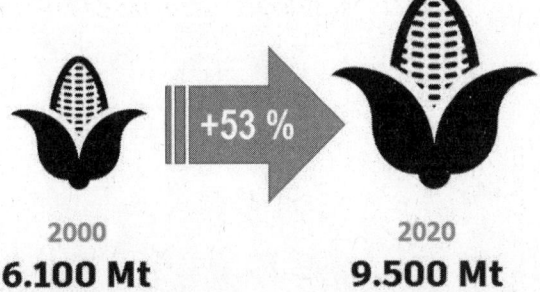

PRODUCCIÓN MUNDIAL DE CULTIVOS PRIMARIOS

2000
6.100 Mt

+53 %

2020
9.500 Mt

PRINCIPALES CULTIVOS PRIMARIOS
EN EL MUNDO
2019

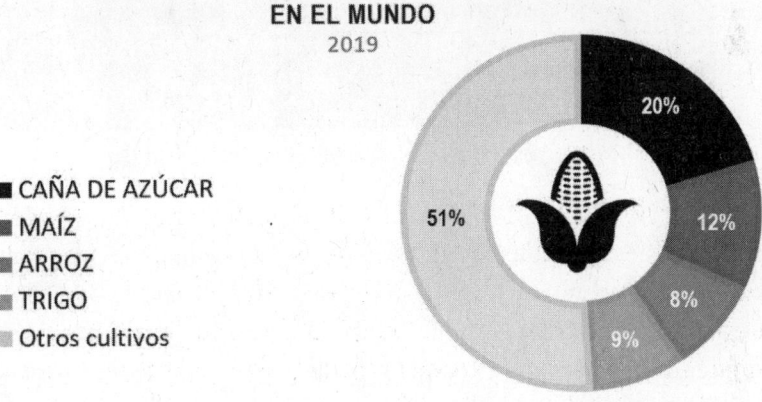

- ■ CAÑA DE AZÚCAR
- ■ MAÍZ
- ■ ARROZ
- ■ TRIGO
- ■ Otros cultivos

51% · 20% · 12% · 8% · 9%

Es también interesante conocer cuáles son los cultivos más abundantes, es decir, qué es lo que más comemos, qué es lo que nos sostiene. Los cereales siguen siendo la base de la alimentación humana, ya que responden por un tercio del total de cultivos. La distribución de la producción de estos cereales continúa reflejando las tradiciones agrícolas a nivel continental: el arroz domina en el sudeste asiático, el maíz en América, el trigo y la cebada en Europa, el sorgo en África. Es curioso observar que solo cuatro cultivos responden por un 50 % de la producción agrícola mundial: tres son cereales (arroz, maíz y trigo) y el cuarto es la caña de azúcar. Nos gusta lo dulce.

En las primeras dos décadas del siglo XXI, todas las categorías de cultivos primarios han aumentado significativamente: cereales, cultivos azucareros, cultivos oleaginosos, frutas, verduras… La capacidad productiva mundial no ha dejado de aumentar.

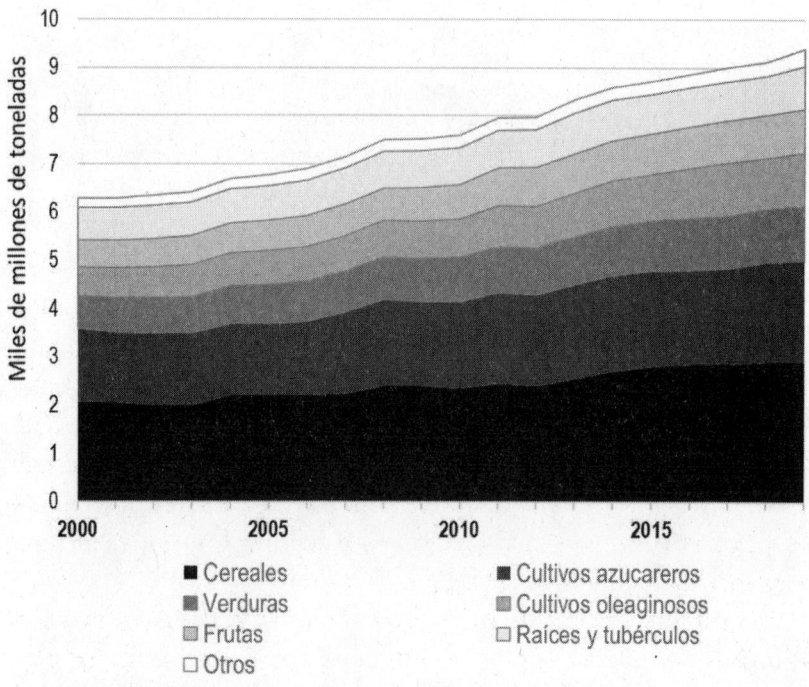

COSECHAS MUNDIALES POR TIPO DE CULTIVO

Miles de millones de toneladas

■ Cereales   ■ Cultivos azucareros
■ Verduras   ▨ Cultivos oleaginosos
▨ Frutas   ▢ Raíces y tubérculos
▢ Otros

De toda la comida que producimos, la inmensa mayoría son plantas: el 86 %. Nuestra alimentación es abrumadoramente vegetal. Aunque hay que tener en cuenta que una parte de estos vegetales se utiliza como pienso para los animales de los que también nos alimentamos. Pero no todo lo que come el ganado procede de cultivos, ya que una parte sustancial viene de los pastos, es decir, de vegetales que crecen libremente y que nosotros no podemos comer. Estos pastizales se consideran «tierras agrícolas», pero no «tierras de cultivo». El matiz es muy importante, ya que los pastos apenas requieren una intervención humana, más allá del propio manejo de la carga ganadera —que aun así influye mucho en las especies vegetales del prado, y en su valor nutritivo—.

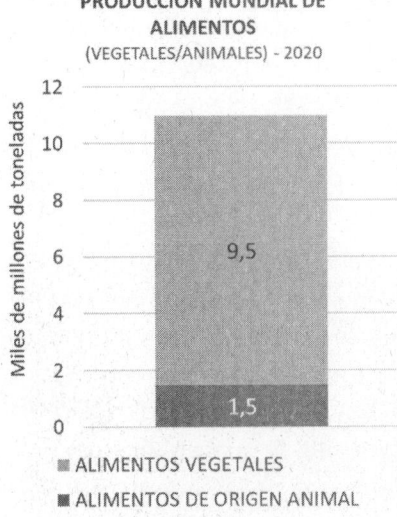

PRODUCCIÓN MUNDIAL DE ALIMENTOS
(VEGETALES/ANIMALES) - 2020

■ ALIMENTOS VEGETALES
■ ALIMENTOS DE ORIGEN ANIMAL

Los alimentos de origen animal, que suponen el 14 % del total, incluyen carne, huevos y leche —que es, con sus derivados lácteos, el producto animal más abundante en la dieta humana—. También los productos de la pesca están incluidos en ese 14 %, con la diferencia de que una parte de ellos son «capturas». Por tanto, son prácticamente lo único que queda en nuestra alimentación de la antiquísima actividad cazadora-recolectora; el resto son animales criados por los humanos. La carne procedente de la caza es completamente residual, incluso en las sociedades menos avanzadas.

No obstante, también entre los peces abundan cada vez más los «animales de granja»: la producción pesquera que proviene de piscifactorías ha ido aumentando hasta superar ya el 50 % del total de los productos del mar. Esto también implica, ciertamente, que el número de especies diferentes que consumimos se reduce: hay menos variedad. Cuando proceden de la pesca, son centenares las distintas especies salvajes que capturamos y son comestibles. Pero para poder explotarlos en piscifactorías debemos domesticarlos previamente, buscando las especies que responden mejor a la cría en cautividad, y que a la vez son productivas y son «palatables» —o sea, que saben bien—. Así que, de momento, hay poco más de dos decenas de especies pesqueras «de granja», ya sea en piscifactorías en tierra o de mar abierto: truchas, salmones, lubinas, doradas, tilapias, rodaballos, anguilas, atún rojo, varias especies de carpas y no mucho más; también criamos algunos crustáceos como los camarones, y moluscos como los pulpos, almejas y mejillones. Ojo, porque en el sector de la acuicultura una proporción creciente se dedica también al cultivo de algas.

Algo similar sucede con los animales terrestres: después de varios milenios de domesticación, de entre las más de trece mil especies de mamíferos y aves que existen no hemos conseguido mucho más de dos decenas que nos sirvan de alimento. De ellas, la más abundante del mundo es el pollo: se estima que en el planeta hay 33.000 millones de pollos, así que en cualquier momento que consideremos hay cuatro pollos vivos por cada ser humano. Y es que la avicultura actual ha conseguido una asombrosa eficiencia en la conversión de cereales —su pienso mayoritario— en carne de pollo, lo que lo convierte en la fuente de proteínas más asequible en buena parte del mundo. Por eso es tan popular, y también porque, además de barato, está bueno —a mí, al menos, me gusta, y creo que a bastantes millones de personas más—. En cuanto al resto, dominan las vacas, ovejas, cabras y cerdos, en infinidad de razas y variedades. También criamos unos pocos insectos desde tiempo inmemorial: abejas y gusanos de seda (estos no para comer, claro). Precisamente, la cría de insectos presenta unas interesantes opciones de futuro de las que hablaremos más adelante.

Pero no es solo la producción agraria lo que crece. También lo hace su valor económico. Igual que la producción, el valor añadido de los productos agrarios tampoco ha dejado de aumentar. Como se ve en la gráfica adjunta, en los últimos 55 años el valor de toda la comida producida en el mundo ha pasado de 0,8 billones de dólares a 3,8 billones, o sea, que se ha multiplicado casi por cinco, y eso en dólares constantes —es decir, descontando la inflación para poder comparar—.

Obviamente la producción ha crecido muchísimo en ese tiempo, pero es que el valor medio por tonelada también ha aumentado: de 0,25 \$/t en 1968 a 0,35 \$/t en 2022. Insisto, en dólares constantes, por tanto comparables uno a uno. En general, dedicarse a la producción de alimentos parece que es cada vez mejor negocio. Es un motivo para alegrarse, sobre todo si usted es productor de comida; si solo es consumidor, quizá no tanto.

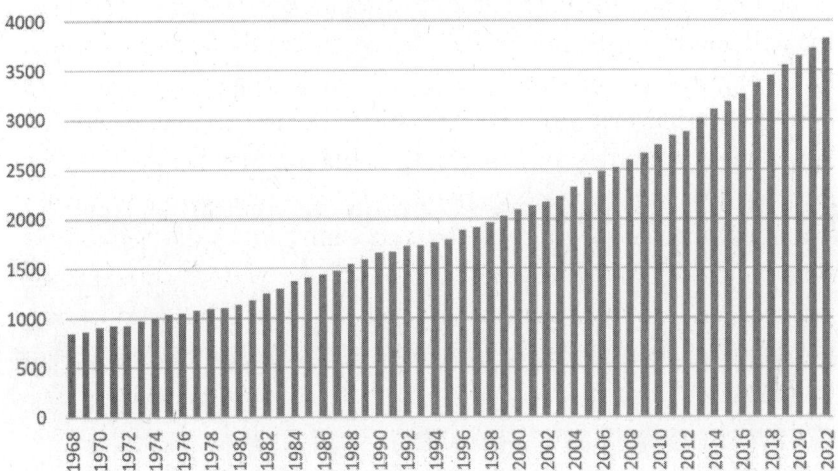

VALOR AÑADIDO DE LA AGRICULTURA MUNDIAL
(en miles de millones de US$, valor de 2015)

No obstante, también toda la economía global ha crecido mucho en ese tiempo. Mucho más, de hecho, así que la aportación de la producción de comida al PIB mundial es cada vez más pequeña. En los años 70 del siglo pasado suponía nada menos que el 34 % del PIB del mundo —un tercio—, pero hoy en día es tan solo un 4 %[3]. Esto no es un problema de la comida, claro: lo que sucede es que el resto de sectores económicos es cada vez más complejo y tiene cada vez más valor: automóviles, energía, ordenadores, telecomunicaciones, servicios de todo tipo... Atención, porque estas cifras hacen referencia exclusivamente a la producción primaria de comida, o sea, la ganadería, la agricultura y la pesca. Si añadimos todos los sectores económicos que tienen que ver con su transporte, conservación, elaboración y distribución, el valor del conjunto se acerca más al 20 % en economías avanzadas. No es un sector nada desdeñable. De hecho, en España, con un potente sector de industria alimentaria, este es el

---

3   El valor del PIB del mundo entero, en 2023, fue de 106 billones de dólares (billones con b: millones de millones). Ese es el total de riqueza que produce el mundo cada año. En 1963 era de 1,7 billones, a precios constantes. Eso significa que la economía mundial ha multiplicado su valor en esos sesenta años por un factor de 62, algo realmente asombroso. Eso explica muchas cosas.

mayor segmento de toda la producción industrial (un 20 % del total de la industria).

Curiosamente, mientras la producción de comida no deja de aumentar de forma impresionante, la superficie cultivada total disminuye. Sí, parece increíble, pero es así. Cada vez necesitamos menos tierra de cultivo para producir cada vez más. Y es que la productividad agraria ha aumentado sin pausa desde mediados del siglo pasado, cuando arrancó el proceso que se conoció por entonces como «la revolución verde».

Veamos por ejemplo lo que ha pasado con los cereales, que son los cultivos más abundantes, para verlo en grandes números. Hoy se cosechan al año algo más de 3000 millones de toneladas de cereales. Desde 1960 esta producción cerealera ha aumentado un 250 % (o sea, se ha multiplicado por 2,5) mientras que la tierra sobre la que se cultiva solo ha aumentado un 14 %. Las gráficas adjuntas son muy expresivas. La producción de cereales crece como una escalera sin descanso, en tanto que la superficie requerida permanece casi constante.

EVOLUCIÓN DE LA PRODUCCIÓN MUNDIAL DE CEREALES

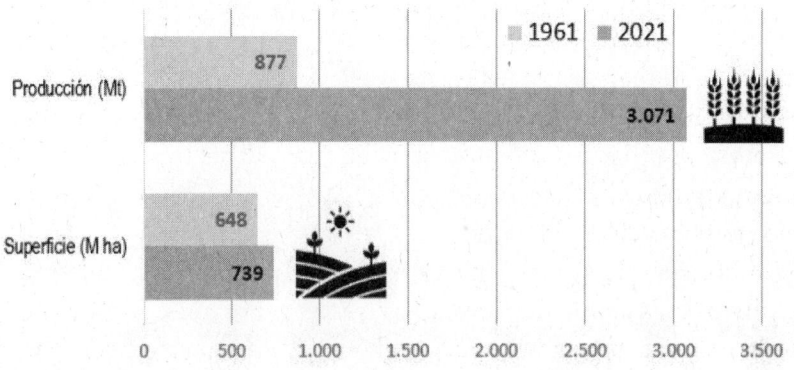

Cereales: superficie cultivada y producción total
desde 1961 a 2021

En este caso nos estamos fijando solo en la producción de cereales. Pero si ampliamos la mirada al conjunto de las tierras cultivables, aunque han aumentado levemente si contamos desde 1960, lo cierto es que su superficie lleva 20 años disminuyendo desde un pico de superficie agraria que parece haberse alcanzado ya, en torno al año 2000. Cada vez necesitamos un poco menos de tierra para producir nuestra comida. Hay que decir que este número esconde un cierto matiz que es importante conocer. El total de superficie agraria que recuenta la FAO incluye tierra de pastos y tierra de cultivos. De los casi 5000 millones de hectáreas agrarias que recoge la gráfica en su punto máximo, tres cuartos son pastizales para ganado, y solo el cuarto restante son cultivos. Mientras el suelo cultivable crece muy despacio, la tierra de pastos disminuye claramente. A nivel global, el pastoreo va desapareciendo y es cada vez más reducido. Y eso a pesar de que el consumo de carne en el mundo no deja de crecer. Pero es que cada vez más proporción de la ganadería es estabulada; al ser una producción más eficiente, el resultado neto es que se necesitan menos tierras para producir lo mismo.

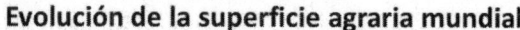

Evolución de la superficie agraria mundial

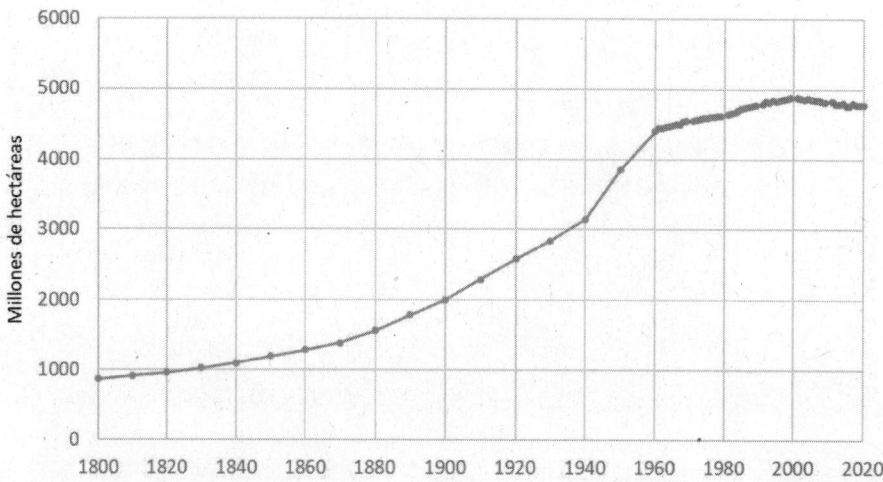

A pesar de esta pequeña tendencia a la baja, bastante reciente, lo cierto es que la gráfica revela un importante aumento de la superficie agraria en los últimos dos siglos: en 2020 era casi el doble que la de cien años antes, en 1920. Si bien hay que decir que esa superficie alimenta a una población 4 veces mayor, porque éramos 2000 millones en 1920.

En todo caso, debemos señalar que el uso de suelo para la agricultura ha sido uno de los cambios más profundos que han sucedido en los ecosistemas de la Tierra, llevado a cabo por una sola especie, la nuestra. A día de hoy, el suelo agrícola supone un total del 33 % de las tierras emergidas, y un 46 % si consideramos solo las tierras habitables —excluyendo desiertos, altas montañas y hielos perpetuos—. Atención, porque esto incluye los pastos (tres cuartas partes del suelo agrícola), así que el suelo propiamente de cultivo es un 12 % de las tierras habitables, o un 8 % del total. Parece que esto da un importante margen.

Uso de la superficie terrestre del mundo

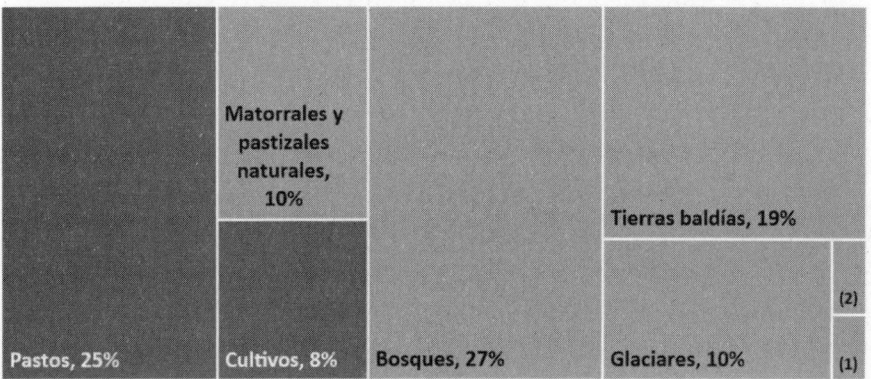

Superficie total: 149 millones de km²

Glaciares:	*El 93% es la Antártida*
Tierras baldías:	*Desiertos, salares, roquedos, dunas y playas*
(1):	*Superficies construidas (ciudades, infraestructuras...): 0,7 %*
(2):	*Cuerpos de agua: 0,9 %*

Por lo que vamos viendo, la producción de comida ha tenido cambios realmente sustanciales en las últimas décadas. Otro ejemplo importante: la población que trabaja en el campo disminuye constantemente, en prácticamente todos los países. En la gráfica siguiente, que recoge casi dos siglos, vemos cómo han cambiado las cosas en tres países: Estados Unidos, Francia y España. En 1840, había más trabajadores agrarios en España o Francia que en Estados Unidos. Hacia principios del siglo XX se produce en general un máximo en esta población, y empieza después a disminuir acusadamente. A partir de 1950 la caída es rápida, y no vuelve a estabilizarse hasta principios del siglo XXI, eso sí, con valores ya muy bajos.

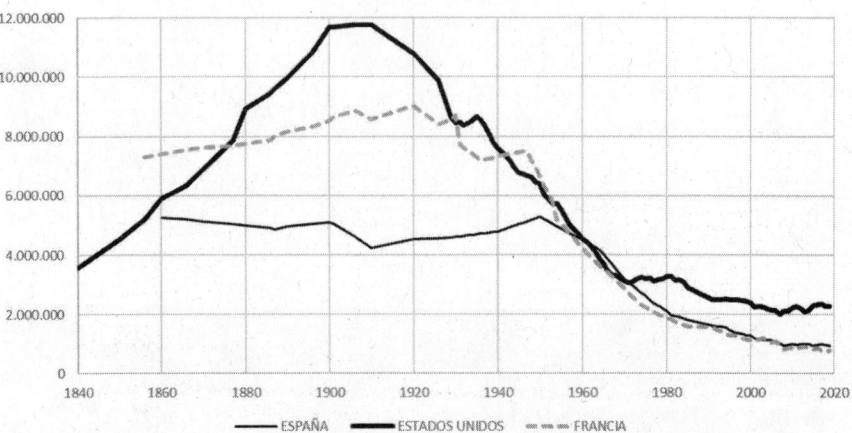

Personas empleadas en la agricultura
1840-2020

ESPAÑA ——— ESTADOS UNIDOS ── ── FRANCIA

Hoy en día, el 27 % de la población laboral mundial trabaja en la agricultura. Puede parecer mucho, pero el descenso es rápido e intenso. Y es que en épocas preindustriales, entre el 60 y el 80 % del empleo estaba en el campo. En países poco desarrollados, aún sigue teniendo valores cercanos al 50 %, como se ve en el mapa adjunto: esos porcentajes se concentran hoy en día en países del centro de África y algunos del sur de Asia. Pero en los países más avanzados, con agriculturas complejas y mecanizadas, el porcentaje de empleo agrario es ahora mínimo: un 1,4 % en Estados Unidos, un 2,5 % en Francia o un 4 % en España.

Estos números explican bastantes cosas. Explican, por un lado, la enorme eficiencia que ha conseguido la producción de comida en las últimas décadas, y la decreciente necesidad de mano de obra para conseguirla. Esto se debe a muchas cosas que iremos analizando, pero básicamente a un gran motivo: la inyección de enormes cantidades de energía en cada hectárea cultivada. Energía en forma de máquinas motorizadas que aran, siembran, cosechan y transportan, incluida la energía para fabricar todos los componentes de esas propias máquinas. Energía para los motores eléctricos que impulsan el agua de regadío. Energía para producir las inmensas cantidades de fertilizantes nitrogenados que son la clave de la productividad, pues permiten que las variedades vegetales más productivas alcancen todo su potencial. La clave actual de nuestra producción agraria es la gran cantidad de energía —y de dinero—

que utilizamos en el campo. Y también, por supuesto, todo el conocimiento y tecnología que hay detrás de cada uno de esos pasos.

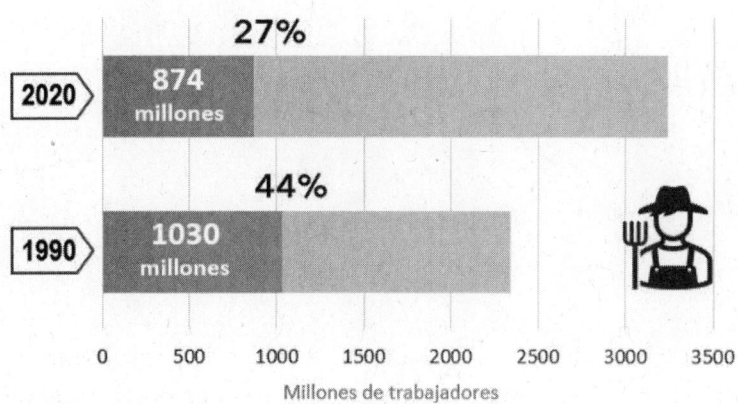

¿Cuánta gente trabaja en la agricultura?

2020 — 874 millones — 27%

1990 — 1030 millones — 44%

0 500 1000 1500 2000 2500 3000 3500

Millones de trabajadores

Pero los números explican también por qué, en proporción, hay tan poca gente que viva hoy en el campo y, por lo tanto, que conozca de cerca cómo se produce la comida. Simplemente, no hace falta. El trabajo que antes hacían cincuenta personas ahora lo hace una, con mucho menos esfuerzo y condiciones de vida incomparablemente mejores. Eso liberó millones de manos para otros trabajos industriales y de servicios, que emigraron a las ciudades para llevar lo que esperaban que sería una vida mejor, a mediados del siglo XX. Las sociedades cambiaron, y poco a poco los niños dejaron de saber de dónde venía un pollo. Esto explica también que, en todos los países avanzados, los mensajes políticos ignoren a menudo a la población que produce la comida: son pocos, y por tanto sus votos pesan poco.

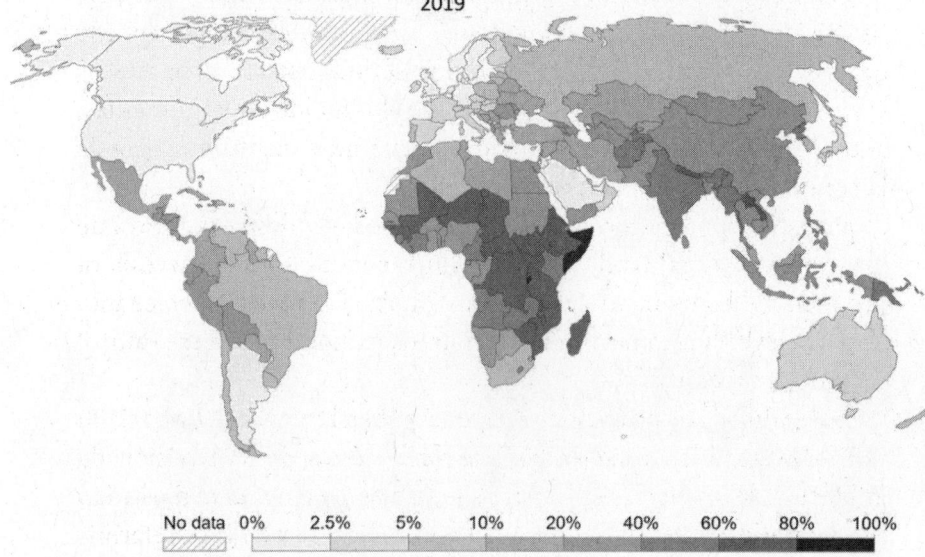

Porcentaje de la fuerza laboral que trabaja en agricultura
2019

No data 0% 2.5% 5% 10% 20% 40% 60% 80% 100%

Todos los números anteriores nos hablan, en general, de una agricultura que cada vez produce más, y cada vez lo hace de forma más eficiente. No parecen sugerir ninguna crisis alimentaria, de momento. Pero eso son los datos desde el pasado hasta hoy; en cuanto al futuro, iremos viendo tendencias y detalles más finos poco a poco.

PREPARANDO LA COMIDA PARA UN MILLÓN DE AMIGOS

Si decide preparar una comida con sus amigos, para celebrar su cumpleaños, su nueva casa o simplemente porque le apetece, lo primero que va a necesitar saber es cuántos van a ser en la fiesta. Seguro que intentará recabar confirmaciones de asistencia, y con tiempo, porque a la hora de ir a la compra no es lo mismo una comida para cinco personas que para veinte. Otro tema es cuánto comprará para cada uno, aunque eso ya es un asunto de gustos, de cultura y de lo generoso que se sienta para la ocasión.

Ahora imagine, por un momento, que la ocasión es tan especial que ha decidido invitar a un millón de amigos. O digamos «de personas», porque dudo que nadie tenga un millón de amigos (puede que sí los tenga como seguidores de Instagram, pero no creo que los invite a todos a comer). Dejando aparte el tema de conseguir sillas, aquí la cosa se pone seria y conviene afinar muy bien con la lista de la compra.

Pues algo parecido es lo que necesitamos —y despertando ya de esa pesadilla organizativa— para saber cuánta comida necesitará producir la humanidad en el futuro. Lo primero es saber cuánta gente va a venir a comer, es decir, cuántos vamos a ser en ese futuro. ¿Podemos saber algo así?

En realidad, el pronóstico sobre la población hasta el año 2100 está bastante bien establecido. Las previsiones de la División de Población de las Naciones Unidas son fiables y ya lo han demostrado en el pasado. Y esto es así porque la población futura está determinada por factores que son bastante predecibles: los nacimientos y las muertes. Sabemos que las personas se hacen mayores indefectiblemente, y también las tasas aproximadas de mortalidad de diferentes grupos de edad; por lo tanto, el número de adultos y ancianos es relativamente fácil de predecir. Saber cuántos niños habrá ya es más difícil, pero conociendo el número de adultos en edad reproductiva podemos estimar cuántos bebés nacerán. Cosas como las guerras y las epidemias, que en realidad son cada vez menos frecuentes y menos mortíferas (aunque parezca mentira pensando en el COVID-19), apenas afectan a la marcha de la población.

Pues bien, de acuerdo con ello, estas son las predicciones de población para el siglo XXI[4], segregadas por continentes.

Si se fija bien en la figura posterior, se ve que hay un pico en la población de la mayoría de los continentes, mucho más perceptible en Asia: hacia 2050, la población de Asia alcanzará un máximo en torno a 4500 millones, y después empezará a disminuir. De hecho, la población de China ya ha empezado a bajar: el censo de 2022 marcó por primera vez un descenso, pequeño (0,06 %), pero que significa 850.000 personas menos. Mientras, la población de la India se esta-

---

4   Fuente de los datos: United Nations, Department of Economic and Social Affairs, Population Division: *World Population Prospects: The 2019 Revision.*

bilizará sobre 2050; y estos dos solos ya suponen el 70 % de la población de Asia. Los crecimientos de renta, que invariablemente llevan a una disminución del número de hijos por mujer, definen estas curvas. El resto de regiones europeas y americanas, aunque tienen sus propios pequeños picos, no pintan mucho en todo esto, porque suponen un porcentaje cada vez más exiguo de la población. En 2100, solo el 23 % de la población mundial estará en Europa o América (en «Occidente», que cada vez pintará menos).

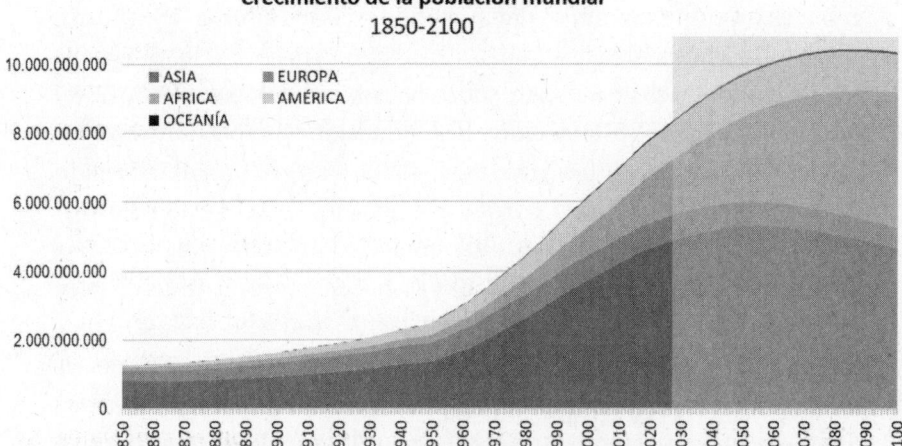

Crecimiento de la población mundial
1850-2100

En realidad el gran cambio, el enorme cambio que se avecina a toda velocidad, está en África. Si mira la gráfica, verá cómo la población africana es la única que crece desbocada. En el año 2000 había en África 800 millones, el 13 % del mundo; en 2100 habrá 4000 millones (¡se habrá multiplicado por cinco!), tantos como asiáticos, y serán el 40 % de la población mundial. Este avasallador crecimiento de la parte más pobre del mundo es algo que hay que tener muy en cuenta.

La buena noticia es que todos los modelos predicen lo que se ve en la gráfica: que la población total del mundo se estabilizará hacia 2080 en algo próximo a los 10.300 millones de personas, y ya no crecerá más. No estamos tan lejos de eso: falta crecer un 30 % más en 60 años.

La siguiente cuestión es tener una idea de cuánta comida va a requerir, en promedio, un ser humano en las próximas décadas. Esto, obviamente, no solo no es fácil de estimar, sino que depende de la forma en que evolucionen nuestras sociedades. Pero que algo no sea fácil no quiere decir que no se intente, así que bastantes científicos han hecho sus cábalas al respecto, porque para nuestra planificación es muy interesante tener una idea de las necesidades futuras, ya que sin duda todos queremos seguridad alimentaria.

La FAO tiene un estudio al respecto de 2012: *La Agricultura mundial hacia 2030/2050*. Pero esas fechas me parecían todavía demasiado cercanas en el tiempo, así que para las proyecciones que siguen me he basado en otro estudio aún más ambicioso, que además incorpora esas predicciones de la FAO. Se llama *Escenarios globales de demanda alimentaria para el siglo XXI*[5]. Lo bueno de este estudio es que se atreve a ampliar su alcance hasta nada menos que 2100.

El estudio procede del Instituto Potsdam para la Investigación sobre el Impacto del Cambio Climático, que está en Alemania; como la lengua alemana desarrolla unas palabras combinadas muy compactas, se suele conocer por sus sencillas siglas en alemán: PIK (Potsdam-Institut für Klimafolgenforschung). El PIK no es un sitio cualquiera: se trata de un organismo científico que estudia cuestiones relacionadas con el cambio global y el futuro del desarrollo, y está considerado una de las instituciones líderes en estos temas. Asesora a la FAO, al Banco Mundial, a la Comisión Europea, y además participa en el Panel Internacional para el Cambio Climático. Así que sus credenciales son buenas, francamente muy buenas. Veamos entonces, a grandes rasgos, su predicción sobre las demandas futuras de alimentos.

En el PIK observaron que para estimar la cantidad de comida que se consume basta con estudiar dos parámetros clave: cuántos somos y cómo de desarrollados estamos (o sea, de cuánto dinero podemos disponer para comprar comida). Con estos dos parámetros se puede hacer una predicción global bastante buena, aunque por supuesto influyen muchas otras cosas que, a menor escala, también se han tenido en cuenta, como la expansión de las tierras de cultivo, el efecto del cambio climático, el comercio de alimentos, la tecnología del agua, la intensificación de la producción... Demasiadas cosas, desde luego.

---

5   Benjamin Leon Bodirsky, Susanne Rolinski y otros, 2015: Global Food Demand Scenarios for the 21st Century. *PLOS ONE*. (*PLOS ONE* es una revista científica de acceso abierto —PLOS: Public Library of Science—, y es, por volumen, la revista científica más grande del mundo).

En este punto de la cuestión conviene dar paso a un caballero alemán decimonónico, de barba cuidada y levita de cuello alto: Engel. Aunque había estudiado para ingeniero de minas, Ernst Engel acabaría siendo conocido más bien por sus trabajos como estadístico; no confundir con Friedrich Engels —con una «s» al final—, un contemporáneo suyo que fue amigo y colaborador de Karl Marx. Este señor —Engel, sin ese— nos dejó una observación muy curiosa, que ha pasado a conocerse después como ley de Engel. Dice que, a medida que aumentan los ingresos per cápita, la proporción de esos ingresos dedicada a la alimentación disminuye. Y si nos paramos a pensar, tiene bastante lógica: si yo tengo que pasar el día con 5 €, probablemente ande con muchísimo cuidado y aun así me gaste 3 o 4 en comer (el 70 %), intentando guardar un mínimo para otras necesidades; pero si tengo que pasar el día con 100 €, aunque me gaste 30 en comer me quedará bastante disponible para otras cosas, y no es probable que gaste mucho más en eso. Así que, teniendo más ingresos, solo gastaré el 30 % en comida. Pues eso viene a decir la ley de Engel. Al fin y al cabo, por mucho que crezcan mis ingresos no voy a comer muchísimo más, aunque seguramente sí productos más caros.

Resulta que este principio es importante para estimar el futuro consumo de comida. La renta per cápita de *todos* los países no ha dejado de crecer en las últimas décadas, con escasísimas excepciones, como Corea del Norte, Venezuela o Sudán. Y cuando la renta aumenta, las personas tienden a consumir más alimentos —hasta un límite, claro—, pero sobre todo más alimentos de origen animal. Sí, así es como funciona. Cuando un país pasa de renta baja a renta media, lo que su gente demanda cada vez más es carne, leche y huevos. Para ellos es un progreso, es algo que antes no podían permitirse. Sin embargo, cuando un país está ya en la renta alta, el consumo de productos animales se estanca o disminuye ligeramente.

El resultado es que se demandan cada vez más productos de origen animal, y esto se ve en cómo van aumentando su peso en la dieta del mundo: en 1960 eran un 12,5 %, y hoy son un 14 %. Esto no es trivial a la hora de calcular las necesidades de producción de comida, porque los vegetales necesarios para alimentar a un animal suponen varias veces más en peso que si comiéramos esos mismos vegetales. Así que la cantidad de calorías de origen animal juega un papel decisivo en estas proyecciones. Aviso: sobre el asunto de la ganadería y su futuro, tendremos un capítulo completo más adelante.

En todo caso, y aun conociendo cuáles son las variables clave, para poder hacer estimaciones a un plazo tan largo los científicos del PIK no tienen más remedio que establecer «escenarios». Es decir, asumir que las cosas pueden ser muy distintas en función de cómo nos comportemos los humanos en las próximas décadas, y por tanto dar resultados en función de esos distintos tipos de mundo que imaginan. Es una manera lógica de acotar la incertidumbre.

Así que vamos ya a las conclusiones. El estudio asume cuatro distintos escenarios, en función de: a) si avanzamos hacia una economía más sostenible o nos quedamos más bien como estamos, y b) si el flujo comercial de comida de unos sitios a otros tiende a ser más local o más globalizado. Por tanto, caben cuatro casos:

A1: Seremos menos sostenibles pero intercambiaremos comida globalmente.

A2: Seremos menos sostenibles y con mercados más locales.

B1: Seremos más sostenibles e intercambiaremos comida globalmente.

B2: Seremos más sostenibles pero con mercados más locales.

Como se puede ver en la gráfica siguiente, que resume los resultados de la proyección, lo que más va a influir en la cantidad de comida necesaria es que seamos capaces de intercambiarla adecuadamente. Es decir, que podamos producir ciertos cultivos donde sea más eficiente y llevarlos adonde no lo es. De hecho, viendo las curvas, parece influir mucho más esa eficiencia productiva que una mayor sostenibilidad en cuanto a uso de energía y materiales.

Lo que vienen a decir las predicciones del PIK es que, si al menos somos capaces de mantener una cierta «globalización alimentaria», necesitaremos una cantidad de comida que, como máximo, será algo entre 14 y 15.000 millones de toneladas anuales, lo que sucedería hacia 2070, más o menos cuando se alcance el techo de población del planeta[6]. Eso supone un incremento de la producción de alimen-

---

6   Los cálculos del PIK no están hechos en toneladas, sino en consumo energético diario (calorías por persona y día), según la base de datos de la FAO. He reali-

tos del 30-35 % respecto al día de hoy (11.000 millones de toneladas), lo cual no es fácil, pero tampoco parece descabellado.

Sin embargo, parece claro que sí tendríamos un problema serio si combinamos un mundo menos sostenible (con más consumo de energía y materiales) con mercados más cerrados y poco intercambio de comida entre regiones. Entonces, la cantidad total de alimentos necesarios llegaría a unos 25.000 millones de toneladas, y puede que más. Eso implica más que duplicar la producción actual, lo cual es un punto que ya hace ponerse muy nerviosos a los planificadores.

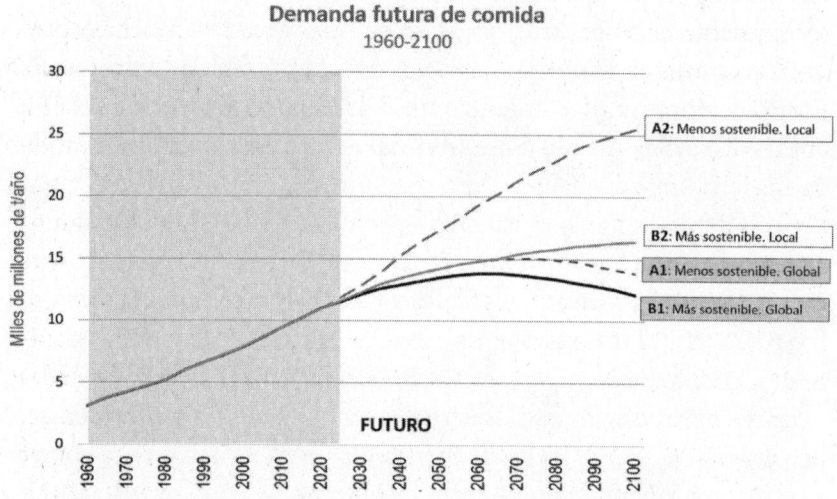

Demanda futura de comida
1960-2100

La globalización alimentaria es muy intensa hoy en día, pero no es nueva: la comida siempre se ha movido de un lado a otro, desde la antigüedad. Ya los barcos romanos transportaban trigo de Egipto o aceite de Hispania, o las barcazas chinas del siglo X movían arroz por el Gran Canal Imperial a sus guarniciones de la frontera mongola. No es algo nuevo ni extraño.

Parece que las proyecciones del PIK nos envían un mensaje bastante claro: si somos eficientes produciendo en los mejores sitios, movemos la comida donde se necesita y además lo hacemos de forma sostenible, muy probablemente seamos capaces de alimentar a los 10.000 millones de humanos que seremos alguna vez. El salto que

zado una conversión estimativa a toneladas para comparar más fácilmente. La gráfica es una adaptación de los resultados del PIK.

debemos completar no es insalvable. De momento, esto resulta bastante esperanzador.

QUIÉN TIENE COMIDA Y QUIÉN NO

Felipe Mountbatten, que fue duque de Edimburgo y marido de la reina Isabel II de Inglaterra, hizo populares sus salidas de tono y sus comentarios jocosos... y a menudo inapropiados. Muchas veces hacían enrojecer de incomodidad a sus responsables de protocolo. En 1986, durante un encuentro del World Wildlife Fund (WWF), emitió una de sus opiniones peculiares, esta vez sobre la comida china: «Si tiene cuatro patas y no es una silla, si tiene dos alas y vuela pero no es un avión, y si nada pero no es un submarino, los cantoneses se lo comerán». A pesar del tono y el momento, ciertamente inoportunos (cosa que le traía al fresco), hay algo de cierto en esa frase. En China se consume una enorme variedad de plantas y animales, cocinados de las formas más diversas, y esa variedad es además una de las bases de su rica y extensa gastronomía. Seguramente, un pasado de escasez es también una buena explicación para comer casi de todo. Siendo el país más poblado del mundo —hasta 2023, cuando le superó la India—, la cantidad de comida que necesita un comedor de este calibre es absolutamente desmedida, así que ningún recurso es despreciable. Por eso, hoy en día, con su enorme desarrollo económico, China ha conseguido convertirse en el mayor generador de comida del mundo. Casi el 25 % de toda la comida se produce en China, y aun así importan tanta que son también el primer importador. No cabe duda de que hoy es un país que tiene mucha, pero mucha comida. Y se la comen toda.

Obviamente, la comida se produce en los distintos países de forma muy desigual. Cosas como el clima, la fertilidad de las tierras y, desde luego, la tecnología disponible, hacen que las cosas sean muy diferentes de un lugar a otro. Algunos son grandes productores de alimentos, a otros les faltan y se ven obligados a importarlos. Eso no significa necesariamente que tengan carencias: muchos países producen bienes que pueden vender, y con ello compran alimentos a lugares que son más eficientes produciéndolos, de manera que les sobran. Por ejemplo, Brasil es un exportador neto de comida, mientras Arabia Saudita es un gran importador; razones de clima y territorio lo explican de un primer vistazo, y parece que ambos están cómodos con su estatus.

Hay unos cuantos países que producen muchísima comida, mucha de verdad, en comparación con cualquiera del resto. En la gráfica siguiente aparece el *top ten* de los mayores países productores. Es significativo observar que, entre esos diez, son capaces de producir el 72 % de la comida del mundo, nada menos que tres cuartas partes, cuando por otro lado solo representan a la mitad de la población. Así que está claro que, entre ellos, están dando de comer a una buena parte del resto. De hecho, solo los cuatro primeros (China, India, Brasil y Estados Unidos) ya producen la mitad de la comida del planeta. Es verdad que en esta lista están casi todos los países más extensos del mundo; falta Canadá, aunque la mayor parte de su extensión es una tundra improductiva, y Australia, que es en su mayor parte un desierto.

Los 10 mayores productores de comida
(Millones de toneladas al año)

China	2148
India	1558
Brasil	1292
EEUU	921
Rusia	314
Indonesia	254
Nigeria	221
Tailandia	190
Argentina	150
Ucrania	137

Podemos ver además que, en los cultivos clave, esos que suponían la mitad de la comida del mundo (caña de azúcar, trigo, maíz y arroz), siempre encontramos a alguno de estos países en las posiciones de cabeza. Así que no cabe duda de que son los que más corren en esta particular carrera por los alimentos. Por el volumen total, al menos.

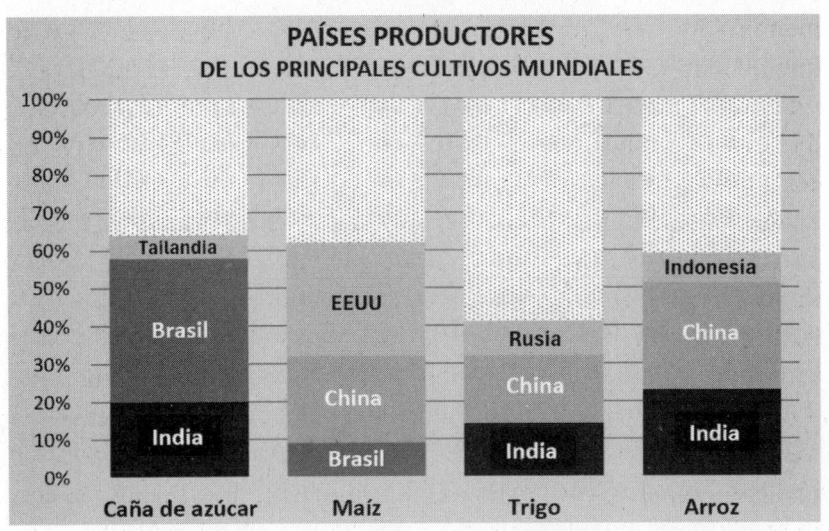

PAÍSES PRODUCTORES
DE LOS PRINCIPALES CULTIVOS MUNDIALES

Caña de azúcar: India, Brasil, Tailandia
Maíz: Brasil, China, EEUU
Trigo: India, China, Rusia
Arroz: India, China, Indonesia

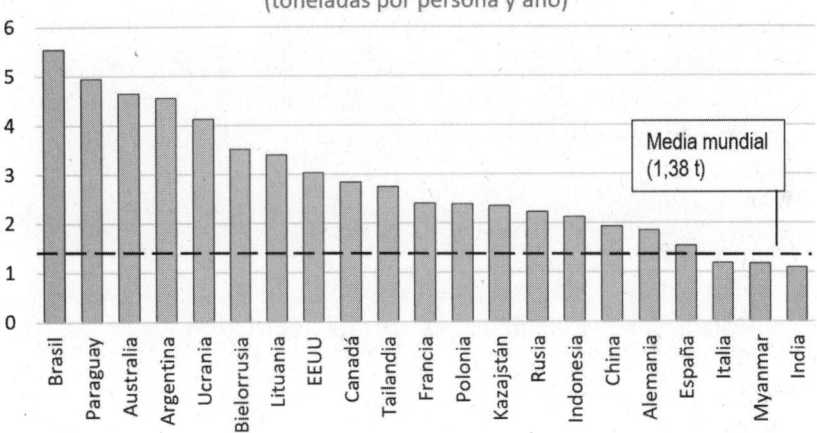

Los mayores productores de comida, per cápita
(toneladas por persona y año)

Media mundial (1,38 t)

Brasil, Paraguay, Australia, Argentina, Ucrania, Bielorrusia, Lituania, EEUU, Canadá, Tailandia, Francia, Polonia, Kazajstán, Rusia, Indonesia, China, Alemania, España, Italia, Myanmar, India

Claro que esa primera foto puede ser algo engañosa. Los dos campeones de la comida, China e India, resultan ser también los países más poblados del planeta, con unos 1400 millones de personas en cada uno. Así que hay mucha comida, pero también muchas bocas esperándola. Y sin embargo Brasil, con «solo» 200 millones de habitantes, no les va a la zaga produciendo alimentos. Por tanto, parece que deberíamos analizar también cuánta comida es capaz de producir cada uno per cápita, porque está claro que si tienes un cesto lleno de panes pero vienen cien amigos a comer, no va a sobrar mucho.

Como vemos en el siguiente gráfico, la producción per cápita nos da algunas sorpresas y bastante que pensar.

Efectivamente, aquí la cosa cambia. Cuando observamos cuánto se produce por persona, Brasil asciende meteóricamente como el megaproductor de alimentos del mundo, con una capacidad que ¡cuadruplica la media mundial! También algunos países relativamente pequeños aparecen de pronto en la lista, como Paraguay, Bielorrusia y Lituania, lo que demuestra una curiosa habilidad para aprovechar sus condiciones naturales. Ucrania, con la portentosa fertilidad de sus tierras negras (o *chernozem*), sigue estando entre los primeros, gracias a su enorme producción de cereales y girasol.

Pero en este *ranking* los países más poblados ya no se comportan tan bien: la poblada China ya no tiene un puesto tan brillante, y sobre todo nos encontramos con el problema que presenta la India. Para que pudiera entrar en la gráfica he tenido que extender el número de países hasta 21, porque esa es la posición de la India en este *ranking* (y si lo dejaba en una cifra más redonda y bonita como 20, pues no entraba). Además, el gran país indostánico se queda por debajo de la media mundial en producción per cápita. Esto es un indicador de que quizá algo está fallando, porque puede que lo que producen no sea suficiente para dar de comer de forma adecuada a su gigantesca población.

De hecho, aunque India proclama que es capaz de autoabastecerse en alimentos —y de hecho es exportador—, los indicadores de hambre en el país son aún preocupantes. Su índice de autosuficiencia de alimentos era, en 2020, del 54 %. Esto significa que solo es capaz de cubrir con producción local esa parte de sus necesidades.

Aunque es cierto que la autosuficiencia alimentaria puede ser deseable, tampoco es un drama en caso contrario. Si un territorio no puede producir toda su comida, lo importante es que produzca otros bienes con los cuales comprarla en lugares más propicios para la producción, que se convierten así en los graneros del mundo. Porque la verdad es que, si vemos la lista de países *menos* autosuficientes (más dependientes del exterior), hay entre ellos algunos donde se vive muy bien y no se pasa nada de hambre, como Noruega, Japón, Corea del Sur o Países Bajos. Ser autosuficiente es básicamente una cuestión de seguridad ante la inestabilidad geopolítica y el impacto que podía traer en el mercado de alimentos. Pero no es necesariamente la mejor opción; depende de las circunstancias de cada país. De hecho, ya vimos que globalmente es mejor idea permitir que haya intercambios en la producción de comida: se produce de forma más eficiente y se reduce el desperdicio.

China, a pesar de su gigantesca producción doméstica, tampoco es autosuficiente en alimentos, y de hecho su índice de autosuficiencia ha bajado desde el 94 % en 2000 hasta 66 % en 2020. Y eso no es necesariamente malo, ya que el incremento en la renta —más que el crecimiento de la población— ha generado demanda de más productos del exterior. No obstante, una de las ambiciones políticas del presidente Xi Jinping es «llenar el cuenco de los 1400 millones de chinos con nuestros propios recursos, y podemos hacerlo». Sin embargo, hoy China es el mayor importador mundial de soja, maíz, cebada, carne de cerdo y carne de vacuno. Pero no hay que preocuparse, también son grandes exportadores de muchas otras cosas.

HAMBRE

Cerca de Asuán, en Egipto, el río Nilo se abre en un pequeño laberinto de islas fluviales. La más grande de ellas es la isla de Sehel, y en su extremo sur, desértico y rocoso, hay un gran bloque de granito sobre el que puede verse grabado un largo texto jeroglífico. Son treinta y dos columnas bien alineadas con símbolos extraños. ¿Y de qué nos habla este antiquísimo texto, expuesto al aire a los ojos de cualquiera? Pues el caso es que se le llama «la Estela del Hambre». Y eso es porque hace referencia a una gran hambruna muy, muy antigua, de tiempos del faraón Zoser. Más o menos del año 2600 a. C., o sea, hace casi cinco mil años. Un fragmento de ese texto dice así:

> El dolor me tenía sujeto en mi trono y la gente a mi alrededor estaba triste.
> Mi corazón me oprimía porque durante mi reinado hacía siete años que el Nilo no crecía a su debido tiempo.
> El cultivo de cereales era escaso, las semillas se secaban en la tierra y no había suficiente comida.
> Los niños lloraban, los jóvenes desfallecían y los viejos se acurrucaban en el suelo con las piernas cruzadas.

Entonces, para apartar la preocupación hice llamar al sumo sacerdote Imhotep.

En las mitologías de Oriente Medio, hablar de «siete años de hambre» era, digamos, una forma de hablar, una forma de expresar «mucho tiempo». Igual que en aquel sueño del faraón recogido en el Génesis, donde aparecían siete vacas gordas y siete vacas flacas, que José interpretó como una época de escasez de siete años (y de donde viene la expresión «vacas flacas»). Pero ya fueran siete, cuatro o diez años, sin duda debió ser un periodo atroz, donde la falta de comida se llevó por delante muchas vidas, porque se recordó durante largo tiempo —la estela fue grabada varios siglos después—, y también se invocó a los dioses para que terminara. Esta es una de las más antiguas alusiones escritas al hambre, un mal que nos ha perseguido desde los tiempos más remotos. Garantizar la comida era lo más importante en la vida. Hoy parece algo casi trivial, pero no lo es.

En la historia de la humanidad ha habido muchas hambrunas como esta, entendidas como periodos de hambre generalizada, normalmente debidos a malos periodos meteorológicos con las consiguientes malas cosechas. A menudo combinadas con guerras o momentos de inestabilidad.

Y esto no es solo algo de la antigüedad remota. Tan cerca como el siglo XX podemos encontrar todavía enormes hambrunas. Un ejemplo en Europa fue la gran hambruna soviética de 1922, relacionada con la guerra civil rusa que siguió a la revolución de 1917. O la posterior hambruna ucraniana de 1933 (llamada «Holodomor», muerte por hambre), debida a la desastrosa política de colectivización soviética, que costó 1,5 millones de muertos. También hubo varias hambrunas relacionadas con la Segunda Guerra Mundial, como la de los Países Bajos en 1944, la del sitio de Leningrado por el Tercer Reich, la de Grecia durante la ocupación alemana, o la de la región india de Bengala durante el periodo británico, en 1943, con dos millones de muertos por las malas cosechas y las requisas de comida para el frente. Puede decirse que toda Europa y gran parte de Asia padecieron hambre en la dura posguerra que vino después.

Pero aún mucho más cercana en el tiempo está la hambruna de Etiopía de 1984, que se llevó por delante un millón de vidas por una combinación de sequía y guerra civil. Incluso en 2011 se produjo en esa zona otra dura hambruna, aunque no tan letal, debida a una gran sequía que afectó de nuevo a Etiopía, Somalia y el norte de Kenia. Sí, en algunos lugares el hambre todavía nos persigue y nos pisa los talones.

Garantizar comida suficiente para toda la población puede ser un quebradero de cabeza, especialmente en los países más populosos. Al fin y al cabo, este es el problema principal que, desde lo más profundo de la historia, nos ha acosado como especie: el miedo al hambre. Que mañana no haya suficiente para comer. Que nuestros hijos cierren los ojos desfallecidos porque no hay nada que llevarse a la boca.

Cuando nuestra especie se dedicaba a la caza y la recolección, teníamos que seguir el crecimiento de los frutos y la migración de las especies de caza para estar seguros de que íbamos a cenar al día siguiente. La revolución neolítica, con la invención de la agricultura y la ganadería, nos proporcionó cierta seguridad y estabilidad con la comida, pero nunca había la certeza total: la sequía, las heladas, las plagas o el fuego se podían llevar por delante el esfuerzo de toda una campaña y dejarnos sin nada para el invierno. O con mucha frecuencia, las guerras que arrasan con todo. A lo largo de nuestra historia, millones de personas han muerto de hambre, con los estómagos vacíos, la mirada perdida y sin energía para sobrevivir. Es una muerte difícil de imaginar, pero el hambre ha sido una amenaza fantasmagórica que siempre ha estado presente, incluso hasta épocas muy recientes.

Y hoy todavía existe. Es muy importante subrayar que es un problema muchísimo más pequeño que nunca en toda la historia de la humanidad, pero aun así todavía hay millones de personas que no disponen de suficiente comida.

No tenemos certeza de cuánta gente pasaba hambre en el mundo hace un siglo o dos; solo estimaciones. La FAO ha estado siguiendo este problema de forma sistemática solo desde los años 90, así que los valores que tenemos antes de eso son más o menos aproximados.

En primer lugar, necesitamos una definición clara de hambre. En los estudios de la FAO se considera para su medida, simplemente, la ingesta media de calorías. Si esta ingesta es insuficiente para llevar adelante una vida normal, activa y saludable, algo que requiere al menos unas 1800 calorías/día para un adulto medio, hay una situación de hambre (o desnutrición; *undernourishment* es el eufemismo oficial en inglés). No es algo fácil de medir, y se utilizan estadísticas complejas para ello. Es evidente que tan solo la ingesta de calorías no es capaz de definir una dieta no ya ideal, sino simplemente adecuada. Si los componentes de esa dieta no son suficientes en varias categorías (calorías, proteínas, grasas y micronutrientes como las vitaminas), entramos en el concepto de la *malnutrición*, un asunto más amplio y mucho más difícil de conocer a escala global. Por otro lado, seguro que en muchos países avanzados hay personas haciendo dietas incluso por debajo de esos límites de calorías, pero desde luego esas no se contabilizan: son pocas y no suelen estar mucho tiempo con ese consumo de calorías tan incómodo. No cuenta como hambre, aunque la pasen.

La buena noticia es que el hambre en el mundo lleva una trayectoria sostenida de descenso, como se puede ver en la gráfica siguiente. Sí, así es: el hambre disminuye sin parar, una tendencia que se mantiene al menos desde mediados del siglo XX. En esa época no había datos solventes, pero la FAO estima que en 1945, al final de la Segunda Guerra Mundial, un 50 % de la población del mundo pasaba hambre. Atención a este dato: la mitad del mundo no tenía comida suficiente hace menos de un siglo. No es que se muriera de hambre literalmente, pero faltaba comida. En 1970, ya en marcha la revolución verde, llegaba al 30 %. Hoy es solo un 9 %. Quizá visto del revés es más contundente: el 91 % de la humanidad puede comer lo suficiente, y eso son 7300 millones de personas. Como especie, no cabe duda de que podemos estar orgullosos de haber conseguido algo así: haber alejado (que no eliminado) el fantasma del hambre.

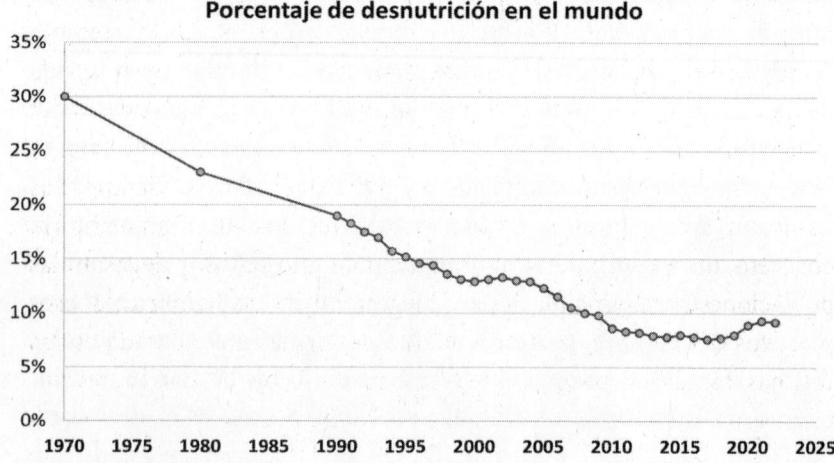

Porcentaje de desnutrición en el mundo

Pero conviene bajar un poco la lupa y ver más detalles. De entrada, si miramos bien la gráfica anterior, vemos un pequeño pero sospechoso repunte en los últimos años. Empieza en 2020, un año que nadie en el mundo podrá olvidar: el año del COVID.

A finales de 2021, la seguridad alimentaria mundial estaba en alerta máxima debido a los efectos persistentes de la pandemia, combinados con conflictos en marcha y con perturbaciones relacionadas con el clima. En condiciones normales no hubiera pasado gran cosa, pero el impacto económico del parón inducido en 2020 en la economía mundial lo empeoró todo. Tras el desplome, la propia recuperación económica atascó las líneas de abastecimiento, lo que provocó el aumento de los precios de los alimentos, los combustibles y el transporte. Además, la recuperación económica fue desigual. Todo ello condujo a esta contra tendencia en la disminución del hambre, que fue especialmente marcada en el continente más castigado: África.

La situación mejoró en 2022, a nivel global, y también en los países en desarrollo de Asia y América. A pesar de la crisis de cereales de 2022 —con la guerra de Ucrania—, la producción alimentaria global no tiene grandes problemas y sigue creciendo paulatinamente. Lo más probable es que, en los próximos años, se recupere esa tendencia a la baja en el hambre global.

No obstante, es importante poner esto en valores absolutos. Un 9,2 % de la población mundial pasando hambre significa 735 millones de personas, y eso es mucha gente. Es tanto como la población de toda Europa, desde Lisboa hasta los Urales, sin suficiente comida para su día a día. Y sobre todo, tengamos en cuenta que tres años antes ese número apenas llegaba a los 600 millones de personas. El terremoto económico del COVID ha tenido consecuencias duraderas en la vida de mucha gente. Por fortuna, las ondas de choque han ido remitiendo.

Sin embargo, no es lo mismo hambre que hambrunas. El hambre se distribuye de forma difusa en las poblaciones y en el tiempo. Las hambrunas, en cambio, son situaciones generalizadas en un territorio concreto, durante un periodo de tiempo de unos años, y devastan las poblaciones como una plaga para luego remitir. Las hambrunas, esos mazazos del hambre, se han reducido de forma muy acusada en las últimas décadas. Especialmente a partir de los años 60, con la «revolución verde», que cambió totalmente la producción de alimentos.

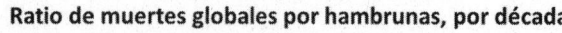

Ratio de muertes globales por hambrunas, por década
(muertos por 100.000 habitantes)

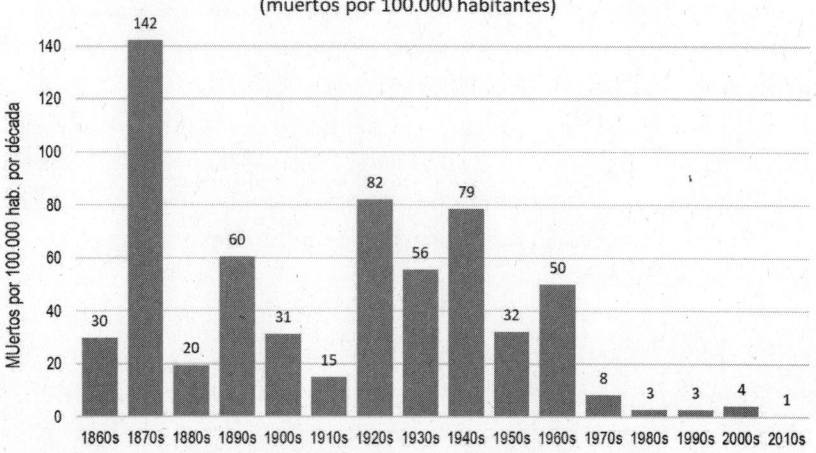

¿Y dónde se pasa más hambre? Como pasa en tantas cosas, resulta que esto también tiene una forma de medirse. Siempre hay alguien buscando parámetros que permitan cuantificar las cosas, y en este caso se ha conseguido con un índice: GHI, Global Hunger Index (o Índice Global del Hambre).

El GHI ha sido desarrollado por el Instituto Internacional de Investigación sobre Políticas Alimentarias (IFPRI), un instituto financiado por el Banco Mundial, gobiernos y fundaciones varias. Este valor integra mediciones sobre tres cuestiones: porcentaje de población con desnutrición, porcentaje de niños con peso insuficiente y mortalidad infantil. Cuanto más alto es el índice, peor es la situación. En este mapa vemos cómo es hoy en día.

Es evidente que el problema mayor está en África, y particularmente en la zona intertropical, ya que el norte y el sur del continente quedan fuera de esa lacra. También es preocupante el asunto en los países del Indostán, y el hecho de que la India y Pakistán estén en esa lista añade seriedad al problema, ya que suman 1640 millones de habitantes. El resto de países con problemas corresponden a lugares con conflictos bélicos en curso (Siria, Afganistán o Yemen) o con regímenes políticos completamente disfuncionales (Haití o Corea del Norte). Es curioso ver que China, el gigante de población del Asia Oriental, alcanzó un valor de GHI similar al de los países occidentales en 2009 y ya no se ha movido de ahí. El hambre en China, que mató a millones de personas en el siglo XX, ha desaparecido en la práctica desde hace ya tiempo.

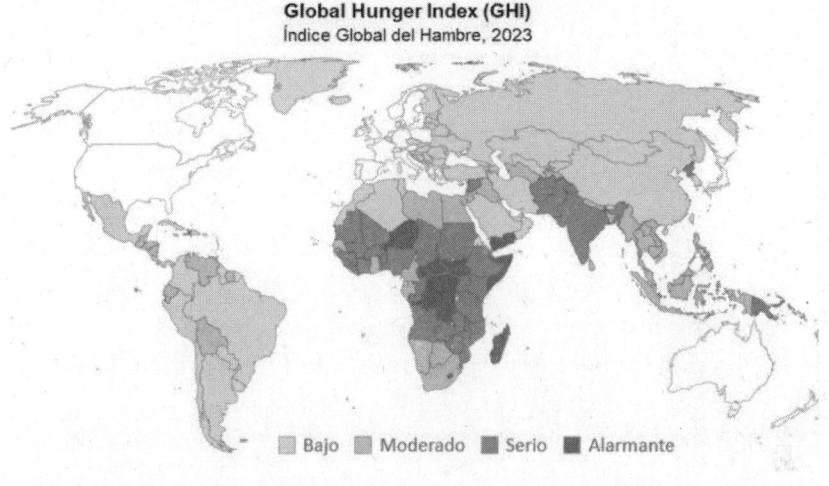

Global Hunger Index (GHI)
Índice Global del Hambre, 2023

Bajo Moderado Serio Alarmante

¿HA TERMINADO LA REVOLUCIÓN VERDE?

En 1921, Norman Borlaug era un muchachito robusto de siete años de edad. Vivía en Protivin, un pequeño pueblo agrícola de Iowa, en medio de las grandes llanuras de Estados Unidos. El pueblo tenía entonces unos 200 habitantes, y hoy en día tampoco tiene muchos más. A su alrededor se extendían enormes planicies, cultivadas hasta el infinito con maíz y plantas forrajeras. Por entonces Norman, aún niño, trabajaba ya en la granja de su padre, ayudando allí después de la escuela. Los Borlaug eran una familia de origen noruego, establecida en Iowa dos generaciones atrás y dedicados a la agricultura y al ganado. Eran los tiempos de la Ley Seca y los felices veinte, en los que todo iba bien, en un mundo que se recuperaba rápidamente después de la Primera Guerra Mundial. Norman estuvo muchos años recogiendo maíz, alimentando a los cerdos y ayudando con la cría de pollos, mientras acababa la escuela secundaria en su comunidad rural. Nadie en Protivin hubiera podido imaginar que, cincuenta años más tarde, Norman estaría en Estocolmo, vestido de etiqueta, recogiendo el Premio Nobel de la Paz.

La historia de Norman Borlaug está ligada a la de la alimentación humana. Todo empezó en 1941, mientras Estados Unidos estaba ya metido en una nueva guerra mundial, esta vez en el Pacífico. El vicepresidente de Estados Unidos, Henry Wallace, había visitado México y estaba preocupado por la baja productividad agraria del país vecino, especialmente en las zonas más áridas. Así surgió la idea de establecer un centro de estudios agronómicos conjunto para mejorar la situación. Para ello movilizó a la Fundación Rockefeller, una fundación filantrópica fundada en 1913 por el famoso magnate, para «promover el bienestar de la humanidad en todo el mundo». Con apoyo del gobierno mejicano —muy preocupado entonces por la caída de la producción de alimentos en el país—, la Fundación, la FAO y la ONU, se puso en marcha el instituto que más tarde daría lugar al CIMMYT: Centro Internacional para el Mejoramiento del Maíz y del Trigo. Uno de sus investigadores principales, su fichaje estrella —gracias a la colaboración con Estados Unidos—, fue Norman Borlaug. Sí, el muchachito que trabajaba en la granja. Claro que para entonces ya había estudiado en la Universidad de Minnesota y se había graduado en ciencias forestales y doctorado en fitopatología y genética, y además había resultado ser brillante.

Hay que decir que, detrás de la filantropía, había también algunos intereses más o menos legítimos. Las cosas requieren su contexto histórico para entenderlas mejor. Por un lado, en los Estados Unidos se veía con recelo la posibilidad de una deriva comunista en México, y contra eso, la mejora de las condiciones de vida del mundo rural era un antídoto decisivo. No olvidemos que el país venía de la revolución de Emiliano Zapata y Francisco (Pancho) Villa veinte años antes, y de una fallida reforma agraria. Y el comunismo soviético, que estaba en proceso de infiltración en otras regiones del mundo, se veía ya como un enorme riesgo desde Washington, y eso que eran formalmente aliados de Stalin en la guerra. Por otro lado, los Rockefeller tenían sus propios intereses en México y desde luego no les venía bien la inestabilidad allí. Y por último, el propio Wallace, también nacido en la agrícola Iowa, había fundado en 1926 —mucho antes de ser político—, una empresa de producción de semillas híbridas mejoradas: Pioneer Hi Bred International. A la empresa le iba muy bien vendiendo semillas de maíz que disparaban la productividad en Estados Unidos. Así que sabía de lo que hablaba; era su negocio.

El hecho es que los resultados del CIMMYT y del equipo de Borlaug empezaron a verse muy pronto. Se desarrollaron una serie de semillas híbridas basadas en variedades locales, resistentes a la aridez y a las plagas, y también nuevas técnicas de cultivo. Rápidamente se vieron los efectos. Las semillas daban plantas mucho más productivas, aunque para conseguir que alcanzaran todo su potencial había que utilizar fertilizantes químicos, plaguicidas y maquinaria agrícola que permitiera explotar grandes extensiones. El resultado fue espectacular. Solo cinco años después de la fundación del CIMMYT, México consiguió ser autosuficiente en cereales por primera vez desde 1910. Veinte años después, la producción de maíz se había multiplicado por tres, y la de trigo por cinco. Era un milagro, una revolución: la revolución verde.

Los trabajos de mejora siguieron sin descanso, y pronto llegó una variedad de trigo enano, muy productivo, muy resistente y de excelente calidad industrial. México pasó a ser autosuficiente en trigo en 1956.

Los resultados de México fueron ampliamente difundidos y copiados en otros lugares. Las semillas mejoradas y las técnicas de cultivo se extendieron por Europa y por Argentina, Brasil, India, Pakistán... La revolución avanzaba.

Poco después, el esquema de mejora de semillas se trasladó a Filipinas, que funcionaba casi como un protectorado norteamericano tras su independencia en 1946. Aquí el objetivo era el otro cereal clave: el arroz. En 1960, con apoyo otra vez de la Fundación Rockefeller y también de la Fundación Ford —del mismo perfil—, se estableció cerca de Manila el International Rice Research Institute (IRRI). Desarrollaron variedades de arroz productivas y resistentes a plagas, y en 1966 vio la luz su variedad estrella, el arroz IR8. De nuevo supuso una revolución: un tiempo después, Filipinas era capaz de exportar arroz por primera vez en su historia.

Borlaug fue invitado a la India por aquel momento, en 1961, para asesorar al gobierno indio con las nuevas tecnologías agrícolas. Con apoyo de la Fundación Ford, se estableció en el Punjab una zona de pruebas con semillas híbridas traídas de México. El Punjab era una zona de tierras fértiles, bien irrigadas, con amplia tradición agrícola. Pronto la India estaba desarrollando vastos programas de regadío y sus propias variedades, y adoptó también el arroz IR8. La productividad fue pronto espectacular: una hectárea de arroz tradicional daba dos toneladas de maíz, pero con el IR8 y las nuevas técnicas daba seis toneladas. Con el tiempo, la producción se multiplicó aún más, por cinco. Esto tuvo una consecuencia mucho más importante: con esa capacidad productiva, el precio del arroz bajó a menos de la mitad y se volvió mucho más asequible, con lo que el hambre y la malnutrición cayeron rápidamente entre la población. La India fue también un éxito productivo y pasó a ser capaz de exportar arroz, cosa que sigue haciendo hoy en día. La revolución verde iba expandiéndose por todo el mundo.

A Borlaug —y a su equipo de investigadores e ingenieros agrónomos— se le reconoce la paternidad de la revolución verde. Algunas estimaciones, más o menos acertadas, dijeron que la nueva tecnología agraria permitió que 1000 millones de personas pudieran alimentarse, y teniendo en cuenta que en 1970 había 3600 millones, eso era mucho: ¡casi un tercio! El vuelco que supuso en el sistema de alimentación mundial ganó un enorme reconocimiento, y Borlaug fue premiado con el Nobel de la Paz en 1970. Imagino que nadie en Protivin se perdió aquella ceremonia en sus flamantes televisores en blanco y negro. Pero en su discurso de agradecimiento, Norman advirtió:

> La revolución verde ha conseguido un éxito temporal en la guerra de la humanidad contra el hambre y las privaciones; le ha dado al hombre un respiro. [...] Pero también hay que frenar el poder aterrador de la reproducción humana; de lo contrario, el éxito de la revolución verde será solo efímero.

Mientras tanto, la populosa China seguía un camino diferente. Allí también hubo una persona que lideró el desarrollo de una nueva agricultura, inspirado por los logros de la revolución verde, pero con su propia línea de desarrollo: se trata de Yuan Lonping, un agrónomo que nació en Pekín en 1930.

Sus primeros años fueron complicados, bajo la guerra y la emigración, y su vida adulta se desarrolló ya en la naciente República Popular China, que salía de dos guerras devastadoras y arrancaba bajo el comunismo de Mao. Las primeras décadas fueron muy duras. En Chongqing, Yuan vivió la gran hambruna china de 1959-62, derivada de la fallida política llamada «el Gran Salto Adelante». Ver junto a los caminos los cadáveres alineados de personas muertas de hambre le marcó para siempre. Ahí decidió dedicar su vida a mejorar la alimentación del pueblo.

Trabajando en la Universidad del Suroeste, en Chongqing, Yuan fue capaz de desarrollar una variedad de arroz híbrido que resultó altamente productiva y, a la vez, capaz de reproducirse desde las propias semillas. El éxito llegó tras años de trabajo, a finales de los 70. El cultivo de arroz híbrido se extendió rápidamente, y en dos décadas China había sido capaz de duplicar su producción de arroz. Fue otro milagro de la revolución verde, y consiguió alimentar a una población que no paraba de crecer.

Yuan Lonping no recibió el Nobel, porque China era un país muy aislado en aquel entonces, pero sí muchos premios nacionales (fue *Trabajador Modelo Nacional*, e *Inventor Preeminente*) y más tarde también internacionales. Pero su nombre está inmortalizado de otra manera más curiosa y sideral: astrónomos chinos bautizaron con él a cuatro asteroides y un planeta menor, *8117 Yuanlonping*. Murió en 2021 con 91 años de edad, aún trabajando en su laboratorio. Conviene añadir que Borlaug también falleció con 95 años, con la mente todavía clara. No sé si el contacto con las semillas híbridas favorece la longevidad, o quizá lo hace el pasar largo tiempo al aire libre.

Norman Borlaug en 1970, y Yuan Lonping en 1962,
los padres de la revolución verde.

Ni Borlaug ni Yuan son personajes demasiado conocidos. Sin embargo, creo que es bueno ponerles cara y darles el mérito que tienen en la vida actual de millones de personas... sin que la mayoría de ellas lo sepan.

Y es que hay que subrayar que uno de los mayores logros de la humanidad en el último siglo ha sido ese enorme aumento en la producción de alimentos. En las tres décadas posteriores a 1960, las cosechas mundiales se duplicaron, mientras la población crecía a un ritmo menor; así que la disponibilidad de calorías per cápita aumentó casi un 20 %. Ese fue el extraordinario progreso de la revolución verde. Sin ella, el hambre y la malnutrición habrían sido la norma en muchos países.

Un ejemplo: el rendimiento de trigo. Esto es algo que ha crecido espectacularmente; con la misma superficie de tierra, se produce muchísimo más. En el gráfico siguiente se compara cómo aumentó, desde los años 60, en tres países: España, China y Reino Unido. Hacia 1900, un agricultor español difícilmente podía conseguir una tonelada de grano por hectárea. En Reino Unido, mucho más lluvioso, se llegaba al doble. Pero desde 1960, las nuevas tecnologías agrarias han hecho que esa productividad se multiplique de forma constante. En Reino Unido se ha multiplicado por 4 (ahora están en torno a 8 toneladas/hectárea), y por un factor similar en España. China ha crecido aún más deprisa, teniendo en cuenta que partían de más abajo y que sus climas no son tan favorables al secano, y han multiplicado su productividad por un factor de 6 en este tiempo. Hoy, en España son normales cosechas de 4000 kilos por hectárea, cosa que a un agricultor de la época de la guerra de Cuba le hubiera parecido simplemente un sueño.

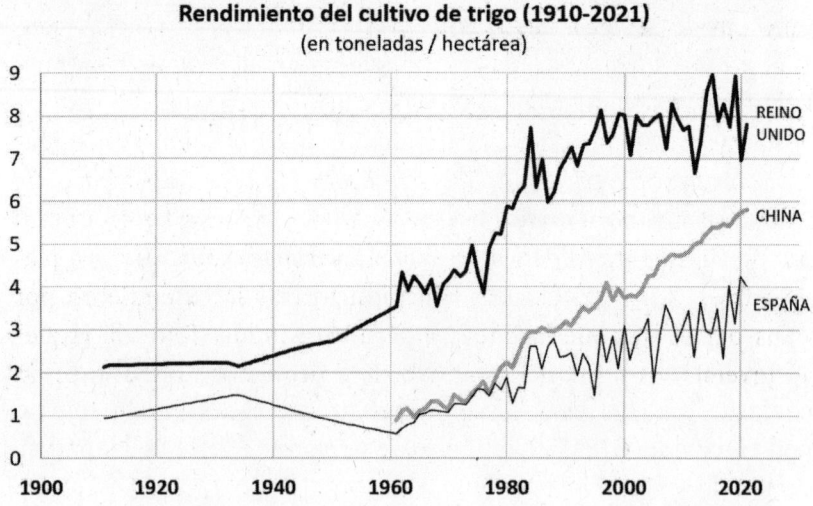

Rendimiento del cultivo de trigo (1910-2021)
(en toneladas / hectárea)

Claro que no todo es maravilloso, nunca lo es. Las actividades humanas siempre tienen una cara B, siempre hay que contrapesar los resultados positivos y los negativos. Y la revolución verde tuvo los suyos.

Conseguir una producción por hectárea que se multiplica por tres, cuatro o cinco no se consigue solo con variedades mejoradas de plantas. También es necesario aportar grandes cantidades de abono, sobre todo de nitrógeno, porque la materia orgánica no se crea de la nada. Además, mantener a raya a las plagas y malas hierbas requiere un consumo importante de plaguicidas y herbicidas, que evitan pérdidas enormes de producto. Y además se requieren parcelas grandes, mecanizables, en las que pueda trabajar maquinaria muy específica y de gran potencia (tractores, cosechadoras, abonadoras...), para conseguir economías de escala. La implantación de grandes infraestructuras de riego era además imprescindible para el arroz, el maíz o el algodón. En resumen, entre unas cosas y otras, como dice Vaclav Smil[7]: «... el secreto no es solo la productividad de las nuevas variedades. Para poder sacarles todo su potencial, ha sido necesario meter en cada hectárea 90 veces más energía que hace 150 años». Y es que la clave es la energía. Más energía para producir fertilizantes a partir del nitrógeno del aire, para construir canales, para bombear agua, para fabricar tractores, para llenar sus depósitos de combustible...

¿Tuvo consecuencias negativas? Pues sí, claro. Hubo afecciones al medio ambiente: contaminación de aguas subterráneas por nitratos, sobreexplotación de acuíferos, eliminación de insectos valiosos junto con las plagas, pérdida de diversidad genética vegetal, consumo de energía desbocado... Y además, las mejoras de productividad no siempre pudieron mantenerse a largo plazo.

Las granjas autosuficientes, que antes abastecían sus necesidades con su propio ganado y trabajo humano, ya no eran capaces de producir así. Ahora era necesario comprar una serie de productos que normalmente tenían que importarse: máquinas, abonos, plaguicidas... Las instituciones de crédito rural se extendieron por todas partes, porque la nueva agricultura industrializada requería inversiones y financiación. Muchos pequeños agricultores no

---

7   Smil, Vaclav: *Cómo funciona el mundo*. Ed. Debate, 2022.

pudieron con ella, o se fueron a la ruina y perdieron sus tierras por una mala cosecha. En algunas regiones la desigualdad aumentó. Además, al ser capaces de producir más con mucha menos mano de obra, sobraba gente en el campo que empezó a emigrar a las ciudades, y esto estuvo en la base del masivo movimiento poblacional, mayor aún en países en desarrollo, que ha llevado a la creciente urbanización del mundo. En 2008, por primera vez en la historia humana, se superó el hito del 50 %: había más gente viviendo en ciudades que en el campo.

Con el tiempo, muchos de estos problemas ambientales y sociales se han ido mitigando, aunque nunca evitado por completo. Precisamente, de cómo están cambiando —y cómo cambiarán— estas cosas iremos hablando también más adelante, a lo largo de este libro. Pero las alarmas contra las peores consecuencias de esta forma de producción se levantaron muy pronto, ya en los años 80. Sin embargo, por entonces el propio Borlaug se mostraba educadamente indignado con las críticas recibidas por grupos ecologistas opuestos a la revolución verde, que presionaban a las Fundaciones Rockefeller y Ford, y al Banco Mundial, para que dejaran de financiar proyectos agrícolas en África:

> Algunos grupos de presión medioambientales de las naciones occidentales son la sal de la tierra, pero muchos de ellos son en realidad elitistas. Nunca han experimentado la sensación física del hambre. Hacen su lobby desde cómodas oficinas en Washington o Bruselas. Si vivieran solo un mes en medio de la miseria del mundo en desarrollo, como yo lo he hecho durante cincuenta años, estarían pidiendo a gritos tractores, fertilizantes y canales de riego y se indignarían de que otros elitistas de moda, allá en su casa, estuvieran tratando de negarles estas cosas.

El caso es que la revolución verde no solo consiguió alimentar a más y más población. También hizo que la renta media de los agricultores no haya dejado de crecer desde sus inicios, en especial en países en desarrollo. Nada es del todo positivo ni negativo, y a menudo tenemos que elegir dónde queremos perder algo para ganar otra cosa, al menos al principio.

Pero ahora que hemos ubicado mejor esta revolución, volvamos a la pregunta del principio, que era: ¿ha terminado la revolución verde?

¿Se ha agotado ya el impulso de ese enorme progreso, o todavía hay recorrido para mejorar la productividad? ¿Podemos conseguirlo sin los indeseables efectos secundarios, ambientales y sociales, de esa «industrialización» agraria?

Se considera que esta fue la segunda de las revoluciones agrarias de la humanidad. La primera fue en el Neolítico, hace 10.000 años, cuando los humanos cazadores-recolectores aprendieron a cultivar y a criar ganado, se domesticaron las primeras especies vegetales y animales, y se alcanzó la seguridad de las cosechas. La segunda produjo el desacoplamiento entre los recursos naturales locales y la producción de comida, a costa de inyectar mucha más energía por hectárea que, al final, procedía de combustibles fósiles.

En nuestro siglo XXI la agricultura evoluciona y busca a la vez producción suficiente y económica, disminución de su impacto ambiental y adaptación a los cambios climáticos. Sí podemos decir que la revolución verde, como impulso inicial, como vuelco en la forma de hacer las cosas, es una fase concluida. Pero fue solo el principio de un impulso. Como muchas otras revoluciones, arrancó con una explosión de novedades para luego seguir avanzando de forma más estabilizada. Hoy su estela sigue con velocidad de crucero, y la producción primaria de alimentos está cambiando y va a seguir evolucionando de formas sorprendentes, como veremos en capítulos posteriores.

En una conmemoración de los 30 años de logros de M.S. Swaminathan —un científico indio que fue otro de los líderes globales de la revolución verde—, alguien de la FAO lo expresó así: «La revolución verde que transformó la producción agrícola en Asia-Pacífico, la región más grande del mundo, está viva y coleando, pero debe reorganizarse para adoptar innovaciones y tecnologías sensibles al clima, para satisfacer de manera sostenible las demandas cada vez más complejas de un mundo deficiente en nutrientes».

No sé si podemos llamarla la tercera revolución verde, o incluso haya alguna cuarta o siguientes, pero lo cierto es que están cambiando cosas. Se trata de alimentar al mundo, y especialmente al mundo en desarrollo, pero reenfocando el cómo. La utilización de organismos modificados genéticamente está teniendo sin duda un gran papel: ya no se trata de seleccionar genes solo cruzando plantas entre sí, sino intervenir en la propia molécula del ADN vegetal —que ahora comprendemos bastante mejor— para introducir genes útiles.

El salto en la mejora de variedades no solo es más grande, sino también en una dirección concreta, aunque no deja de ser algo sometido a muchas críticas.

Pero hay mucho más que hacer: conseguir un uso mucho menor de fertilizantes y pesticidas sintéticos, evitar la degradación del suelo, adaptarse al cambio climático, evitar la contaminación y la sobreexplotación de acuíferos, mantener la biodiversidad, e incluso colaborar sustancialmente en la fijación de CO_2. No es poco. La cola de la revolución verde lleva todo eso, y esto sin dejar de lado la responsabilidad de alimentar a la humanidad un poco mejor cada vez.

Iremos viendo por dónde parecen ir los pasos hacia ese futuro. Pero sin olvidar, una vez más, algo que dijo Borlaug hace ya muchos años:

> No hay milagros en la producción agrícola. No hay una bala de plata, ni tampoco existe una variedad milagrosa de trigo, arroz o maíz que pueda servir de elixir para curar todos los males de una agricultura tradicional estancada.

LA INDUSTRIA QUE FABRICA COMIDA

En el verano de 1809 estaban pasando muchas cosas en Europa. El continente estaba en medio de dos largas décadas de guerras, derivadas de la revolución en Francia —esta no fue de color verde— y de las campañas del ya por entonces emperador, Napoleón Bonaparte. Su imperio estaba en pleno apogeo: había derrotado a los austríacos, a los rusos, a los prusianos y a los británicos, había tomado Italia y acababa de consolidar la invasión de España. En ese mismo verano sus ejércitos vencían a los austriacos en Wagram y a los españoles en la batalla de Talavera.

Entonces, igual que hoy, mover ejércitos de un lado para otro no era tan solo mover personas y caballerías; significaba también mover ingentes cantidades de pertrechos, armas, municiones y comida. Sobre todo comida, porque eso hace falta todos los días, en cantidades enormes, da igual que sean días de combates o que no lo sean —que son la mayoría—. Napoleón lo sabía muy bien y por eso decía: «Un ejército marcha sobre su estómago». O sea, que un ejército mal alimentado ya ha perdido una parte de la guerra.

Por lo tanto alimentar con seguridad a sus tropas era una preocupación constante. En muchos lugares se podían proveer sobre el terreno, con lo que producían los territorios que ocupaban, pero en general no todo el año. Otros eran baldíos, escasamente poblados, demasiado áridos o demasiado fríos. Y además estaba la flota, que debía pasar largas temporadas en el mar sin tocar tierra. Así que siempre había que transportar alimentos, y además aprender a conservarlos para que no se echaran a perder. Salazones, ahumados, encurtidos, carnes curadas, quesos, bizcocho seco... todo valía. Hasta que alguien, un francés, inventó algo nuevo para el ejército. Algo muy útil.

Ese alguien fue Nicolas Appert. Había sido cocinero en varias casas nobles, hasta que se estableció por su cuenta en París con su propia confitería, *La Renommée*, y luego se dedicó al comercio mayorista de alimentos. Tuvo también sus devaneos revolucionarios, e incluso llegó a ser presidente de una de las secciones en que se organizó el París de la Revolución, la sección de Lombardos. Este cargo venía a ser como un alcalde de distrito, y eso no dejaba de ser algo demasiado expuesto en aquellos momentos convulsos, en que el Terror de Robespierre estaba en marcha con su guillotina. Así que en 1794, después de verle las orejas al lobo tras pasar tres meses en prisión, se lo pensó mejor, acabó alejándose de la política y se centró en sus tareas profesionales. Y gracias a ello, acabó perfeccionando un procedimiento nuevo para conservar todo tipo de alimentos: con Appert habían nacido las conservas.

El procedimiento que inventó consistía en meter el producto en unos tarros de cristal de boca ancha, taparlos con corcho, sellarlos y después someterlos a un «baño maría», o sea, hervirlos. El producto quedaba así pasteurizado (veinte años antes de que naciera Pasteur, y mucho antes de que se entendiera el papel de los microorganismos), es decir, libre de los microbios que podían degradarlo y además sometido a cierto vacío. De esa manera se conservaba durante meses o años, sin afectar apenas a su sabor y características, y daba igual que fuera un espárrago, una alcachofa o unos filetes de pescado. Hoy esto nos parece una simpleza, algo muy obvio, pero entonces era casi un milagro.

Appert llamó a su proceso *appertización*; creo que podemos perdonar esa falta de modestia. Perfeccionó el sistema y lo dio a probar en la marina francesa, donde lo encontraron muy satisfactorio, y comenzó a hacerse famoso en los periódicos. Ya habían pasado unos años, y siendo como era un admirador del emperador Bonaparte, decidió ofrecer el descubrimiento para uso de su ejército victorioso. Así que escribió al ministro del Interior, proponiéndole liberar el secreto de su proceso maravilloso; por un precio, claro está. Y el ministro lo aceptó encantado, precisamente en ese verano de 1809 con el que empezamos. Eso sí, le ofreció dos opciones: o bien patentar el proceso y explotarlo por sí mismo, con una contrata del ejército, o bien recibir un precio por liberar el proceso públicamente, para que cualquiera lo pudiera desarrollar. Appert optó por lo segundo, porque según dijo, «prefiero que la humanidad se aproveche de mi descubrimiento antes que enriquecerme». El premio a su generosidad fueron 12.000 francos, que no estaba nada mal para la época, pero tampoco te hacía rico: daría por entonces para comprar una casa pequeña y modesta.

El procedimiento de appertización se publicó en un libro que se distribuyó rápidamente. Enseguida la conserva se popularizó, y se extendió su uso primero a la marina, luego al ejército de tierra, y pronto a la población en general. Puede decirse que el tarro de conservas fue una gran ayuda a las campañas napoleónicas en la parte final de su trayectoria. Poco después, en 1814, el avispado inglés Peter Durand aprendió a aplicar el procedimiento y lo mejoró: en vez de usar un tarro de cristal, que requería un transporte cuidadoso, utilizó un envase de hojalata, que es una lámina de acero recubierta de una capa de estaño para evitar la corrosión. Había nacido la lata de conservas, la misma que nos acompaña hasta hoy en día. Al ser más segura de transportar y más ligera, era mejor para las tropas y para todo el mundo, y se hizo muy popular. El único problemilla es que había que abrirlas con un escoplo y un martillo, porque curiosamente el abrelatas no se inventó hasta cuarenta años después, al aparecer unas latas más ligeras.

Durand no fue tan desprendido como Appert y no se lo pensó dos veces: patentó su invento. Luego vendió la patente a Bryan Donkin, quien montó una fábrica de conservas, y los dos se forraron. Appert los visitó algo después en Gran Bretaña y comprobó que utilizaban su procedimiento, solo que cambiando de envase. Los ingleses le recibieron con honores, le nombraron «bienhechor de la humanidad», le dieron unas palmaditas en la espalda y después lo reexpidieron al otro lado del Canal sin la más mínima compensación económica.

Esta pequeña historia nos sitúa en el principio de lo que sería la industria alimentaria moderna. Las conservas fueron un primer paso de una industria destinada a procesar los alimentos para elaborarlos, preservarlos, transformarlos y ponerlos a disposición para su uso final. En realidad, un paso decisivo.

Es evidente, por otro lado, que la elaboración de alimentos es algo mucho más antiguo, ya que podemos considerar alimentos elaborados cosas como la cerveza, que los egipcios y sumerios ya fabricaban hace 6000 años. O el pan y el vino, que tiene un origen similar en la fermentación, y probablemente en la misma época. O el queso, cuyo origen se pierde en el tiempo y probablemente sea aún más antiguo, ligado a la primera ganadería. Pero la industrialización de estos procesos supuso un gran cambio: pasar de los procedimientos empíricos tradicionales a la aplicación de principios científicos, con los nuevos conocimientos que aportaban la física, la química o la bioquímica, que por cierto no dejan de avanzar. Y por supuesto, a una escala y con una eficiencia productiva enormemente superior.

Ya vimos que en el sector alimentario podemos encontrar tres grandes campos de actividad: uno es el sector primario, que es el verdadero —y único— productor de la materia prima, e incluye agricultura, ganadería y pesca; en medio está la industria alimentaria, que elabora y procesa; y finalmente el sector de la logística y distribución, que consigue transportar, almacenar y distribuir los millones de toneladas de comida de todos los tipos hasta las tiendas minoristas de al lado de casa o hasta el restaurante de la esquina. Eso es el sistema alimentario: un increíble sistema capilar, desde los campos hasta los lineales de la ciudad.

Si nos fijamos con un poco de atención en el supermercado nos daremos cuenta de que la industria alimentaria está prácticamente detrás de todos los productos. Dese una vuelta por allí, mirando con atención. Pasee por los pasillos y los lineales y observe: cajas de galletas, botes de refrescos, verduras congeladas, latas de cerveza, leche pasteurizada en brik, carnes precortadas y envasadas, yogures, conservas de pescado, mermeladas, embutidos lonchedos envasados al vacío... Le va a ser muy difícil encontrar algo que no haya sido procesado por la industria. Hay que ir a la sección de fruta y verdura para acercarse a eso, e incluso allí encontrará ensaladas preparadas, zanahorias envasadas, fruta troceada refrigerada... Y también esos calabacines, ese pepino o esos tomates tan bonitos han pasado por una central de selección, limpieza, encajado y refrigeración. ¿Y se fijó en que las patatas están calibradas, limpias y envueltas en una malla? Exacto: no salieron así del campo. Asúmalo, prácticamente todo ha sido procesado.

La industria alimentaria tiene bastante más peso en la economía de lo que a menudo se suele pensar. A nivel global, movía en 2022 unos 3 billones de euros. Por ponerlo en perspectiva, el PIB global —o sea, el total de riqueza creada en todo el mundo— fue de 93 billones de euros en 2022, y de él, la industria supuso un 28 %, por tanto 26 billones. Así que el sector industrial alimentario es casi el 12 % del sector industrial global. Y crece rápidamente.

No obstante, si tomamos solo los países avanzados el peso de la industria alimentaria es bastante mayor. En países como China, va ganando participación rápidamente a medida que aumenta su desarrollo. Y en Europa es el segundo subsector con más peso dentro de la industria, a la par con el primero que es la fabricación de automóviles; se ve así en el gráfico de la página siguiente, con los pesos relativos de los sectores económicos europeos. En algunos países —como España o Francia—, es directamente el primero de los subsectores industriales (20 % del PIB industrial).

Además de eso, la alimentación supone una buena parte del empleo de la industria europea. Emplea a 4,5 millones de personas, y es el primer empleador industrial en la mayoría de países, entre ellos los grandes productores de alimentos, como Francia y España (en Italia es el segundo).

La gráfica que hay después recoge el «top ten» de países europeos con mayor industria de la comida. Se recogen solo los diez que más producen, con la forma en que se distribuye su industria basándose solo en dos parámetros: facturación total del sector y número de empresas. Pueden observarse dos curiosos subconjuntos: a grandes rasgos, sucede que, entre los grandes productores, los países de tradición mediterránea (Francia, España e Italia) tienen una industria alimentaria muy potente pero muy atomizada, con miles de productores diferentes. Mientras que en los del norte de Europa (como Alemania o Países Bajos) hay mucha más tendencia a la concentración y las grandes empresas.

PIB Unión Europea: 11,6 billones € (2018)

39 %	20 %	15 %
Comercio, servicios y cultura	Industria	Actividades financieras e inmobiliarias
	19 % Sector público	5 % Construcción · 2 % Agricultura y pesca

PIB industrial: 2,3 billones €

48,9 %	14,4 %	14,2 %
Otras industrias	Automoción	Industria alimentaria
	9,1 % Maquinaria y equipos	7,8 % Industria química · 6,6 % Productos metálicos

Esta dispersión de las empresas tiene una segunda lectura muy interesante: especialmente en los países del sur, el alimentario es un sector con un fuerte arraigo en el territorio y que además genera mucho empleo estable. Y también es muy abierto al exterior: la Unión Europea es, de lejos, el mayor exportador de alimentos elaborados del mundo.

Hay que tener en cuenta también que es un sector muy «subsectorizado», permítame la expresión. Es decir, que existen multitud de especialidades diferentes que representan líneas de conocimiento y producción completamente distintas. Por ejemplo, el mundo de la producción del vino no es ni remotamente parecido al de la elaboración de productos cárnicos, y este tiene peculiaridades muy diferentes al sector lácteo o al de preparación de frutas y hortalizas. Cada uno es un pequeño mundo diferente, con sus exigencias de proceso, de higiene, de expectativas del cliente final o incluso de tradiciones locales.

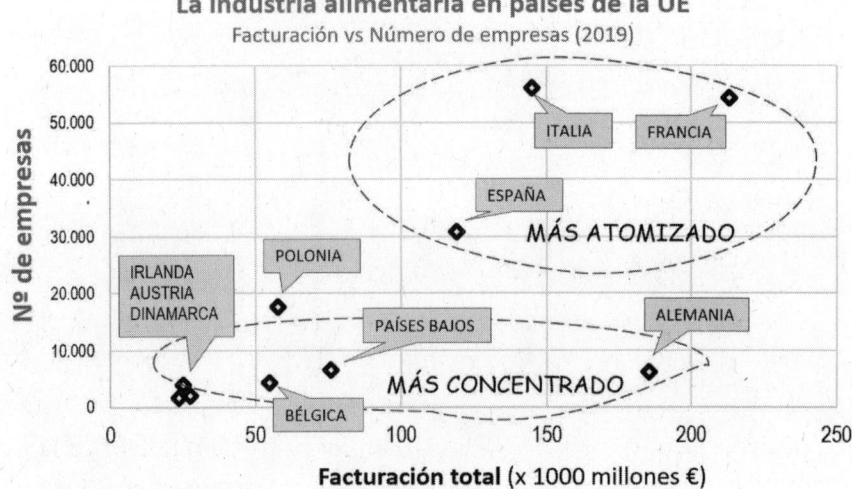

La industria alimentaria en países de la UE
Facturación vs Número de empresas (2019)

Por último, hay que observar que la alimentaria es una industria que está siempre innovando, adaptándose a los gustos cambiantes o proponiendo nuevas opciones. Puede parecer que no hay ninguna innovación en un yogur o en una galleta, pero no se deje engañar, es todo lo contrario. Piense, por ejemplo, en el tipo de comida que consumía hace 20 años. ¿Cuántas cosas han cambiado? Pues muchas que ve, pero también muchas otras que no ve, como la seguridad del producto, las características de unos envases cada vez más sofisticados o la forma de producción. Los consumidores nos cansamos a menudo de los productos y queremos cambiar, o apreciamos que sean más fáciles de usar, más cómodos, más naturales o más respetuosos con el medio ambiente. La investigación en el mundo alimentario no para. Hoy en día, sus principales vías de búsqueda —al final relacionadas con lo que quiere el cliente, con las tendencias del mercado—, son estas:

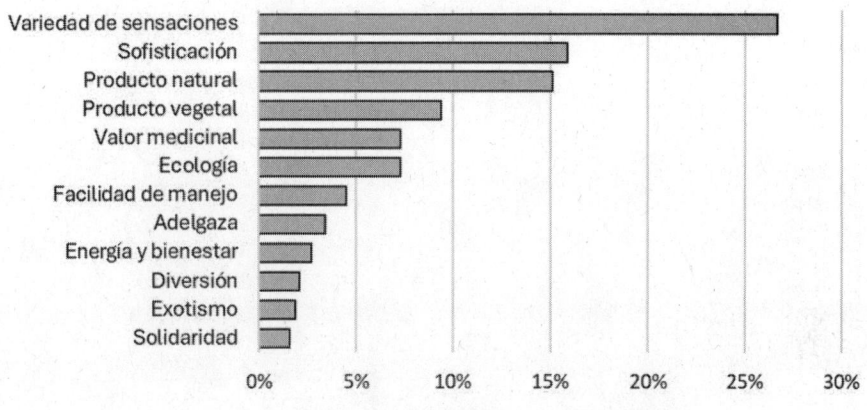

TENDENCIAS DE INNOVACIÓN ALIMENTARIA
(Europa, 2020)

% de tendencias citadas por la industria

En resumen, y como cabía imaginar, la industria que fabrica la comida tiene un gran peso hoy y lo tendrá cada vez más en el futuro de la alimentación. Exploraremos sus tendencias con más detalle un poco más adelante.

2.
El cambio climático y otros futuros

PREDICCIONES SOBRE EL CLIMA

El clima está cambiando. Siempre ha cambiado, pero últimamente lo hace más deprisa. Espero que nadie tenga ya dudas sobre esto. También espero que nadie suelte el libro y salga gritando a la ventana, desesperado por las noticias que no paramos de ver sobre inundaciones, incendios y catástrofes. Vamos a verlo con un poco de calma, y vamos a ver sobre todo cómo esto va a ir afectando a la manera en que producimos la comida.

Es conocido que estamos en un periodo interglacial, cuyo último máximo —la mayor extensión del hielo— se dio hace unos 20.000 años. Desde entonces el mundo se está calentando lentamente, y seguirá así hasta que el ciclo cambie y llegue el próximo periodo, lentísimo, de enfriamiento. En los últimos milenios, ha habido oscilaciones pero siempre una tendencia general a más calor.

Pero desde hace algunas décadas todo se está acelerando. La temperatura aumenta bastante más, y más rápido, de lo esperable. Y el responsable principal es un gas: el CO_2. Este es un gas de efecto invernadero que favorece el calentamiento de la atmósfera; no hace falta que entremos ahora en detalles sobre los mecanismos, que son generalmente conocidos. En las épocas interglaciales anteriores —los «ciclos cálidos»—, la concentración de CO_2 en la atmósfera estaba un poco por debajo de 300 ppm[8]. Sin embargo ahora se ha disparado a 440 ppm (un 50 % más), y sigue hacia arriba. Lo que está detrás de este sorprendente aumento también está claro: la actividad de los seres humanos. Llevamos dos siglos extrayendo carbono de la tierra y quemándolo, para volver a liberarlo como CO_2 en la atmósfera, de donde se fijó hace millones de años para formar vetas de carbón o yacimientos de petróleo. Estamos acelerando su ciclo y, con él, acelerando también el calentamiento de la atmósfera. A más CO_2 en el aire, más calor se retiene y más altas son las temperaturas a largo plazo.

Por supuesto, el clima influye en muchas cosas. Y por muy urbanitas que seamos, todos sabemos perfectamente que el clima es decisivo para la producción de alimentos. Así que seguro que va a haber cambios también en esto, y sería muy bueno que pudiéramos tener una idea de por dónde van a ir. Para prepararnos, más que nada.

La mejor información con la que contamos sobre este asunto son los informes del IPCC, o Panel Internacional para el Cambio Climático. Este Panel es una agrupación de centenares de científicos de muchos países que estudian la evolución del clima, escriben informes y se supervisan mutuamente. Analizan la situación actual, y además utilizan la información disponible para elaborar modelos matemáticos sobre lo que pasará en el futuro, modelos cada vez más sofisticados. Ojo, no dejan de ser modelos matemáticos, no profecías. Con ellos se intenta estimar qué pasará varias décadas más adelante, así que todo el mundo asume —al parecer, excepto la prensa— que tienen un nivel de confianza digamos limitado, sobre todo en el largo plazo. Que no hay más remedio que ir observando la realidad e ir ajustando los modelos, que no obstante son lo mejor que tenemos para intentar vislumbrar hacia dónde vamos.

El IPCC emite un informe cada cuatro o cinco años, en el que evalúa la situación actual y modeliza el futuro. El sexto informe (llamado AR6) es de 2021; es el último disponible en el momento de editar este libro, y será por tanto en el que me base para todo lo que

---

8   ppm = partes por millón. Es una medida de concentración que se usa para gases y líquidos diluidos. Significa «un gramo por cada millón de gramos», o sea, un gramo por cada tonelada. Sí, es poquísimo. La concentración del CO_2 es tremendamente baja y, aun así, sus efectos son muy notables.

sigue. Se trata de un espeso informe de 3200 páginas, disponible para todo el que esté interesado en la web del IPCC (https://www.ipcc.ch/report/ar6/wg2). Tranquilos, como en el caso de este libro, tampoco hace falta leerlo todo.

Los modelos a futuro intentan estimar lo que sucederá para momentos tan lejanos como 2050 y 2100, en todas las regiones del mundo. Lo que se evalúa son cosas como la temperatura media anual, la temperatura media en cada estación del año, la precipitación media, las precipitaciones más intensas, la afección a la fauna marina, la afección a las cosechas de distintos cultivos, a la salud humana y muchas cosas más de este estilo. Digamos que son parámetros que tienen que ver con un calentamiento progresivo y con la consiguiente modificación del clima.

Pero los que hacen los modelos no son adivinos ni tienen una bola de cristal. Lo que hacen es hacerse preguntas, emitir hipótesis, del tipo: ¿y qué pasará con las lluvias en África si las emisiones de CO_2 aumentan hasta 2040 y luego empiezan a disminuir? ¿Y qué pasará si no disminuyen hasta 2080? ¿Y qué pasaría si desaparece todo el CO_2 mañana por la mañana? ¿Y si seguimos aumentando su producción a toda máquina sin parar? Para cada una de esas preguntas se elabora un modelo, se hacen los cálculos y se tienen unas respuestas. Por eso es importante entender que las predicciones a futuro acumulan dos tipos de incertidumbres: las del propio modelo —que es menos fiable cuanto más lejos intentamos predecir—, y las de las hipótesis de partida. Porque no sabemos cuál de las preguntas reflejará la realidad.

En primer lugar, todos los modelos coinciden en que las temperaturas seguirán subiendo globalmente. Hasta dónde, y cuándo parará esa subida, depende de cómo seamos capaces de recortar las emisiones de CO_2. Pero todo parece indicar que no seremos capaces de hacerlo de forma decisiva antes de la segunda mitad del siglo, en torno a 2060. Y también, que lo más probable es que las temperaturas aumenten hasta algo que estará entre 1,8 y 2,5 ºC antes de estabilizarse (ya vamos por 1,4 ºC, respecto a la media del periodo 1850-1900).

La gráfica que recoge la evolución de las temperaturas es contundente. A partir de los años 80, las temperaturas comienzan una escalada muy evidente. Lo que pase en el futuro obviamente no lo sabemos, y depende de lo que hagamos, pero parece que lo tenemos más o menos acotado dentro de una probabilidad razonable. Eso sin perder de vista que cualquier certeza sobre lo que pasará en 2100 está claramente más allá de nuestro alcance.

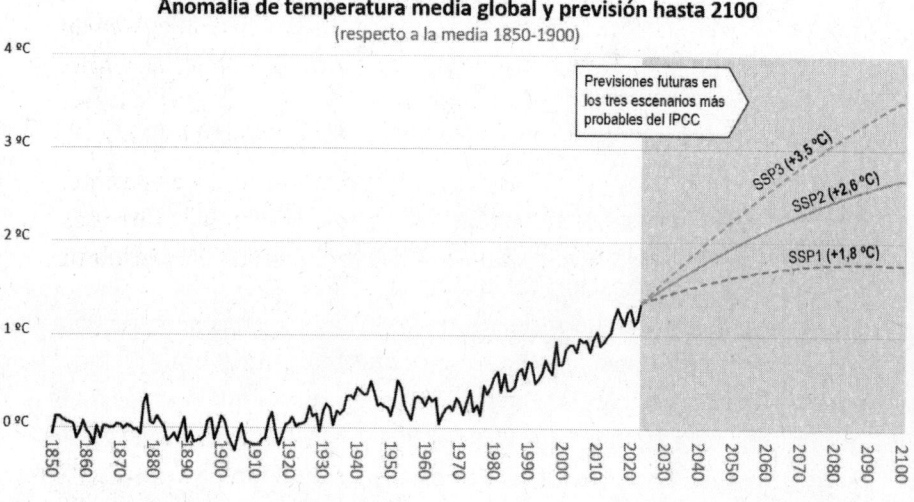

Anomalía de temperatura media global y previsión hasta 2100
(respecto a la media 1850-1900)

Previsiones futuras en los tres escenarios más probables del IPCC

SSP3 (+3,5 °C)
SSP2 (+2,6 °C)
SSP1 (+1,8 °C)

En segundo lugar, veamos qué es lo que nos dice el informe del IPCC que pasará con el agua, que es otro factor crítico para la producción de comida. Siempre asumiendo las hipótesis intermedias, por tanto las más probables y no las más catastrofistas. Si el tema le interesa, recomiendo echar un vistazo a los mapas de colores que contiene el Anexo al AR6; son bastante comprensibles y le ahorrarán leer las otras tres mil páginas del informe.

Desde luego, hay que subrayar que necesariamente el ciclo del agua está cambiando. El calentamiento global está acelerando ese ciclo, ya que hay cada vez un poco más de energía en el sistema atmosférico. Esta aceleración supone un aumento de la evaporación en los océanos a consecuencia del aumento de la temperatura. Como resultado, habrá mayor cantidad de agua circulando en la atmósfera en forma de vapor y por tanto más cantidad acabará precipitando de nuevo como lluvia. Esto es exactamente lo que predicen los modelos: más lluvia, no menos. A pesar de lo que vea en los noticiarios, lo que dice el IPCC es que no vamos hacia un mundo más desértico: no, vamos hacia un mundo más tropical.

En general el AR6 prevé un aumento moderado de precipitaciones en la mayor parte del mundo, con mayor intensidad en zonas subtropicales, especialmente en una franja que recorre el Sahel africano, el sur de la Península Arábiga y el sur y sureste asiático[9]. Sin embargo, hay otras zonas en las que se prevé un descenso de la precipitación: la cuenca mediterránea, (con más intensidad en el área de Marruecos y extremo sur de España), y las costas orientales de Chile, Namibia y Australia, todas ellas ya de por sí bastante secas. No obstante, hay que decir que el acuerdo de los diferentes modelos es bastante bajo sobre estas cosas, así que la incertidumbre permanece. Mientras que las previsiones sobre la temperatura son bastante más claras, las tendencias a futuro de las precipitaciones anuales resultan más bien inciertas.

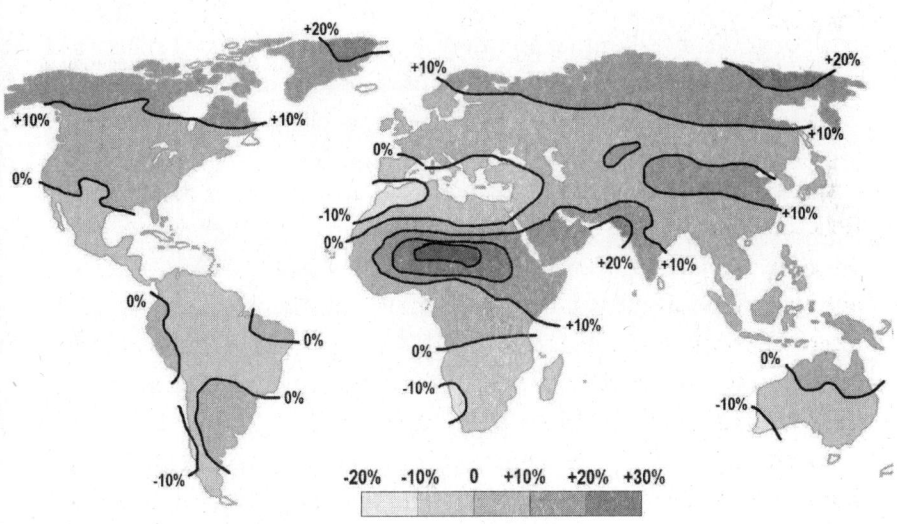

Variación esperada en las precipitaciones medias para 2100
(modelo de probabilidad intermedia, aumento de temperatura 2 ºC).
Datos: Informe IPCC AR6, 2022.

---

9   No se deje engañar por el aumento de lluvias en el Sáhara: se espera un aumento que es importante en porcentaje… pero significa bien poca cosa. Donde hoy lluevan 40 mm pasarán a tener 60 mm, que es mucho más, pero sigue siendo extremadamente árido.

Pero cuando miramos a los valores extremos se ven otros problemas. Los modelos globales concuerdan, en gran medida, en un incremento futuro de las sequías y las inundaciones. Una vez más, esto no es algo general, sino que va por zonas.

En cuanto a las sequías, parece que va a haber un mayor riesgo, aunque limitado precisamente a las regiones que hoy en día son ya más propensas a ellas: el sudoeste de Norteamérica, la costa norte de Chile o el nordeste de Brasil, en América; la región mediterránea y la costa del mar Negro, en Europa; el norte de África y el entorno del Cabo de Buena Esperanza, en África; y en Asia, la península Arábiga, buena parte de la India, parte de Asia Central y el nordeste de China.

Ojo, porque las sequías no tienen que ver solo con las precipitaciones, sino que una mayor temperatura implica mayor evapotranspiración y mayor demanda de agua por los cultivos, por lo que puede haber situaciones de estrés incluso con precipitaciones similares. Como vemos, muchas de las regiones en riesgo ya tienen hoy conflictos por la escasez de agua, así que hay que levantar una alerta para el futuro y prepararse para hacer las cosas de otra manera. A pesar de las grandes incertidumbres en los modelos climáticos, parece claro que habrá algunas zonas con grandes impactos en los extremos climáticos y los recursos hídricos, aunque parece que aún tardaremos en notar las diferencias.

Y muy importante: las predicciones del AR6 analizan también la influencia del cambio climático en las cosechas, y por tanto en la producción de alimentos. Aquí, una vez más, la incertidumbre es muy grande. Además las tendencias son diferentes para diferentes cultivos, lo que hace más difícil predecir la situación general. Por ejemplo, se estima una considerable caída en la productividad del maíz, que podría dar cosechas un 25 % inferiores para final de siglo (aquí hablamos de toneladas de grano por hectárea). Sin embargo, el arroz presenta una reducción mucho más ligera, del orden del 6 % para final de siglo, algo similar a la del trigo. Y por otro lado, se espera que las zonas aptas para el cultivo del trigo aumenten, al llegar temperaturas moderadas más al norte, con lo que las cosechas totales de trigo se estima que aumentarán.

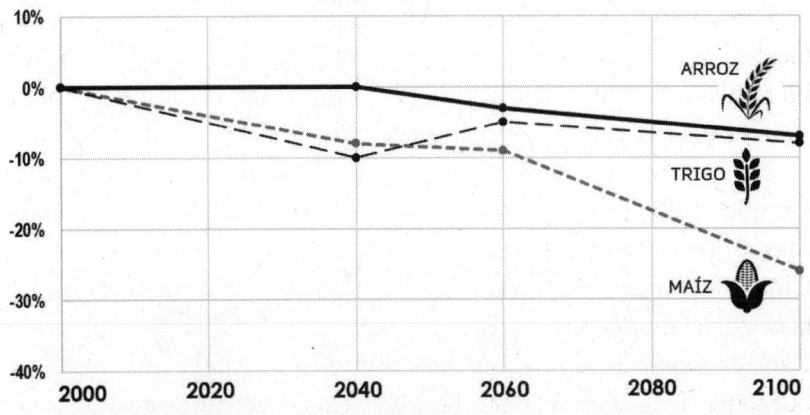

Proyección de los rendimientos de los principales cultivos
(respecto a 2000-2010, para probabilidad intermedia (RCP 4.5)
y considerando el efecto del CO_2)

Adaptado del Informe AR6 (2022) del IPCC

Los rendimientos de los cultivos dependen en gran medida del clima medio, de las temperaturas extremas y de las concentraciones de CO_2, todo lo cual se prevé que aumente en el próximo siglo. Y no hay que olvidar que, si están disponibles los demás recursos, el aumento de la concentración de CO_2 en la atmósfera juega a favor de la mayor productividad agrícola (más CO_2 y más calor, implica más fotosíntesis). Y de biomasa en general, también la forestal. De hecho, ya se ha observado la densificación de las masas forestales, además de un claro aumento de la superficie forestal en las latitudes templadas. En las latitudes tropicales, sin embargo, la deforestación por causas humanas sigue avanzando y la superficie de bosque disminuye, aunque cada vez más despacio. Pero el balance global de superficie de bosque del planeta es neutro, e incluso tiende a ir mejorando para el futuro inmediato (según la FAO).

El impacto del cambio climático en el rendimiento de los cultivos proyectado para el siglo XXI es generalmente negativo, incluso con los efectos de la fertilización con CO_2. Es así para los cuatro cultivos clave: para el maíz, la soja, el arroz y el trigo. Pero todos estos estudios del IPCC descuentan expresamente el efecto de algo que tiene una importancia enorme: la evolución tecnológica. La cuestión es si, a medida que las cosas cambien, los humanos vamos a quedarnos quietos. ¿O seremos capaces de adaptarnos?

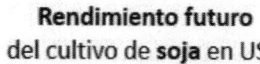

Rendimiento futuro
del cultivo de **soja** en USA

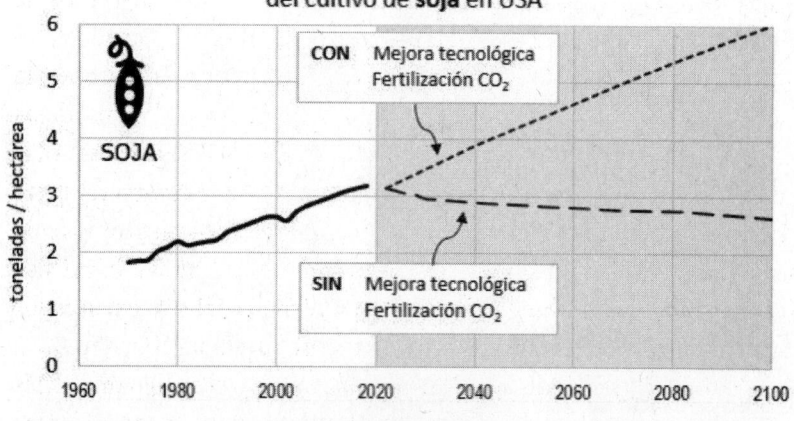

Rendimiento futuro
del cultivo de **arroz** en USA

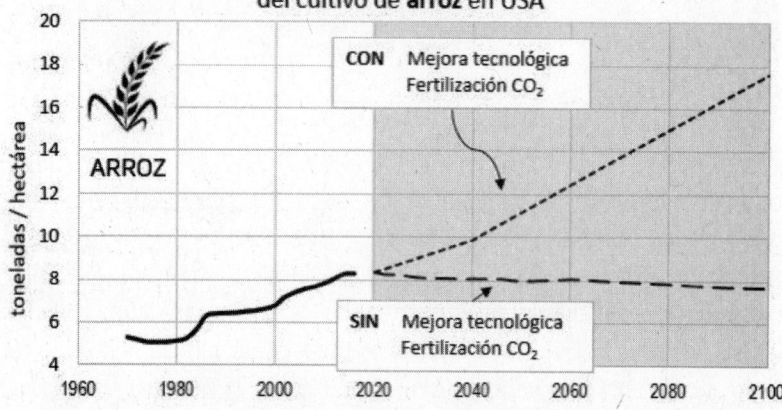

Lo cierto es que hay otros estudios[10], como el que se sintetiza en la gráfica anterior, que indican que, si se tiene en cuenta la evolución tecnológica (cosa que, por otro lado, es sumamente difícil de prever y solo puede hacerse como proyecciones del pasado), la diferencia en los rendimientos de las cosechas estaría claramente a favor de más productividad.

Pero en realidad, lo que todos estos estudios —tan discrepantes— muestran es que los impactos reales del cambio climático en los rendimientos futuros de los cultivos tienen una enorme incertidum-

---

10 La gráfica está adaptada del estudio de Lillian Kay Petersen: *Impact of Climate Change on Twenty-First Century Crop Yields in the U.S.*; Climate (MDPI), 2019.

bre. Y al final, enfatizan la necesidad de investigar sin pausa sobre los efectos combinados de la fertilización con CO_2, los extremos de calor, la escasez de agua y la genética de las plantas.

En cualquier caso, es muy atrevido avanzar lo que sucederá en la agricultura dentro de sesenta, setenta u ochenta años. Los modelos realmente no pueden tener en cuenta el efecto de las posibles adaptaciones tecnológicas, que de aquí a final de siglo son completamente impredecibles. En este libro intentaremos proyectar los cambios que ya se están viendo y que marcarán las tendencias de las próximas décadas, pero desde luego los cambios tecnológicos y los nuevos conocimientos pueden cambiar muchas cosas en el largo plazo.

Vaclav Smil —al que recomiendo leer siempre que pueda—, es un autor de referencia, clave en el análisis del uso de la energía y los recursos naturales, y lo expresa con gran contundencia:

> Nadie en 1945 podría haber predicho un mundo con 5000 millones de personas más, que además estarían mejor alimentadas que en cualquier otro momento de la historia. Toda una vida después, no hay razón para creer que estamos en mejor posición para prever el alcance de las innovaciones técnicas venideras, los acontecimientos que darán forma al futuro de las naciones y las decisiones (o su lamentable ausencia) que determinarán el destino de nuestra civilización durante los próximos 75 años.

Lo que está muy claro es que mientras las concentraciones de gases de efecto invernadero sigan aumentando, no podemos esperar resultados diferentes a los observados hasta ahora. La temperatura seguirá al alza, y también lo harán los impactos de las olas de calor y las sequías. Y no parece muy probable que alcancemos un pico en el CO_2 antes de mediados de siglo. Concretamente, las emisiones mundiales de CO_2 relacionadas con la energía y procedentes del carbón, petróleo y gas natural, aumentarán en los próximos 30 años en la mayoría de los modelos estimados, para empezar a disminuir solo después (la EIA, Administración de Información Energética de EE. UU., lo ha proyectado así en su *International Energy Outlook 2023*).

LOS APOCALÍPTICOS

Los siete ángeles con las siete trompetas se dispusieron a tocarlas. El primero dio un toque de trompeta: hubo granizo y fuego mezclados con sangre, que fue arrojado a la tierra. Se quemó la tercera parte de la tierra, junto con la tercera parte de los árboles y toda la hierba verde. El segundo ángel dio un toque de trompeta: una montaña enorme se desplomó ardiendo en el mar. La tercera parte del mar se volvió sangre, la tercera parte de los seres vivos marinos pereció, y la tercera parte de las naves naufragó.

Este texto dramático es solo un fragmento del Apocalipsis. Del bueno, del original: el último libro de San Juan, del siglo I, que relata la destrucción de la tierra bajo todo tipo de venganzas divinas y demoníacas. «Apocalipsis» significa en griego «revelación»: es el libro que pone al descubierto el fin de los tiempos.

Por alguna razón, este es un género literario que ha tenido mucho éxito en todas las épocas. Nos encantan las historias truculentas que hablan de la destrucción del mundo. En muchos casos se especifica además una fecha, en general próxima, para la catástrofe total. Luego esa fecha se prorroga sin más problemas, a medida que se llega al momento previsto sin que pase nada relevante. Hay incluso un subgénero en el cine que trata de desastres masivos y planetarios, bastante exitoso, por cierto; creo que en el fondo, cuando vemos esas películas, pensamos: «Esto no pasará, pero ¿y si...?».

En esta línea, las predicciones catastrofistas sobre la población y los recursos son una constante en nuestra historia. Una de las más antiguas y clásicas es la del reverendo Thomas Malthus, en el *Ensayo sobre el principio de la población*, con su teoría de que el mundo ya no podría soportar el crecimiento de la población que entonces veía. Fue escrita en 1798, cuando el mundo tenía mil millones de habitantes. Ahora, recuerde, somos ocho mil millones. Ocho veces más.

Tuvo aún más impacto el libro *The Population Bomb* (*La explosión demográfica*), una obra escrita en 1968 por Paul R. Ehrlich; entonces éramos 4000 millones, la mitad que en 2025. El libro predecía una hambruna masiva durante los años 1970-80, por el crecimiento sin freno de la población mundial, y pedía acciones políticas inmediatas para limitar el crecimiento demográfico. La obra fue un best-seller, vendió dos millones de ejemplares... pero estaba profundamente equivocada, como se puede ver con la distancia del tiempo. Se escribió en un momento en que el crecimiento de la población alcanzaba su pico, con un 2,1 % de aumento anual, lo que explica la percepción de crisis. Pero hoy el crecimiento ya ha bajado al 0,9 % y cae de forma acelerada.

Otra obra de referencia en esta línea fue *Los límites del crecimiento*, publicado en 1972 por El Club de Roma, y desarrollado por el MIT[11]. Este estudio modelizaba el crecimiento económico en un entorno de recursos limitados, como es el mundo en que vivimos. La principal conclusión del estudio fue categórica: el planeta tiene límites físicos infranqueables. No se puede crecer indefinidamente en un planeta finito, lo cual parece bastante lógico. Del estudio se derivaba una advertencia clara: si todo se seguía haciendo como hasta entonces, el mundo sobrepasaría su capacidad de carga en menos de cien años, y antes de eso se produciría un colapso social, una brusca caída de la población y un freno consecuente en el desarrollo. Este momento de colapso podría alcanzarse en las primeras décadas del siglo XXI.

La verdad es que las conclusiones del estudio tenían un aspecto muy sensato. Además, el libro no era abiertamente apocalíptico: ofrecía opciones a la esperanza, ya que sus modelos también concluían que, si se cambiaban cosas, era posible estabilizar el sistema y permitir el desarrollo sostenido de nuestras sociedades.

Hay que entender que obras como *La explosión demográfica* o *Los límites del crecimiento* vieron la luz en torno a los años 70, cuando la velocidad de expansión de la población estaba en su pico más alto y el desarrollo económico ignoraba todavía cualquier límite ambiental. Estaban en la parte disparada de la curva, de manera que el crecimiento parecía exponencial y daba miedo. Aún no había empezado a plegarse hacia otro modelo de curva que es el que hoy parece más probable: la sigmoide.

---

11   El Club de Roma es un «laboratorio de ideas» (o *think tank*) fundado en 1968 y formado por científicos, economistas y expolíticos; su tendencia podría calificarse como ecologismo político. Por su parte, el MIT (Massachusetts Institute of Technology) es una universidad estadounidense, una de las más prestigiosas a nivel mundial.

En general suele pasar que las teorías catastrofistas no tienen en cuenta dos cosas. La primera, que el crecimiento de la población sigue la pauta natural de cualquier especie que se desarrolla en un entorno de recursos suficientes: una curva sigmoide (o «en forma de S»). Para entenderlo, puede ver en la gráfica siguiente cómo se parecen dos procesos biológicos aparentemente ajenos: el crecimiento de la levadura de la cerveza, y el de la población humana en el mundo —este, según la pauta que se vio en el primer capítulo—.

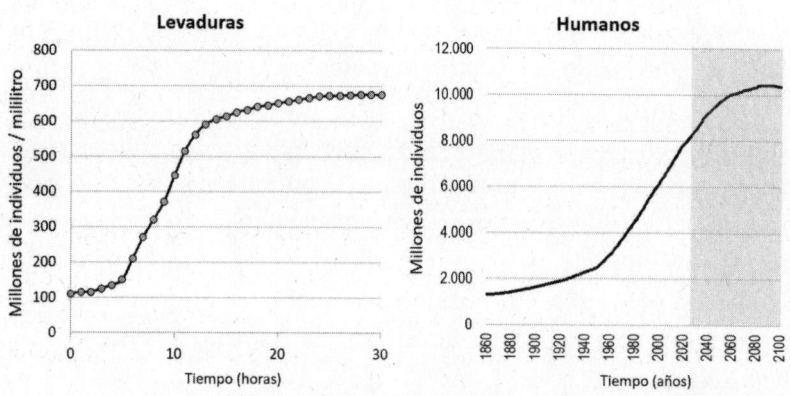

A la izquierda, crecimiento de levaduras (*Saccharomyces cerevisiae*) en una disolución del 10 % de glucosa.
A la derecha, crecimiento de la población humana en el mundo.

La primera curva muestra la explosión demográfica de las levaduras cuando empiezan a fermentar una disolución rica en azúcar, o sea, un medio ideal para su vida. Solo que esta se va agotando a medida que hay más y más millones de levaduras, y poco a poco ya no pueden crecer más. ¿Y en qué se parecen las dos gráficas? Pues en todo. Ambas son curvas sigmoides, con una fase de crecimiento lento, luego un crecimiento acelerado, otra fase de estabilización progresiva y finalmente dejan de crecer o incluso decrecen levemente. La de las levaduras es una versión a escala, en tiempo y espacio, de la curva de los humanos. Cuanto más empinada es la curva, más rápido es el crecimiento. Pero nunca sigue creciendo indefinidamente como un cohete, el crecimiento acaba decayendo. Y eso está pasando ya con la población humana.

Y la segunda cosa que las teorías catastrofistas no tienen en cuenta es el progreso del conocimiento y de la tecnología; en 1789 nadie podía ni imaginar el mundo de 2030, y en 1968 a duras penas. Esta última crítica ya la formuló, respecto a Malthus, otro conocido pensador del siglo XIX: Karl Marx en *El Capital*.

Todo este asunto —aparentemente peregrino— de la sigmoide tiene un significado sencillo: que nuestro comportamiento global como población no es algo raro ni excepcional, ni mucho menos antinatural. Tendemos a ajustarnos progresivamente a los recursos y a un determinado uso de ellos, con la misma cinética que cualquier otra población de seres vivos, y vamos estabilizando nuestro crecimiento. Y, como tales seres vivos, utilizamos para ello lo que tenemos, las herramientas de las que nos dotó la evolución: la inteligencia y el pulgar oponible. Gracias a ellas podemos hacer dos cosas importantes: tomar decisiones y fabricar cosas.

Sin duda el crecimiento tiene unos límites, eso es evidente. La pregunta es si estamos cerca de alcanzarlos. Quizás la curva de crecimiento de nuestra especie es la que ya empieza a dibujar con claridad esos límites, queramos o no, nos guste o no. Igual que les pasa a las pobres levaduras.

Así que probablemente con la comida pase algo parecido. Vemos que nos enfrentamos al problema de producir más alimentos, de forma segura, y encima tenemos que hacerlo en un entorno de cambio climático y evitando dañar el medio ambiente. Pero lo que ahora parece muy difícil de abordar, probablemente no lo sea tanto en el futuro. Nuestro crecimiento poblacional parece acotado, y respecto a nuestra capacidad tecnológica es imposible prever hacia dónde evolucionará, pero seguro que lo hará. Aunque no sabemos si será suficiente; ya iremos viendo.

Los apocalípticos suelen desacreditar a los que creen que la tecnología puede ayudar a arreglar las cosas, y les aplican el nombre de «tecnoptimistas». La verdad es que no es posible prever lo que seremos capaces de hacer dentro de cien años; y si miramos otros cien años hacia atrás, algunos progresos actuales parecen increíbles, pero eso tampoco nos garantiza nada para el futuro. No obstante, nuestro historial de adaptación es bastante bueno. Algunos catastrofistas parecen creer que el mundo está condenado salvo que empecemos a eliminar gente ahora mismo y volvamos a vivir en un nivel similar al del siglo XVIII. Entonces, según parecen pensar, ¿vamos a morir todos?

Catastrofismo frente a tecnoptimismo: ¿y si no fuera necesario irse a ninguno de esos extremos? Seguro que la tecnología no lo podrá todo, y quizá incluso tenga algunos efectos negativos, pero hasta ahora no nos ha ido mal del todo utilizándola, en términos de más población que cada vez vive mejor. Si visualizamos esto como una cuestión de probabilidades, podemos entenderlo mejor con una apuesta; y es que uno percibe subjetivamente la probabilidad en función de lo que está dispuesto a apostar. ¿Apostaría 1000 euros a que el mundo habrá colapsado para 2050? ¿O los apostaría a lo contrario? Yo, personalmente, apostaría a lo contrario. Pero eso no deja de ser una apuesta, y como tal puedo equivocarme y perder; es simplemente mi evaluación de probabilidades. En todo caso, piense que si apuesta por el colapso, yo tendré ventaja: si gana, no tendré que pagarle porque estaremos en un mundo desarticulado, o al menos mi dinero no valdrá nada para entonces. Buena jugada.

De todos modos, y aunque apueste por el colapso, no deje aquí el libro, por favor. En lo que sigue podrá conocer, entre otras cosas, adaptaciones que van en la línea de mitigación y adaptación que necesitaremos y que podría evitarlo.

Pero conviene observar que los discursos apocalípticos pueden ser incluso contraproducentes para el futuro. En la COP 28, la cumbre del clima de Dubái en 2023, el secretario general de las Naciones Unidas, el portugués Antonio Guterres, se expresaba así: «Los signos vitales de la Tierra están fallando: emisiones récord, incendios feroces, sequías mortales y el año más caluroso de la historia. […] No podemos salvar a un planeta en llamas con mangueras de hidrocarburos». Esta retórica tremendista del planeta en llamas va en línea con otras frases anteriores de Guterres: «Estamos en una autopista hacia el infierno climático con el pie en el acelerador». Claro, si asumimos sin más estas expresiones apocalípticas no nos queda otra que decir amén a todo lo que nos proponga para evitarlo, sin más análisis. Pero no olvidemos que Guterres es un político, al fin y al cabo; en parte está obligado a hablar así para intentar promover una reacción.

También son impactantes las declaraciones de otro conocido personaje público: Greta Thunberg, que no es política, ni científica, pero tampoco necesita presentación. En la cumbre de Davos de 2019

—por entonces tenía 16 años— dijo: «No quiero que tengas esperanza, quiero que entres en pánico. Quiero que sientas el miedo que yo siento todos los días y luego quiero que actúes». [...] «Nuestra casa está en llamas. Estoy aquí para decirles que nuestro hogar está ardiendo». Y poco después, ante el Parlamento Europeo: «Alrededor del año 2030, dentro de 10 años, 259 días y 10 horas, habremos llegado a un punto en el que desataremos una reacción en cadena que probablemente supondrá el fin de nuestra civilización. Nos estamos enfrentando a la sexta extinción masiva». En este caso, el mensaje apocalíptico incluía una fecha objetivo, todo un clásico del género.

A pesar de todo, no se puede negar la buena intención de estos mensajes, aunque sean bastante hiperbólicos: intentan provocar una acción. Pero, por suerte, tenemos alternativa en cuanto a estilo. Y no se trata en este caso de una persona sospechosa de negacionismo climático, ni mucho menos. Se trata de Jim Skea, un escocés que, desde julio de 2023, es el nuevo presidente del IPCC: el Panel Internacional para el Cambio Climático, lo que podríamos considerar el consejo de sabios de la ONU que analiza sistemáticamente cómo evoluciona y hacia dónde nos puede llevar. Skea es físico, profesor de Energía Sostenible en el Imperial College de Londres, y ha tenido responsabilidades importantes en el IPCC desde 2015. Con su nuevo cargo, le tocará dirigir la elaboración del séptimo informe del organismo. En fin, es lo que cualquiera llamaría «una voz autorizada». Pues bien, Jim Skea, en una entrevista a Der Spiegel, dijo lo siguiente:

El calentamiento global de 1,5 °C por encima de los niveles preindustriales no es una amenaza existencial para la humanidad. Es un objetivo importante, que no sabemos exactamente cuándo se alcanzará, aunque algunos años en particular podrían superarlo ya en esta década.

Sin embargo, no debemos desesperarnos y caer en un estado de shock cuando el mundo supere los 1,5 °C. El mundo no se acabará si se calienta más de 1,5 °C. Pero, desde luego, será un mundo más peligroso. Los países se enfrentarán a muchos problemas, habrá tensiones sociales. Y, sin embargo, esto no es una amenaza existencial para la humanidad. Incluso con 1,5 °C de calentamiento, no nos extinguiremos.

Si se comunica constantemente el mensaje de que todos estamos condenados a la extinción, se paraliza a las personas y se les impide tomar las medidas necesarias para controlar el cambio climático.

Hay muchas cosas que podemos hacer para limitar el cambio climático, como expandir la energía renovable y reducir nuestra dependencia de los combustibles fósiles. Cada acción que tomamos para mitigar el cambio climático ayuda. La protección del clima siempre será más barata, y protegerá a las personas de las dramáticas consecuencias del calentamiento global.

Pues eso. Gracias, señor Skea, por la claridad de sus mensajes, que por cierto también llaman a la acción. Es necesario un poco de la calma y la sensatez que transmiten, para poder hacer cosas prácticas y útiles sin entrar en pánico. El mundo va a cambiar y los impactos climáticos van a aumentar, y es probable que la tecnología (o sea, gente pensando y haciendo cosas) no sea capaz de arreglarlo todo, pero habrá que ponerse a ello, al menos. Y ojo, porque «tecnología» no son solo ordenadores, motores o inteligencia artificial; también incluye cosas como la agricultura regenerativa, el manejo eficiente de los cultivos o la fijación masiva de carbono orgánico en el suelo. El mundo va a tener bastantes problemas nuevos y eso afectará a mucha gente, así que hay que intentar resolverlos trabajando en ello.

La transición energética que aborda la humanidad supone un trabajo colosal a escala histórica; hay que cambiar todo el sistema de producción de energía de toda una civilización, y eso va a tomar mucho esfuerzo y mucho tiempo, sin duda. No una década: quizá un par de generaciones. Pero no es probable que por el camino vengan los siete ángeles con sus siete trompetas, haciendo caer montañas de fuego a los mares. El mundo ha cambiado muchas veces, así que, mientras, tenemos que hacer lo que siempre hicieron nuestros antepasados y con muchos menos medios: adaptarnos.

ADAPTARSE O MORIR

El archipiélago de Svalbard es un conjunto de grandes islas cubiertas de hielo, a 1300 km al norte del círculo polar ártico. Un lugar muy, muy frío. Es un enorme territorio desolado y gélido, cubierto de glaciares, donde sin embargo vive gente. No mucha, solo unas 2600 personas, la mayoría de ellos noruegos porque las islas forman parte de Noruega. También hay rusos, que mantienen el derecho de explotación de algunas minas de carbón en la zona. En Svalbard hay unos pocos pueblos, todos en la costa, pero ni siquiera están comunicados entre ellos por carretera. Hay que ir de uno a otro en barco, en avioneta o, si es invierno —o sea, unos nueve meses al año—, en moto de nieve.

La isla mayor se llama Spitzbergen, y es donde se encuentran los seis lugares habitados. Allí está la capital, Longyearbyen, en realidad un pueblo de edificios dispersos con unos 2000 habitantes. Todos viven de los particulares recursos locales: minas de carbón, pesca y también turismo, porque mucha gente visita las islas en verano, incluso con cruceros, para ver osos polares. También hay una parte de la población que trabaja en centros de investigación. De hecho, en Longyearbyen hay incluso una universidad, especializada en estudios árticos, lógicamente. Lo que no hay es cementerio, al menos en uso. Las autoridades recomiendan morirse fuera de las islas —sí, lo *recomiendan*—, porque hace tiempo que descubrieron que los cadáveres enterrados quedan congelados en el permafrost, el suelo permanentemente helado, así que no se descomponen y conservan virus patógenos completamente viables durante décadas. Esto se descubrió en los 50, estudiando los cuerpos de personas muertas por la pandemia de gripe de 1918, de los que pudieron recuperar virus «vivos» muy peligrosos. Así que, si uno no lo puede evitar y le da por morirse en Svalbard, envían su ataúd al continente para enterrarlo allí. Algunos eligen la cremación local, pero es muy raro.

Un lugar extraño e inhóspito como este tiene muchos inconvenientes para vivir —y hasta para morirse—, pero también tiene algunas ventajas para otras cosas. Ventajas que han llevado a construir allí una curiosa instalación. Resulta que en Longyearbyen, a unos dos kilómetros del aeropuerto que la comunica con Oslo y con el mundo, está la entrada de un complejo subterráneo muy particular: el Banco Mundial de Semillas de Svalbard.

Este banco es un tesoro de semillas oculto bajo tierra. La instalación tiene una pequeña y discreta entrada a nivel del suelo, que conduce a un largo túnel que penetra en la montaña, y a una serie de galerías que conectan tres grandes cámaras de conservación. El singular espacio tiene un aire de película de ciencia ficción, o de uno de esos lugares misteriosos donde maniobra el agente 007. Túneles silenciosos, bóvedas y grandes puertas acorazadas bajo el suelo del ártico. Pues bien, lo que allí se guarda con tanto celo no son sino muestras de semillas procedentes de todo el mundo, de todos los países, con un total de 1,2 millones de especies y variedades diferentes de todas las plantas cultivadas. Prácticamente todos los vegetales de los que nos alimentamos, en cualquier lugar del mundo. Y hay sitio para muchas más (dos de las cámaras están aún completamente vacías); pueden almacenarse hasta 4,5 millones de muestras de semillas.

¿Para qué se necesita algo así, tan extraño? Pues en realidad estas cámaras son una copia de seguridad para toda la riqueza genética que nos alimenta. Una garantía de que, pase lo que pase, podremos volver a reproducir el arroz PSB-Rc2 de Filipinas, el sésamo Bushehr adaptado a las zonas secas de Irán, o la lechuga *cerbiatta* del valle del Po en Italia. Lo que sea, cualquier cosa.

Y son una copia de seguridad —como un *back-up* de la memoria del ordenador—, porque en realidad hay muchos más bancos de este tipo que ya guardan una primera copia, solo que en condiciones mucho menos extremas. En el mundo hay unos 1700 bancos de semillas, en prácticamente todos los países, que guardan muestras para reproducir nuestro tesoro genético vegetal cuando sea necesario. En España, por ejemplo, hay 36. En cada lugar se guardan muestras de las semillas propias de la zona y de sus particularidades. El problema es que muchos de estos bancos están en lugares vulnerables, y pueden sufrir los efectos de desastres naturales, de guerras o de cosas mucho más simples, como escasez de dinero o mala gestión. Un corte de electricidad que apague un congelador durante un par de días podría acabar con una colección de semillas en Nigeria, por ejemplo. Los bancos de semillas de Irak y Afganistán han sido dañados por las guerras que han sufrido. Por eso existe esta copia de seguridad. Más de un millón de variedades distintas de semillas procedentes de todas partes tienen un respaldo seguro en el permafrost del ártico. En Svalbard.

La elección de este sitio no fue al azar. Para esto, la principal ventaja del subsuelo de las islas es precisamente el permafrost, el hecho de que está permanentemente congelado. Lo mismo que es un problema para los muertos, es una ventaja para las semillas.

El Banco Mundial de Semillas de Svalbard. A la izquierda, la discreta y cinematográfica entrada a su mundo subterráneo. A la derecha, túneles que conectan las cámaras de conservación.

Estas se guardan en bolsas selladas de triple capa de plástico y aluminio, metidas a su vez en cajas también selladas y almacenadas en estanterías. Cada bolsa contiene unas 500 semillas de la misma variedad. La forma de conservación consiste en desecarlas y mantenerlas a baja temperatura. A -18 °C, la temperatura de un congelador doméstico, su actividad metabólica queda suspendida y pueden mantenerse viables, en algunos casos, durante siglos. En las cámaras del Banco Mundial de Semillas hay equipos de refrigeración para mantener esa temperatura, alimentados por la pequeña central térmica local que utiliza el carbón como combustible. Pero si algo fallara, si hubiera un desastre monumental, una guerra terrible, un apocalipsis climático, si todos los equipos quedaran sin alimentación y sin atención humana, aun así las semillas resistirían. Porque allí, en el subsuelo del ártico, que está a unos -4 °C estables, la temperatura de las cámaras se mantendría durante años, y las semillas serían viables probablemente durante siglos. Por otro lado, el ambiente es naturalmente seco, las rocas circundantes son de baja radiación natural y sísmicamente muy estables. Es un lugar pensado para durar.

Además, la entrada a los túneles está a 130 m sobre el nivel del mar, lo que la deja a salvo de un eventual y absolutamente catastrófico aumento del nivel del mar. Porque hay que tener en cuenta que, aunque se fundieran por completo los casquetes de la Antártida y Groenlandia (que contienen el 99,7 % del hielo del mundo), el nivel del mar subiría un máximo de 70 metros. Simplemente, no hay más hielo sobre la Tierra. Así que la boca del túnel aún quedaría 60 metros más arriba. Todo esto es absurdamente improbable, pero por si acaso. Pensemos también que las predicciones del IPCC para la subida del nivel del mar a final de siglo son del orden de 30-50 centímetros respecto a 2020 (*centímetros*, no metros), preocupante pero infinitamente más manejable.

Aparte de todo esto, y en cuestiones más prácticas, Svalbard es uno de los pocos lugares del ártico con una población estable y bien asentada, y tiene el aeropuerto más al norte al que puede desplazarse personal desde cualquier parte del mundo en vuelos regulares, vía Oslo. Con lo que el transporte de las muestras de semillas es sencillo. Incluso andando, en media hora se podría llegar desde el aeropuerto con un tesoro de riqueza genética en una mochila.

Este banco, conocido internacionalmente como Svalbard Global Seed Vault, está en marcha desde 2008, cuando empezaron a llegar las primeras semillas. Fue construido por iniciativa del gobierno noruego, que corrió con los 8,8 millones de euros de la inversión inicial. El mantenimiento está a cargo de NordGen (el banco de germoplasma noruego) y de un organismo internacional, el Crop Trust[12]. No sale demasiado caro, porque ni siquiera tiene personal permanentemente en las instalaciones. Cuando llegan semillas de algún lugar, se registran cuidadosamente, se depositan en su estante, se cierran las puertas y todo el mundo se va a casa, dejando al ártico hacer su parte del trabajo.

---

12 El Crop Trust (Fondo Mundial para la Diversidad de Cultivos) es una organización internacional dedicada a conservar la diversidad de las plantas cultivables, y ponerla a disposición para su uso en todo el mundo. Fue fundado en 2004 por la FAO y el CGIAR (ahora Biodiversity International), un consorcio de centros de investigación dedicados a la seguridad alimentaria mundial.

Cualquier país y cualquier banco de semillas puede depositar sus copias allí, sin coste, cuando quiera, y puede retirarlas también cuando quiera. Allí están duplicadas, por ejemplo, las semillas del IRRI de Filipinas o del CIMMYT de Méjico, los de la revolución verde. Y al menos por una vez el banco de semillas ha certificado ya la utilidad para la que fue diseñado. En 2015, un banco de germoplasma de Alepo, en Siria, fue destruido por la guerra civil que ha arrasado el país desde 2011, y se perdieron las semillas del Centro Internacional para Investigación Agraria de las Zonas Áridas (ICARDA). A raíz de eso, por primera vez se retiraron semillas de la copia de seguridad de Svalbard, y se replicaron para guardarlas en colecciones seguras en Marruecos y Líbano. De no haber sido así, esa riqueza genética se hubiera perdido, o al menos el trabajo ingente de recopilarla y tenerla disponible para su uso.

Todo este laborioso trabajo para mantener la genética de los cultivos tiene muchísimo sentido. Hay que subrayar que todas, absolutamente todas las variedades vegetales que utilizamos proceden de una larga historia de domesticación y de adaptación a las condiciones de los distintos lugares, a la productividad y a las cualidades deseadas en las cosechas; o bien de una costosa investigación y selección. Son una librería de enorme valor, un auténtico archivo de rasgos genéticos valiosos, muchos de ellos criados en variedades tradicionales durante miles de años. La revolución verde tuvo muchísimas ventajas, permitió alimentar a millones de personas, pero también tuvo sus costes: supuso un gran recorte en la biodiversidad agrícola, ya que se basó en solo unas pocas variedades de alto rendimiento de cada cultivo.

Nunca sabemos qué vamos a necesitar mañana. Una plaga, un patógeno que no podamos controlar; un cambio en las condiciones climáticas de una región; el agotamiento de una variedad por problemas genéticos; todo eso puede pasar, pero siempre podremos recurrir a esa gran biblioteca genética que requiere un constante cuidado y una actualización y ampliación infatigable[13]. En ese sentido, Svalbard supone una seguridad de segundo grado de un valor crucial.

---

13 Los bancos de germoplasma no solo conservan semillas. También partes vivas de tejidos, por ejemplo de plantas que no se reproducen mediante semillas (como la patata). Y también genética animal, en forma de óvulos, esperma y tejidos de todas las especies de interés ganadero.

Esto que hemos visto es solo un ejemplo, uno muy valioso. Toda esta vasta red de instalaciones, este almacén de conocimiento al alcance de todos, este esfuerzo de coordinación a nivel internacional, no es más que un ejemplo de adaptación. Un ejemplo de cómo podemos hacer cosas nuevas e ingeniosas para tener mayor seguridad en la alimentación. Una forma de adaptación como otras, una serie de avances que nos permite aumentar nuestra caja de herramientas genéticas para amoldarnos a cambios que no podemos predecir.

Otro ejemplo curioso de adaptación al cambio climático es la migración de cultivos. Aunque pueda sonar raro, las plantas también tienen migraciones. Claro que son mucho más lentas que las de los animales: no pueden arrancarse las raíces y echar a andar en busca de una zona más agradable. Pero, a lo largo de varias generaciones, la expansión natural de sus semillas acaba encontrando las zonas más aptas para sobrevivir. En el caso de cultivos todo esto es mucho más fácil y más rápido, porque las decisiones económicas de los agricultores van dibujando esa migración de forma decidida.

Hay estudios, extendidos a más de cuarenta años, que muestran cómo se han ido moviendo poco a poco las zonas de algunos cultivos, para compensar los efectos de unas temperaturas progresivamente más altas[14]. Por ejemplo, desde los años 70, el cultivo de maíz en Estados Unidos se ha ido trasladando imperceptiblemente desde el sureste hacia el Medio Oeste, donde los agricultores pueden beneficiarse de una temporada de crecimiento más larga y temperaturas más moderadas. En Canadá y en Rusia, el cultivo del trigo se ha ido desplazando ligeramente más al norte, donde ahora tiene temperaturas más favorables. Pasa algo parecido con la soja en Brasil o la India. En Inglaterra, los viñedos se expanden (¿vino inglés!?) y se prevé duplicar su superficie de aquí a 2030. En resumidas cuentas, nadie se queda quieto cuando las cosas cambian. La migración de cultivos tiene sus límites, pero consigue compensar pérdidas de cosecha en un grado considerable. Y ya está sucediendo. En realidad hace ya tiempo que sucede.

Al fin y al cabo, en el fondo este libro trata sobre adaptación. Cosas que probablemente haremos para ir modificando nuestra forma de

---

14   Entre otros: Sloat, L.L., Davis, S.J., Gerber, J.S. et al.: *Climate adaptation by crop migration*, Nature Communications 11, 1243 (2020).

producir comida según unas circunstancias cambiantes. Muchas de las cosas que veremos tienen que ver con eso, con adaptación, no solo al clima, sino en general a las condiciones de un mundo que no se está quieto. Porque ya sabemos lo que hay: adaptarse o morir.

FOODTECH

Foodtech es una palabra resultona. Primero, porque está en inglés, y solo eso ya son varios puntos más. Y segundo, porque es una contracción de dos palabras (*food technology*, tecnología de alimentos), lo que la vuelve más fresca, ejecutiva y resuelta. Una monada de palabra, en la línea del argot corporativo y de la prensa económica. Pero es cierto que «*foodtech*» se refiere realmente a algo nuevo; recoge bajo su capa un gran número de técnicas novedosas y también de aplicación de tecnologías emergentes a procesos convencionales. Hay cosas nuevas en marcha en este sector, y van a traer cambios, sea cual sea su nombre. Ya hay muchos de estos cambios en marcha. Cosas a menudo rompedoras —adjetivo que prefiero a *disruptivas*—.

Muchos de estos avances tienen que ver con la digitalización. La captación y manejo de inmensas cantidades de datos en tiempo real es algo capaz de cambiar muchos procesos. Pero no solo eso, porque también hay novedades en la forma de producir alimentos con biotecnología, en la forma de moverse (drones o robots aparecen aquí), en nuevas demandas de los consumidores que cambian de mentalidad…

Un simple ejemplo de lo que puede hacer el *foodtech*: azafrán barato. Posiblemente haya oído la expresión «es más caro que el azafrán», porque es sin duda la especia más costosa que existe, unos 10.000 euros el kilo; como referencia, el oro vale a 80.000 euros el kilo y la plata a 700. Y es que es un producto sumamente manual y artesanal, donde se precisa recolectar cuidadosamente 200.000 flores de azafrán para recoger un solo kilo del producto, los pistilos, que son una parte ínfima de la flor. Pues bien, en 2024 la empresa Ayana Bio, de Boston, junto con la coreana Wooree Green Science, comenzaron a desarrollar un azafrán «sin plantas». Se obtiene mediante cultivo de tejidos vegetales en reactores biológicos. Este azafrán-*tech* será muy similar al natural, pero mucho más barato, lo que permitirá que lo usen en sus suplementos dietéticos para adelgazar. Algo completamente nuevo.

La *foodtech* alcanza todos los ámbitos del sector alimentario. Empieza por la producción primaria, donde ya se están aplicando tecnologías digitales que mejoran la producción y la calidad de las cosechas. Aquí hay cosas como el *software* de gestión de cultivos, el uso de drones para vigilancia y captación de datos de en el campo —como enfermedades, plagas, estado de maduración o estrés hídrico—, la maquinaria agrícola robotizada, las granjas de nueva generación —desde granjas de insectos hasta cultivos en naves industriales—, y otras invenciones que se engloban también bajo el nombre de *agro-tech* (era de esperar). De estas novedades, y otras no tan tecnológicas, hablaremos en siguientes capítulos.

El procesado de comida es otro de los campos donde penetran las tecnologías novedosas. Aquí caben todas las empresas y laboratorios que desarrollan «comidas del futuro», como la carne cultivada —y también ya el pescado— haciendo crecer tejidos animales, los sustitutos cárnicos con proteínas de origen vegetal (llamados también *plant-based*, claro), las carnes impresas, los sustitutos de lácteos por productos vegetales o las fermentaciones de precisión, con las que pueden producirse mediante microorganismos cosas como chocolate, miel, leche, queso cremoso... o algo muy parecido. Todos ellos son nuevos procesos para obtener, sobre todo, proteínas y bioproductos valiosos, y además en formatos agradables para el consumidor. También hablaremos de estas cosas con más calma en el capítulo sobre la «nueva ganadería».

Pero hay más cuestiones novedosas en el entorno del procesado de la comida, aunque no sean propiamente comida. Por ejemplo, el desarrollo de nuevos tipos de envases. Los envases alimentarios suponen la inmensa mayoría de los que producimos, que son muchísimos; así que en buena medida las innovaciones van en busca de mejores condiciones técnicas con menos impacto en el medio: menos residuos. Los envases alimentarios tienen una cantidad de investigación y conocimiento detrás que no solemos percibir. Una bandeja de plástico, un retractilado al vacío, una caja de cartón... parece simple, ¿no? Pues no: se estudian materiales y diseños para conservar mejor, para limitar el trasiego de unos gases y dejar pasar a otros, para facilitar tratamientos térmicos sin afectar al producto... y sobre todo para minimizar su impacto: cada vez los envases tienen menos cantidad de material, o evitan materiales complejos —más difíciles de reciclar—, o son compostables, o fabricados a partir de almidón vegetal, o pueden reciclarse más fácilmente. Un ejemplo en el límite: Sufresca, una empresa israelí, ha desarrollado recubrimientos comestibles para frutas y verduras que prolongan su vida útil y reducen la necesidad de envases de plástico.

Otro exitoso campo en desarrollo es la «nutracéutica». El nombrecito alude a la preparación de alimentos que incluyen sustancias con actividad biológica; o sea, sustancias que actúan sobre la salud, ya sea ocular, de las articulaciones, del tubo digestivo, del corazón o de mil cosas más. Algo a mitad de camino entre un alimento y una medicina, vamos. Como por ejemplo, las gominolas que encapsulan suplementos de vitaminas o antioxidantes. O los yogures con «probióticos», es decir, con microorganismos vivos que pueden colaborar con nuestra flora intestinal. En general, este tipo de productos no aportan gran cosa que no contenga de por sí una buena dieta, y en muchos casos ni siquiera se basan en ningún tipo de testado clínico. Pero lo cierto es que se venden muy bien.

Y también están los sistemas de trazabilidad, es decir, el rastreo seguro del origen de cada componente. Cada vez más personas, sobre todo entre la población más joven, quieren saber de dónde procede lo que comen, cómo se obtiene y si es más o menos sostenible. Por ejemplo, Walmart, el gigante estadounidense de distribución, utiliza IBM Food Safety como herramienta de trazabilidad. Este es un desarrollo de IBM para controlar la cadena de suministro alimentaria, desde la producción agrícola hasta la distribución y venta al por menor. Para ello utiliza sistemas de inteligencia artificial y seguridad «blockchain» (estos dos conceptos en la misma frase siempre suenan a lo último de lo último; pruebe a combinarlas). El caso es que eso les permite gestionar los riesgos y dar una respuesta efectiva en caso de incidentes.

No es fácil dilucidar si todas estas tendencias son respuestas a movimientos sociales endógenos, o si son inducidas por intereses comerciales, o si más probablemente son una mezcla de ambas, pero sí está claro que existen y cobran fuerza. Un ejemplo significativo: el número de búsquedas en Google del concepto *plant-based*. Aparece casi desde la nada hacia 2016 y aumenta rápidamente, aunque se estabiliza desde 2023. Eso significa que hay más y más gente interesada por ello, por la razón que sea.

Interés en Google por la palabra: **Plant-based**

Fuente: Google trends (alcance de búsquedas: mundial). Los valores reflejan el interés de búsqueda del término, siendo 100 la popularidad máxima.

Pero donde se han desarrollado con más fuerza las tecnologías novedosas relacionadas con la comida es en la tercera componente del sistema alimentario: la distribución. Aquí han surgido tendencias que están ya muy consolidadas, algunas de las cuales suponen cambios sustanciales en la forma tradicional de hacer las cosas. Tras ellas hay cambios sociales profundos, y afectan desde la forma de elaborar y consumir hasta la de mover la comida. Por otro lado, la penetración de tecnologías digitales ha sido clave para su éxito: apps, teléfonos móviles, herramientas digitales de gestión de entregas y *stocks*, trazabilidad GPS... Podemos decir que antes del smartphone —qué se popularizó a partir de 2010— esta nueva distribución apenas existía.

Sobre todo son empresas de distribución a domicilio, cada vez más sofisticadas, un tipo de servicio que se desarrolla más y más. ¿Pensaba que no lo decimos también en inglés? Pues sí, lo decimos: el negocio del *delivery*. A menudo está ligado con las cocinas fantasma, una suerte de restaurantes sin sala, únicamente con una cocina, que envían los productos a casa del consumidor con una gran calidad y en un tiempo récord.

En Europa, la inversión en empresas *foodtech* crece constantemente, aunque con una salvedad. El *boom* del *delivery* fue tal en 2021
—después del inolvidable año de la pandemia de COVID, en 2020—,
que tuvo que recoger velas en los años posteriores. La gente se había
acostumbrado a este servicio, a pedir comida, pero no siempre en los
niveles que se produjeron cuando todo el mundo estaba encerrado
en casa y no se atrevía a ir a un restaurante. No obstante, si obvia-
mos ese extraño pico, la tendencia de base es que sigue avanzando.

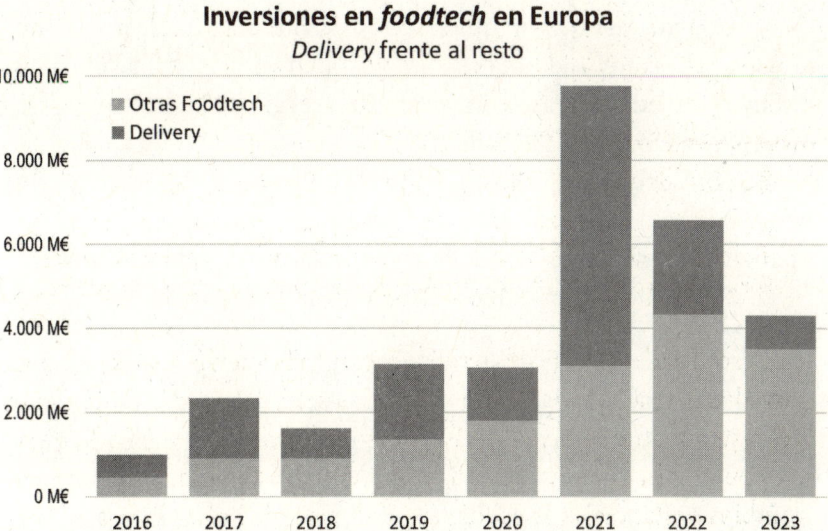

Inversiones en *foodtech* en Europa
Delivery frente al resto

De hecho, las empresas *foodtech* más valiosas vendidas en Europa
en los últimos años son todas del sector de la distribución a domicilio.
Son lo que en la economía moderna se llaman «unicornios»: empresas tecnológicas que nacen, crecen rápido en un nicho nuevo y se venden antes de diez años por más de 1000 millones de euros, sin llegar
a cotizar en bolsa. La primera, la más cara, era española: Glovo, ven-
dida a la alemana Delivery Hero en 2022 por 2300 M€. La segunda
de la lista, la alemana Gorillas, de perfil similar, fue comprada por la
turca Getir por 1200 M€. Auténticos unicornios, sí señor.

Un ejemplo llamativo sobre estos nuevos usos nos viene otra vez
de China, el lugar donde todo sucede a lo grande. La afición por
los productos y la comida a domicilio ha crecido allí de una forma
espectacular. Al parecer, los jóvenes chinos urbanos cada vez tienen

menos interés en cocinar. Sus abuelos de la época maoísta no cocinaban mucho, porque tenían que compartir cocinas comunitarias en los bloques de microapartamentos y preferían usar los comedores colectivos de los lugares de trabajo. Ahora no es el caso: acostumbrados a comer en restaurantes, muchos no cocinan en casa simplemente porque les parece un engorro. En las ciudades la comida a domicilio se ha convertido en un hábito, que además es «moderno». Su larga travesía por el desierto de la más dura política anti-COVID del mundo, hizo el resto.

La empresa Meituan es el gigante chino de servicios a domicilio. Tiene nada menos que 730 millones de usuarios (más que la población de toda Europa), y cada día se completan en su plataforma unos 25 millones de pedidos. Para comparar cifras, el gigante estadounidense del *delivery*, Doordash (56 % de cuota de mercado en Estados Unidos), tiene 37 millones de usuarios, y desde su fundación en 2012 ha servido unos 9000 millones de pedidos. O sea, que en algo menos de un año Meituan entrega tantos pedidos como Doordash en toda su historia.

La escala es incomparable y la evolución difícil de predecir. Pero este tipo de negocios, a esta escala, tiene también sus inconvenientes. Desde el punto de vista de los residuos, en esta forma de vida hay un problema: cada pedido es un montoncito de cartón, plástico y porexpán que hace crecer increíblemente la montaña de basura. Por otro lado, para poder hacer esta proeza logística Meituan dispone de un ejército de casi 3 millones de *riders* (literalmente, son más que los 2,5 millones del Ejército Popular de Liberación, el ejército chino). Y esto solo es posible gracias a que el flujo de pobres rurales hacia las ciudades, dispuestos a aceptar cualquier trabajo, sigue activo.

Hoy por hoy, los puntos neurálgicos donde se concentran los ecosistemas innovadores de este tipo de empresas (los *hubs* del *foodtech*), están sobre todo en Estados Unidos, en torno a Silicon Valley, Nueva York y Boston; y también en Europa, con Londres, Berlín, Ámsterdam y Barcelona a la cabeza. Pero hay desarrollos importantes creciendo en Asia, como en la región de Tel Aviv en Israel, en la India con Nueva Delhi y Bangalore, o en Singapur.

En resumen, muchas de estas novedades del *foodtech* son realmente interesantes, suponen avances sustanciales y tienen visos de consolidarse como tendencias. Otras son más bien nombres comerciales para servicios que aportan muy poco más, y es probable que sean modas pasajeras que desaparezcan pronto o no lleguen a tomar cuerpo. En todo caso, desde luego es muy positivo que exista un ecosistema lleno de ideas y desarrollos abundantes, porque de entre ellos siempre surgirán las soluciones que nos aportarán mejoras y que se asentarán para mejorar nuestras vidas.

Aunque, a medio plazo, está claro que muchas de estas novedades estarán solo disponibles en países desarrollados. O sea, para una parte limitada de la población mundial. ¿Cuánto? Bueno, asumamos a grandes rasgos que podemos considerar desarrollados a los países de la OCDE, 36 países que incluyen la Unión Europea, Estados Unidos, Canadá, Japón, Australia, Corea del Sur, y también Colombia, Méjico, Chile o Turquía. También son desarrolladas unas capas de clase media, cada vez más amplias y crecientes, en lugares como China, India o Brasil, por ejemplo. Así que, como número gordo, esto da, aproximadamente, unos 2500 millones de personas. Eso significa un 30 % de la población mundial, así que, si lo vemos a la inversa, podemos afirmar que el 70 % de la humanidad (o sea, la inmensa mayoría) tardará en enterarse de estas evoluciones. Puede que le cueste imaginar a un obrero indonesio de Jakarta, que trabaja diez horas al día en una serrería, solicitando en su *smartphone* un kit de arroz *nasi goreng* para hacerse la cena, kit que le llevará un motorista de Lalamove a su modesta casita en una callejuela de Cengkareng Belakang. Pero esto ya está ocurriendo, y dentro de unos años puede ser algo completamente habitual.

RIESGOS ALIMENTARIOS, LA AMENAZA QUE VIENE

Cuando hablamos de seguridad alimentaria en realidad es una expresión ambigua, porque puede tener dos significados: puede referirse a la seguridad de disponer de suficientes alimentos, y también a la garantía de que esos alimentos no tengan riesgos para nuestra salud. Ahora hablamos de lo segundo.

Porque los alimentos también tienen algunos riesgos. Seguro que ha oído hablar de algún caso de intoxicación alimentaria, como cuando en un banquete veinticinco personas acaban en el hospital por una contaminación de *Salmonella*. En realidad, si no pasan más cosas es porque hay un ejército de expertos ocupados en prevenir, analizar y estudiar por todas partes esos peligros que acechan en la comida. A veces no se trata de intoxicaciones agudas y repentinas, sino de efectos más solapados, lentos y de largo plazo.

Este riesgo de los alimentos ha existido siempre, no es algo que tenga que ver con la civilización industrial. Un ejemplo muy antiguo es el ergotismo, una enfermedad que tuvo muchos brotes epidémicos en Francia y Alemania hasta el siglo XIX. Se debía, simplemente, a la contaminación del centeno por un producto tóxico, procedente del hongo llamado cornezuelo que a veces lo parasita. Ese tipo de tóxicos se conocen con el nombre genérico de micotoxinas («veneno de hongo»), y el del cornezuelo es concretamente la ergotamina, de la que mucho después se obtendría algo tan peligroso como el ácido lisérgico, o LSD, una potente droga psicotrópica. Sucedió que en el año 994, en plena Edad Media, en la misma época en que Almanzor atacaba Pamplona y León, una gran epidemia de ergotismo llegó a matar a unas 40.000 personas en Aquitania, lo que hoy es el sur de Francia. Se intoxicaron al consumir regularmente pan de centeno contaminado con cornezuelo, pero, por supuesto, entonces no tenían ni idea de lo que pasaba. Los afectados sentían un frío repentino, luego una quemazón por todo el cuerpo, convulsiones, y finalmente comenzaban a gangrenarse brazos y piernas. Por eso se conocía también aquella misteriosa enfermedad como fuego de San Antonio. El único tratamiento que se conocía entonces era ir en peregrinación a Santiago de Compostela, algo, en principio, más bien espiritual. Pero lo curioso es que muchos conseguían curarse realmente haciendo esto. ¿Un milagro del apóstol? Bueno, más bien sucedía que, en los monasterios españoles en los que se albergaban los peregrinos, en lugar de pan de centeno los alimentaban con pan candeal, hecho de trigo... al que no afecta el cornezuelo.

El caso es que algunos de los cambios a los que se enfrenta nuestro mundo van a tener repercusión en esta seguridad de los alimentos. Un primer riesgo tiene que ver, precisamente, con las micotoxinas. Hay varios tipos, la más frecuente es la aflatoxina, que procede de hongos *Aspergillus* y es frecuente en regiones cálidas y húmedas. Muchos alimentos no procesados pueden contener aflatoxinas:

cereales, semillas oleaginosas, frutos secos, habas de café, habas de cacao o especias. Además son resistentes al calor, y no se destruyen en los alimentos producidos con estas materias primas, así que pueden estar en muchos sitios.

Las aflatoxinas están muy controladas en países desarrollados, donde es casi imposible intoxicarse con ellas; pero no así en grandes regiones de África y Asia, donde el almacenamiento de los cereales es mucho más deficiente y a menudo no se controla la contaminación. Y además hace calor. Y aquí viene el problema. Resulta que el calentamiento que genera el cambio climático implica temperaturas medias más altas en casi todas las regiones. Esto significa que el riesgo de contaminación por aflatoxinas está lentamente creciendo y migrando más hacia el norte. El hongo se transmite en los cereales cuando hay sequía y temperaturas altas (27 a 40°) durante la fase de llenado del grano, y eso se produce cada vez en más zonas. Además, con temperaturas altas hay más insectos y plagas que transmiten el hongo entre las plantas. El hecho es que está aumentando la incidencia de aflatoxinas, y se prevé que siga aumentando y extendiéndose. La intoxicación crónica por aflatoxinas puede producir inmunodepresión, y por tanto más sensibilidad a infecciones. Eso requiere más cuidado en el procesado de semillas y más vigilancia sobre su calidad. El riesgo aumenta, y esta vez debido al cambio climático.

Otro grave riesgo que se cierne no solo sobre la alimentación, sino sobre todo el sistema de salud, son las resistencias antimicrobianas. Sabemos que la lista de antibióticos que sirven para eliminar los microorganismos patógenos es cada vez más corta. Usamos antibióticos, antifúngicos, antivirales y antiparasitarios para defendernos precisamente de bacterias, hongos, virus y parásitos. Pero muchos de estos están cambiando su genética y aprendiendo a resistir a nuestras armas. Ya existen cepas de «superbacterias» que resisten a todos los antibióticos conocidos. El riesgo es muy serio.

¿Cómo hemos llegado hasta aquí? La introducción de los antibióticos fue uno de los mayores logros en el control de enfermedades y la salud pública. La penicilina fue el primero de ellos, que empezó a usarse tan tarde como 1941. Pero los hemos usado mal. La automedicación con antibióticos innecesarios o mal utilizados, la contaminación de aguas procedentes de fábricas de medicamentos en China o la India, el uso abusivo que se hacía de antibióticos en la ganadería, todo ello ha creado áreas donde las bacterias están en contacto con grandes cantidades de antibióticos. Y evolucionan en ese medio. Su genética cambia y además tienen miles de generaciones en un año, así que han acabado generando resistencias muy peligrosas que luego se han extendido.

Según la OMS[15], la línea de desarrollo clínico de nuevos antimicrobianos está agotada. Así de contundente. En 2019, determinó que había 32 antibióticos en fase de desarrollo capaces de combatir los microorganismos de su lista de patógenos prioritarios, de los que solo seis se clasificaron como innovadores. El problema de la escasez de antibióticos adecuados afecta a países de todos los niveles de desarrollo, da igual el nivel económico, y es una amenaza muy seria a sus sistemas de atención de salud.

¿Y esto tiene que ver con la alimentación? Sí. De un lado, la ganadería actual comparte responsabilidad en sus causas. Y de otro, los alimentos pueden transmitirlos. Las verduras y hortalizas son un transmisor reconocido, en general por causa de agua de riego que pueda tener contaminación fecal, y que además convierte al suelo en un reservorio genético de bacterias resistentes. Los animales también pueden transmitirlas, por contacto con material fecal durante el sacrificio. Incluso el uso excesivo de antimicrobianos en la limpieza de instalaciones alimentarias puede ser causante del problema. Esta es una de las mayores amenazas futuras sobre la salud humana, y el sector de la alimentación tiene su parte en ello.

Existen otros riesgos que todavía no están suficientemente estudiados. Por ejemplo, la presencia de microplásticos en alimentos. Los microplásticos son partículas de estos materiales con tamaño menor de 5 mm, a veces mucho, mucho menor, del orden de nanómetros. Están presentes en el medio terrestre, pero sobre todo en el mar. Todos proceden de la actividad humana, porque los plásticos son un invento nuestro y no existían hace doscientos años. Contra lo que podamos pensar a primera vista, sus principales fuentes son dos: la ropa y los neumáticos. Sí: por un lado, las microfibras que se producen por desgaste de la ropa durante el lavado, que acaban en el saneamiento y que las depuradoras no son capaces de capturar. Hay que tener en cuenta

---

15   OMS: Organización Mundial de la Salud, un organismo de Naciones Unidas (en inglés WHO, World Health Organization).

que mucha de la ropa que usamos es en realidad de plástico: poliéster, nylon, acrílicos… Y por otro lado, la cantidad de partículas que desprenden los neumáticos en su continuo rozamiento con el asfalto; es de lejos la mayor fuente de partículas que emite un vehículo, más que las que puedan salir por el tubo de escape. Y si es eléctrico, resulta que aún produce más micropartículas de caucho, porque pesa más y desgasta las ruedas más deprisa. A esto hay que sumarle las partículas de plástico añadidas exprofeso a geles, jabones y cremas cosméticas, más las que se producen por deterioro de los plásticos abandonados en el medio ambiente marino. Una buena parte de todo esto acaba en el mar, aunque sea en general imperceptible a simple vista.

Los microplásticos se acumulan en los peces, aunque lo hacen en el tubo digestivo, que normalmente no se consume. Pero en el caso de los crustáceos y los moluscos (mejillones, almejas, ostras…) que se consumen enteros, sí que nos tragamos los microplásticos que acumulan. Además, las harinas de pescado se usan para alimentación animal y por esa vía pueden llegar a otros productos animales.

No se conoce todavía el posible efecto de estas partículas sobre la salud. Es posible que los aditivos del plástico puedan tener algún impacto a largo plazo, o que puedan ser portadores de contaminantes o microorganismos absorbidos sobre su superficie. Su gran variedad de formas, tamaños y composiciones químicas dificulta la tarea de establecer límites de concentración seguros, algo que no ocurre con otros contaminantes. Hace falta más investigación sobre este riesgo emergente, pero desde luego no es buena idea introducir algo nuevo en nuestra alimentación sin tenerlo controlado.

Todo esto nos debe alertar de que existen otros riesgos nuevos relacionados con los alimentos, que tienen que ver a veces con el cambio climático, y a veces con nuestra forma de producirlos o procesarlos, o incluso de usarlos. Por ejemplo, las proteínas alternativas, que vienen de fermentaciones de precisión, de cultivo celular o de insectos, podrían tener efectos adversos: nuevos alérgenos, contaminantes como metales o residuos como plaguicidas. O las toxinas marinas, procedentes de algas unicelulares y bacterias acuáticas, que están aumentando a medida que lo hace la temperatura de las aguas oceánicas. En fin, hay que estar ojo avizor porque, en un mundo que cambia, puede haber también riesgos con los que antes no contábamos. Por suerte tenemos a muchas entidades que se ocupan de esta vigilancia por nosotros.

3.
Agricultura 4.0

Cuando hablamos de producir alimentos estamos hablando, básicamente, de agricultura. La fotosíntesis controlada sigue siendo nuestra única opción para esto. Pero hay muchas cosas que están cambiando en el campo, en una suerte de nueva revolución verde, y que van a cambiar mucho más aún. Vamos a ver aquí las principales tendencias.

UNA TABLET EN VEZ DE UNA AZADA

Julian Cross cultiva cacahuetes en Australia. Cacahuetes, ese modesto fruto seco que, bueno, en realidad es una legumbre. Pero lo que maneja Julian no es una huertecita detrás de su casa: tiene 515 hectáreas cerca de Kumbia, en Queensland, una superficie tan enorme que se pierde la vista en ella cuando Julian la vislumbra, con la mano en visera sobre los ojos. De ahí salen cada año camiones y camiones cargados de caca-huetes, así que estamos hablando de agricultura de gran escala, al fin y al cabo el tipo de agricultura más frecuente en Australia.

En 2008 Julian empezó a cambiar cosas en su explotación. Animado por las nuevas técnicas que comenzaban a extenderse, compró su primer sistema de autoguiado Beeline, un equipo que se acoplaba a un tractor. Ya no había que conducir cuidadosamente: un sistema GPS guiaba a la máquina trazando líneas ultrarrectas por toda la finca, y daba las vueltas él solito. Poco después añadió un sistema de tráfico de manera que todos los vehículos en la finca estaban ubicados, trabajaban coordinados y evitaban colisiones, lo que se extendió después a las cosechadoras.

En 2016 dio otro salto. Añadió a sus tractores un sistema Topcon, con sensores de reflectancia que escaneaban las plantas durante el trabajo, lo que permitía reconocer la cantidad de malas hierbas y aplicar en cada área la cantidad justa de herbicida, en lugar de una cantidad homogénea por todo el campo. Cuando Julian Cross se aseguró de que todo eso funcionaba bien, dio un paso adicional y se atrevió con otra inversión. En 2020 acopló sistemas de sensores que permitían reconocer el vigor, la salud y el estado de nutrición de los cultivos, y aplicar a cada zona solo la cantidad necesaria de abono. Más donde hay más plantas con más necesidades, menos donde todo va bien. Los sensores de reflectancia dibujaban un mapa de las necesidades de nitrógeno, fósforo y potasio de toda la finca. Así que cada metro cuadrado recibía exactamente lo que necesitaba. Porque no todo el terreno es igual, hay zonas con distinto suelo y distinta retención de humedad.

Así que Julian comentaba, satisfecho: «Cuando empezamos a aplicar abono nitrogenado en el momento de la siembra, en enero, usamos mucho menos. Ahorramos en las zonas más pobres que habíamos estado fertilizando en exceso, y eso fue probablemente lo primero que noté». Lo notó primero en el bolsillo, claro. Con este sistema, un gasto homogéneo de abono de 140 kg/ha se convirtió en una aplicación de dosis variable, con un promedio de 105 kg/ha: un ahorro del 25 por ciento en uno de los principales costes del cultivo. Pero también menos nitrógeno percolando a las aguas subterráneas. En resumen, eficiencia, economía y cuidado del medioambiente, todo a la vez.

Pero habrá que asegurarse de que todo esto funciona de verdad, y los resultados en la cosecha son los esperados. Para verificar esto, las cosechadoras tienen un sistema de medición del rendimiento, ya que hacen un pesaje en continuo de la cantidad de cacahuetes que recogen, por zonas. En la finca de Julian este sistema aún está ajustándose, porque cuando las cosechadoras pasan por tramos más arcillosos, el cacahuete puede llevar más tierra adherida y esto distorsiona la medición de peso. Pero están estudiando cómo mejorar la detección.

Lo siguiente en la lista de Julian es introducir la siembra de tasa variable: la sembradora detectará la capacidad de retención de agua de los diferentes tipos de suelo, y adaptará la densidad de plantas que coloca en cada lugar. Más plantas por metro cuadrado en unos sitios y menos en otros. Julian ha sido muy cuidadoso y ha dado cada paso solo cuando estaba seguro de que el anterior funcionaba bien.

Todo esto es un ejemplo de lo que se conoce como «agricultura de precisión». Es un caso real: conocemos la historia de Julian Cross gracias a que la contó en la web de la Asociación Australiana de Agricultura de Precisión, como un caso de estudio, para compartir su conocimiento y experiencias con otros agricultores. Los australianos han tenido una gran influencia en el desarrollo de técnicas de precisión que aumentan la eficiencia de la gestión de los cultivos.

Tractor con guiado GPS, de CLAAS.

Como tantos otros ámbitos, la agricultura está atravesando un período de transformación digital, quizá poco conocido desde fuera del sector. Llamamos «la primera revolución agrícola» a la del neolítico, cuando aprendimos a domesticar a las plantas. La segunda fue la revolución verde, con sus sistemas de mejora de semillas, mecanización y aplicación de fertilizantes. La tercera fue una revolución basada en la modificación genética —luego hablamos de ella—. Y ahora mismo hay en marcha algo como una cuarta revolución agrícola, la agricultura 4.0, basada en la integración de medidas ambientales, de las que también hablaremos, y en las tecnologías de datos: el manejo de sensores, el «internet de las cosas» (o sea, interacción digital entre sensores y equipos del mundo real) y los sistemas de captura de datos mediante satélites, drones o mediante la propia maquinaria sobre el terreno. Todo esto permite una agricultura de precisión y también cadenas de suministro más eficientes. Ha nacido una nueva era de la agricultura.

Los equipos agrícolas comenzaron a cambiar hace unos veinticinco años. Primero fueron los sistemas de guiado GPS, que pronto se sustituyeron por equipos mucho más precisos, que detectaban hasta dos centímetros de desviación en campos de miles de hectáreas. El NAVSTAR Global Positioning System —lo que todos conocemos como GPS y que está en todos los teléfonos móviles—, que era inicialmente una tecnología militar, pasó a estar disponible para usos civiles a principios de los 90. Eso permitió dotar a cualquier vehículo con una herramienta precisa de localización y navegación, algo impensable muy poco antes. Las aplicaciones empezaron a florecer. Y entre otras cosas permite ahora que tractores y cosechadoras se dirijan automáticamente, reduciendo los errores del operador y también su fatiga.

Ahora la captura de datos masiva está generalizada, lo que permite medir o estimar muchos parámetros con gran resolución espacial: humedad del suelo, reflectancia de cultivos, mediciones de infrarrojo y visible… Con esto se pueden estimar la situación de salud del cultivo, la presencia de plagas y enfermedades, el estrés hídrico, y todo ello mapeado con precisión decimétrica. La misma precisión que luego se transmite a las máquinas guiadas para laborear, para cosechar o para aplicar abonos, plaguicidas o riego. Los ahorros de todos estos productos son importantes: pueden llegar al 40 %.

El agricultor tiene en su tablet o en su teléfono inteligente la situación real del cultivo y sabe lo que está aplicando, prácticamente, en cada metro cuadrado. Y por supuesto puede guardar todos los historiales de datos para realizar análisis posteriormente. Un agricultor actual pasa una parte de su jornada frente al ordenador, la tablet o la pantalla de su cosechadora. El mundo está cambiando.

AIRBUS Permanent Crop Analytics (PCA) Report

Planting Acres Resolution Plant Count
97.79 acres   50cm   25072

Vigor   May 1, 2019

- 0.170 - 0.297 — 721 plants (2.9%)
- 0.297 - 0.339 — 1265 plants (5.0%)
- 0.339 - 0.370 — 2128 plants (8.5%)
- 0.370 - 0.395 — 3106 plants (12.4%)
- 0.395 - 0.417 — 3876 plants (15.5%)
- 0.417 - 0.437 — 4342 plants (17.3%)
- 0.437 - 0.458 — 4822 plants (19.2%)
- 0.458 - 0.481 — 3339 plants (13.3%)
- 0.481 - 0.546 — 1473 plants (5.9%)

Imagen de AgNeo, un servicio comercial de Airbus. Proporciona mapas de satélite para fincas agrícolas, con resolución de 50 cm y casi en tiempo real. En este caso está mapeando el NDVI (Índice de Vegetación de Diferencia Normalizada), que es una medida de la salud y densidad de las plantas.

Este tipo de agricultura se desarrolló tempranamente en Estados Unidos, Canadá y Australia, donde dio sus primeros pasos ya a finales de los 90. A lo largo de los últimos veinte años se ha ido extendiendo a muchos otros países, como Reino Unido y Francia, los primeros que la adoptaron en Europa, y Argentina en Iberoamérica, seguida pronto por Brasil. Está especialmente desarrollada en países que son a la vez avanzados y con explotaciones agrarias muy grandes, de las de miles de hectáreas. Pero se va extendiendo poco a poco por el mundo.

Y no solo se aplica a la agricultura. También a los sistemas de distribución de los alimentos. Las herramientas de seguimiento ayudan a las empresas de logística a calcular los tiempos de entrega estimados y a realizar ajustes en tiempo real si cambian las condiciones meteorológicas o del tráfico. También sirve para garantizar la cadena del frío: el control del transporte refrigerado ayuda a garantizar que los productos perecederos lleguen frescos a su destino. Y es que se estima que el 30 % de las frutas y verduras se echan a perder debido a la falta de almacenamiento adecuado y a los retrasos en el transporte. También permite optimizar el transporte, gestionando la capacidad de los camiones: según la OCDE, el 27 % de los camiones europeos circulan casi vacíos. La tecnología permite un mercado de licitación de cargas en tiempo real, para llenar mejor los remolques y optimizar la capacidad de los portes.

Y por supuesto la digitalización alcanza también a la ganadería. Por ejemplo, las vacas con un sensor GPS en la oreja. Cada chip tiene información personalizada de cada individuo, y permite rastrear el movimiento del ganado, su ubicación y su actividad. Y también controlar parámetros de su bienestar; por ejemplo, detectar antes las enfermedades o ajustar automáticamente los piensos vitaminados que consumen, en función de su uso de los pesebres, de su edad, de su desarrollo o su estado de salud.

En esencia, la agricultura de precisión parte de reconocer que ni el suelo ni las plantas son homogéneas en toda la extensión de un cultivo, ni a lo largo del tiempo. Trata, en suma, de captar y manejar millones de datos y aplicarlos a acciones reales en el campo, para conseguir mejor productividad. Al ser capaces de mapear en tiempo real las particularidades espaciales, se puede aplicar de forma específica el tratamiento que cada zona requiere. Y, como efecto secundario, se consigue también un impacto ambiental mucho menor, porque puede hacer lo mismo con mucho menos consumo de agua, fertilizantes y plaguicidas.

Solo que para eso hacen falta equipos capaces de «leer» el terreno, *software* para analizar esos datos y convertirlos en información, y máquinas capaces de utilizar esa información para actuar sobre el suelo de forma «personalizada». Pero todo eso ya está aquí.

DRONES Y ROBOTS PATRULLANDO EL CAMPO

Los vehículos autónomos tienen algo de ciencia ficción futurista que todavía despierta cierto recelo. Eso de imaginar un coche conduciéndose él solo por ahí... con lo fácil que es darse un golpe en un *stop* o al aparcar en un sitio angosto. O con lo fácil que sería atropellar a un niño que corre detrás de una pelota, sin mirar.

Pero el caso es que también están aquí ya. Aún dan bastante miedo a los gobiernos y a las compañías de seguros, pero ya hay taxis autónomos en San Francisco, la primera ciudad en autorizarlos. Los «robotaxis» de Cruise (General Motors) o Waymo (Alphabet, es decir, Google) alcanzaron la licencia comercial en 2022, convirtiendo a la ciudad en una especie de laboratorio a gran escala. No todo el mundo está contento, hay que decirlo. Mientras, en China, el gobierno municipal de Shenzhen —el Silicon Valley de China—, abrió en 2023 ciertos tramos de autopistas para la circulación de vehículos autónomos, 89 kilómetros en total. Se trata de vehículos de prueba, pero circulando ya en un entorno cien por cien real. Con ello esperan acelerar el despliegue de vehículos autónomos, en la que es la ciudad más rica de la provincia sureña de Guangdong.

La cosa es algo más sencilla en entornos confinados, zonas que no son públicas donde los riesgos están mucho más acotados. Parece que ahí uno se siente ya más tranquilo. Ahí no puede aparecer un ancianito en bicicleta ni un coche mal aparcado. Así que ya hay algunos camiones autónomos trabajando en grandes minas a cielo abierto, o moviendo contenedores en el puerto de Hamburgo, por ejemplo. Aunque todavía es algo en estados muy iniciales.

Las grandes fincas agrícolas son también algo así, un entorno relativamente confinado. Así que las máquinas agrícolas robotizadas ya están también ahí, al menos empezando. Aunque es cierto que un tractor o una cosechadora no están solo en los cultivos, porque en algún momento pueden salir a un camino o una carretera, así que no es del todo un entorno seguro. Los problemas legales y los seguros están todavía estudiándose, y son una cuestión casi más limitante que los problemas técnicos.

Ya hay maquinaria autónoma para el campo. Los más avanzados, en este momento, son los japoneses. La compañía Iseki tiene un desarrollo comercial, el tractor robot TJV655, que puede trabajar 24 horas al día, incansable, parando solo para repostar combustible. Si hay un obstáculo o un problema se detiene y envía una alarma. Usando guiado GPS puede labrar, dar vueltas en U y aplicar la cantidad óptima de fertilizantes y pesticidas. Vamos, que se trata de aplicar la agricultura de precisión, pero mediante un robot con forma de tractor. En el futuro además contarán con conexión a sistemas de información meteorológica en tiempo real, lo que le permitirá tomar decisiones como salirse al camino en caso de lluvias intensas y volver al trabajo cuando escampe. Y eso sin tomar un café ni nada.

Todas las grandes marcas del sector están en ello y tienen ya sus tractores «conceptuales» en el mundo autónomo: John Deere, Case New Holland, Kubota... En China, que está muy avanzada en maquinaria agrícola, hay un programa de desarrollo de vehículos autónomos que incluyen también plantadoras o cosechadoras de arroz. Aún son caros (el modelo de Iseki vale 110.000 $, frente al modelo equivalente no autónomo que vale 65.000 $), y tienen cosas que mejorar, pero es una tendencia que no parece que vaya a pararse.

Hay que tener claro que estos grandes ingenios no son otra cosa que robots: máquinas capaces de trabajar de forma autónoma, más o menos inteligente, y para un trabajo determinado. Curiosamente, «robot» es una palabra de raíz eslava, una de las pocas de nuestro idioma que lo son. Viene del checo *robota*, «trabajo forzado», o «servidumbre». En ruso *rabota* significa «trabajar» (se pronuncia «robota»), y *rab* es también como se llamaba a los esclavos en la Rusia medieval. Así que eso es lo que son nuestros robots, al fin y al cabo: esclavos mecánicos de metal y plástico que trabajan para nosotros, haciendo cada uno lo que sabe hacer.

Tractor autónomo Case/New Holland (de Estados Unidos). No hay cabina para humanos.

Pero no todos los robots agrícolas son variantes de los tractores. Hay cada vez más variedad de equipos tipo «robot terrestre», que seguramente muy pronto se irán haciendo rentables y cada vez más comunes. Hay robots del tamaño de un tractor, pero otros del tamaño de un cortacésped. Hay robots con visión artificial y brazos articulados que pueden recoger fresas o naranjas. Los hay que se mueven por los campos detectando las malas hierbas bajo su panza y quemándolas selectivamente con un láser, sin usar ningún herbicida. Hay robots que se pasean por un viñedo detectando el estado de maduración para decidir cuándo cosechar cada cepa, e incluso capaces de recolectar las uvas con delicadeza. Los robots llevan ya mucho tiempo trabajando en la industria, pero ahora están saliendo afuera y son capaces de moverse por terrenos irregulares e imprevisibles. Es un nuevo mundo de posibilidades técnicas. Los prototipos y pruebas irán aterrizando con utilidades que sean realistas y viables, pero eso es algo que sin duda está muy cerca. De hecho ya está aquí.

Carbon Robotics (de Estados Unidos) lanzó este robot LaserWeeder en 2021. Es capaz de reconocer las malas hierbas con visión artificial y eliminarlas —y sin tocar al resto— mediante un sistema de ocho láseres bajo su panza, mientras se mueve de forma autónoma sobre las hileras de cultivos.

Estos robots terrestres tienen sus compañeros voladores: los drones. Llamados al principio UAV (Unmanned Aerial Vehicle) eran también, como el GPS, una tecnología militar, y además tremendamente cara. Pero con el tiempo se fueron simplificando, haciéndose pequeños y también más asequibles. Hoy, por poco más de 600 € cualquiera puede tener un dron capaz de volar durante media hora hasta agotar la batería, obteniendo imágenes impactantes desde un punto de vista poco habitual.

Los drones más grandes son más caros, por supuesto. Muy pronto se les han encontrado utilidades, más allá de los documentales impresionantes. Hoy se usan para levantamientos topográficos, para vigilancia de seguridad, para transporte de pequeñas cargas, para apoyo en salvamento marítimo... y por supuesto para la guerra.

Inesperadamente, el gran laboratorio de los drones ha sido la guerra de Ucrania de 2022. Ha supuesto un desarrollo brutal de estas máquinas como arma de combate, tanto en los equipos en sí como en las formas de uso. Y ya sabemos que muchas tecnologías militares acaban permeando con el tiempo a los usos civiles, así que más adelante es seguro que algo nuevo y útil saldrá de tanta destrucción. En todo caso, ya está cambiando incluso la percepción de la guerra, hacia un nuevo tipo que se conoce como «guerra mosaico»: un gran número de unidades pequeñas y de bajo coste, intercomunicadas en un campo trufado de sistemas de captación de datos. Juegan un papel clave las municiones de precisión muy abundantes y baratas (que en general son drones con carga explosiva), la proliferación masiva de sensores (otra vez drones con cámaras) y la fusión de todo eso en una potente red de datos que pueda coordinarlo. Los grandes monstruos mecánicos —tanques y blindados ligeros— han perdido relevancia. Es la digitalización, otra vez: aquí, en la guerra de precisión.

En la guerra de Ucrania los pequeños drones empezaron usándose muy pronto en el ejército ucraniano para cosas como vigilancia, ubicación de objetivos para artillería, detección de movimientos de tropas o reconocimiento de una posición antes de un asalto. Eran drones comerciales, simples, originalmente diseñados para uso civil, que fueron comprados masivamente en China —a través de terceros países— y adaptados de forma casi artesanal. Luego se les comenzaron a acoplar sistemas para cargar y soltar explosivos.

Pero los dos bandos han ido aprendiendo uno del otro a gran velocidad. Los drones de diseño puramente militar también evolucionaron rápidamente. Por ejemplo, los Shahed iraníes que utiliza Rusia, drones kamikazes muy baratos (20.000 € de media cada uno) y que pueden sustituir bastante bien a un misil equivalente de medio millón de euros; eso permite usar diez de ellos, sin más problemas, en un único ataque. O los Lancet rusos, que vienen a ser municiones voladoras guiadas muy, muy rápidas. Un operador de dron los maneja con visión de cámara «de primera persona», como en un videojuego. Cuando la pantalla funde a nieve, impacto.

Todo esto ha convertido a los frentes ucranianos en lugares absolutamente sensorizados, donde cada movimiento se vigila en tiempo real, y donde apenas es posible la sorpresa, esa gran baza estratégica. De hecho, los drones han sustituido efectivamente a buena parte de la artillería: en un ataque de precisión ruso, un dron Lancet de 12 kilos cuesta 30.000 €, y lo puede manejar un operador con un mando parapetado en una trinchera. Frente a eso, la alternativa es usar varios obuses de artillería convencional que pueden acertar o no, valen a 6000 € la pieza y requieren disparar diez o veinte rondas desde un carísimo cañón, al que además hay que mantener en movimiento después del uso, para que el enemigo no detecte el fuego y lo vuele enseguida… con un dron de 3000 €. La economía cuenta mucho en esto de la guerra. El resultado es que en los frentes de Ucrania, en 2024, se han puesto en el campo de batalla ¡unos 50.000 drones al mes! La escala de uso y renovación de esta tecnología está siendo descomunal, por lo que la evolución tecnológica es inevitable. Los drones baratos lo están cambiando todo. Mientras, todos los ejércitos de la OTAN observan con atención lo que sucede allí para intentar sacar lecciones.

De esta manera los drones van evolucionando y volviéndose más eficientes y económicos. Y lógicamente, en la paz también tienen cada vez más usos. La agricultura es un campo donde cumplen ya varias funciones importantes. La más inicial y evidente es la de captura de datos, mediante vuelos programados que permite el mapeado de los campos de cultivo, para recopilar los datos que luego se utilizan en la agricultura de precisión. Pueden hacer cosas como mapas de malas hierbas —para luego poder eliminarlas—, e incluso permiten anticiparse a ciertos problemas: algunas plagas o enfermedades pueden verse venir con antelación en función de la reflectancia del cultivo, antes incluso de que pueda verse en el campo ninguna evidencia física.

Hay también drones para pulverización controlada de productos. Pueden hacer un vuelo rasante sobre las plantas y aplicar fitosanitarios con dosis muy ajustadas y a gran velocidad, y por supuesto sin tocar el cultivo ni tropezarse con nada. No necesitan rodar sobre el terreno. Se trata únicamente de programar su zona de trabajo y vigilar su comportamiento. Cuando se les acaba el depósito de líquido o la batería está baja, vuelven automáticamente a la posición del operador para pedir más. Casi todos estos drones pueden hacer muchas cosas de forma autónoma, aunque también pueden ser «pilotados» a voluntad, para operaciones más delicadas, como aterrizajes en sitios complicados o simplemente inspecciones de zonas concretas. También pueden adaptarse para distribuir abonos granulados o semillas. Un robot volador que trabaja para el agricultor. Algo impensable hace solo treinta años.

Dron agrícola DJI Agras MG-1S, tecnología china. Dispone de un controlador de vuelo, un sistema de radar para detectar obstáculos y un equipo de aspersión de líquidos. Así que trabaja solo, salvo para la recarga.

E incluso hay drones para usos ganaderos, que pueden «pastorear» grandes rebaños en cría extensiva (vacas, caballos u ovejas), identificando a cada uno individualmente gracias al chip del animal, contabilizando el rebaño con cámaras y mapeando sus desplazamientos y las tierras que pastan. Como un perro aéreo, pero aún más listo.

Hay empresas que prestan servicios de drones a los agricultores. Por ejemplo Taranis, nacida en Israel en 2015, que hoy trabaja también en Brasil y Estados Unidos. Taranis suministra imágenes de dron (y también de satélite) a sus clientes, que son fincas agrícolas, por un precio de 20-40 €/hectárea. Hacen un vuelo cada dos semanas y recopilan imágenes de las parcelas. Esas imágenes tienen una resolución milimétrica, tan detallada que se pueden observar las hojas del cultivo e incluso la forma de los insectos sobre ellas. Su *software* permite rastrear plagas de insectos, invasiones de malas hierbas, deficiencias de nutrientes, estrés hídrico o cualquier otro aspecto del terreno.

Principales fabricantes de drones y robots agrícolas

Compañía	País	Fundación	Observaciones
DRONES			
DJI	China	2006	Líder del sector de drones. Adquirió la sueca Hasselblad (cámaras) en 2017
PrecisionHawk	EEUU	2010	Drones para agricultura de precisión
Parrot Drones	Francia	1994	En 2019 compra Airinov, especializada en agricultura de precisión
senseFly	Suiza	2009	Lanza eBee, dron de ala fija (2012). Subsidiaria de Parrot desde 2015
Yamaha Motor Corporation	Japón	1995	Primer dron agrícola RMAX en 1997
ROBOTS AGRÍCOLAS			
John Deere	EEUU	1837	Primer tractor autónomo en 2022
AGCO Corporation	EEUU	1990	Robots y sistemas de siembra autónoma desde 2017
CNH Industrial	EEUU	2012	Fusión de Case New Holland Global (EEUU) y Fiat Industrial (Italia), en 2012
Kubota Coporation	Japón	1890	Primer tractor autónomo en 2023
Trimble Inc.	EEUU	1978	Sistemas GPS y tecnologías agrícolas

Es curioso que John Deere, la tradicional marca de tractores[16], se ha convertido en una de las compañías líderes en robótica e inteligencia artificial, con soluciones de visión por ordenador, sensorización y procesamiento avanzado de datos. En 2023 presentó en Las Vegas una nueva tecnología robótica, llamada ExactShot, que permite fertilizar las plantas en el momento de la siembra de cada semilla, a una velocidad de 16 km/h, y solo en el punto donde han sido plantadas. Esto reduce la cantidad de fertilizante en más del 60 %.

---

16   El señor Deere era un herrero de Illinois, que inventó el primer arado de vertedera hecho de acero en 1837. Luego fundó una herrería industrial, y poco a poco vino el resto.

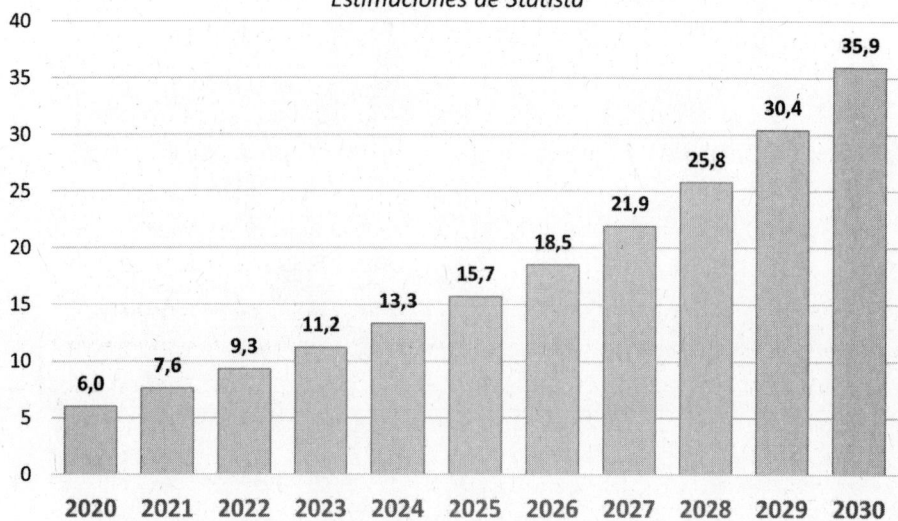

Tamaño esperado del mercado global de robots agrícolas
(en miles de millones de US$)
Estimaciones de Statista

La introducción de la robótica en el campo no deja de crecer, y se espera que lo haga mucho más todavía. Los fabricantes de estas máquinas prevén un enorme desarrollo, que debería cuadruplicar el tamaño actual del mercado en los próximos cinco o seis años. En 2023 supuso 11.000 millones de dólares, y se espera llegar por encima de los 35.000 para 2030, como se ve en la anterior gráfica estimativa. Cada vez más robots se ocuparán de darnos de comer.

DEL AGROBACTERIUM TUMEFACIENS A LA TIJERA MÁGICA

Los humanos hemos manipulado a los organismos de los que nos alimentamos desde hace mucho tiempo. Desde muchos siglos antes de conocer incluso el concepto de genética. En cada época con las herramientas disponibles a nuestro alcance, claro. En un principio nos dedicamos simplemente a seleccionar y reproducir las mejores variedades, las que más nos gustaban. ¿Piensa que el maíz ha sido siempre maíz y el trigo siempre ha sido trigo? Pues no, ni mucho menos.

El maíz al que estamos acostumbrados produce una mazorca poderosa, que en promedio tiene 800 granos de un cereal muy nutritivo. Pero la especie ancestral con la que los humanos empezaron su agricultura en las Américas hace 9000 años, en los valles centrales del actual México, era muy diferente. Hoy se conoce como teosinte (de la lengua náhuatl *teocentli*, «grano de los dioses'), y era un cereal bastante flacucho que no daba más de 10 o 12 granos por espiga. Fuimos cultivando durante siglos solo las mejores variedades, hasta que poco a poco las espigas eran cada vez más y más grandes.

Otro ejemplo es el trigo, el segundo gran cereal. Hace 10.000 años, en la antigua Mesopotamia se produjo un cruzamiento sucesivo entre tres especies silvestres de gramíneas, probablemente ya con intervención humana. La nueva especie híbrida tenía semillas más grandes, lo que evitaba que fueran dispersadas por el viento, como le pasaba a las de sus predecesoras más enclenques. Estas espigas se podían recolectar fácilmente y moler esos granos más gordos para hacer harina. El antepasado del trigo actual empezó a ser cultivado y seleccionado para tener espigas cada vez más generosas. La primera revolución agrícola estaba en marcha, y sí, se inició allí, en Mesopotamia, en lo que actualmente es Irak y Kuwait.

Así que la selección artificial comenzó en la prehistoria. Simplemente, eligiendo y reproduciendo solo los seres vivos que más nos interesaban de cada especie. Es algo que no hemos dejado de hacer. Así hemos ido, poco a poco, teniendo arroz con más granos, cerdos más gordos, calabazas más grandes, ovejas con más lana y gallinas que ponían más huevos.

Aunque la genética sentó sus bases empíricas en el siglo XIX, realmente no se entendió lo que subyacía hasta que se pudo comprender la molécula del ADN —el ácido desoxirribonucleico—, que forma larguísimas cadenas de doble hélice y es donde reside la información genética. Fue en 1953 cuando Watson y Creek describieron por primera vez su complicadísima pero elegante estructura. A partir de ahí todo cambió, porque empezamos a entender los genes, es decir, las bases de la información biológica que se transmite de una generación a otra de cualquier ser vivo.

Simplificando mucho, un gen es un paquete de información genética —un trocito de ADN— que codifica una proteína, por tanto una cualidad concreta de un ser vivo. Al conjunto de genes de ese ser vivo se le llama «genoma». Por ejemplo, un ser humano tiene un genoma con unos 20.000 genes, un número muy parecido al de un orangután, un perro o un bacalao. Curiosamente, las plantas suelen tener muchos más genes: el genoma de la patata tiene 39.000 genes, el del olivo 50.000 y el del trigo 107.000. Parecería que la complejidad evolutiva conduciría a tener más genes, pero no es así[17]. En todo caso no se sienta mal por ello. Evolutivamente parece que nos va mejor que a la patata: no se conoce ningún caso de que una patata se haya comido a un humano, y al revés sí. ¿O será verdad que es el trigo el que ha domesticado a los seres humanos —para que lo ayudemos a expandirse— y no al revés?

A la izquierda, el teosinte, ancestro del maíz, comparado con un maíz actual. A la derecha, uno de los ancestros del trigo (*Aegilops speltoides*) comparado con una variedad del trigo actual (*Triticum aestivum*).

---

17   Lo que pasa es que el trigo en realidad es hexaploide, o sea, que tiene seis copias de los mismos genes. En realidad no hay demasiada diferencia en el número de genes *básicos* de plantas y animales superiores, que están entre 25.000 y 35.000.

Para entenderlo con una analogía, vamos a imaginar que el genoma del maíz, que tiene unos 40.000 genes, es un libro. Al fin y al cabo, es una especie de manual de instrucciones sobre cómo construir una planta de maíz con todos sus detalles. Ahora imagine que cada gen es una frase que explica una instrucción concreta. El genoma del maíz sería entonces un libro bastante gordo, con 40.000 frases, lo que nos daría para unas 1600 páginas. Un libro tan gordo como cuatro veces el que tiene ahora entre las manos, así que sería todo un señor manual. Conserve esta imagen porque la vamos a ir usando.

LOS TRANSGÉNICOS

Con el tiempo la ciencia fue aprendiendo a identificar los genes, y después a manipularlos. Esto era un cambio inmenso respecto a la selección artificial que se había hecho hasta entonces. ¿Sería posible introducir un gen de una especie en otra? No se trataba de producir unicornios introduciendo genes de un narval en un caballo, sino de hacer cosas más prácticas. En 1986, los investigadores de la empresa biotecnológica Monsanto dieron un salto cualitativo: consiguieron insertar en una planta de tabaco un gen de una bacteria, que le daba resistencia a un antibiótico concreto, la kanamicina. No es que quisieran que el tabaco resistiera a los antibióticos, simplemente era un marcador para poder seleccionar a las plantas que tenían el gen deseado. Era la primera planta modificada genéticamente.

Poco a poco, distintos grupos de investigadores fueron haciendo otros manejos genéticos de este tipo. Se fueron identificando los tramos de ADN que codificaban ciertos genes de interés. Pero para introducir un gen de una especie en el genoma de otra especie distinta hay que trabajar a una escala molecular a la que solo podemos acceder por métodos indirectos. Así que para eso se aprovecharon capacidades que ya estaban en la naturaleza, porque existen organismos que ya se dedican a transferir sus propios genes a otros, por su propio interés. Así, se utilizaron vectores como ciertos virus, o como una bacteria curiosa llamada *Agrobacterium tumefaciens*. Esta bacteria parasita las raíces de algunas plantas, y les transfiere un trozo de su ADN para que, al replicarse, produzca una proteína ajena a la planta y que es capaz de generarle un tumor, un engrosamiento en el que la bacteria vive muy cómoda. Así se aprovecha de la biología de la planta para su propio beneficio. Pues bien, se utilizó esta capacidad de transferir genes para hacerle trabajar con los que nos interesaba a nosotros.

Retomando la analogía del genoma-libro, lo que estaríamos haciendo ahora es introducir una frase nueva de otro manual. Por ejemplo, cogemos el manual *Construya su propio maíz*, y en la página 1253 le colamos una frase recortada con tijeras del manual *Construya su propia bacteria*. Esa frase es la que explica cómo ser resistente a la roya del maíz —un hongo parásito—, ya que indica cómo hacer una proteína que mata al hongo de la roya, tal como lo hace otra especie. El maíz que construyamos después, con la ayuda de ese manual «manipulado», será exactamente igual que el anterior salvo por el detalle de que será resistente al hongo.

Para conseguir modificar el manual del maíz, hemos usado un tipo de aplicador que corta la frase del otro libro —incluso puede llevarse algún trozo del párrafo—, y lo desliza entre las páginas de nuestro libro con un poco de pegamento. El aplicador no es demasiado preciso, y no sabe encontrar exactamente la página 1253, así que repetimos la operación en un montón de manuales hasta que veamos que el maíz construido con uno de ellos tiene la cualidad que buscamos. Ese libro nos lo quedamos, y los demás van a la basura. Ya tenemos un «manual fraseológicamente modificado».

Pues, volviendo al mundo real, así es como se fueron produciendo distintos «Organismos Genéticamente Modificados». Es lo que se conoce como OGM, o simplemente «transgénico» —son sinónimos—, un nombre que por el camino se ha ido empapando de malas vibraciones, a menudo sin una buena razón.

La cuestión es que, con el tiempo, se han ido consiguiendo muchos OGMs muy interesantes. Uno de los primeros fue una levadura a la que se le insertó el gen para producir insulina humana. Reproducir levaduras es facilísimo —son las que hacen la cerveza— así que, de pronto, se pudieron producir enormes cantidades de una sustancia médica imprescindible para tratar la diabetes, y a un precio muy barato. Antes se obtenía en los mataderos aprovechando despojos del cerdo, concretamente el páncreas; y la gente se inyectaba eso, obtenido tras purificar la insulina de un montón de páncreas de cerdo. Ahora, muchísima más gente puede disponer de la insulina, que antes era escasa y cara.

En la actualidad se cultivan un puñado de especies de plantas transgénicas: arroz, maíz, soja, colza, remolacha azucarera, patata, alfalfa, tabaco y algodón. ¿Y qué ventajas tienen estas plantas? Bueno, cada una la suya. Algunas son resistentes a herbicidas, de manera que puede tratarse el cultivo con ellos para eliminar malas hierbas, ya que a la planta que nos interesa no le afectan. Otros son resistentes a plagas de insectos o de hongos. Otros mejoran su valor nutritivo, como el arroz dorado, que tiene provitamina A y evita la ceguera infantil a millones de niños cada año en regiones asiáticas con dieta exclusiva de arroz sin cascarilla. Algunos tienen interés industrial, como la patata Amflora, que produce un tipo de almidón adecuado para la fabricación de papel, tejidos y adhesivos. O las plantas de tabaco con menos nicotina. En resumen, se consiguen variantes con alguna ventaja en el cultivo, o con más producción porque evita pérdidas, o la introducción de nuevas características útiles. Los primeros cultivos transgénicos autorizados, después de muchas pruebas de seguridad, comenzaron en Estados Unidos en 1996.

También hay transgénicos animales, claro. Uno muy curioso es el de un pez cebra que se utiliza para detectar contaminación, el GloFish. Se le adosaron genes de proteínas fluorescentes, que se activan en presencia de ciertos contaminantes, así que estos peces se iluminan cuando existe esa contaminación. Eso es muy visible, claro, así que permite detectarla fácilmente. Muy útil. Pero como efecto secundario, resulta que el GloFish es tan bonito, con sus curiosas líneas de luces fluorescentes —rosa, verde, azul—, que ahora se vende en Estados Unidos… para tenerlo en los acuarios. Es que resulta la mar de decorativo. Curiosamente, en esta línea, en 2024 se aprobó en Estados Unidos la comercialización de una petunia bioluminiscente. Esta planta decorativa tiene un gen para producir luciferasa, una proteína de ciertos seres vivos que los hace luminosos, como las luciérnagas. Otro divertimento nocturno para los jardines y las macetas.

Ya en tono más pragmático, existe también un salmón modificado genéticamente. Lo que se le ha modificado es el gen de la hormona del crecimiento, para que produzca mucha más. El resultado es un salmón llamado AquAdvantage, que crece muy rápido y madura en la mitad del tiempo que la variedad salvaje. Desarrollado por la empresa biotecnológica AquaBounty Technologies, fue aprobado en 2015 y ahora se consume en Estados Unidos y Canadá.

Lo cierto es que los transgénicos arrastran una mala fama que, realmente, no está basada en hechos, sino más bien en emociones. Yo diría que «transgénicos» suena a «mutantes», y por eso mucha gente imagina sin querer algo como los X-Men, los superhéroes mutantes de Marvel, pero en vegetal; como una zanahoria que pudiese lanzar rayos energéticos o una pera con encanto hipnótico irresistible. Como es algo que no se entiende muy bien, da miedo. Así que desde el principio, muchas entidades ecologistas se opusieron a su uso con una variedad de argumentos, algunos de ellos más serios que otros.

El salmón de AquaBounty (el grande de detrás). Se ha modificado genéticamente para crecer más, y también más rápido, que un salmón atlántico de la misma edad (delante).

En primer lugar, como es lógico, se preocupan por los efectos sobre la salud humana. Plantean que los alimentos que derivan de cultivos transgénicos pueden producir mutaciones cancerígenas (al incluir en algunos casos ADN de virus), pueden aumentar la sensibilidad a ciertas sustancias por personas alérgicas, o incluso pueden incluir subproductos tóxicos.

Después están las posibles afecciones al ecosistema agrario. Se argumenta que los cultivos transgénicos, al ser más competitivos en la lucha por los recursos del suelo, pueden mermar seriamente la biodiversidad de una determinada zona. También que fomentan el uso de herbicidas, como el glifosato, ya que se diseñan para resistirlo, mientras las malas hierbas no. Por último, alertan sobre la posible contaminación génica, ya que los individuos transgénicos de una especie se pueden cruzar con otros normales y dar lugar a mutantes sin control con consecuencias desconocidas.

Y finalmente, desde un punto de vista social, critican que los transgénicos obligan al agricultor a volver a comprar semillas para la siguiente cosecha, ya que son estériles. Esto no es cierto para todos los transgénicos, aunque sí lo es para muchos. Pero también lo es para muchas otras especies cultivadas no transgénicas, que en todo caso nunca son una obligación para los agricultores, sino una opción. La insulina de levaduras transgénicas se produce para 400 millones de personas en unas pocas empresas, y su precio es de lo más asequible, como lo es el de las semillas necesarias para la alimentación de la humanidad.

En este último punto, de todos modos, hay un cuestionamiento muy acertado, y es que la producción de semillas de alto rendimiento es un mercado muy concentrado en unas pocas empresas biotecnológicas, como se ve en la tabla siguiente, que recoge a las mayores del mundo. De hecho, las cuatro primeras (Syngenta, Bayer, Corteva y BASF) acaparan el 80 % del mercado —la famosa Monsanto forma parte de Bayer CropScience desde 2018—. Pero eso, en realidad, no tiene que ver con que sean transgénicos o no. Es un problema de desarrollo industrial: las tecnologías para desarrollar variedades vegetales son carísimas, y solo empresas grandes, con un presupuesto abultado para investigación, pueden llevarlas a cabo. Es algo parecido al sector de los teléfonos móviles, por ejemplo: solo unos pocos gigantes como Apple, Samsung o Xiaomi pueden invertir lo necesario para estar en la punta de lanza de la innovación.

Pero frente a los argumentos anteriores, y si nos centramos primero en la salud humana, la cuestión es que ningún estudio científico ha detectado problemas de salud causados por transgénicos. Después de revisar estudios muy diversos a lo largo de 30 años, en 2016 un informe de la National Academy of Sciences (NAS) de Estados Unidos[18] —una entidad que aúna a las mejores universida-

---

18   El informe completo (*Genetically engineered crops. Experiences and prospects*)

des del país y que asesora a su gobierno— emitió una conclusión contundente: los alimentos procedentes de organismos modificados genéticamente son tan seguros como los procedentes de cultivos tradicionales. Dicen exactamente: «No se han encontrado diferencias que demuestren un mayor riesgo de los transgénicos para la salud humana».

Las 10 mayores empresas biotecnológicas de semillas

Compañía	País	Fundación	Observaciones	Facturación Millones €
Syngenta	Suiza	2000	Fusión de las divisiones de biotecnología de Novartis y AstraZeneca. Comprada por **ChemChina** en 2017	33.400
Bayer CropScience	Alemania	1863	En 2018 adquiere a la estadounidense **Monsanto**	25.000
Corteva Agriscience	EEUU	2017	Fusión de **DuPont** y **Dow AgroScience** en 2017	14.200
BASF Agricultural Solutions	Alemania	1865		10.200
Limagrain	Francia	1965	Cooperativa propiedad de agricultores franceses	2.100
KWS SAAT	Alemania	1856		1.540
DLF Seeds	Dinamarca	1988		970
Sakata Seed Corporation	Japón	1942		473
Yuan Longping High-Tech Agriculture Corporation	China	1999	Deriva del grupo de investigación establecido por Yuan Longping	465
AgReliant Genetics	EEUU	2000	Filial de Limagrain y KWS	400

Hay que tener en cuenta que ser «transgénico» no es una cualidad concreta. Cada organismo modificado es diferente, porque lo que se ha modificado en él es una cualidad diferente. Esto significa que cada cultivo y cada alimento OGM es algo distinto, que solo comparte con otro OGM la forma de obtenerse, así que su inocuidad debe ser evaluada individualmente.

Todos los alimentos transgénicos que hay actualmente disponi-

---

está disponible en abierto en la página de la National Academy of Sciences (https://nap.nationalacademies.org).

bles en el mercado internacional han pasado complejas evaluaciones de riesgo durante décadas, y es sumamente improbable que presenten problemas para la salud humana. De hecho, no se ha demostrado ningún efecto sobre la salud de las poblaciones donde se consumen.

En lo que se refiere a la biodiversidad, el informe de la NAS resulta un tanto sorprendente. Lo que muestra es que en campos donde se cultivan transgénicos resistentes a insectos hay *más* biodiversidad —¡no menos!— que en campos de especies similares convencionales. Claro, la menor necesidad de usar plaguicidas explicaría esto. Por otro lado, en los campos tratados con herbicidas (típicamente, glifosato), la biodiversidad de «malas hierbas» es similar en ambos casos.

Y en cuanto a la fuga de genes hacia otras especies silvestres relacionadas, el estudio afirma literalmente: «Aunque se han dado casos, no hay ejemplos que demuestren un efecto ambiental adverso del flujo genético de un cultivo transgénico a una especie vegetal silvestre relacionada».

La verdad es que después de este informe tan concluyente, las principales organizaciones ecologistas —como Greenpeace o Amigos de la Tierra— fueron dejando de lado discretamente sus quejas sobre los transgénicos, que, aunque se mantienen vigentes, han pasado a un segundo o tercer plano. Solo hay que mirar sus páginas web y se puede ver cómo ya no es un *trending topic*. Y sin embargo, por cuestiones de «marca», se prefiere a veces el término *biotech crops* (cultivos biotecnológicos), o «cultivos de ingeniería genética», para evitar las connotaciones negativas que ha ido acumulando la palabra *transgénicos*.

A pesar de todo, esos argumentos calaron en su día en las normativas de la Unión Europea. La UE no prohíbe los cultivos transgénicos, pero desde 2001 existe una normativa que establece tales normas de seguridad para su uso que se hace, en la práctica, imposible introducirlos. La legislación permite, además, que cualquier país pueda prohibirlos en su territorio, incluso aunque estén certificados como «seguros» por la Agencia Europea de Seguridad Alimentaria (EFSA). Y eso que la certificación es muy exigente. Lo que pasa en ocasiones es que la prohibición total de transgénicos se usa como moneda de intercambio política en determinados países, para conseguir cesiones de partidos ecologistas en otros temas, o simplemente por un exceso de precaución. Los científicos se miran asombrados, mientras los políticos guardan las evidencias científicas en un cajón con una media sonrisa. Resulta chocante que, en Europa, casi todos nos vacunáramos del COVID con una vacuna biotecnológica de RNA mensajero, completamente nueva y no probada a largo plazo, mientras se sigue sospechando de productos cuya inocuidad se ha demostrado a lo largo de treinta años de uso. O que todos los diabéticos deban su salud a una insulina transgénica, sin saberlo.

Sin embargo, en la UE sí que se permite la importación y consumo de alimentos transgénicos; se llama así a los que proceden de cultivos transgénicos, como semillas de soja o de maíz. Chocante, desde luego. Y se permite básicamente porque si no, no podríamos alimentarnos. Europa es el mayor importador de alimentos del mundo, y especialmente de soja (el 93 % de la soja consumida es foránea), fuente de proteínas que se utiliza sobre todo para alimentar animales. Y la mayor parte de esa soja viene de Brasil, Estados Unidos y Argentina, donde más del 90 % de la que se cultiva es transgénica. Así que, si no se permitieran los alimentos OMG, simplemente la ganadería europea quedaría reducida a una anécdota. La carne o la leche no estarían en el supermercado, sino en un recinto especial de las joyerías.

Además, curiosamente, el etiquetado de alimentos transgénicos es obligatorio en la UE, y debe indicarse siempre que haya más del 0,9 % del ingrediente transgénico en cuestión. Y sin embargo, si se trata de productos de animales alimentados con piensos transgénicos, no requieren ser etiquetados. Anda, ¿y por qué? Pues porque lo estarían prácticamente todos, y los legisladores prefieren no dar tantas explicaciones.

Actualmente la UE permite la importación de 45 variedades transgénicas pero solo permite el cultivo de dos. En 2024, sin ir más lejos, se aprobaron dos nuevas variedades de maíz y algodón, consideradas seguras por la EFSA, y que pueden importarse pero no cultivarse en Europa. Imagine la cara que se le queda a un agricultor cuando le dicen que tiene prohibido cultivar tal o cual variedad de maíz, mientras ve como llegan barcos llenos de ese mismo maíz procedentes de Brasil. En muchos aspectos, esto hace que la biotecnología europea lleve en la práctica un retraso respecto a otros países. Un ejemplo: el trigo sin gluten.

El gluten es una proteína natural presente en la harina de trigo, que le da sus cualidades «panificables»: hace a las masas elásticas y esponjosas, más apetecibles. Así que, además de aportar proteínas, tiene excelentes cualidades para la alimentación, con lo que lejos de ser un enemigo es un gran aliado. Excepto... si eres celíaco. Es decir, alérgico al gluten, como lo es el 1 % de la población. Entonces el gluten causa problemas muy serios en el intestino, por lo que hay que evitarlo rigurosamente. Pero sucede que en 2014, en España, el investigador Francisco Barro[19] consiguió desarrollar un trigo libre de gluten. Era un trigo transgénico, en el que se eliminaban los genes que producen las gliadinas, la parte del gluten que afecta a los celíacos. Pero se mantenía el resto de proteínas, así que se podía hacer pan con ese trigo; con las cualidades del pan, la textura del pan y el sabor del pan, solo que apto para celíacos. Se hicieron las pruebas clínicas y fue un gran éxito: era inocuo, y muchos celíacos estaban maravillados de poder volver a comer pan.

¿Y ya está, final feliz? Pues no. Resulta que ese trigo, una variedad patentada, no podía cultivarse en la Unión Europea debido a la legislación. Los celíacos podrían estar beneficiándose en breve de los resultados de ese cultivo, pero hoy no es posible legalmente. Mientras tanto, hay empresas estadounidenses trabajando en el licenciamiento de esa patente y en su proceso de aprobación. Lo que seguramente sucederá es que este nuevo trigo lo cultivarán en Iowa o en Oklahoma, y nos venderán el grano, o directamente la harina *gluten-free* o incluso las galletas, que consumiremos sin más problemas y seguramente más caras. Así están las cosas, al menos por ahora.

El caso es que, fuera de la Unión Europea, los cultivos transgénicos están muy extendidos. No son algo anecdótico: hoy se cultivan en 28 países. Aproximadamente la mitad del suelo agrícola de Estados Unidos está plantado con cultivos transgénicos, principalmente maíz, soja y algodón. Esto, además, representa el 40 % de la producción mundial de cultivos transgénicos. No es de extrañar que sea de allí de donde proviene casi toda la investigación sobre el impacto de este tipo de plantas. Y globalmente, en el total del mundo, el 12,5 % de la superficie cultivada lo es con transgénicos.

---

19 Francisco Barro es investigador del Instituto de Agricultura Sostenible, de Córdoba, que pertenece al CSIC (Consejo Superior de Investigaciones Científicas).

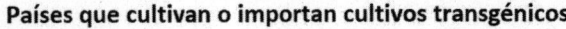

Países que cultivan o importan cultivos transgénicos

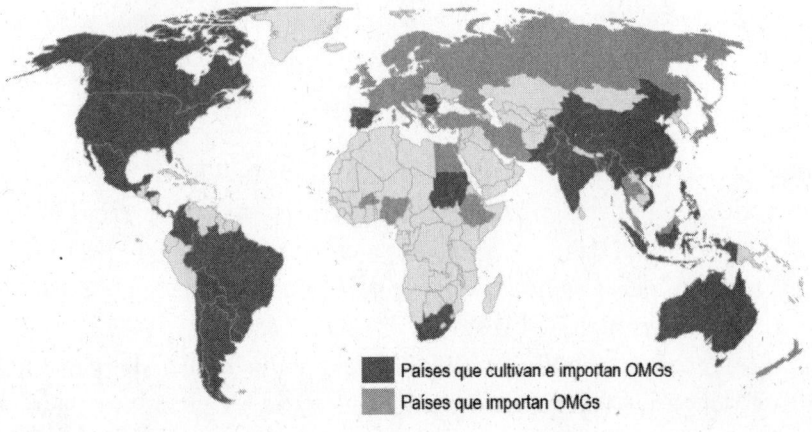

Países que cultivan e importan OMGs
Países que importan OMGs

En la UE se cultivan principalmente en España; es solo un tipo de maíz de la variedad Bt, resistente a la plaga del taladro, y aun así con una superficie casi anecdótica de 32.000 hectáreas, el 0,1 % de la superficie agraria[20]. También hay cantidades aún menores en Portugal, Rumanía y Bulgaria. Todos ellos se cultivaban ya antes de la directiva europea de 2001, si no tampoco hubiera sido posible.

Y sin embargo, hay que poner las cosas en su justo término. El informe de la NAS que venimos citando, también reconoce que en las tierras cultivadas en Estados Unidos, el uso de transgénicos no ha supuesto globalmente una diferencia significativa en el aumento de los rendimientos en maíz, soja o algodón. Es decir, los rendimientos sí que han aumentado, pero en la línea en que lo venían haciendo, no más. Es posible que, si no se hubieran empleado, la mejora de rendimientos se habría estancado, pero eso no lo sabemos. Lo que sí está claro es que han permitido consumir menos plaguicidas, conseguir productos con mejores cualidades y dejar mejor renta a los agricultores. Y todo eso sin daños medibles.

No cabe duda de que los cultivos biotecnológicos tienen un hueco esencial en el futuro de la alimentación. Pero además, resulta que ahora existe un nuevo camino para ello: la edición genética.

---

20   En España se cultiva maíz transgénico para la plaga del taladro, que se da en Aragón y Cataluña; allí casi solamente se puede cultivar ese maíz porque otras variedades se arruinan con la plaga.

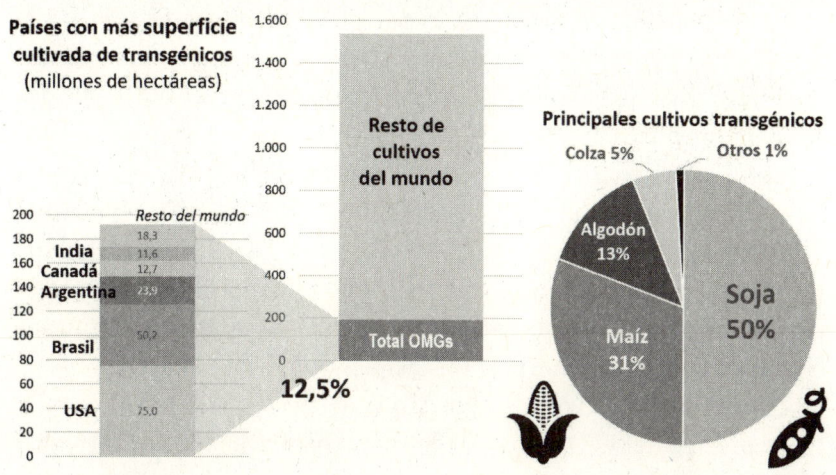

Países con más superficie cultivada de transgénicos (millones de hectáreas)

Resto del mundo
India 18,3
Canadá 11,6
Argentina 23,9
Brasil 50,2
USA 75,0

200 180 160 140 120 100 80 60 40 20 0

1.600 1.400 1.200 1.000 800 600 400 200 0

Resto de cultivos del mundo

Total OMGs

12,5%

Principales cultivos transgénicos

Colza 5%
Otros 1%
Algodón 13%
Soja 50%
Maíz 31%

EDICIÓN GENÉTICA, ALGO COMPLETAMENTE NUEVO

Y mientras tanto, la ciencia seguía avanzando. Casi podríamos decir que, mientras se discutía sobre los transgénicos, han ido quedado hasta cierto punto obsoletos como tecnología. Y esto se debe a que ahora disponemos de otra herramienta mucho más potente, una que ha cambiado las cosas por completo: el CRISPR, la tijera mágica.

Sin entrar en detalles sobre el CRISPR-Cas9 [21], que es una cosa bastante compleja, podemos decir simplemente que se trata de una enzima especializada en cortar ADN, lo que permite hacer modificaciones en los genes con una precisión que antes no existía. Hasta el

---

21   CRISPR/Cas9 —el nombre correcto— es un acrónimo para Clustered Regularly Interspaced Short Palindromic Repeats, o Repeticiones Palindrómicas Cortas Agrupadas y Regularmente Espaciadas. Sí, ya sé: suena a algo complicado. Se refiere a unas secuencias de ADN que se encuentran en ciertas bacterias. El nombre se lo dio el investigador español Francisco J. Martínez Mojica, que las descubrió en 2005, aunque el Nobel de Química por su aplicación se lo llevaron Jennifer Doudna y Emmanuelle Charpentier en 2020.

punto de que lo que se hace con él se llama «edición genética», y los organismos modificados así ya no son OGMs. Ahora tenemos unas nuevas letras: NGTs (New Genomic Techniques). Y es que son algo completamente diferente.

La edición genética es una nueva herramienta con la que se trabaja a nivel molecular, y que permite editar o corregir el genoma de cualquier célula, de forma precisa, económica y sin necesidad de introducir genes de otra especie. Sin duda, los NGT estarán marcando el futuro de la producción de alimentos, porque permitirán obtener progresivamente cosas increíbles.

Para entenderlo volvamos al símil del genoma-libro. Con esta tijera mágica del CRISPR-Cas9, lo que tenemos ahora no son unas tijeras normales y un tubo de pegamento, sino una edición digital del texto. Es como si cogiéramos el manual *Construya su propio maíz*, pero ahora en un ordenador, con un procesador de texto. Así que ahora trabajamos en Word, y podemos cortar/pegar no ya un párrafo, sino una frase, una palabra o incluso una letra. Podemos editar el genoma con una precisión muy alta. Y ni siquiera necesitamos en todos los casos coger un trozo de ADN de otro manual. Podemos editar el que tenemos, modificarlo y hacerle expresar otra cosa. Retocamos una palabra en Word, volvemos a imprimir el manual y hale, a fabricar maíz NGT. Que podría ser, por ejemplo, resistente a la sequía, o tener mazorcas de 850 semillas en vez de 800.

La aparición de la técnica del CRISPR ha supuesto un salto cualitativo, ya que no es necesario hacer cientos de mutaciones hasta conseguir el resultado esperado, sino que se cambia un gen concreto para llegar a lo que se quiere conseguir. Y la obtención del ser vivo final es más segura, más barata y más rápida: toma tres o cuatro años en vez de los diez o doce de un OGM. Además, ni siquiera los organismos «editados» son necesariamente transgénicos, ya que en la mayoría se retocan sus propios genes sin introducir genes de otra especie.

Seguramente la edición de genes nos irá ayudando a producir cultivos que sean más grandes, que crezcan más rápido, que tengan más partes comestibles (como más granos en cada espiga), que sean más nutritivos (por ejemplo, con más proteínas o con alguna vitamina especial), o que necesiten menos agua o menos plaguicidas. O sea, que nos ayudarán a alimentar a esa población creciente con mucha más economía de medios. Como idea no suena nada mal, la verdad.

Algunos ejemplos reales de lo que ha producido ya la edición genética: se están obteniendo patatas que no se magullan y se estropean menos, manzanas que no se oxidan, plátanos que maduran sin ponerse marrones —el sueño de muchos niños—, tomates que reducen la presión arterial, brócolis que resisten a la salinidad, pollos que aguantan mejor el calor... Todo son evoluciones que ayudan a producir más y mejor, y encima con menos recursos. No cabe duda de que este es un prometedor camino abierto. Podemos decir que la biotecnología no es una opción, sino algo imprescindible para afrontar la producción de alimentos en un entorno de cambio climático y de mayores necesidades.

Incluso la UE está avanzando en este sentido, y eso que es la única región del mundo —bueno, más Nueva Zelanda— que no permite los NGTs. Al principio de todo este desarrollo del CRISPR hubo un susto: en 2018, una sentencia del Tribunal Superior de Justicia de la UE igualaba los NGTs a los transgénicos, aunque no tengan nada que ver, y por tanto los consideraba sumamente peligrosos y exigía el mismo proceso de aprobación. O sea, que en la práctica los prohibía, para consternación de los biotecnólogos. Pero algo después se ha propuesto una nueva normativa que parece que va a ir levantando el veto.

A la altura de 2024, esa norma está todavía pendiente de aprobación definitiva, pero va haciendo camino. Aun así tiene algunos puntos extraños. Por ejemplo: da total libertad para producir especies modificadas si se hubieran podido conseguir igual por cruces naturales (aunque en muchísimo más tiempo, claro). Pero para los que no sean así, exige una aprobación tan compleja como la de los transgénicos, siempre que tenga cambios en más de 20 letras del libro —bueno, en 20 nucleótidos, pero por hacerlo más entendible—. ¿Y por qué 20? Pues nadie lo sabe; por nada en especial. Es algo que no tiene ningún sentido científico. Seguramente, en la cabeza del legislador, eso significa «aceptaré *unos pocos* cambios, pero no *muchos* cambios». Pero claro, no es lo mismo trabajar con una patata que con el trigo, que como vimos tiene un genoma mucho más complejo.

Por cierto, el profesor Barro obtiene ahora su famoso trigo sin gluten con técnicas CRISPR, desactivándole los genes de producción de la gliadina en vez de hacerlo como un transgénico. Así que, si esta ley se aprueba, es posible que ese trigo pueda finalmente cultivarse en Europa en unos años. Sería una gran noticia.

China, que también tenía una actitud muy reticente hacia estas semillas de nueva tecnología —sobre todo porque procedían de otros países— está aflojando las restricciones. En 2024 aprobaron varios organismos con modificaciones genéticas: una variedad de maíz con resistencia a herbicidas e insectos, otro con mayor rendimiento y una soja con mayor contenido de ácido oleico.

Por verlo de otra manera: si hace 8000 años un agricultor de Mesopotamia hubiera tenido la tecnología CRISPR —ya sé que hay que hacer demasiadas concesiones a la imaginación, pero estamos en un juego intelectual—, habría podido obtener trigo a partir de un hierbajo en dos o tres años, en vez de en 500 o 1000 años. Y habría obtenido ovejas que producen más leche y más lana, otros 500 años antes. La agricultura habría evolucionado mucho más deprisa, y con ella la propia historia, porque habría sido posible el progreso tecnológico y social que llevó a construir una gran ciudad como Babilonia, quizás un milenio antes. Eso no pudo pasar, desde luego. Pero ahora sí tenemos la tijera mágica. Aun con toda la prudencia, parece bastante lógico que la usemos, porque además la vamos a necesitar.

CULTIVAR EN EDIFICIOS

Suele decirse que la agricultura es como una fábrica sin tejado. Y desde luego, en general es así. Pero no siempre: también existe la agricultura debajo de tejados.

En realidad esta agricultura «en edificios» es algo que existe desde hace bastante tiempo. Para verla, basta con darse una vuelta por el sur de España, y mejor si es por la comarca del Poniente Almeriense, en torno al municipio de El Ejido. Los invernaderos ocupan allí una enormidad de territorio donde se pierde la vista. Sobre el terreno resulta impresionante: kilómetros y kilómetros de pequeñas carreteras bordeadas de invernaderos sin fin, como un campamento inacabable de tiendas de campaña blancas. Pero visto desde el aire —o más fácil, desde Google Earth—, es aún más impactante. Todo el espacio ondulante entre la sierra de Gádor y el mar Mediterráneo está ocupado por invernaderos, que forman una inmensa superficie blanca perfectamente visible desde un satélite. Se le llama, con bastante razón, «el mar de plástico».

Los invernaderos de Almería ocupan en total unas 33.000 hectáreas. Para ubicarse, es algo solo un poco menor que Andorra, el pequeño país pirenaico. Esta gran extensión es decisiva para hacer de España el segundo país del mundo con mayor superficie de invernaderos. El primero es China, con 81.000 hectáreas, seguido de España con 70.000 —de las que el 50 % está en esta única comarca de Almería— y en el tercer lugar del *ranking* está Corea del Sur, con 47.000. De hecho, la compañía almeriense Vicasol —una cooperativa agraria— es la mayor empresa del mundo de gestión de invernaderos, con 1800 hectáreas. Hay que irse a China a buscar a la segunda: Le Gaga Holdings, de Hong Kong.

Es una cantidad apabullante de cultivo bajo techo, un tipo de cultivo en el que pueden controlarse muchas de las condiciones ambientales y conseguir una capacidad productiva excepcional. A pesar de ser una de las zonas más áridas del continente, la región se ha convertido en lo que se llama «la huerta de Europa» gracias a la tecnología y el trabajo. Los invernaderos de Almería producen 3,5 millones de toneladas de frutas y verduras cada año, lo que los convierte en la principal fuente de tomates, pimientos, pepinos o melones, casi en cualquier época del año, para todo el continente. Para ello se aprovecha su clima suave y libre de heladas, se utilizan las aguas del acuífero subyacente, y se aplican tecnologías muy afinadas: riego localizado, uso de insectos depredadores en lugar de plaguicidas, e incluso cultivo sin suelo, lo que se conoce como cultivo hidropónico.

El cultivo hidropónico consiste en sustituir el suelo —la tierra donde normalmente se planta— por un sustrato inerte, cuya función es poco más que sustentar las raíces, y al que se le aporta agua enriquecida con nutrientes. Esto permite una gran economía de recursos, y también de espacio, ya que se puede cultivar en varias alturas dentro del mismo invernadero.

La enorme superficie blanca del mar de plástico tiene otra consecuencia inesperada: la reducción de la temperatura local. El color blanco de las cubiertas refleja la luz solar —ese brillo de la superficie es lo que se llama albedo—, y hace que la temperatura media de la zona sea 0,8 °C más baja que la de las regiones circundantes.

Pero es cierto que, como edificios, los invernaderos son algo bastante liviano y casi temporal. Y tampoco son novedosos, son una tecnología bien conocida. Sin embargo, hay otra agricultura en edificios que está creciendo, y que tiene muchas cosas en común con ellos, pero que en otros aspectos es muy diferente. Es como una evolución hipertecnológica de lo mismo. Es lo que se conoce como «agricultura vertical», o *vertical farms* en inglés.

En este caso se trata de verdaderos edificios, del tipo de naves industriales, en los que las plantas se cultivan en bandejas superpuestas en muchas alturas, en algunos casos hasta la dimensión de un edificio de varios pisos. El aspecto general es el de un almacén industrial lleno de estanterías y pasillos. Las plantas se disponen en estas bandejas, unas sobre otras, con sistemas de alimentación hidropónicos. Sobre cada pila de plantitas se sitúa un sistema de iluminación con luces LED de bajo consumo, diseñadas para emitir una radiación que equivale a la luz solar.

El control ambiental en estas instalaciones es completo. Las plantas reciben la cantidad de agua y nutrientes que necesitan, muchas veces de forma «personalizada». En muchos casos se usa la aeroponia en vez de la hidroponia, en la que ni siquiera hay un sustrato: las raíces están en un recinto en el que reciben una pulverización continua de agua y nutrientes, una especie de niebla nutritiva. La temperatura, el contenido de CO_2 y la humedad del aire se regulan. Las luces LED que iluminan las plantas —su sol artificial— emiten solo en las frecuencias de los colores rojo, azul e infrarrojo cercano, que son los que necesita la fotosíntesis; cada especie cultivada recibe exactamente el espectro, la intensidad y la frecuencia de luz que necesita, con el consumo de energía más eficiente. En cuanto a las plagas, simplemente no entran al edificio, así que apenas se utilizan sustancias plaguicidas.

¿Verdad que parece una especie de mundo Matrix para plantas? Sí, es algo así. Se las mantiene en un entorno completamente artificial, con todo lo que necesitan para crecer, y estrictamente lo que necesitan. Para completar el cuadro futurista, a menudo las operaciones de mantenimiento del cultivo o incluso de cosecha las realizan robots con brazos articulados, que se desplazan por los pasillos del complejo.

Obviamente, esto no vale para cualquier clase de planta. No esperemos ver inmensos campos de trigo dentro de una nave, o hectáreas de girasoles verticales en algún lugar de Ucrania. De momento se utilizan sobre todo para verduras de hoja (lechuga, col rizada, escarola, rúcula, canónigo…) y para hierbas comestibles (albahaca, hinojo, perejil, cebollino…). Hay una enorme variedad de este tipo de verduras. Podríamos decir que es una especie de fábrica de ensaladas.

Además de estas, hay instalaciones que pueden criar fresas, tomates, pimientos o pepinos, aunque son algo más complicadas de manejar. Probablemente se vayan aplicando a más especies con el tiempo, con semillas adaptadas al cultivo en interiores.

Instalación de agricultura vertical, de la empresa iFarm.
Aquí se cultivan fresas en Novosibirsk (Rusia).

Este tipo de «granja vertical» tiene muchas ventajas. De entrada, un considerable ahorro de espacio, ya que sobre el mismo metro cuadrado se puede cultivar en 8, 10 o 20 alturas. También comparten con los invernaderos —e incluso la mejoran—, la economía en el uso de agua y fertilizantes, con ahorros que pueden llegar al 90 % respecto a un cultivo convencional. El bajo empleo de plaguicidas es también una gran ventaja, tanto económica como ambiental. Por último, el ambiente controlado, incluyendo ese detalle de que siempre tienen el «sol» que necesitan, hacen que se puedan conseguir varias cosechas sin problema; y además nos olvidamos del granizo, los vientos huracanados, las inundaciones o las heladas. Así que la productividad es fantástica en cantidad y en calidad. Una granja vertical puede multiplicar por 20 la productividad por metro cuadrado de un campo de lechugas.

Además, así podemos acercar la oferta a la demanda y ahorrar tiempo y transporte. Una granja vertical puede estar ubicada en un polígono industrial o en un entorno urbano, por ejemplo no muy lejos del centro de Yokohama o de Boston, y suministrar verduras frescas a los restaurantes o los supermercados cercanos con una cadena logística mínima.

Pero claro, supongo que ya se habrá dado cuenta de que algo tan fantástico tiene por medio un detallito a considerar: el tema de los costes. Hay que poner bastante más dinero en un edificio de cinco pisos que en un campo de alcachofas al aire libre, incluso si medimos por kilo producido. Se requiere invertir en una infraestructura —nave, estanterías, climatización, iluminación, equipos móviles—, y también hay un coste de operación significativo, especialmente en lo que respecta a energía. El sol artificial hecho de LEDs consume electricidad, y la climatización perfecta, dependiendo de donde estemos, también. Sí, se pueden cultivar fresas durante todo el año en Novosibirsk, Siberia, pero seguro que en invierno toca suministrar calefacción. Y si un día falla algo en el sistema eléctrico o en la gestión del aire, podríamos perder toda la cosecha de un solo golpe.

Que haya que asumir costes de inversión y explotación elevados no quiere decir que sean cultivos prohibitivos, porque dada la alta productividad, pueden tener precios interesantes dentro de su especialidad. Pero desde luego están orientados a cultivos más bien caros y a ubicaciones exigentes, ya lo sean por falta de espacio o por clima poco adecuado. Al menos por ahora.

Algunas de estas granjas verticales no solo producen las verduras, sino que las combinan después en ensaladas preparadas de distintos tipos —lo que se denomina «cuarta gama», tan exitosa—; y eso es una idea rentable, porque ya se habrá fijado en que este tipo de ensaladas permiten vender lechuga a precio de entrecot.

Este tipo de agricultura *indoor* se desarrolló primero en Estados Unidos, durante la primera década de los 2000. Allí surgieron algunas de las compañías iniciales que han dado cuerpo a la tecnología, y las de más peso actualmente, como AeroFarm, Bowery Farming, Freight Farms o Crop One Holdings. Otras, como la finlandesa iFarm, suministran tecnología para granjas verticales a terceros. En Francia ha tenido mucho éxito AgriCool, que proporciona contenedores —tipo barco— preparados con todo lo necesario para el cultivo vertical. Pero muchos de estos pioneros pasaron por graves problemas económicos en los años posteriores a la pandemia de COVID, cuando los precios de la energía escalaron en muchos países. AeroFarm, el líder del sector, estuvo a punto de quebrar y entró en concurso de acreedores, y AgriCool fue comprada por el competidor Vif Systems en las mismas circunstancias. Está claro que es un modelo de negocio que se está ajustando, que necesita ir consolidando su mercado y definir su tamaño más viable, optimizar la tecnología y alcanzar un nivel de rentabilidad y riesgo aceptables.

Mientras tanto, el sistema se desarrolla con fuerza en países de la península Arábiga. Es un entorno ideal: poca agua, poca producción de alimentos local, demanda solvente de productos frescos y energía barata. La combinación es perfecta. Así que en julio de 2022 se implantó en Dubái la que era entonces la granja vertical más grande del mundo, llamada Bustanica, con unos 30.000 metros cuadrados produciendo ensaladas sin descanso. Hay muchos proyectos en marcha en la zona, con acuerdos o *joint-ventures* entre las compañías más avanzadas. NADEC Foods (National Agricultural Development Company), una empresa estatal de Arabia Saudita, tiene un plan para desarrollar 27 hectáreas de agricultura vertical, en colaboración con Pure Harvest, una *agritech* de Emiratos Árabes Unidos. Veintisiete hectáreas en este sector es una barbaridad: una instalación normal tiene media hectárea, y las más grandes dos o tres.

Siguiendo la ola, en 2023, iFarm cambió su cuartel general en Helsinki por uno mucho más atractivo para las inversiones, y también más calentito, en Abu Dabi. Y también AeroFarm está montando instalaciones allí, en los Emiratos, y llegando a acuerdos con empresas locales para seguir desarrollando su tecnología localmente.

China, que rara vez se queda rezagada en cuestiones tecnológicas, ha puesto en marcha en 2023 una instalación enorme —no podía ser menos—, en Chengdú, en la provincia de Sichuan. Es una granja vertical de 20 pisos de altura, que produce lechugas a una velocidad de vértigo: ¡está planteada para dar diez cosechas al año! Para ello, además, utiliza operarios robóticos con brazos articulados que cuidan y cosechan las plantas. También se desarrollan allí programas de investigación, ya que consigue producir plantones de trigo, maíz o arroz mucho más deprisa y sin necesidad de irse a sembrar a una zona tropical. La instalación ha sido montada por el Instituto de Agricultura Urbana, que es estatal, pero está previsto transferir la tecnología para su desarrollo a empresas privadas —chinas, por supuesto—, como Foshan NationStar Optoelectronics... uno de los mayores fabricantes de LEDs.

Así pues, hoy en día ya hay agricultura vertical en lugares tan distintos como Noruega, Suiza, Alemania, Francia, España, Finlandia, Catar, Arabia Saudita o Emiratos Árabes Unidos. Aunque está empezando su recorrido, creo que podemos confiar en un futuro interesante para este tipo de cultivos. No parece que vaya a sustituir a la agricultura convencional ni siquiera en un porcentaje significativo; pero sí puede suponer una fuente de suministro muy interesante para esa demanda creciente de productos cada vez más variados, cada vez más frescos y además en cualquier época del año.

No es la mayor granja de cerdos del mundo (que también está en China), pero sí la mayor en vertical. Granja para 1,2 millones de cerdos en Enzhou (Hubei).

Como colofón, una pequeña observación. En China también están desarrollando otras granjas verticales, pero en este caso para animales, con el verdadero sentido de la palabra granja en español (*farm*, en inglés, alude igual a una granja de animales que a una explotación agraria, y de ahí el nombre levemente incorrecto de «granjas verticales»). Fue muy impactante en 2022 la noticia sobre una inmensa granja vertical para 1,2 millones de cerdos (!!), construida en Ezhou, en la provincia de Hubei. Un tremendo edificio de 26 pisos, solo que diseñado para ser habitado solo por cerdos, con todas las instalaciones para su cría y manejo, desde sistemas de alimentación centralizados hasta ascensores para 60 animales de cada vez. Pero esta es solo la más grande: las granjas verticales para cerdos empiezan a florecer por toda China que, al parecer, quiere dejar de ser el mayor importador de porcino del mundo y tener su propia producción.

LA MESETA DEL LOESS EN CHINA

Vamos a seguir en China, pero ahora con una historia muy diferente. Y es que es un país tan grande y tan dinámico que allí ocurren todo tipo de cosas. La historia de las últimas décadas en la meseta del Loess, situada en la zona norte de China, en la cuenca alta del río Amarillo, nos permite poner el foco sobre un recurso a menudo olvidado: el suelo.

Cuando hablamos de suelo no nos referimos al puro terreno que pisamos, sino a esa capa más superficial en la que se desarrolla una profusa y oculta vida de raíces, microbios, hongos, gusanos y vegetales, y que es capaz de sostener la vida de las plantas. La naturaleza de los suelos es algo tremendamente variable: los hay de enorme fertilidad, como los suelos negros de Ucrania, y de un lamentable raquitismo, como los suelos del Sahel africano. Pero en todo caso, el suelo es esa combinación de minerales, materia orgánica y seres vivos, que es absolutamente vital para la agricultura: proporciona a las plantas el sostén, los nutrientes y el agua. Así que el suelo es, al final, la base de la comida.

Cuando el suelo es maltratado por una agricultura mal planificada, su fertilidad decae. A veces llega a desaparecer casi por completo, y entonces tenemos problemas muy serios, porque a continuación nos quedamos sin comida y eso no nos gusta nada. Esto, que puede parecer increíble, ha pasado ya unas cuantas veces a lo largo de la historia, y en algunos casos no hace tanto. Por ejemplo, en las Grandes Llanuras del medio oeste de Norteamérica, tan cerca como en los años 30 del siglo pasado.

Aquel vasto territorio era originariamente una gran tierra de pastos, con algunos cultivos escasos, ya que es poco lluvioso. Bueno para los bisontes y los antílopes. La tierra de los siux, los arapahoe, los pawnee y los iowa, dedicada sobre todo a la cría de ganado y a las grandes manadas de herbívoros salvajes. Pero, junto con los colonos que venían del este a cultivar la tierra, en 1854 se introdujo allí un invento que poco a poco lo cambió todo: el molino de viento Halladay.

Se trata de ese molino de aspas pequeñas, montado sobre una torre de madera, que nos parece tan típico del Medio Oeste. Pues bien, este molino no era para moler nada, sino para bombear agua aprovechando la fuerza del viento, que sopla mucho por allí. Así que este ingenio proporcionaba la fuerza necesaria para sacar agua del subsuelo, y podía elevarla hasta 30 metros e ir cargando un depósito. Esa capacidad de bombeo era más que suficiente para la mayoría de los casos, pues allí los acuíferos eran muy someros en general. Y encima el aparato solo costaba 75 dólares, ya instalado con su bomba y sus tuberías; hoy equivaldría a poco más de 2000 euros. Miles de molinos Halladay se instalaron por todas las llanuras centrales, y los rancheros y agricultores que se establecían empezaron a bombear cantidades de agua modestas, pero suficientes para alimentar una nueva agricultura de regadío que no dejaba de crecer. Y también para dar agua al sediento ferrocarril, que la consumía constantemente para generar vapor. Siempre había un molino Halladay en cada estación de tren de aquellas tierras del Oeste.

La agricultura se expandió con rapidez sobre las grandes praderas. Llegó después otro nuevo invento que fue definitivo para roturar grandes superficies en esas tierras arcillosas y pesadas, que no se dejaban trabajar fácilmente: el arado de acero inventado por John Deere en 1837. El mismo herrero que, con el tiempo, convertiría su negocio en una gran empresa de maquinaria agrícola.

Sin embargo, este prometedor sistema de cultivo fue a la larga un gran problema. Las praderas naturales de gramíneas, que antes cubrían completamente el suelo, se fueron sustituyendo por cultivos de cereal en enormes extensiones. La naturaleza del territorio cambió drásticamente. Y sobre ese territorio ya ampliamente transformado cayó, entre 1932 y 1939, una durísima sequía. Afectó especialmente al norte de Texas y Oklahoma, y también al sur de Kansas. El trigo y el maíz se secaron y dejaron el suelo desnudo; era imposible volver a cultivar. La vegetación original de praderas había sido más resistente a la sequía, entre otras cosas porque seguía tapizando el suelo una vez seca, para rebrotar de raíz con la primera lluvia. Pero los cultivos habían perecido, dejando la tierra sin ninguna protección. Pronto fue barrida por enormes tormentas de polvo, que arrasaron pueblos y se llevaron lejos gruesas capas de suelo y con él toda la fertilidad.

Esta época desastrosa se conoció como el «Dust Bowl» (el Cuenco de Polvo), y supuso el abandono de cientos de miles de hectáreas de cultivo. Tres millones y medio de *«okies»* y *«texies»* —como los llamaban en California a su llegada, empobrecidos y agotados— tuvieron que emigrar para no morir de hambre. La novela de John Steinbeck *Las uvas de la ira*, y la película de John Ford basada en ella, reflejan esos años crueles. El mazazo económico y ambiental hizo que en esa región la Gran Depresión de 1939 fuera aún más dura que en el resto de los Estados Unidos.

Este es un caso en el que el suelo fue maltratado por un manejo erróneo, y la fertilidad aún no se ha recuperado. Es algo que tardará siglos. Mientras, se ha ido trabajando con técnicas de conservación de suelos, introducción de cultivos más variados e irrigación, lo que permite mejoras progresivas.

Tormenta de polvo en Rolla, Kansas, en mayo de 1935.

Pero volvamos ahora a la meseta del Loess y a China, como dije al principio, porque resulta que hay aquí un ejemplo que tiene un origen muy parecido, pero finalmente acaba siendo lo que se dice un caso de éxito. Un lugar en el que la fertilidad perdida se ha recuperado de forma casi milagrosa gracias a un laborioso manejo del suelo a gran escala.

¿Y qué es esto del *loess*? Pues se trata de terrenos formados por limo que, arrastrado por el viento durante millones de años, en las épocas interglaciares, ha acabado por formar enormes depósitos de hasta cientos de metros de espesor. Se acumularon en zonas inmediatas al dominio ártico, y han dado lugar a tierras muy fértiles, con buena retención de agua, aunque bastante sensibles a la erosión. De hecho, algunas de las zonas más fértiles del mundo están sobre capas de *loess*: en Argentina, en el centro de Estados Unidos, en Ucrania, en Europa central, en el sur de Siberia o en el norte de China.

Estos materiales suelen tener un color amarillento. La meseta del Loess de China se formó por los depósitos eólicos arrastrados desde el desierto del Gobi, y precisamente el color de sus sedimentos dio nombre al gran río madre de la civilización china: el río Amarillo —bueno, para ellos el Huang He—.

Es un territorio muy grande, del tamaño de Francia, unos 640.000 km². La población en esta zona se triplicó desde mediados del siglo XX, cuando se fundaba la República Popular China, hasta el año 2000, cuando ya había más de 50 millones de habitantes. Su deforestación provenía en realidad de muy atrás, de varios siglos antes. Pero la presión creciente sobre el territorio hizo que la mayor parte de él acabara dedicado a la agricultura y a los pastos, incluso en zonas con mucha pendiente. Esa sobreexplotación, que buscaba producción inmediata, condujo a más pérdida de suelo, a la sobrecarga de ganado en los pastos y a dejar expuestos suelos en pendiente, lo que en casos de fuertes lluvias provocaba una erosión intensa. Con el tiempo, grandes áreas de suelos fértiles se perdieron, la erosión dibujó profundas cárcavas y barrancos, y el territorio se empobreció de forma alarmante. Además, con el suelo desnudo, las inundaciones eran bastante más graves.

Así que el gobierno chino decidió tomar cartas en el asunto, y se planteó una actuación a gran escala y de largo plazo. El programa empezó en 1994. Desde luego, China es uno de los pocos países capaces de desarrollar planes a treinta o cuarenta años vista, de forma sistemática y sin descanso. Más tarde, el plan se llamaría, en inglés, «Grain for Green Project», y pretendía restaurar la fertilidad de ese territorio tan valioso y tan degradado, la meseta del Loess. Se recuperaría su riqueza agrícola, su valor ambiental, y a la vez se protegería contra las inundaciones. Pero para eso había que arremangarse.

El principio era simple: conservar el suelo con prácticas agrícolas, forestales y ganaderas. Pero a la escala monumental de 75 millones de hectáreas: un poco más que Francia, Bélgica y Países Bajos, todo junto. Muy ambicioso. Millones de agricultores tuvieron que involucrarse en el proceso. Durante años y años, trabajaron en acondicionar las laderas en forma de terrazas, para evitar la escorrentía y retener el suelo y el agua. Se plantaron árboles y arbustos por todas partes, por millones, con especies adecuadas al clima. Se ajustó la carga de ganado en los pastizales a lo que realmente podían sostener, especialmente las cabras, que se comían todo lo que brotaba. Se construyeron pequeñas presas para evitar inundaciones y almacenar agua. Y todo esto sin pausa durante décadas.

No fue tan sencillo, ni tan bonito, sobre todo al principio. La población veía peligrar su modo de vida, y los agricultores no estaban muy dispuestos a plantar acacias donde podrían haber plantado trigo para comer.

Hubo una estrategia paralela que fue novedosa para la China de la época. En los 90, la propiedad privada del suelo no era posible allí. Pero entonces se planteó un «sistema de responsabilidad» que permitía disponer de derechos de uso del suelo por treinta años, y eso cambió las cosas. Antes, el terreno para cultivar o para criar ganado era asignado por el Estado y se podía perder en cualquier momento, con lo que no había ningún incentivo para invertir tiempo y trabajo en mejorarlo. Para qué, si no es mío, y mañana lo puede ocupar otro. Así solo se favorecía la explotación excesiva. Pero cuando un agricultor sabía que podría utilizar una parcela durante treinta años, ya le merecía la pena mejorarla, hacer terrazas, plantar árboles. Porque sabían bien que todos estos esfuerzos tardan en dar frutos.

El sistema funcionó. Por supuesto, aparte de esto, hubo que poner mucho dinero; entre otras cosas, para bonificar a los agricultores por las tierras que dejaban de cultivar para plantar árboles. El Banco Mundial participó en la financiación con 500 millones de dólares, y además su equipo chino trabajó para ampliar los derechos sobre las tierras, elaborando un manual y un programa masivo de divulgación para que la gente entendiera cómo llevarlo a cabo. Este cambio fue crítico para el éxito del programa.

Efecto de la regeneración en la meseta del Loess. Es la misma zona en las dos fotografías, con una diferencia de 38 años (1984 a 2022).

El resultado, treinta años después, ha sido espectacular. En términos de recuperación del suelo, pero también de reverdecimiento del territorio, que ha pasado de una estepa improductiva a estar cubierto de bosque y cultivos. La erosión se ha frenado en enormes extensiones. Lo llamativo es que hoy en día hay mucha menos tierra cultivada, y sin embargo se produce mucha más comida. Los ingresos de los agricultores han aumentado, el desierto ha retrocedido y el agua mana de nuevo, porque el terreno es capaz de retenerla. Se cultiva trigo y maíz, y frutales como manzanos y nogales, que han hecho a la meseta del Loess el mayor productor de manzanas de China.

El documental *Regreening the desert*, del cineasta e investigador John Dennis Liu (chino-americano), da una buena idea de cómo se llevó a cabo esta operación, a una escala única en el mundo y que por supuesto aún no ha acabado. El documental está en Youtube, por si le interesa.

Este caso tan impactante nos habla de otras maneras de tratar el suelo. Maneras que, lejos de empobrecerlo, lo hacen cada vez más capaz de sostener la vida vegetal. Es una parte de lo que se llama «agricultura regenerativa»: aquella que es capaz de obtener los frutos de la agricultura, pero a la vez enriquece el suelo para que siempre pueda seguir siendo la madre de los alimentos.

Esto incluye cosas como el cultivo sin arado. Aunque parezca increíble, es posible labrar un suelo con equipos que forman surcos separados, incluyen semillas y abonado y vuelven a tapar, y todo ello dejando intacto el espacio entre surcos. Allí permanecen los restos de la cosecha anterior, protegiendo al suelo contra la erosión, favoreciendo la retención de agua y —muy importante— enriqueciendo el suelo con materia orgánica y nutrientes. Las cosechas son así bastante mejores. Por supuesto, también puede hacerse cuando el cultivo es un árbol, dejando crecer la hierba entre las hileras.

Otro ejemplo de agricultura regenerativa es el uso de leguminosas. Estas no son otra cosa que las conocidas legumbres, cosas como las judías, los garbanzos, las lentejas o los cacahuetes, esas semillas que nacen en grupos dentro de una vaina. Una peculiaridad de esta curiosa familia vegetal es que, aparte de estar muy buenas en potaje, tienen la capacidad de fijar el nitrógeno del aire en sus raíces. Lo hacen mediante una simbiosis con bacterias (llamadas Rhizobium) que capturan este nitrógeno, y eso significa que el suelo donde se han cultivado se fertiliza de forma natural. Si se cultivan legumbres y al menos sus raíces quedan en el suelo, este necesita mucho menos nitrógeno después. Así que los cultivos que combinan cosechas sucesivas, o intercaladas, de leguminosas y cereales, requieren mucha menos fertilización. Aunque a veces complican la vida al agricultor al requerir un manejo más diferenciado.

También la ganadería puede hacer aquí aportaciones importantes. Allan Savory, un biólogo de Zimbabue, estudió durante años el efecto del ganado en los pastizales sudafricanos. Llegó a la conclusión de que la cría de animales en un mismo terreno, de forma estacionaria, acaba a la larga con su fertilidad. En cambio, el pastoreo itinerante, cambiando de zona cada cierto tiempo, no solo no la reduce, sino que mejora notablemente la cobertura vegetal. Se trata de imitar a la naturaleza: los grandes rebaños de herbívoros se mueven continuamente, y los pastos donde viven siempre se mantienen saludables. Allan Savory llamó a esto «manejo holístico» (por cierto, un adjetivo de moda), y creó el *Africa Center for Holistic Management*, una fundación para expandir sus técnicas de pastoreo regenerativo en África, donde millones de personas dependen del ganado como sustento principal. Sus populares videos de charlas TED sobre el tema han recibido millones de visitas.

Se trata, en fin, de modificar algunas técnicas de cultivo para conseguir que el suelo sea fértil para siempre. La materia orgánica del suelo es la clave: está hecha de los restos de plantas, hongos, insectos, gusanos y microbios, y ayuda a que los suelos retengan humedad, circulen los nutrientes y aguanten mejor la erosión. Esto además favorece la biodiversidad de insectos, plantas y animales, que hacen al suelo más resistente a los cambios. Un suelo fértil tiene un valor enorme: es algo que tarda miles de años en formarse, pero se puede perder en muy poco tiempo.

Las aplicaciones de agricultura regenerativa están haciendo avances. Algunas grandes empresas de alimentación están decididas a descarbonizar su producción para 2050, y para ello, están invirtiendo en proyectos de agricultura regenerativa con agricultores que les suministran. El objetivo es mejorar la fertilidad a largo plazo de sus campos, y también se pueden generar créditos de carbono negociables en el mercado europeo de CO_2 (sí, eso existe, aunque la explicación es un poco larga para este punto). Nestlé, la mayor empresa alimentaria mundial, o ADM —Archer Daniels Midland—, que está entre las diez mayores, tienen acuerdos con Klim, una plataforma berlinesa para intermediación entre agricultores y empresas de alimentación. Así estas trabajan con lo que son, al fin y al cabo, sus cadenas de suministro. Lo que hacen es financiar proyectos de agricultura regenerativa en Europa: por ejemplo, Klim y Nestlé están trabajando con un grupo de productores lecheros desde 2022, que actualmente cultivan más de 12.000 hectáreas en Alemania con técnicas regenerativas.

Existe también un plan internacional de conservación de suelo que tiene un objetivo paralelo muy interesante: la fijación de carbono. Se llama «Iniciativa 4 por 1000».

Sabemos que la clave principal del cambio climático es el aumento de carbono en la atmósfera, en forma de CO_2. Y también que hay sumideros naturales, como el océano o la vegetación, que lo retiran de ella. Pues bien, buscando ampliar esos sumideros, alguien hizo un cálculo sencillo. Emitimos al aire 8,9 gigatoneladas[22] de carbono (en forma de CO_2) cada año, sobre todo por el uso de combustibles fósiles. Por otro lado, se estima que los suelos del mundo contienen 2400 gigatoneladas de carbono, en forma de materia orgánica. Así pues, si esos 8,9 Gt se fijaran *íntegramente* en el suelo, su carbono aumentaría cada año en 8,9/2400 = 0,0037. Redondeando, eso es un 0,4 %, o lo que es lo mismo: 4 por 1000.

Con este número gordo en mente, en 2015 se lanzó la «Iniciativa internacional 4 por 1000, para la seguridad alimentaria y el clima» —su nombre completo—. Fue promovida por Stéphane Le Foll, en ese momento ministro de agricultura de Francia, que acogía entonces la Conferencia del Clima de Naciones Unidas número 21 (la COP21). La iniciativa se mueve con bastante parsimonia, pero está apoyando económicamente un puñado de proyectos por todo el mundo, relacionados con la combinación de agricultura y manejo forestal, con técnicas de retención de agua y conservación de suelos, y todo ello en lugares tan dispares como Malawi, India, Noruega, Ecuador o Países Bajos. En realidad queda mucho trabajo que hacer para expandir esta iniciativa.

---

22 Una gigatonelada (Gt) son 1000 000 000 toneladas. Mil millones. En 2023, las emisiones de carbono estaban más cerca de 10 Gt/año (o lo que es lo mismo, 37 Gt de CO_2, ya que no todo el CO_2 es carbono). Así que el valor del 4 por mil ha subido un poquito, pero se mantiene más o menos ahí. Ojo, la cuantía de las emisiones suele expresarse en toneladas de CO_2, que no es lo mismo que toneladas de carbono. Cada tonelada de CO_2 contiene solo 0,27 toneladas de carbono. El resto —claro— es el peso del oxígeno que está en la molécula.

La clave que la anima es entender la doble vertiente de un manejo agrario y forestal adecuado. Que la fijación de carbono en los suelos (traducido: su aumento de materia orgánica) no solo los hace más fértiles, sino que además es un buen antídoto contra el aumento de CO_2 del que deriva el cambio climático. Miel sobre hojuelas.

La agricultura regenerativa, en conclusión, tiene grandes ventajas para el futuro. No está nada claro que pueda extenderse a todos los tipos y zonas de cultivo, entre otras cosas porque no todos pueden adaptarse, y porque falta mucha investigación y también desarrollar más maquinaria para llevarla a cabo de forma eficiente. Pero es una herramienta más en nuestra caja, de hecho una muy buena herramienta para conseguir más alimentos con menos impacto y, de paso, colaborar a mitigar el cambio climático.

4.
Soberanía alimentaria

PODER COMER HOY Y TAMBIÉN MAÑANA

Julio César desembarcó por primera vez en Egipto en el año 47 antes de Cristo. Lo hizo en Alejandría, en el delta del Nilo, que entonces era una de las mayores ciudades del mundo, y lo hizo al mando de un ejército. César andaba en medio de una de las varias guerras civiles que marcaron el final de la Roma republicana para dar paso poco después a la etapa del Imperio. Lo cierto es que, por entonces, ya hacía tiempo que Egipto no era la gloriosa tierra de los faraones que dominaba el Mediterráneo oriental. De hecho, funcionaba en realidad como un protectorado de la gran potencia mediterránea, Roma, que se había ido haciendo la dueña de todo en los dos siglos anteriores.

Además, hacía ya trescientos años que los faraones egipcios no eran ni siquiera egipcios. Eran griegos. Descendientes de Ptolomeo I, uno de los generales de Alejandro Magno, el gran conquistador cuyo breve imperio se desmembró rápidamente entre sus hombres de confianza. Todos los faraones posteriores se llamaron igual, Ptolomeo, y también el que estaba en el trono cuando llegó Julio César: Ptolomeo XIII. Bueno, en realidad no se sentaba solo en ese trono. Cogobernaba con su hermana, una joven inteligente, con gran visión política y además, por lo que cuenta la historia, muy guapa:

Cleopatra VII, o simplemente Cleopatra. Un nombre, por lo demás, completamente griego (que significa «*gloria del padre*»).

La joven tuvo la habilidad de usar sus encantos y su astucia para atraer a César, un hombre ya maduro para entonces —tenía 53 años y ella 22—, pero que ostentaba todo el poder político y militar de la hegemónica Roma. Cleopatra consiguió maniobrar así y retener el reinado durante bastante tiempo, hasta su muerte, 17 años después. La historia de las intrigas, los viajes, las batallas y los amores políticos con Julio César, primero, y Marco Antonio, después, ha dado para muchas novelas y películas. Pero a la postre, cuando ella murió, Egipto pasó a ser simplemente una provincia romana.

Porque lo que sí que seguía siendo Egipto, a pesar de todo, era un gigantesco productor de alimentos. El más grande del Mediterráneo, mayor incluso que la Bética, el valle del Guadalquivir que hasta entonces había sido el granero de la Roma. El vasto valle del Nilo y su fértil delta, con las crecidas anuales del río que aportaban limo todos los años, eran un regalo del cielo. Podían producirse varias cosechas de trigo, mijo, cebada y todo tipo de verduras. Adueñarse de Egipto no fue casual. No era solo un paso estratégico hacia el mar Rojo; era, sobre todo, una fuente de comida inagotable, con capacidad para exportar centenares de barcos llenos de trigo cada año. Con ellos podía alimentarse a la gran ciudad, Roma, para mantener la paz social y el poder político. Y también a las poderosas legiones distribuidas por los rincones orientales del imperio; un soldado bien alimentado está más contento y combate mejor.

Egipto pasó a ser, así, el nuevo granero de Roma. Con su conquista la ciudad se garantizaba la seguridad alimentaria que la península itálica no podía darle. Esa conquista los hacía ricos en comida, para siempre.

Esta preocupación por ser capaz de asegurarse la comida en el futuro, que está tras esa historia antigua de imperios y conquistas, sigue perfectamente vigente. En realidad, está detrás del nacimiento mismo de la agricultura y la ganadería, que no son sino avances tecnológicos para intentar asegurarse de que se va a comer mañana, de que se podrá pasar el próximo invierno. Cosa de la que no estaba nada seguro un cazador-recolector de principios del neolítico.

Todos los países se ocupan, de una u otra manera, de asegurarse el suministro de comida para su población. En general, esta capacidad se conoce como «seguridad alimentaria». Sin embargo, como ya dije antes, resulta ser un término bastante ambiguo en español, porque procede de una traducción discutible del inglés. En los organismos internacionales —donde el inglés es la lengua de trabajo— se habla de *food security*, refiriéndose a la capacidad de garantizar suficiente comida para una población. Se diferencia de *food safety*, que se refiere a los mecanismos para garantizar que la comida disponible sea segura: libre de microorganismos patógenos, enfermedades o productos tóxicos. A esto, en español, también se le llama «seguridad alimentaria» (*safety* también se traduce como «seguridad»), así que el término puede significar dos cosas, relacionadas pero muy diferentes: *security* haría referencia a la cantidad, *safety* más bien a la calidad. Sugiero que sería más adecuado diferenciar los dos términos, llamando a la primera «aseguramiento alimentario». Pero como nadie lo hace, pues yo tampoco.

Como de costumbre, hay un índice para medir esto. Es útil porque permite comparar unos países con otros y, sobre todo, ver cómo evoluciona la cosa con el tiempo, lo que puede servir para tomar medidas y además ver si funcionan. Se llama Índice Global de Seguridad Alimentaria (GFSI, Global Food Security Index), un nombre descriptivo y directo. Lo introdujo en 2012 un equipo de analistas internacionales del Economist Intelligence Unit, que pertenece al grupo The Economist, el famoso diario económico. Y resultó tan interesante que también lo utiliza como referencia el Banco Mundial, aunque la FAO prefiere su propio índice, el Global Hunger Index que vimos en el primer capítulo. Tienen que ver, pero en realidad no es lo mismo.

El GFSI se preocupa de saber cómo de accesible es la comida para una población. Y para ello analiza a la vez cuatro criterios sobre ella:

a) Si es asequible, lo que incluye saber si el precio está sujeto a oscilaciones preocupantes.
b) Si está disponible, o sea, si se produce la suficiente y si llega a los mercados.
c) Si es segura y de calidad.
d) Si su producción es sostenible o está sometida a riesgos, y cómo se adaptan a esos riesgos.

Con todos esos valores evaluados y ponderados se obtiene un índice, que está entre 0 y 100. Cien sería la seguridad alimentaria absoluta para toda la población del país, cosa que obviamente no existe: en la evaluación de 2022, el valor más alto lo obtiene Finlandia con 83,7 puntos.

Hay muy pocos países con un índice de seguridad calificado como «muy bueno», es decir, por encima de 80. Solo cinco: Finlandia, Irlanda, Noruega, Francia y Países Bajos. Casi todos los países de Europa occidental y Norteamérica tienen índices «buenos» (más de 70), junto con Perú, Chile o Uruguay, en Sudamérica; China, Japón y Corea del Sur, en Asia; y Australia y Nueva Zelanda. El siguiente mapa da una idea general por países.

ÍNDICE GLOBAL DE SEGURIDAD ALIMENTARIA (2022)

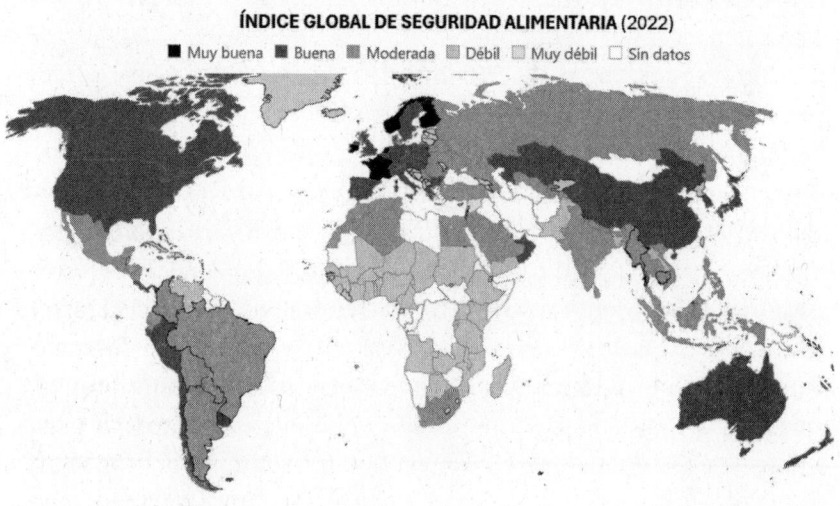

Como viene siendo habitual, los mayores problemas de inseguridad alimentaria se encuentran en el África subsahariana, junto con algunos casos puntuales en otras regiones, como Venezuela y Pakistán. Si nos paramos en unos pocos casos seleccionados de algunos lugares, nos haremos la idea de que la seguridad alimentaria tiene una clara correlación con la renta disponible. En realidad, solo hay dos casos en que esta seguridad es francamente mala —índice por debajo de 40—: Siria y Haití. Bueno, también Yemen, con 40,1, está en la raya, así que tampoco anda para tirar cohetes. Pero hay muchos lugares donde el índice es «débil».

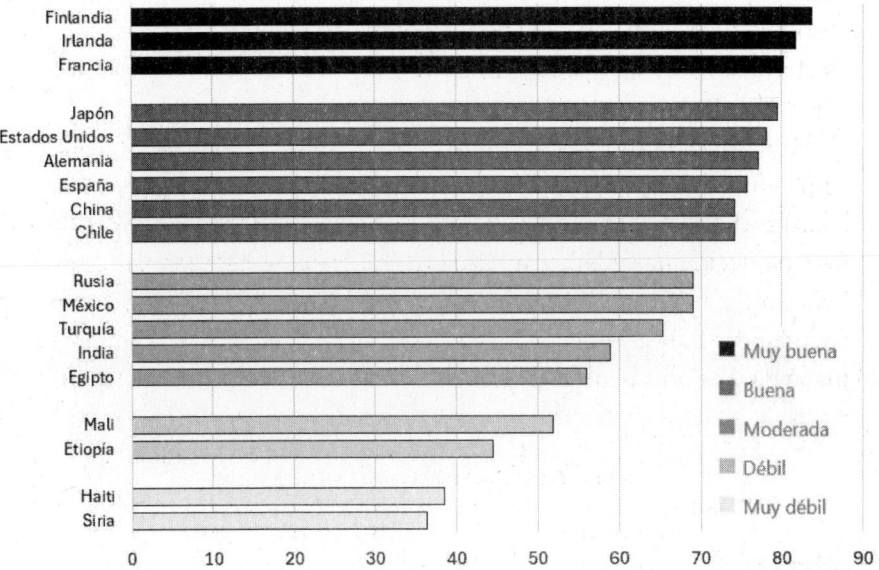

ÍNDICE GLOBAL DE SEGURIDAD ALIMENTARIA (2022)

Pero lo importante no es solo saber cómo está hoy en día la seguridad alimentaria, sino también cómo está evolucionando. A nivel global, hay noticias agridulces. La media mundial del GFSI estuvo creciendo de forma sostenida desde 2012 (cuando comenzó a evaluarse) hasta 2019, lo que era una buena noticia. Pero en 2020 el crecimiento se frenó, e incluso descendió ligeramente en los años posteriores. ¿Y por qué, qué pasó en 2020? Seguro que no lo ha olvidado: la pandemia de COVID que afectó a todo el planeta. Y también causó un *shock* en las cadenas logísticas y productivas del mundo entero, que tardó unos años en recuperarse —quizá no lo ha hecho del todo—. Eso supuso carencias de equipos, encarecimiento de la energía y problemas para mover mercancías por mar, y esto tuvo su reflejo también en la comida. No fue un descenso drástico, pero sí una marcha atrás en una tendencia que era de mejora continuada. Un retroceso que además se prolongó por el impacto de la guerra de Ucrania sobre los mercados de la energía, los fertilizantes y los cereales. De todos modos, el golpe ya parece empezar a remitir.

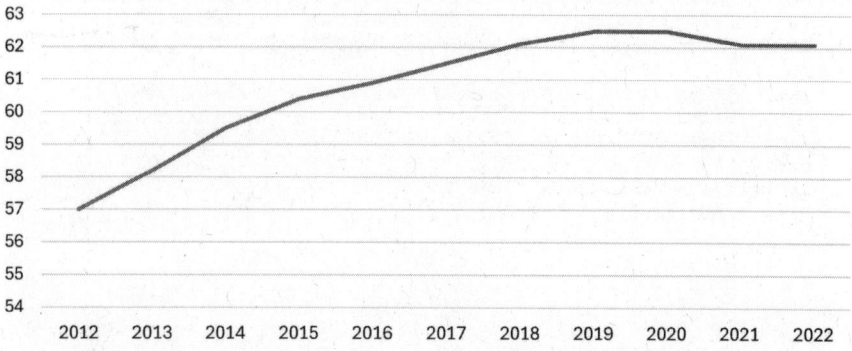

EVOLUCIÓN DEL ÍNDICE GLOBAL DE SEGURIDAD ALIMENTARIA
(Media mundial, 2012-2022)

La clave para esta bajada ha sido la «accesibilidad»; o sea, el precio de la comida. Este es uno de los componentes de más peso en el indicador de seguridad: cuando la gente tiene que comprar comida a un precio cada vez más alto, las cosas se ponen más feas y el bienestar cae. Eso es lo que sucedió en un entorno de inflación alimentaria y comercio internacional debilitado.

Pero además, la desigualdad entre los que mejor y los que peor se comportan en este índice ha aumentado en estos años. Lo cierto es que las diferencias entre el país con mayor seguridad alimentaria, Finlandia, y el que peor, Siria, son espeluznantes: puntúa menos de la mitad, con todo lo que eso significa. Y en esos años en que la seguridad alimentaria mundial disminuyó, lo hizo de forma más acusada en los países pobres que en los ricos, de manera que la distancia entre ambos se ha hecho mayor. No mucho mayor, pero sí ha ido en la dirección incorrecta. Y cuando a una familia de Haití le cuesta un poco más conseguir comida que hace un año, no les sirve de ningún consuelo ver que les va mejor al otro lado de la frontera, en la misma isla, en la República Dominicana. El valor de un índice global aquí sirve de bien poco. Solo es una mayor causa de tensión.

A veces hay factores sobrevenidos que afectan de forma contundente a la seguridad alimentaria. Los problemas climáticos son uno de ellos, pero otro mucho más claro y dramático son las guerras. En el gráfico siguiente, vemos la relación entre los problemas de alimentación y las guerras en tres países que siguen bajo sus efectos prolongados: Yemen, Siria y Ucrania.

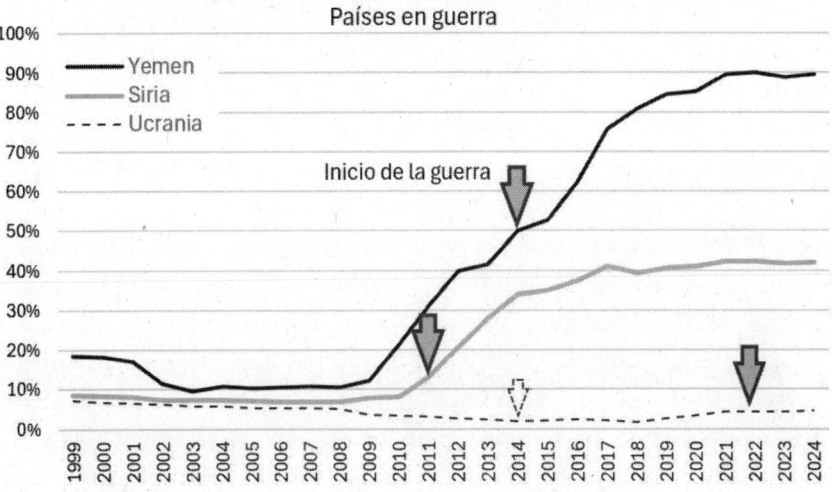

Prevalencia de inseguridad alimentaria severa
Países en guerra

Yemen
Siria
Ucrania

Inicio de la guerra

Es llamativo el tremendo impacto sobre la disponibilidad de comida en los dos primeros casos. Después del inicio de la guerra, cada vez más parte de la población tenía problemas para conseguir comida, en porcentajes estremecedores. No ha sucedido lo mismo con Ucrania, que en cuestión de alimentación ha sorteado bien la situación bélica. En realidad, esta guerra empezó en 2014 en el Dombás (primera flecha de trazos), pero de una forma muy limitada. Después de la invasión rusa de 2022, hubo algún problema de abastecimiento de alimentos, pero mucho menos acusado que en los otros casos, y de hecho se hace indistinguible del proceso pos-COVID. La ayuda internacional, la limitación de las operaciones de guerra a un frente casi estático, y sobre todo la enorme capacidad de producir comida que tiene Ucrania explican este caso.

Sin embargo, si observa la gráfica con más detalle, verá que la situación de Siria y Yemen esconde otra cuestión, otra forma en que la comida manifiesta su carácter inapelable. En ambos casos, los problemas de alimentación se manifiestan ya *antes* del inicio de la guerra, aunque también se agravan después. Efectivamente, la región del Cercano Oriente sufrió una sequía especialmente dura en el periodo 2006-2011. En Siria, la producción de cereales cayó en un 30 %. Esto provocó hambre, migraciones internas, descontento y después disturbios armados, que se encontraron con el disparador de las primaveras árabes de 2011. Y ahí ya la situación se descontroló, pero fue la escasez de comida la que estuvo en el arranque del conflicto. En el caso del Yemen, la crisis alimentaria era aún mayor antes de estallar la guerra, y aunque esta se halla envuelta en facciones políticas y religiosas (oficialistas sunitas contra hutíes chiítas, con Al Qaeda por medio), no cabe duda de que el descontento popular activa los mecanismos de la violencia. Siempre ha sido así en la historia.

El hecho es que todos los países intentan, dentro de sus posibilidades, asegurarse la comida de los próximos años. Por el bien de su población y también por la paz social. Por eso la búsqueda de la seguridad alimentaria es una estrategia decisiva para la alimentación del futuro en cualquier lugar. Exactamente igual que lo era para Julio César hace dos milenios, cuando se aseguró —con sus legiones— de que el trigo del delta llegara a Roma todos los años.

ESTRATEGIAS PARA GARANTIZARSE EL ALMUERZO

En términos generales, podemos definir la soberanía alimentaria como la capacidad de un Estado para establecer su propia política agrícola y alimentaria, de manera que garantice la disponibilidad de comida de toda su población. Es algo muy similar a la seguridad alimentaria, pero digamos que circunscrito a un determinado país, a una unidad de gestión administrativa.

Pero no es una definición universal. El término de «soberanía alimentaria» tiene también su variante política, y de hecho suele usarse más la forma «seguridad alimentaria» para dejar claro de lo que hablamos.

En 1996, dentro del Foro Mundial de la Seguridad Alimentaria de la ONU, una organización denominada La Vía Campesina introdujo este concepto político de soberanía alimentaria. Lo definía como el control de los sistemas alimentarios por los pequeños agricultores y otros productores a pequeña escala (pescadores, pastores, pueblos indígenas...); proponían sistemas de producción comunitarios, y el derecho de «los pueblos» a decidir su propia alimentación y agricultura, dentro de sus peculiaridades culturales. Venía a ser una defensa de la agricultura de pequeña escala como una alternativa al despliegue de la «agricultura capitalista». La idea provenía en particular de países en desarrollo de Iberoamérica.

Hay que entender que, en el momento en que surge esta idea, había una creciente desilusión de algunos sectores agrarios con respecto al discurso dominante entonces sobre seguridad alimentaria. La idea de «soberanía alimentaria» surge así como un movimiento de oposición frente a este tipo de políticas.

No cabe duda de que, para asegurar la alimentación de una población, hay que contar con explotaciones agrarias productivas y eficientes, pero también con la agricultura de pequeña escala. Y es que esta tiene una función no solo alimentaria, sino también social, y de protección de la riqueza cultural y del medioambiente. En países en desarrollo, esto tiene aún mucho más peso. Olivier de Schutter, un experto independiente que trabajó para la ONU, especializado en el derecho a la alimentación —lo que se suele llamar un *relator*—, daba en 2009 unas indicaciones interesantes de cómo las dos vertientes de la agricultura tienen importancia:

> ...los Estados deberían evitar la confianza excesiva en el comercio internacional a la hora de construir su seguridad alimentaria; más bien, estos deberían fortalecer su sector agrícola, con especial atención en los pequeños agricultores.

Pero lo cierto es que el concepto político —y limitado— de soberanía alimentaria tan solo ha sido recogido, y de manera bastante más teórica que práctica, por un puñado de países: Ecuador, Bolivia, Nicaragua y Mali. Me temo que solo eso ya es bastante significativo.

El problema es que este concepto tiene un cariz básicamente ideológico, en una especie de apropiación de un término común para rodearlo con retórica anticapitalista. Suena más bien a una idea de autarquía y proteccionismo, dos mecanismos que siempre han funcionado mal a la larga —ni siquiera Julio César se los planteaba para Roma—. Pero en realidad esta idea de soberanía alimentaria tiene poco que ver con cómo se consigue comida en cantidad, para toda la población y de manera eficaz. Y si no, basta con ver cómo lo ha hecho un país comunista que ha pasado en 60 años de hambrunas terribles, que mataban a millones de personas, a un excelente nivel de soberanía alimentaria —entendida en el concepto más claro y sencillo—. Sí, hablo de China.

«¿Otra vez China?», dirá usted. «¿Pero por qué esta manía con China, se puede saber?». Bueno, porque es importante. Porque tiene peso en el mundo y además cambia rápidamente. Porque el 20 % de la población mundial es china, porque el 18 % de la riqueza producida en el mundo se produce en China —el segundo país tras Estados Unidos—, y porque, centrándonos en el tema de la comida, es el mayor productor de alimentos del mundo.

La preocupación por alimentar a toda la población no es nueva allí, obviamente. Una prueba: el Templo del Cielo. En el centro de Pekín, muy cerca de la Ciudad Prohibida —la antigua residencia imperial—, se extiende el recinto imponente del Templo del Cielo, poblado de jardines minuciosos rodeados por una larga muralla. Un templo cilíndrico de tejados superpuestos, que alza en medio de ese espacio su esmerada belleza, sobre un gran basamento escalonado. El templo está allí desde el inicio de la dinastía Ming, hacia principios del siglo XV; para situarnos, más o menos por la época en que Juana de Arco arengaba a las tropas francesas contra los ingleses, en la Guerra de los Cien Años. Pues bien, allí, dentro de ese templo, se encuentra una sala llamada «Pabellón de las Rogativas por las Buenas Cosechas». Una vez al año, el emperador realizaba en ese pabellón una elaborada ceremonia, que solo podía ser observada por su círculo más estrecho de cortesanos. De la ejecución perfecta y milimétrica de esos ritos dependían —o eso se creía— las cosechas de ese año, y con ellas la paz y la riqueza del reino. Este acto era uno de los más importantes en el calendario anual de rituales imperiales y, bueno, era su manera de colaborar en la seguridad alimentaria.

Hoy, el nuevo emperador es el presidente de la República Popular China: Xi Jinping. Presidente vitalicio desde 2018, por cierto, igual que los antiguos emperadores. En su estilo actual, sigue habiendo rituales por las buenas cosechas, aunque en este caso van acompañados de toneladas de acción real. Por ejemplo, en 2013, Xi Jinping pronunció un discurso en la «Conferencia Central de Trabajo Rural» del Partido Comunista Chino, en el que afirmó que:

«China no puede permitir que los recientes y constantes avances que hemos logrado en la producción de cereales nos adormezcan con una falsa sensación de seguridad. No debemos olvidar el sufrimiento causado por hambrunas anteriores, solo porque hemos logrado recuperarnos. Más bien debemos reconocer que la cuestión de la seguridad alimentaria es una línea roja que desencadenaría terribles consecuencias si alguna vez se viera comprometida. Debemos adherirnos a la estrategia nacional de seguridad alimentaria que pone a China en primer lugar».

Como se ve, a Xi Jinping la seguridad alimentaria le importa mucho. Tanto, que en 2023 la Editorial Central de Literatura del Partido publicó el libro *Extractos de las discusiones de Xi Jinping sobre la seguridad alimentaria nacional*. El libro recopila discursos, informes, charlas, cartas e instrucciones del Presidente Xi relacionadas con el asunto de la alimentación, desde 2012.

Y es que alimentar a tanta gente es un verdadero desafío. Sí, son el 20 % de la población, pero es que además solo cuentan con el 10 % de la tierra cultivable del mundo. Aunque China es muy grande, una enorme parte de su territorio son estepas, altiplanos gélidos, desiertos y montañas tropicales.

En 2024, el «Documento Central n.º 1» del Comité Central del Partido, un documento que define las líneas maestras de la planificación para cada año, ha puesto a la agricultura y el desarrollo rural como prioridad máxima. Y esto viene siendo así, en todas las ediciones, desde 20 años atrás. Los planes de China tienen marcada una línea roja inamovible a este respecto: la superficie cultivable *nunca* debe ser menor de 1800 millones de mu. Seguramente no sabe lo que es un mu, porque no usamos esa medida en Occidente, pero viene a ser 1/15 de hectárea. Cambiando las unidades, eso significa que nunca deben tener menos de 120 millones de hectáreas (Mha) cultivables. Puede parecer mucho, pero tengamos en cuenta que en la Unión Europea hay 175 Mha, y en Estados Unidos, un gran exportador de comida, llegan a 360 Mha, todo ello con mucha menos gente. No andan nada sobrados en China, donde saben muy bien que la superficie cultivada está directamente relacionada con la seguridad alimentaria.

Y también saben muy bien, y tienen profundamente grabado en la cabeza, que no es seguro confiar su abastecimiento a otros países, aunque ahora no tengan más remedio. Porque si tienen carencia de algo, tienen que comprarlo en el mercado internacional. Y China es muy grande, con lo que sus propias compras hacen aumentar la demanda de forma significativa y por tanto subir los precios. En caso de crisis alimentaria, muchos países pueden decidir no exportar cereales, como ya ha pasado al principio de la guerra de Ucrania. Y entonces hay un problema gordo.

Así que han tomado muchas medidas para mejorar su seguridad. En primer lugar, aumentando la superficie cultivable. Tienen muchas estrategias para eso, como promover técnicas de agricultura conservadora, o un programa de recuperación de tierras, que está devolviendo al uso agrario tierras que se asignaron al uso industrial o urbano. Además, el «Plan Nacional de Construcción de Explotaciones Agrícolas de Alto Estándar» promueve mejoras en la calidad de las tierras, con objetivos de ampliación de 7 millones de hectáreas «de primera calidad» hasta 2035. Están poniendo dinero y tecnología muy avanzada para ello.

Claro que el suelo no basta si no hay quien lo trabaje. El éxodo rural de China en las últimas décadas ha sido muy intenso, con millones de personas vaciando las zonas rurales para irse a vivir en las ciudades industriales, que crecieron sin parar. Y además, ahora, cada vez nacen menos niños y la población envejece. ¿Querrán algunos volver al campo?

El gobierno ha tomado medidas en este sentido, para intentar que la agricultura sea un trabajo atractivo. Y para ello tiene que ser rentable. Nadie deja la ciudad, con sus promesas de progreso y mejores salarios, para volver a una granja donde apenas puede subsistir. Pero si se gana dinero y se puede llevar una buena vida, la cosa cambia. Lo primero que hicieron fue abolir el impuesto a las tierras agrarias, que no era algo precisamente nuevo: tenía 2600 años de antigüedad. Después se fueron eliminando otros impuestos, e incluso introduciendo subsidios directos a los agricultores, o cosas como precios de referencia para el trigo: si el precio cae por debajo de un valor, el Estado garantiza la compra, de manera que el agricultor se asegura un precio de venta que garantiza unos mínimos. Todas estas políticas son, en esencia, iguales a las que —desde mucho antes— han llevado a cabo Europa o Estados Unidos para apoyar su producción agraria.

También buscan la eficiencia, porque sus cultivos de soja o maíz son mucho menos productivos que los de Brasil o Estados Unidos, cosa que quieren mejorar. Y para ello se están apoyando en los cultivos modificados genéticamente, en los que trabajan sin descanso. China ha ido adoptando esta tecnología de forma bastante lenta, sobre todo por su reluctancia a admitir, en el pasado, semillas desarrolladas en otros países. También por cierto rechazo en la población a este tipo de cultivos, cosa que ha ido cambiando cuando los OGM son chinos. El caso es que se han puesto las pilas para el desarrollo tecnológico, y ya tienen variedades de trigo, maíz y soja de alta productividad, y en continua evolución. La Academia China de Ciencias Agrícolas tiene un plan de desarrollo que incluye la construcción de nuevos laboratorios clave, un centro de ciencia de cultivos de cereales, un centro de mejoramiento de genética molecular, un banco nacional de germoplasma de cultivos y ganado, y un banco de microorganismos agrícolas. A tope.

Por otro lado, la mecanización agraria es un sector en innovación constante. Ya vimos que son punteros en el campo de los drones, y también desarrollan maquinaria especializada de los tipos más asombrosos. Se producen cantidades enormes de tractores y cosechadoras *made in China*.

Además, el país lleva adelante grandes proyectos para aumentar su capacidad de almacenamiento de granos, lo que garantiza que puedan almacenar lo suficiente para un año malo. Siempre han mantenido vastas reservas de alimentos, pero esto no deja de crecer. Según estimaciones del U.S. Departament of Agriculture, China poseía en 2022 el 69 % de las reservas mundiales de maíz, el 60 % del arroz, el 51 % del trigo y el 37 % de la soja. Y sin embargo siguen construyendo silos por todo el país, distribuidos hasta el nivel de condado y con gestión digitalizada, a través de la empresa estatal Sinograin. En un año de cosechas récord, como 2023, en el que recogieron 695 millones de toneladas de cereales, mantuvieron sus compras de otros 400 millones solo para mantener sus almacenes llenos. China puede almacenar hoy 700 millones de toneladas de cereales, un 86 % de su consumo anual, cuando en cualquier país se considera seguro almacenar en torno al 18 % de la demanda. Y siguen construyendo.

Silos para almacenamiento de grano de China Grain Reserves Group (Sinograin). Esta es la primera fase, concluida en 2023, de un depósito en Qinhuangdao (en la provincia de Hebei, al norte de China).

Pero tener suficiente comida no pasa solo por producir más: también por necesitar menos. Lo cierto es que el desarrollo económico del país ha ido generando una creciente clase media que está demandando más carne, más grasas y, en general, productos más variados y de mayor calidad. Eso supone mayor estrés a la demanda. Así que, de entrada, se han puesto en marcha políticas para disminuir el desperdicio y requerir menos comida. Como la campaña «Plato limpio», lanzada en 2020.

Esta campaña fue puesta en marcha por el presidente Xi a raíz de los problemas de abastecimiento que causó el COVID y la crisis de comercio asociada. Insistió en que no había que relajarse, había que mantener la sensación de crisis en lo que se refería a seguridad alimentaria. Además coincidieron unas graves inundaciones en el sur del país que se llevaron por delante muchas cosechas. El mensaje fue claro: no penséis que nos sobra comida, no se puede desperdiciar ni un grano de arroz. No te pongas más en el plato de la que necesitas, porque acabará en la basura y lo puedes necesitar mañana. Xi dijo además: «El desperdicio es vergonzoso, y la frugalidad es honorable».

Una voluntaria de la campaña «Plato Limpio» da una charla a una familia, en un restaurante de Jiangsu (imagen de CGTN, 2020).

Así que hubo una campaña mediática, en los colegios, en las agencias de noticias y en las mesas de los restaurantes. La Asociación de Industrias de Restauración de Wuhan (precisamente esa) animó a los restaurantes de la ciudad a seguir la norma N-1: el número de platos que se pueden servir en una mesa sería igual al de comensales, menos uno. Si diez amigos van de comida, como máximo habrá nueve platos. Hay que tener en cuenta que, en China, en las comidas sociales les encanta sacar a la mesa infinidad de platos para compartir, y que sobre mucha comida y todo el mundo quede repleto es un signo tradicional de buen gusto. Incluso el periódico estatal *Global Times* se dedicó a criticar a los jóvenes que suben videos a Bilibili — el Youtube chino—, exhibiendo ante la cámara cómo zampan todo lo que les cabe en el estómago.

El caso es que China ha conseguido mejorar notablemente la seguridad alimentaria de su población, poniéndola ya casi al nivel de países como España o Italia. Comparemos su evolución con la del otro país gigante, India, en la gráfica siguiente. Ambos tienen cerca de 1400 millones de habitantes, pero se ve que progresan de forma bastante diferente.

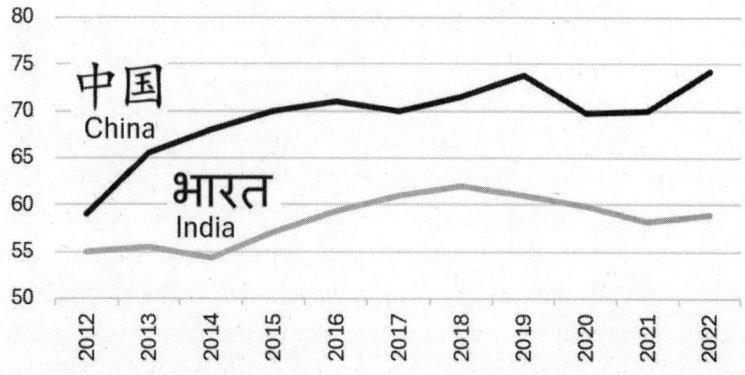

Índice de seguridad alimentaria
Evolución 2012-2022

中国
China

भारत
India

La India superó a China en población en 2023, así que su problema de abastecimiento de comida es muy parecido. Por suerte para ellos, cuentan con algo más de superficie agraria: con el 18 % de la población del mundo tienen el 11 % de tierras productivas, un ratio mejor que el de China. No obstante, su capacidad de producción es mucho menos eficiente. Así que mientras en China la población desnutrida está por debajo del 2,5 % —la misma tasa que cualquier país de Europa Occidental—, en la India es casi el 17 %. Eso significa casi 240 millones de personas que lo pasan mal, algo así como la población entera de su vecino Pakistán.

Pero la India también trabaja para su seguridad alimentaria futura. Las políticas agrarias son prioritarias para cualquier gobierno indio. En primer lugar, es el país con mayor superficie de regadío, lo que es fruto de una política de largo plazo en la construcción de grandes infraestructuras (embalses, canales, redes de distribución…), que comenzó con su independencia, en 1947. Además, en 2007 pusieron en marcha la National Food Security Mission, que busca ampliar el suelo cultivable y la productividad de cada hectárea. También incide sobre la distribución, con iniciativas como el National Agriculture Market (e-NAM), una plataforma *online* para que los agricultores puedan comerciar con sus productos sin límites geográficos. Y están apoyando el desarrollo de industrias de transformación bien distribuidas, cercanas a las zonas productoras, de manera que puedan procesar los cultivos de forma más eficiente y con menos pérdidas.

Pero además de mejorar la producción, están intentando disminuir la desnutrición, actuando directamente sobre ella. Porque producir más comida no basta si no es asequible para una parte significativa de la población. Así que, en 2013 el gobierno de Manmohan Singh lanzó la Ley de Seguridad Alimentaria Nacional (o NFSA 2013, National Food Security Act). Se conoce también como Ley del Derecho a la Comida, porque garantiza alimentos subsidiados para casi dos tercios de la población, unos 800 millones de personas. Cada uno a su nivel de necesidad, claro. La ley garantiza 5 kilos de cereales al mes por persona (arroz, trigo o mijo), a precios subsidiados, para determinados rangos de población protegida. Incluye, por ejemplo, a todas las mujeres embarazadas o lactantes, y a todos los niños menores de seis años. Es un programa extraordinariamente extenso y ambicioso, un intento valiente de disminuir la malnutrición, especialmente entre los más vulnerables. Un ministro de agricultura de la India lo definió como «el experimento más grande jamás realizado en el mundo para distribuir alimentos altamente subsidiados por cualquier gobierno a través de un enfoque basado en derechos».

Como muestra de lo que puede suceder en una crisis alimentaria, cuando cada país se ocupa de sus propios problemas, la India prohibió en julio de 2023 la exportación de arroz. De ciertas variedades de arroz, en realidad: el arroz «blanco», no *basmati*. Lo hicieron para controlar el precio en el mercado interior, que estaba subiendo debido a las malas cosechas, y con ello poniendo en riesgo precisamente a los que más les cuesta pagar, los más pobres. Hay que tener en cuenta que la India es el mayor exportador de arroz del mundo, y de largo, así que esa operación hizo contener el precio en el mercado interno, sí, pero lo subió en el mercado internacional. Y entonces la cosa afectó especialmente a sus principales clientes: países africanos, en general pobres, que son los que más importan arroz indio. Dicho de otra manera: para que los indios no padecieran carencia de arroz, sus gobernantes hicieron que la padecieran en África. Es difícil criticar esto, la verdad, y es sobre todo una muestra de lo importante que es la soberanía alimentaria.

Por suerte, el impacto de esta medida no fue demasiado grande, ya que el mercado internacional del arroz solo supone un 10 % del total de producción mundial. Pero no deja de ser una señal significativa para aquellos países que dependen, mayoritariamente, de la importación de un determinado producto en su dieta nacional: nunca sabes seguro lo que va a pasar mañana, como advertía Olivier de Schutter.

Por eso, una de las cosas que veremos en la alimentación del futuro es cómo los países que van mejorando sus niveles de renta, especialmente en África y Asia, pelearán por tener cada vez más garantizado su almuerzo. Como sea.

LA TIERRA DEL VECINO

Cuando un país no tiene petróleo en su subsuelo, sus compañías petroleras se las apañan para conseguirlo en otros sitios. Es el caso, por ejemplo, de la española Repsol, que explota yacimientos en Libia o Venezuela, o de la francesa Total, que lo hace en Nigeria o Angola. Entre muchos otros sitios, en ambos casos. Hasta aquí, todo nos parece normal.

Pues bien, cuando un país productor de petróleo no puede producir suficiente comida, porque sus tierras no son adecuadas o porque apenas llueve, pues hace lo mismo: se va a producirla a otros países. No se va «a comprarla» —igual que Total no compra el petróleo angoleño para refinarlo—, sino que se va *a producir allí*. Donde hay buena tierra, agua suficiente y... le dejan hacerlo.

Esto es lo que le pasa, por ejemplo, a Arabia Saudita. Un país que intentó conseguir la soberanía alimentaria a partir de los años 80, a base de subvencionar el cultivo local de cereales. Para hacer esto en un lugar tan seco —la lluvia media es de unos 100 mm/año— no tenían otra opción que el regadío, pero... ¿con qué agua?

Resulta que Arabia Saudita es un país muy grande que no tiene ningún río ni ninguna fuente de agua superficial. Sin embargo, bajo la mayor parte del país hay un enorme acuífero. Solo que sus aguas son en su mayoría fósiles: se acumularon allí durante milenios, en épocas más lluviosas de hace más de 5000 años, y hoy apenas se recargan.

En los años 70, la riqueza de Arabia empezaba a fluir con fuerza. El petróleo se había convertido en un gran negocio. Fue entonces cuando se fijaron el objetivo de conseguir la autosuficiencia en alimentos, y para eso hacía falta cultivar nuevas tierras. Al menos, pensaron, tenemos agua en el subsuelo. Con la nueva política se empezaron a impulsar los proyectos de irrigación subvencionados: el dinero obtenido con los pozos de petróleo se iba a subsidiar los pozos de agua. Durante los años 80 la superficie agrícola se multiplicó, a base de grandes campos de pivots que utilizaban agua subterránea profunda. No solo se consiguió la autosuficiencia en alimentos, sino que, sorprendentemente, la reseca Arabia se convirtió en el sexto exportador mundial de trigo.

Pero todo esto estaba basado en explotar un recurso que no se reponía. No estaban utilizando su agua disponible, sino explotando una mina de agua. Es igual que si fuese una mina de oro: cuando se acaba, se acabó, no hay más. Las alarmas empezaron a encenderse a principios de los 2000. El nivel freático no hacía más que bajar, había que reperforar los pozos para hacerlos más profundos y seguir bombeando agua. Incluso algunos oasis que ya eran florecientes cuando se escribió el Corán secaron sus manantiales. Los números eran bastante claros: la capacidad total del acuífero de Arabia se estimaba en 500 km³, y se estaban extrayendo ya más de 20 km³ al año en los nuevos regadíos. En 25 o 30 años se habría acabado con el agua almacenada durante milenios. Se estima que se había consumido en treinta años el 80 % de las reservas fósiles, que tardarán cientos de años en recuperarse. No podían seguir así.

Para garantizar el abastecimiento a las ciudades comenzó una masiva política de desalación de agua marina, a unos precios que la hacían inviable para cualquier uso agrícola. En 2008, la política de subsidios comenzó a recortarse un 12 % anual, con el objetivo de llegar a cero en ocho años. Y efectivamente, en 2016 Arabia Saudita declaró que esa sería su última cosecha de trigo. A partir de ahí, volverían a importarlo junto a otros alimentos. Habían pasado treinta años de gran productividad agraria, pero había sido un espejismo en el desierto.

Pero no se iban a quedar ahí, quietos. Si no había más agua, el objetivo de conseguir su seguridad alimentaria tenía que conseguirse por otras vías. Así, junto al inexorable recorte de subsidios, en 2008 el rey Abdalá lanzó su «Iniciativa para la Inversión Agrícola Saudita en el Extranjero», instando a los saudíes a ir al exterior y comprar tierras allí. La idea era conseguir explotaciones agrarias en África, Asia y Estados Unidos, ya fuera comprando tierras o comprando directamente las empresas que las manejaban. Además de esto, desde 2017 Arabia Saudita abordó inversiones millonarias en tecnologías agrícolas punteras, como la agricultura vertical que vimos anteriormente.

El resultado es que hoy controlan cultivos de arroz en Etiopía, Sudán y Filipinas, campos de trigo en Ucrania y Polonia, ranchos ganaderos en Argentina, Brasil y Estados Unidos o piscifactorías en Mauritania. Miles de millones de petrodólares han expandido su poderío por el mundo, comprando tierras en casa de sus propios clientes.

Aparte de a los saudíes, esto no le gusta mucho a todo el mundo, claro. Un ejemplo: la empresa árabe Almarai, un gigante de la industria láctea que cotiza en la bolsa de Riad y está participada por el fondo soberano saudí, compró en 2011 a Fondomonte, una gran empresa agraria argentina. Y a través de ella entró en Estados Unidos, donde compró tierras en California (800 hectáreas junto al río Colorado) y en Arizona (otras 4000 hectáreas). Allí cultivan alfalfa, que luego se envía en barco a Arabia, como forraje para alimentar a sus vacas lecheras locales. Una jugada cuando menos sorprendente. Estos movimientos han generado bastante polémica e incluso una clara oposición política. En el periódico *The Arizona Republic* se podía leer, en 2020:

> Grandes compañías agrícolas propiedad de inversionistas de otros Estados, y gigantes agrícolas extranjeros, han aterrizado en las zonas rurales de Arizona y se han apoderado de tierras agrícolas en áreas donde no hay límite para el bombeo. [...] Tenga eso presente cuando el Estado se enfrente a restricciones obligatorias de agua. Y si alguien pregunta adónde fue a parar el agua de Arizona, simplemente dígales: «Las vacas de Arabia Saudita se la comieron».

Aunque, en realidad este planteamiento es bastante injusto. En Arizona se cultiva mucha alfalfa, y solo del 2 al 5 % se exporta cada año, y además a varios países, no solo a Arabia. Y parece que los agricultores locales tienen perfecto derecho a ello: producir para exportar. Comparando con otro caso parecido, es notorio que en varios estados se cultiva soja para la exportación, soja que luego alimentará cerdos o vacas en México, Indonesia, Egipto o Bélgica, y nadie parece alterarse por eso. Quizá es, simplemente, el tema de la propiedad del suelo —con todo su carácter simbólico— lo que desata la polémica. Eso, unido a los problemas en este acuífero concreto. El hecho es que, en 2024, la gobernadora de Arizona, Katie Hobbs, decidió no renovar las concesiones de agua de Fondomonte, por lo que ya no pueden regar allí. Fondomonte tenía cuatro concesiones separadas en la cuenca de Butler Valley, pero el Departamento de Tierras del Estado de Arizona les notificó que tres de ellas no se renovarían al terminar su plazo legal, y que la cuarta había sido revocada debido a un «defecto administrativo no subsanado».

En algunos puntos de África, la resistencia a la compra de tierras por los árabes ha supuesto problemas bastante más graves. En 2016 hubo protestas masivas en Sudán, después de que el gobierno sudanés siguiera arrendando o vendiendo tierras a inversores de Estados del Golfo —no solo a Arabia Saudita—, en un momento en que gran parte del país entraba en una crisis alimentaria. En Etiopía, ese mismo año hubo disturbios por la misma causa, y llegaron a quemar vehículos y edificios de los inversores árabes extranjeros en respuesta al «acaparamiento de tierras» (*land grabbing*, como ya se le llama en muchos lugares de África) y el maltrato a los trabajadores locales.

Pero no es probable que estos problemas puntuales paren los intereses de los países ricos y secos de la península Arábiga. Lo que se juega es la seguridad alimentaria de su población para las próximas décadas, y eso no es negociable.

Y tampoco lo es para China, claro. En tiempos recientes han sufrido demasiados sustos seguidos en este aspecto: la guerra comercial con Estados Unidos en 2017, el atasco logístico durante la pandemia de COVID en 2020-21, y el impacto sobre el comercio de cereales de la guerra de Ucrania en 2022. China lleva mucho tiempo comprando tierras fuera del país, especialmente en África. Han aprovechado las inversiones en infraestructuras de la iniciativa OBOR (One Belt, One Road), o iniciativa de la Franja y la Ruta, también conocida como Nueva Ruta de la Seda. Este es un ambicioso plan de inversiones chinas en países en desarrollo —y algunos no tanto—, para financiar y construir infraestructuras como puertos, carreteras, puentes o ferrocarriles. Estas inversiones se compensan con derechos portuarios, mineros, agrícolas o comerciales que les ceden los países receptores. Es un cambio de enfoque radical en una política centenaria de ensimismamiento: China ya no se queda encerrada en su mundo como en el pasado, y sale, de forma decidida y expansiva, al exterior. Entre 2011 y 2020, las empresas chinas compraron o arrendaron un total de 6,5 millones de hectáreas, sobre todo en

África y Asia, para uso agrícola pero también forestal o minero. Eso, todo sumado, es algo casi del tamaño de Irlanda.

Otro ejemplo de cómo actúa China es el caso del puerto peruano de Chancay. Este puerto se inauguró en 2024, a unos 70 kilómetros al norte de El Callao, la congestionada terminal marítima de Lima. Es una obra de enorme capacidad, el primer puerto inteligente y automatizado de Iberoamérica, y se financió como una participación público-privada de 3000 millones de dólares de inversión, un 60 % de ella propiedad de COSCO Shipping Ports. Para más señas, se trata de una filial de COSCO (China Ocean Shipping Company), una de las mayores compañías navieras del mundo y propiedad estatal del gobierno chino. El otro 40 % corresponde a la empresa minera peruana Volcán Compañía Minera. Este nuevo puerto va a permitir un tráfico mucho más fluido hacia Asia de las mercancías de una amplia zona andina, y en particular es una puerta para la exportación de frutas, de las que Perú es un enorme productor (sobre todo uvas, frutos rojos y aguacates). Así, China completa el esquema: posee tierras productivas en ultramar, y además construye las instalaciones necesarias para vehicular los productos con agilidad... hacia China. Bueno, lo mismo que hacía Julio César con el puerto de Alejandría, pero a otra escala.

En conjunto, África es el continente donde más compras de tierra extranjeras se han hecho, normalmente por China o por países del Golfo. Hay un grupo independiente de organismos de investigación, Land Matrix Initiative (www.landmatrix.org), que se ha dedicado a llevar la contabilidad de estas compras. Según esta iniciativa, en el continente africano ha habido más de 480 grandes transacciones de suelo agrario desde 2000, que han supuesto la compra por empresas foráneas de un total de 11 millones de hectáreas, nada menos: como el tamaño de Bulgaria. El país más afectado ha sido Sudán del Sur —con casi 2 Mha—, seguido de Mozambique, Liberia, Gabón y Etiopía. Casi todos ellos entre los más pobres del mundo.

Como se ve, la búsqueda de la seguridad alimentaria puede tomar caminos insospechados. Comprar afuera tiene el riesgo de estar expuesto al mercado; por el contrario, producir afuera te da el control. Y además diversificar las ubicaciones disminuye el riesgo. Así que muy probablemente este tipo de movimientos vaya a más en un futuro cercano.

5.
El regadío y sus poderes

EL AGUA QUE COMEMOS

Disponer de agua es absolutamente decisivo para disponer de comida[23]. Nuestra comida —nuestros cultivos— necesita agua, y o bien le cae del cielo o bien se la tenemos que aportar nosotros. A eso último lo llamamos regar.

Uso del agua en el mundo

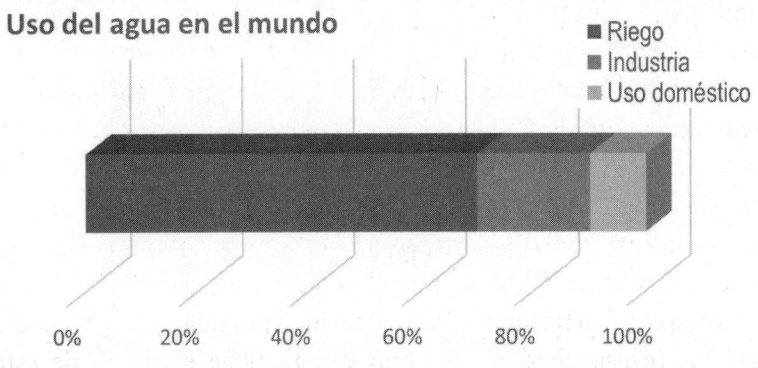

■ Riego
■ Industria
■ Uso doméstico

0%   20%   40%   60%   80%   100%

---

23   Este capítulo incluye partes de un libro anterior del propio autor: *Agua: historia, tecnología y futuro* (Ed. Guadalmazán, 2022).

De hecho, en lo que más agua gasta la humanidad es en regar. Las superficies a abastecer son inmensas, y la producción de comida no deja de crecer. El 70 % del agua que usamos se utiliza para la agricultura y solo el 10 % para usos domésticos. Ojo, «del agua que usamos» quiere decir de la que extraemos de fuentes de agua dulce, canalizamos y llevamos a los cultivos. Pero no es esa toda el agua que consumen nuestras plantas. De hecho, la mayoría, incluso en cultivos de regadío, viene de la lluvia.

Y es que necesitamos agua para producir cada kilo de comida. Una cantidad muy variable, en función de qué comida estemos hablando. Es lo que llamamos «huella hídrica»: mediante una serie de cálculos estimativos, asignamos a cada producto el agua que precisa para todo su proceso productivo. No deja de ser una estimación, y probablemente el valor absoluto es discutible, pero al menos sirve como una buena manera de comparar. En la gráfica siguiente, podemos hacer esa comparativa para algunos productos habituales. Puede resultar bastante chocante si es la primera vez que la ve.

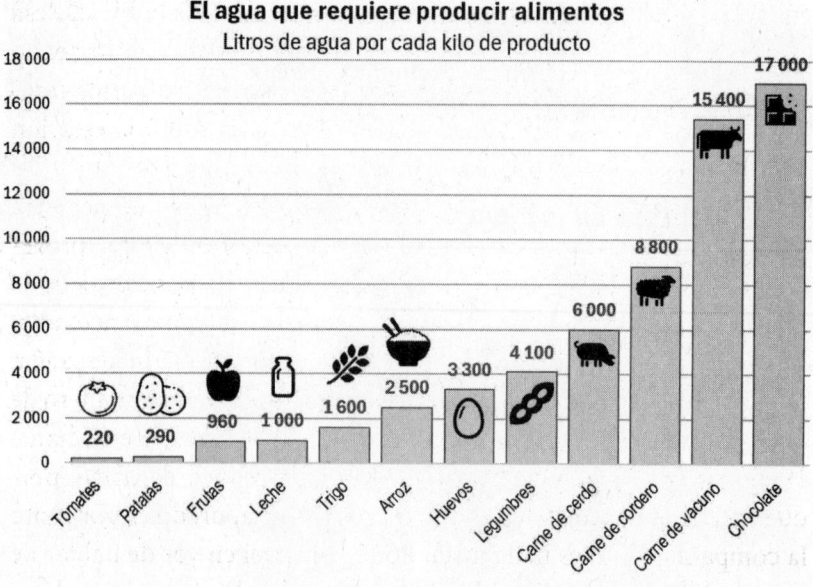

El agua que requiere producir alimentos
Litros de agua por cada kilo de producto

Un momento… Miremos el último por la derecha… ¡17.000 litros de agua por cada kilo de chocolate! Eso es el tamaño de una piscina pequeña, y todo eso para producir seis tabletas normales... Suena un poco a barbaridad, ¿no? Y encima, supone 17 veces más agua que producir un kilo de saludables manzanas.

Pero espere. No corra todavía a la despensa, para mirar con horror esa última tableta y prometerse no volver a comprar nunca ese inmenso derrochador de agua... No, vamos a pensar antes un poco.

Por un lado, la comparación entre manzanas y chocolate —y puede que ya la haya visto antes, sin más explicación— es, literalmente, como comparar peras con manzanas. El chocolate es en realidad un producto elaborado, que se produce a partir de las semillas que contiene el fruto del árbol del cacao. Para producir un kilo de chocolate —supongamos uno muy puro, con 70 % de cacao—, se necesitan unas 800 semillas, que están presentes en unos 25 frutos, y eso pesa unos 11 kilos. Así que lo que deberíamos comparar es 1 kilo de manzanas frente a 11 kilos de frutos de cacao, de los que, por cierto, se desperdicia buena parte del peso. Sigue siendo mucho, pero ya no es 17:1.

Por otro lado, no olvidemos que el cacao es un fruto tropical. Por su propia naturaleza, solo se da en lugares donde llueve mucho y hace calor —tropicales, vamos—. Y de hecho, es ahí donde se cultiva, así que la mayoría del agua que reciben viene de la lluvia. De esa generosa y abundante lluvia tropical, que luego acaba escurriendo hacia ríos como el Amazonas, el Congo o el Níger. En algunos campos, una parte del agua sí proviene del riego, para suplir la estación seca propia de esos climas tropicales.

Así que, tranquilo, no está esquilmando las aguas de la tierra con esa tableta de chocolate. El cultivo del que procede está aprovechando el clima en el que es apto, simplemente. Allí, por cierto, no se podrían cultivar manzanas. Es evidente que la huella hídrica es alta, en efecto, pero eso no significa que consuma de forma inadecuada; eso sí podríamos decirlo si se cultivara el cacao en un invernadero de Suiza, al lado de la fábrica de Nestlé, en lugar de hacerlo en Ghana. Hay que decir que la gráfica anterior tenía un poco de truco, porque en ella el chocolate es el único producto elaborado, y por tanto la comparación no es nada justa. Por ejemplo, si en vez de hablar de manzanas hablamos de un kilo de mermelada de manzana, la huella hídrica sube a unos 3000 litros. Así que, si quiere, vaya a por esa tableta de chocolate; ya puede comerse un cuadradito con cierto alivio. Bueno, venga, de acuerdo: dos.

Lo que sí queda claro en la gráfica es que los productos animales consumen mucha más agua por kilo de peso. Por supuesto, esto se debe a que comen vegetales, claro está, en lugar de comernos nosotros esos mismos vegetales. Cada kilo de carne de vacuno requiere el consumo de 10 kilos de forraje, aunque es mucho menos exigente criar un kilo de pollo, que puede producirse con menos de 2 kilos de cereales y soja. Obviamente, el consumo de carne supone un mayor consumo de casi todo —suelo, fertilizantes, agua…—, porque estamos usando dos escalones productivos. Analizaremos esto con más profundidad al hablar de ganadería.

Pero, como en el caso del cacao, no olvidemos los detalles. Por un lado, que una buena parte de la ganadería de rumiantes (vacas, ovejas y cabras, aunque también búfalos y yaks) se alimenta de pastos, que se riegan con la lluvia. Por ejemplo, en Estados Unidos la cabaña bovina criada en pastos es el 40 % del total, y en Brasil supera el 70 %. Y por otro lado, que en el caso de los rumiantes una gran parte de su dieta son vegetales ricos en celulosa —o sea, hierba, por decirlo pronto— que nosotros no podemos digerir. En otras palabras: en la mayor parte, en realidad no compiten por nuestros alimentos vegetales; nosotros no podríamos comer paja de avena o alfalfa, porque no digerimos la celulosa (la famosa fibra alimentaria). Competencia que sí que nos hacen el cerdo o el pollo, ya que comen cereales o leguminosas que sí podrían dedicarse a la alimentación humana.

Pero el caso es que, sea para producir vegetales o para dárselo de comer a animales, necesitamos agua para nuestros cultivos. Y la que no cae del cielo la suplimos con agua de riego. Por una razón: la productividad. Es decir, conseguir más comida con menos recursos.

La productividad del regadío es incomparablemente mejor que la del cultivo en secano, es decir, el que está limitado al agua de la lluvia. Por ejemplo, en el interior de España, con un clima mediterráneo continental, un cereal básico como el trigo o la cebada rinde unos 3000 kg/ha de grano si se cultiva en secano, mientras que alcanza los 8000 kg/ha en regadío. Es bastante más del doble, y en algunos cultivos llega a ser cuatro veces más. La capacidad de alimentar a una población es muchísimo mayor con ayuda del riego.

Lo que parece claro es que, para conseguir producir ese 35 % adicional de alimentos que vamos a necesitar de aquí a 2050, también vamos a necesitar aplicar más agua. Y, sin embargo, en algunos sitios

—no en todos— parece que va a haber menos disponible. Así que tenemos que pensar muy bien cómo ser eficientes, tanto en la producción de comida como en la disminución de las pérdidas. Y para eso será muy importante producir la misma comida con menos agua; con sistemas de riego más eficientes, y con variedades que demanden menos agua y que sean resistentes a las sequías.

La transición al mundo industrial ha cambiado completamente la extensión y la tecnología del riego. Hemos visto que el regadío consume el 70 % del total de agua dulce *que usamos* (no del total del agua dulce *que hay* en el mundo, como he visto en algún medio de comunicación), así que no es un asunto a tomar a la ligera. Hoy en día, enormes extensiones reciben agua para regar de distintas maneras. En total, la superficie regada en todo el mundo es de 325 millones de hectáreas, o 3.250.000 km². Para hacerse una idea, es algo del tamaño de la India. Esta superficie supone el 20 % del total de suelo agrícola del mundo, pero atención, porque con esa cantidad es capaz de producir el 40 % de los alimentos: es mucho más productiva. La siguiente gráfica nos da el *top ten* de los países con más superficie en regadío.

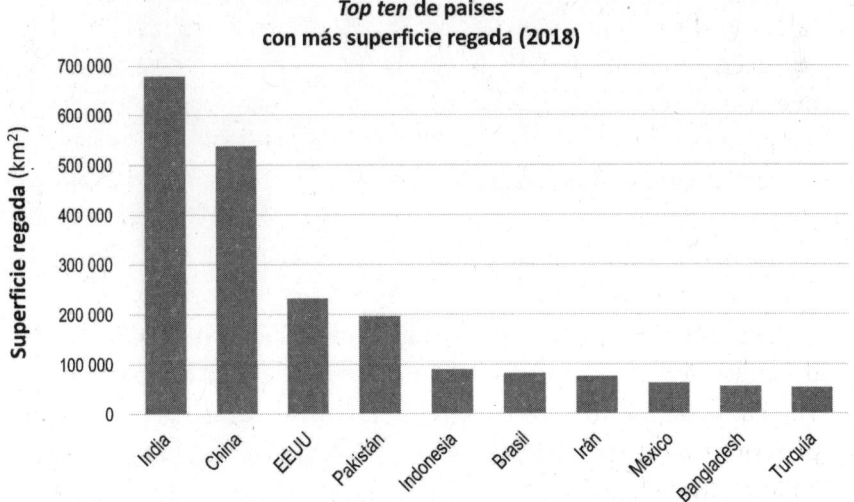

Top ten de países con más superficie regada (2018)

India y China son, con mucho, los campeones de este sector. Es cierto que son países grandes, pero no los más grandes; lo que ocurre es que tienen que alimentar a poblaciones inmensas —cada uno de ellos tiene aproximadamente 1400 millones de habitantes— y ocupan en parte regiones semiáridas. La superficie regable de la India

(680 000 km²) es solo un poco mayor que toda Francia, mientras que la de China (540 000 km²) es algo mayor que toda España.

Desde otro punto de vista, es interesante observar cuál es la penetración del regadío, es decir, qué porcentaje del suelo agrícola recibe riego. El resto es secano, obviamente: recibe solo el agua de la lluvia. Esto nos da una idea de la dependencia que cada país tiene de esta tecnología, por distintas razones. Aquí podemos ver cuáles son los países más adictos al riego; es decir, aquellos en los que el regadío significa una fracción importante del total de la agricultura, mayor del 20 %.

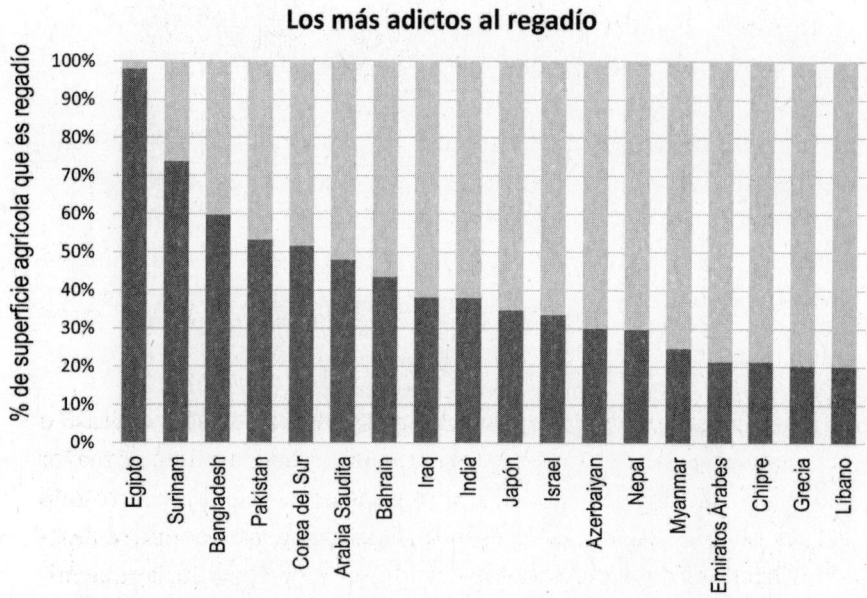

Los más adictos al regadío

Es singular el caso de Egipto, que desde hace 7000 años no tiene ninguna alternativa más que el Nilo: el 98 % de su agricultura es riego. Allí nada puede vivir fuera de las zonas regables. En cuanto al resto, casi todos son países del Indostán (Bangladesh, India, Pakistán, Nepal), de la Península Arábiga y próximo Oriente, o bien del Mediterráneo oriental. Hay un caso particular en Surinam, un pequeño país sudamericano que tiene un alto porcentaje de regadío, pero aplicado sobre una superficie agrícola reducida; el abundante cultivo de arroz explicaría estas cifras, a pesar de ser un país lluvioso.

Si localizamos sobre un mapa los porcentajes de superficie regada respecto a superficie agrícola, que nos daría algo así como la intensidad del regadío, encontraremos una pauta bastante clara.

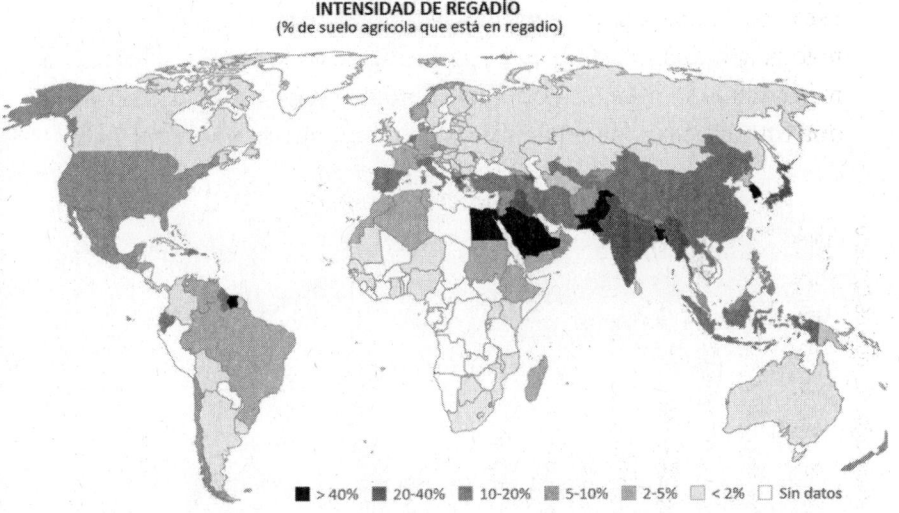

INTENSIDAD DE REGADÍO
(% de suelo agrícola que está en regadio)

■ > 40% ■ 20-40% ■ 10-20% ■ 5-10% ■ 2-5% □ < 2% □ Sin datos

Aunque hay importantes zonas regables en Norteamérica, Brasil o el Mediterráneo, es curioso observar dónde se agrupa el área de mayor intensidad de riego: dibuja una franja que nace en Egipto y recorre todo el sur de Asia. Así que es, en esencia, la misma región donde se desarrollaron las grandes civilizaciones hidráulicas del pasado, las que iniciaron el regadío a gran escala hace 7000 años: Egipto, Mesopotamia, el valle del Indo y el valle del río Amarillo, en China. Y es que hay cosas que no han cambiado: sigue estando en una faja subtropical, de gran potencial vegetativo y con agua disponible —más ahora, con las tecnologías actuales—, y sigue agrupando la mayor parte de la población mundial. En esta «franja del riego» viven hoy en día 4200 millones de habitantes, el 53 % de la población del globo.

Los proyectos de regadío pueden tener tamaños muy diferentes. Pueden variar desde el tamaño de una pequeña explotación hasta las grandes obras de regadío que sirven a millones de hectáreas. Una pequeña instalación de riego puede tener una toma de agua, sea un pozo, un canal o un bombeo en un río, y una pequeña red de distribución. Pero en el mundo del riego son frecuentes las grandes obras hidráulicas: enormes presas, embalses que atesoran las aguas de un río, cientos de kilómetros de canales que se ramifican minuciosamente, estructuras de control y cientos de miles de hectáreas regadas. Estas grandes obras suelen ser de promoción estatal, porque afectan a gran escala a un recurso generalmente entendido como público —el agua—, a mucho territorio y a mucha población; además son inversiones muy costosas y de larguísimo periodo de retorno, que requieren una organización muy compleja. A menudo se ocupan de esta los llamados «organismos de cuenca», que son las administraciones que gestionan una cuenca hidrográfica.

Hay buenos ejemplos de este modelo de grandes proyectos en la India; al fin y al cabo, no se llega a ser campeón del mundo en regadío porque sí. Desde los años 50, el país ha desarrollado innumerables proyectos de riego en tres escalas: pequeños, medios y grandes proyectos (de más de 10.000 ha). Los «grandes proyectos» suelen ser realmente muy, muy grandes, y para mejorar su gestión se creó un organismo central, el Command Area Development. Este gobierna muchos de los grandes proyectos, asiste a los agricultores y subvenciona las infraestructuras, y eso siempre contando con la complicada división administrativa de la India, con sus veintiocho estados y sus ocho territorios, con los que debe coordinarse.

Un caso significativo es el proyecto Damodar Valley. Este sistema arranca no con una, sino con cuatro grandes presas sobre el río Damodar, en los estados de Jharkhand y Bengala Occidental (muy cerca ya de Bangladesh). Se concluyó en 1956 y riega la enormidad de 824.000 hectáreas. Pero no hace solo eso, ya que se construyó con varias funciones: las presas sirven a la vez para control de inundaciones y para generar energía hidroeléctrica. De hecho, el proyecto se inició a raíz de las avenidas catastróficas de 1943 (el río era tan propenso a inundar su valle que se le conocía como «el río de los Dolores»), tomando como modelo la norteamericana Tenessee Valley Authority. Muy a menudo, el agua significa a la vez energía y alimentos.

Pero no es este el más grande entre los «grandes proyectos»: el mayor es el de Bhakra Nangal, en el Punjab, que afecta a 4 millones de hectáreas —algo más que la superficie regable de toda España, en un solo proyecto—. Lo cierto es que la superficie que riega la India no ha dejado de aumentar en el último siglo: se ha multiplicado por 2,7 desde 1960 y sigue aumentando. Desde luego es el país con más superficie regada, pero esta es una tendencia que se replica perfectamente si tomamos las cifras globales de todo el mundo.

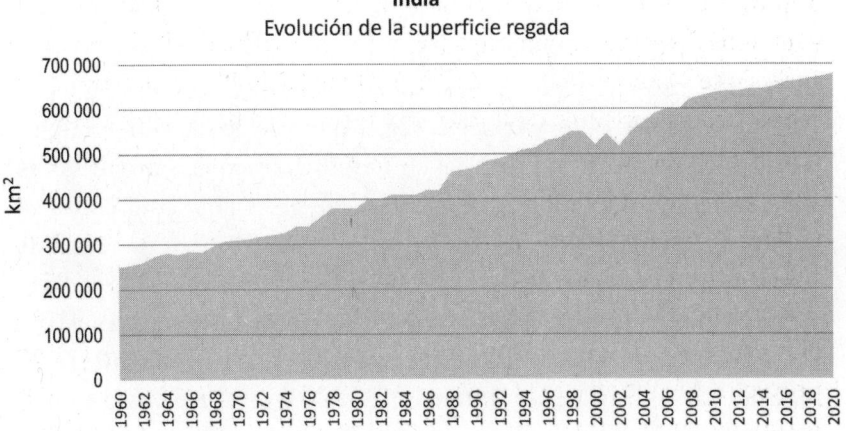

India
Evolución de la superficie regada

La clave del regadío no es otra que la productividad que proporciona al cultivo, a igualdad de otros factores. Es decir que, con la misma tierra, permite alimentar a mucha más gente o producir mucho más excedente. Existen cultivos que, en climas secos, simplemente no se pueden obtener sin aportación extra de agua: es el caso del arroz o el maíz, entre los cereales, o de especies hortícolas como tomates, pimientos, pepinos, calabacines y un largo etcétera de productos de gran valor comercial. El arroz, particularmente, es el principal cultivo de regadío: el 29 % del área regable mundial se destina a arrozales. En el caso de los cereales de invierno (trigo, cebada, avena…), aunque pueden cultivarse en secano, son mucho más productivos en regadío: en el caso del trigo, por ejemplo, produce 2,5 veces más. Lo mismo sucede con cultivos de árboles frutales, tales como el olivo, el almendro o la vid, que pueden cultivarse en secano pero mejoran su rendimiento en regadío por factores aún mayores: pueden producir de 4 a 6 veces más.

En general, los países más avanzados destinan la mayor parte del riego a cultivos de alto valor, como los cítricos, frutales o cultivos de huerta (caso de Israel, Países Bajos o España), ya que el coste adicional da mucho mejor rendimiento. Obviamente, el riego no es gratis, ya que requiere construir infraestructuras y consumir energía y mano de obra, pero en general con él se obtiene mucha más rentabilidad. Sin embargo, la productividad de los cultivos regados no depende solo del agua. Otros factores pesan mucho: la variedad de cultivo, más o menos productiva y resistente; la precipitación y sus épocas; la naturaleza del suelo y la disponibilidad de fertilizantes o nutrientes; las prácticas de cultivo, que influyen en la disponibilidad de todo lo anterior; y por supuesto, la evapotranspiración natural.

Es interesante observar que el regadío puede aportar un complemento muy importante incluso en climas húmedos, porque no es solo determinante la lluvia global que cae en el año, sino cómo se produce. En climas templados, las lluvias de invierno pueden influir poco en la cosecha, mientras que las de primavera y verano son decisivas. La siguiente gráfica muestra un caso significativo en clima tropical. Se trata de Sagana (Kenia), a unos 100 kilómetros al norte de Nairobi. Es un lugar muy húmedo, con 1160 mm de lluvia anual; pero como todas las zonas tropicales, la distribución no es homogénea: tiene una acusada estación seca y otra húmeda. En la temporada de lluvias, el agua sobra por todas partes. Pero cuando llega el tiempo seco, el disponer de agua adicional cambia totalmente las cosas, como puede verse en los datos de productividad de los cultivos. Por eso el regadío no es exclusivo de zonas secas.

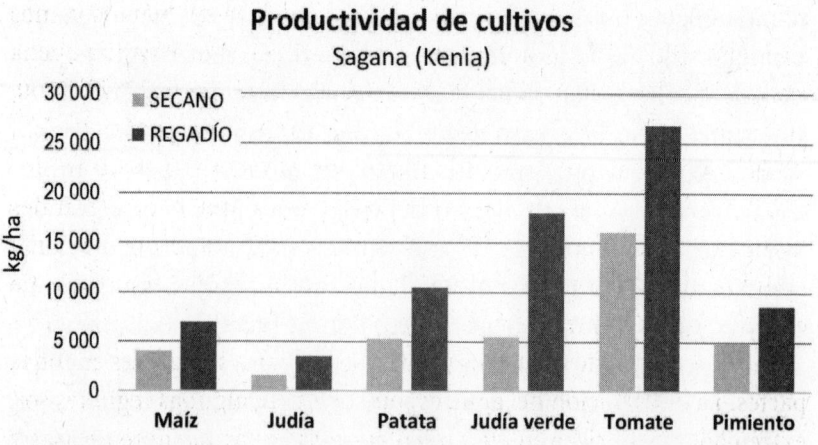

Productividad de cultivos
Sagana (Kenia)

En resumen, la productividad en secano es función de la cantidad y la época de las lluvias. Hay bastante azar ahí. Por eso, cuando hay posibilidad, no se deja al azar: el riego no solo significa producción, sino sobre todo seguridad en la producción de alimentos.

¿HAY AGUA PARA TODOS?

Esta es una pregunta trascendental que oiremos repetirse de cuando en cuando, sobre todo en países donde no sobra. En primer lugar, es importante recordar que el agua del mundo no se gasta. No es como el petróleo, que una vez procesado y quemado deja de ser petróleo. El agua es siempre agua, y la cantidad total no varía. Pero claro, lo que sí que parece que va a variar es la cantidad de agua *dulce* disponible —a más, como vimos— y, por desgracia, la irregularidad de su distribución, sea en el tiempo o en el espacio —también a más—.

Desde luego, en un mismo sitio y con una misma cantidad de agua disponible —que no viene de otro sitio que de la lluvia— puede llegar a faltarnos agua. Obviamente, es función de cuánta necesitamos. Y necesitamos más a medida que somos más y a medida que tenemos que producir más alimentos y queremos vivir mejor. De una misma fuente de la que beben cien personas, si apuramos podrían beber incluso doscientas, pero cuando son mil ya hay un problema. Así que para saber si hay agua para todos lo primero es tener una idea de cuántos vamos a ser en el futuro. Ya vimos en el capítulo primero que hay una buena proyección al respecto: la población se estabilizará, entre 2080 y 2100, en torno a 10.300 millones de habitantes, y ya no crecerá más.

Pero igual que hemos sido capaces de alimentar a 8000 millones de personas, cuando hace tiempo se preveía que habría grandes hambrunas al superar los 1000 o los 4000 millones, probablemente con el agua pase algo parecido. Lo que ahora parece imposible de abordar, probablemente no lo sea tanto en el futuro.

Lo que sí es cierto es que los problemas no van a ser iguales en todas partes. La distribución del agua es muy desigual; algunas regiones son extremadamente ricas en ella, mientras otras están siempre escasas y mirando al cielo. Y pasa algo parecido con la distribución de los seres humanos: la distribución de la población es sumamente desigual, con la mayor parte del planeta vacío y los humanos amontonados en determinadas regiones, con picos de densidad tremendos en las grandes megaurbes. Así que en determinados lugares sí que sabemos que va a escasear el agua, y que será necesario avanzar en gestión, tecnologías y cultura del agua para poder salir adelante. ¿Hay agua para todos? Pues sí, pero a veces donde menos se la necesita. Así que las previsiones son que va a escasear, todavía un poco más, en algunas regiones. La comparación de los siguientes dos mapas, con datos actuales, nos da una idea bastante clara de dónde van a estar los problemas.

Cuencas con estrés hídrico:

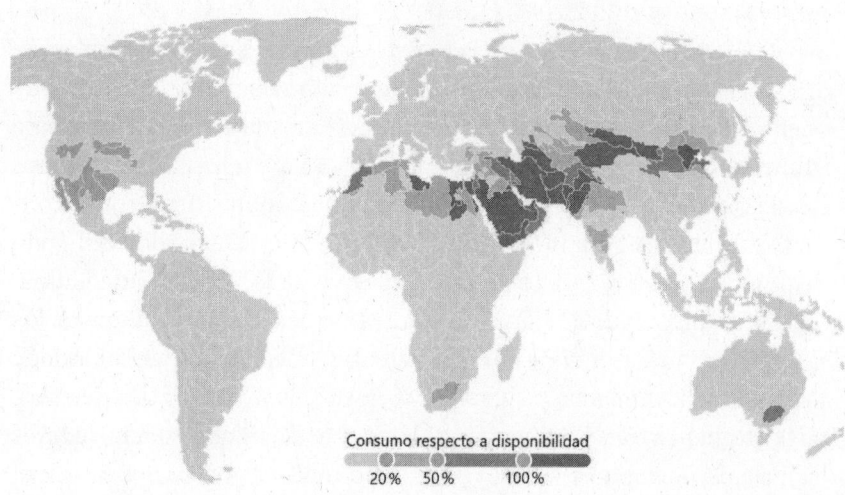

Densidad de población:

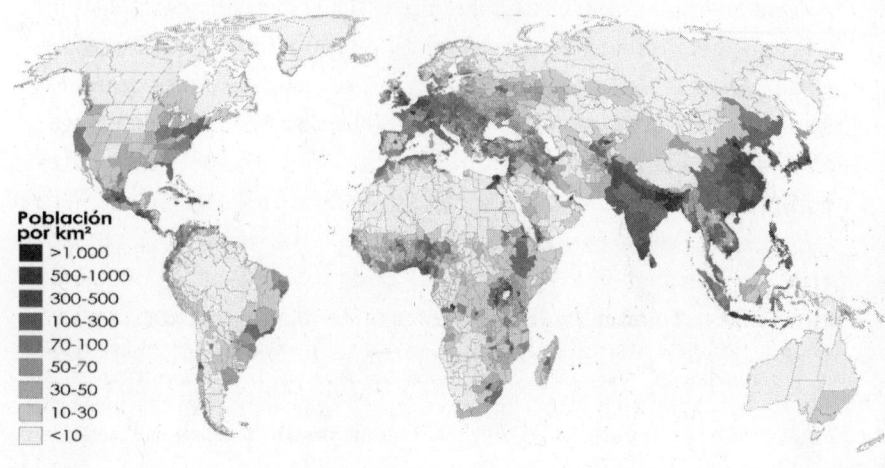

Como vemos, las regiones donde hay más estrés hídrico (un porcentaje más alto de consumo de agua sobre el total de agua disponible) están en las zonas habituales: el norte de África, con especial hincapié en Egipto; parte de Sudáfrica; la península Arábiga; la nueva Mesopotamia (Turquía, Siria e Irak); amplias zonas de Asia Central, incluyendo a Irán y Pakistán; el norte de la India; la franja norte de China, y también la zona más poblada de Australia y el sudoeste de Norteamérica. La mayor parte de estas tierras forman una franja que sigue más o menos el paralelo 30° norte. Y lo cierto es que las predicciones a futuro coinciden también en estas mismas zonas como las de mayor estrés.

Si superponemos mentalmente este mapa con el de densidad de población, veremos fácilmente dónde va a haber más cantidad de gente en estas condiciones de estrés hídrico, y por tanto dónde será más importante seguir tomando medidas a este respecto. Los lugares donde coincide alta densidad de población con mayor estrés se concentran en cuatro zonas: Egipto, «Mesopotamia», el valle del Indo con el norte de la India, y las regiones costeras del norte de China. ¿Ya se ha percatado de cuáles son? Pues sí, otra vez: curiosamente, los mayores problemas de estrés hídrico sucederán exactamente donde surgieron las grandes civilizaciones hidráulicas hace miles de años. Seguramente no se trata de una casualidad. Siguen siendo lugares especialmente aptos para la vida humana, pero donde a la vez el acceso al agua no es infinito; parecen estar cerca de sus límites.

De hecho, ya hay conflictos y problemas que se están generando en torno al agua en algunas de estas regiones. En el caso de China, los problemas de abastecimiento en la región noroeste (Pekín, Tianjin y las provincias de Hebei y Shandong) se intentan reequilibrar con proyectos de desalación y con un gran trasvase desde los caudalosos ríos del sur, cuya conclusión está aún lejana[24]. Pero quizá el lugar más vulnerable de estos es la India. La mitad de su suelo agrícola es de regadío, y es el responsable de dos tercios de las cosechas. Pero

---

24 Se trata del llamado 'Proyecto de Trasvase Sur-Norte' (conocido como SNWTP, South-North Water Transfer Project). Este trasvase gigantesco, el mayor del mundo, se ha trazado con tres enormes acueductos por regiones diferentes. La ruta central completa el abastecimiento de Pekín y Tianjin, un conglomerado de 36 millones de habitantes. Recorre 1200 km desde la toma en un afluente del inmenso río Yangtsé.

solo un 35 % del agua para riego procede de los ríos: la India es abrumadoramente dependiente del agua subterránea. Hay millones de pozos extrayendo agua a un ritmo alarmante, en muchos casos más allá de la capacidad de recarga de los acuíferos. En grandes zonas del noroeste y sur de la India el agua subterránea se agota a gran velocidad, y se requerirán cambios en su agricultura en la próxima década o corren el riesgo de quedarse secos: cosas como mejorar la eficiencia, cambiar de cultivos o reutilizar aguas residuales.

Además de estas regiones, a las que solo podemos referirnos a grandes rasgos y sin mucho detalle, la escasez de agua es una amenaza real, ya hoy en día, en muchas grandes ciudades del mundo. Las megaurbes: allí se aglomeran millones de personas, cada una con sus demandas individuales que van sumando ingentes cantidades de agua. No olvidemos que algunas de las mayores ciudades tienen más población que países enteros: en Yakarta vive tanta gente como en Australia, y en Ciudad de México hay más gente que en todo Chile.

En general, el abastecimiento de agua a las grandes ciudades está inextricablemente ligado al regadío en las amplias regiones de alrededor. Y nos encontramos con megaciudades de la India donde ya hay serios problemas de agua: Bangalore, con su polo de desarrollo tecnológico; Chennai, la fábrica de coches de la India; o Delhi, con sus casi 30 millones de habitantes. Todas suman entre sus problemas la sobreexplotación de acuíferos, la contaminación de aguas que limita su uso y las grandes pérdidas en las redes de distribución. Por distintas razones, también Pekín, São Paulo, Estambul o Yakarta se ven sometidos a momentos puntuales de tensión. Pero hay otros lugares quizá más inesperados que están llegando a su límite; como la propia Londres, con sus 14 millones de habitantes, donde la Greater London Authority reconoce la sobreexplotación de ciertos acuíferos y se prepara para momentos de escasez en el futuro.

Compensar la futura escasez —en las zonas donde se espera que suceda—, va a precisar el uso de lo que se llama «recursos no convencionales»: desalación de agua de mar, y reutilización de aguas residuales tratadas. Ambas suponen más coste energético, y por tanto un agua más cara. Un precio que no siempre podrá ser asumido por los productos agrícolas. Pero sí por el agua de uso urbano, que puede usar estos recursos y así liberar aguas superficiales o subterráneas para la producción de alimentos.

Un ejemplo: el área metropolitana de Barcelona. La ciudad y su entorno están poblados por 3,3 millones de habitantes y se abastece sobre todo de los ríos Ter y Llobregat. Durante los años 2020-2024, una sequía excepcionalmente dura se abatió sobre toda la cuenca. Incluso se llegó a declarar el estado de emergencia por sequía en la ciudad, en 2024, con algunas restricciones para el uso. ¿Cómo se defendió Barcelona? Pues con recursos no convencionales. En 2020, solo el 3 % de su agua procedía de la desaladora del Llobregat —la segunda mayor de Europa—, y el 97 % restante venía de los ríos y las aguas subterráneas. Sin embargo, cuatro años y una sequía terrible después, el cambio en el uso del agua había sido espectacular: la que provenía de desalación y de las aguas residuales depuradas, retornadas al río Llobregat aguas arriba de las potabilizadoras, ya había subido hasta el 45 %. Así que casi la mitad de sus recursos ya no provenían de ríos ni de pozos, no eran «convencionales». Eso, y la reducción en el consumo, permitieron además que se salvaran gran parte de los regadíos del delta del Llobregat, que comparten el mismo sistema de abastecimiento.

La reutilización de aguas residuales para riego está cada vez más extendida. No hablamos de regar con agua sucia, por supuesto. Se trata de aguas depuradas, a la salida de una depuradora, que se vuelven a enviar a zonas regables en vez de devolverlas al mar o los ríos. Antes se les ha dado un tratamiento adicional para eliminar microorganismos patógenos.

La reutilización de agua usada tiene un enorme potencial a nivel mundial, pues se estima que solo se reutiliza el 4 % de las aguas usadas. En países como Kuwait, Israel o Catar, la reutilización alcanza porcentajes del 20-30 %. En España, que tiene climas muy diferentes, se reutiliza el 11 % del total; pero algunas regiones del sureste más seco, como Murcia —que es también un gran productor agrícola— reutilizan nada menos que el 98 % de sus aguas depuradas, un verdadero récord.

Pero si nos vamos al total de agua reutilizada, no al porcentaje, la lista cambia de aspecto. Los países que más agua reutilizan (casi toda para agricultura e industria) son China y México, seguidos de Estados Unidos, como se ve en la gráfica siguiente:

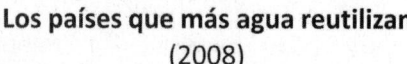

Los países que más agua reutilizan
(2008)

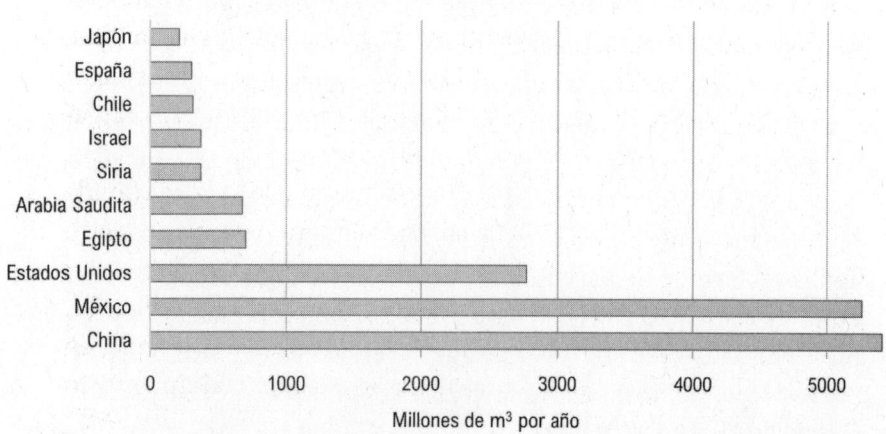

Millones de m³ por año

En resumidas cuentas, las claves de un futuro con agua suficiente están en varias cuestiones. Por un lado, la reutilización de aguas residuales tratadas y la desalación de agua marina serán fundamentales. También la retención inteligente de agua por los cultivos, gracias a la agricultura regenerativa. Será decisiva la gestión cuidadosa de las aguas subterráneas, utilizadas como enormes reservorios recargables en periodos de abundancia. Y sin duda la interconexión de cuencas (traduzco: trasvases) donde sea posible redistribuir recursos abundantes hacia zonas con escasez. A todo esto le añadiremos la capacidad de gastar menos para producir lo mismo: la eficiencia en el riego —mediante riegos a presión— y las variedades de plantas más resistentes a la sequía.

Todas estas tecnologías son bien conocidas, pero tienen que ir mejorando y extenderse mucho más en el futuro, porque serán críticas para aprovechar mejor el agua. Aunque claro, en cada lugar se irán haciendo según apriete la necesidad.

Desde luego, cuando falta agua en un sitio, nunca es fácil llevarla desde otro. Claro, existen los trasvases, los más grandes de algún millar de kilómetros y siempre dentro del mismo país. Pero, así como llevamos de un lado al otro del mundo enormes barcos superpetroleros, con cientos de miles de metros cúbicos —los más grandes tienen más de 500.000 m³, o sea, medio hectómetro cúbico en cada carga—, no hay nada parecido en el comercio de agua. Nadie manda barcos llenos de agua desde Manaos en el Amazonas, o desde el río San Lorenzo en Canadá, hacia Arabia Saudita o Catar. Obviamente, es una cuestión de coste: saldría más barato desalar el agua, embotellarla en frasquitos de cristal y transportarla en camellos hasta Riad. Y sin embargo, sí que hay un comercio oculto del agua. En un lugar menos evidente, pero en cierto modo sí que movemos barcos cargados de agua. Es lo que se llama «el agua virtual».

Ya hemos repetido la idea de que la producción de nuestra comida es el principal consumidor de agua en el mundo. Así que, en cierto modo, cuando compramos alimentos de otra región del globo estamos trayendo con ellos toda el agua que se empleó para producirlos, lo que no es poco. Puede ser agua de riego o de lluvia, da igual; en todo caso es agua que ahorramos de nuestros propios recursos. Eso es lo que se considera «agua virtual».

Así que, cuando un carguero ucraniano lleno de trigo descarga 100.000 toneladas de grano en el puerto de Kuwait, está descargando *virtualmente* los 65 hectómetros cúbicos que supuso su cultivo. Más aún, si es un barco de la India el que descarga 100.000 toneladas de arroz en Sidney, está llevando virtualmente 225 hectómetros cúbicos de agua junto con la carga —que a Australia no le vendrán nada mal—. Y mucho más aún, si el barco viene de Bahía, en Brasil, cargado con 100.000 toneladas de carne de ternera congelada que descarga en Rotterdam, está trayendo virtualmente con su carga 350 hectómetros cúbicos, lo que viene a ser un embalse de tipo medio en Europa lleno hasta arriba. Así que sí, de una forma indirecta, etérea y un poco misteriosa, pero totalmente real, el transporte de alimentos está suponiendo el equivalente a un movimiento de agua no desdeñable entre distintas partes del mundo.

En realidad, el agua virtual ha permitido a países con agua muy limitada apoyarse en otros con más recursos para abastecer las necesidades de su población. Importar productos cuya producción es intensiva en agua, y a cambio exportar otros que apenas la consumen (como ordenadores o automóviles), es una forma como otra de buscar el equilibrio. Por otro lado, muchos países son a la vez importadores y exportadores de agua virtual: por ejemplo, importan maíz y exportan naranjas; pero lo que cuenta es el balance neto.

En los anteriores ejemplos, se habrá fijado en que el agua virtual parte de países muy ricos en agua. Pero a menudo es al revés: el agua virtual puede salir precisamente de lugares semiáridos. Puede pensarse, por ejemplo, que poner un pepino de Almería en un supermercado de Hamburgo —una forma de exportar agua virtual desde el sur de España al norte de Alemania—, no parecería en principio una idea muy sensata, ya que en Almería hay poca agua y en Hamburgo mucha. Pero claro, es que eso solo es una parte de la verdad. También podemos decir que ese pepino es una manera de exportar el sol de Almería a la brumosa Hamburgo, y eso ya suena de otro modo, porque llevamos la capacidad de evapotranspiración desde donde sobra hasta donde no hay. Las dos cosas son verdad, y hay que hacer balance de muchos asuntos antes de cuestionar, sin más, la exportación de alimentos.

De hecho, la propia FAO reconoce que «el comercio de agua virtual puede desempeñar un papel importante en el ahorro de recursos a escala mundial, si el comercio se realiza entre regiones con mayor productividad del agua y otras con una productividad menor. El total de «agua ahorrada» mediante este comercio puede ser de alrededor del 5 % del uso mundial de agua para la agricultura».

Se estima que el total de agua virtual que circula por el mundo en el comercio internacional —de alimentos más productos industriales— suponía unos 1400 km³ al año en 2010: ¡algo así como el caudal anual del río Congo! Solo que esa agua no se mueve en realidad, claro; solo se mueven los productos que permite obtener.

Mayores flujos netos de agua virtual
▨ Exportador (>15 km3/año) ■ Importador (>5 km3/año)

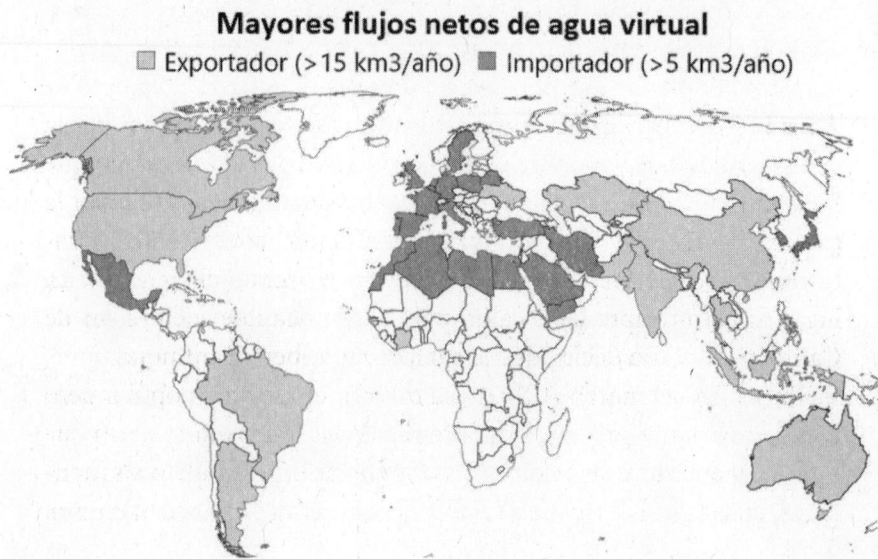

En el mapa adjunto se ve quiénes son los exportadores netos de agua virtual y quiénes los importadores. Los mayores exportadores netos se encuentran en América (Estados Unidos, Canadá, Brasil y Argentina, entre los que están los mayores exportadores de alimentos), en Asia meridional (India, Pakistán e Indonesia, y algo menos China) y también Australia. Por el contrario, los mayores importadores netos son Europa, el norte de África y Próximo Oriente, México, Japón y Corea del Sur.

En resumen, y respondiendo a la pregunta del principio: sí que hay agua para todos, solo que está muy mal distribuida. Tan mal que podemos decir que, a pesar de que vamos a tener más agua en general, no en todas partes va a haber agua para todos los de ese lugar... si seguimos haciendo todo igual. Muchas regiones o aglomeraciones de población van a tener serios problemas.

Allí donde el agua va a ser cada vez más escasa, más valiosa, tendrán que aplicarse tecnologías, métodos y procesos que compensen la escasez. La palabra clave es *adaptación*. Los seres humanos tendremos que ir adaptando nuestras formas de hacer las cosas a las nuevas necesidades. La buena noticia es que lo hemos hecho siempre a lo largo de nuestra historia. La mala, que no siempre ha sido sin sufrimiento y sin un doloroso aprendizaje.

CAMBIO CLIMÁTICO Y REGADÍOS

Aunque no hayamos estado allí de verdad, todos tenemos en la retina una imagen icónica de Los Ángeles, en California, porque la hemos visto mil veces: las enormes letras blancas que forman la palabra H—O—L—L—Y—W—O—O—D en la ladera de una montaña soleada. Es el nombre que representa al mundo del cine. En un lugar donde siempre hace calor, porque «nunca llueve en el sur de California», como decía aquella canción de Albert Hammond.

Pues bien, en marzo de 2023 esa misma foto se hizo popular pero con una variante sorprendente. Detrás de las letras, en la sierra que está al fondo, una espesa capa de nieve cubría por completo las montañas, con las altas letras casi recortándose contra el blanco brumoso.

Lo que hay detrás es la sierra de San Gabriel, y en esta zona tampoco es especialmente alta, tiene unos 1600 m de altitud máxima.

Realmente el de 2023 —y también el siguiente— fue en California un invierno de lluvias y nieves inagotables. Un rosario de tormentas atravesó la región durante varios meses, causando incluso algunas inundaciones. Embalses llenos, gruesos mantos de nieve en las montañas, niveles de agua subiendo en los acuíferos subterráneos... Las precipitaciones superaban a las normales en un 200 %. Pero lo más impactante para los californianos fue que esto pasó justo para cerrar una intensa sequía que había durado tres años, desde 2020. Y eso, además, cuando nadie había olvidado todavía otra terrible sequía sucedida muy pocos años antes, la de 2011-2015.

Esta anterior sequía fue calificada como la peor de la historia de California. Muchos cultivos se vieron afectados, e incluso grandes áreas urbanas como Los Ángeles, San Diego o San Francisco sufrieron restricciones. Hubo enormes incendios forestales, que recorrieron los noticiarios de todo el mundo. Un estudio hecho sobre los anillos de crecimiento de los árboles llegó a la conclusión de que había sido la peor sequía en al menos 1200 años —porque esa era la edad de los árboles más viejos que pudieron sondear—.

Pero California no es un sitio cualquiera. No tiene el mismo impacto lo que pasa allí que lo que pasa en Yakutia, por decir un sitio poco frecuentado. Todos conocemos los poderes de la economía californiana: la industria tecnológica (el Silicon Valley, con Apple, Google o Nvidia), la del entretenimiento (Disney, Pixar, Paramount, Netflix...), la de la energía (petroleras como Chevron o renovables como SunPower Corporation). California es muy, muy rica: su PIB supera al de toda África junta, y si fuera un país sería el quinto más rico del mundo. Así que lo que pasa allí tiene mucha visibilidad.

A la vez también es una potencia agrícola. Una de primera. Es el mayor productor de frutas y lácteos de Estados Unidos, un enorme productor de aceitunas y aceite de oliva, y un gran exportador de uvas, vino o almendras. Así que una sequía en California afecta, de alguna manera, a la despensa de todo el país.

Por eso sus grandes sequías, a veces seguidas de años de lluvias extraordinarias, tienen una fuerte repercusión mediática, salen en los noticiarios durante días, y la prensa y las redes se hacen eco. Un eco a menudo distorsionado, porque ya sabemos que los humanos preferimos el drama. Un titular de *National Geographic* —una revista en principio seria— decía en 2022: «La sequía en los Estados Unidos podría durar hasta 2030». Vaya, las nieves de 2023 y 2024 enterraron por completo la profecía del titular, aunque para su fastidio sigue apareciendo en la web. En fin, cualquiera puede equivocarse, especialmente sobre el futuro, pero está clara nuestra tendencia a la tragedia.

Bueno, veamos más bien los hechos. Datos, por favor. Estados Unidos tiene un seguimiento de sus recursos hídricos que es fantástico, y para esta cuestión en particular tienen precisamente el Observatorio de la Sequía (U.S. Drought Monitor, <u>droughtmonitor.unl.edu</u>), un organismo del USDA, que viene a ser el Ministerio de Agricultura. Tiene montones de datos en abierto. Vamos a ver qué dice sobre esto.

El Índice de Severidad y Cobertura de la Sequía que vemos en la gráfica adjunta lo elabora el mismo U.S. Drought Monitor. Mide exactamente lo que dice su nombre, la intensidad y la extensión de las sequías, y esto con uno solo número; un índice que se sitúa entre los valores 0 y 500. Cero significa «no hay sequía en ningún sitio», y 500 «hay sequía absoluta en todas las áreas».

Se puede ver cómo California, situada al suroeste de Estados Unidos, ha pasado por tres grandes olas de sequías en solo 20 años, y además las tres muy cercanas. Pero también podemos ver que en el mismo plazo, en un estado del medio oeste como Illinois ni se han enterado del asunto. Así que hablar de generalidades como «la sequía en Estados Unidos» es como hablar de «los fiordos en Europa». Sí, los hay en Noruega, pero para de contar.

EVOLUCIÓN DE LA SEQUÍA EN ESTADOS UNIDOS, 2000-2024
Índice de Severidad y Cobertura de la Sequía
DSCI (Drought Severity and Coverage Index)

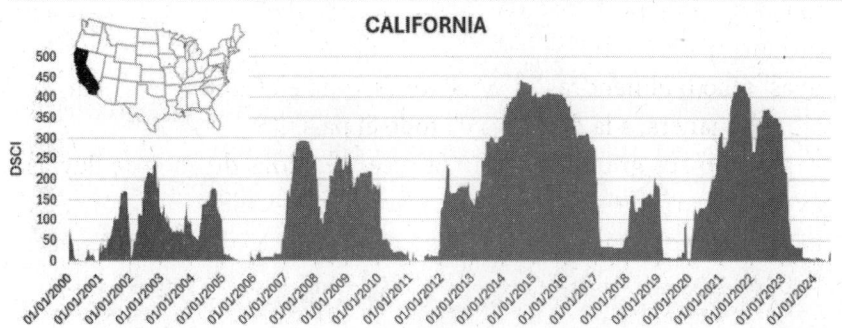

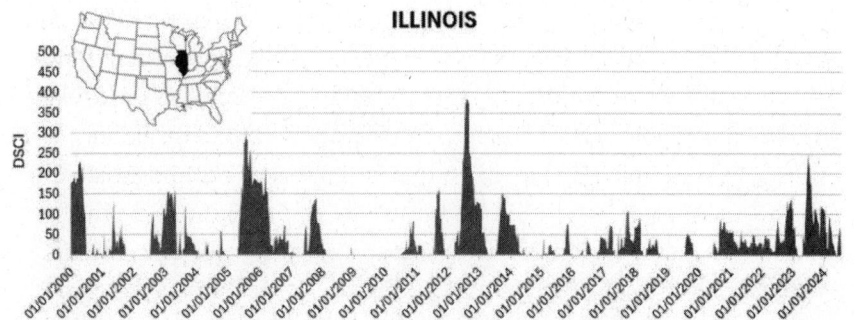

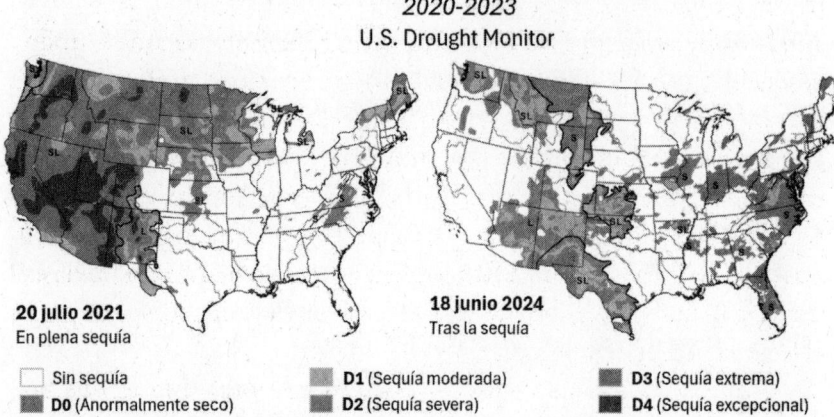

IMPACTO DE LA SEQUÍA EN ESTADOS UNIDOS
2020-2023
U.S. Drought Monitor

20 julio 2021
En plena sequía

18 junio 2024
Tras la sequía

☐ Sin sequía   ▨ D1 (Sequía moderada)   ▨ D3 (Sequía extrema)

▨ D0 (Anormalmente seco)   ▨ D2 (Sequía severa)   ▨ D4 (Sequía excepcional)

En el mapa adjunto vemos también el tremendo cambio que se produjo en California (bueno, y en Arizona, Utah y Nuevo México) desde el puro centro de la sequía de 2020 hasta la primavera de 2024. Hay que decir que, en un país de tamaño continental, y con latitudes que van desde el paralelo 26º N —el trópico— hasta el 49º N —la tundra—, nunca encontraremos todo el mapa en blanco. Cuando no hay sequía en California, la hay en Tejas, y si no en Wisconsin o en Missouri.

Entonces, ¿todas estas tendencias significan que a largo plazo habrá más sequías en California? Pues estadísticamente, todavía no (en climatología ninguna estadística es válida si tiene menos de 30 años), pero la verdad es que ya empieza a parecer sospechoso. Si estuviéramos en un juicio, diríamos que aún no hemos podido demostrar que California sea culpable de tener más sequías, pero sí que hay indicios racionales. No los suficientes como para condenarla, pero sí para seguirla muy de cerca en cuanto la suelte el juez.

La sospecha que tenemos actualmente es que los periodos de sequía en la región van a ser más frecuentes y más intensos, pero también que van a estar combinados con periodos intermedios de lluvias y nieves más copiosas. Una especie de incómoda compensación.

Pero esto también nos muestra que la homogeneidad no existe en esta cuestión. Decir que estamos entrando en un periodo de mayores sequías puede ser cierto para California, pero no para Illinois. Puede ser cierto para Andalucía, en España, pero no para Borgoña, en Francia. Puede ser cierto para Sudáfrica, pero no para Burundi. O puede ser cierto para el centro de Irán, pero no para el norte de la India.

En realidad, como hemos visto en el capítulo segundo, todo parece indicar que el cambio climático no sigue un camino simple. De hecho, los modelos que exploran el futuro que traerá ese cambio climático dicen exactamente lo contrario del sentir común: en general en el mundo va a llover más. Aunque, ciertamente, en algunas regiones concretas las sequías pueden ser más prolongadas y más duras. Lo cual no es contradictorio con lo anterior, ya que la lluvia es un fenómeno muchísimo más variable y complejo, en el espacio y en el tiempo, que la temperatura.

La idea principal que quiero transmitir con todo esto es que no debemos quedarnos con la idea errónea de que, globalmente, vamos hacia un mundo más seco. No es así, aunque pase en la mediática California. Curiosamente, es la idea que no dejan de imbuirnos en muchos medios de comunicación, que la repiten sin descanso, y que prefieren no entrar en detalles finos —uf, demasiado lío—. Pero no es esta la idea que se extrae de los modelos de predicción del IPCC. Aunque eso sí: si yo vivo en Alicante, Túnez o Tel Aviv, entonces sí, *mi mundo* va a ser un poco más seco en el futuro. Pero si vivo en Moscú, Denver o Mumbai, entonces es al revés: va a ser un poco más húmedo.

La percepción común de que «cada vez hay más sequías», de forma generalizada, tampoco tiene aún una base sólida. A nivel global no hay todavía ningún dato concluyente en ese sentido, aunque sí se observa para determinadas regiones. Pero lo cierto es que las pautas globales de sequías en los últimos setenta años no muestran todavía ninguna tendencia global relevante, como se ve en la gráfica a continuación.

En la gráfica se aprecia que hay épocas de más sequías y épocas de menos, pero ninguna tendencia clara al alza. De hecho, en ambas series incluso se da una ligerísima tendencia a la baja (del orden de -0,4 % por década, tampoco significativa a largo plazo).

El propio informe AR6 del IPCC es muy claro al hablar de las sequías a nivel global: de momento, no están aumentando. Esto es lo que dice al respecto[25]:

> Según las observaciones, existe poca confianza en una mayor frecuencia de las sequías, para cualquier tipo de sequía, en todas las regiones. Aunque se observan tendencias significativas de sequía en algunas regiones con un nivel de confianza al menos «medio», los índices de sequía agrícola y ecológica tienen una variabilidad interanual tal que domina las tendencias.

Superficie del mundo afectada por sequías, 1950-2020[26]

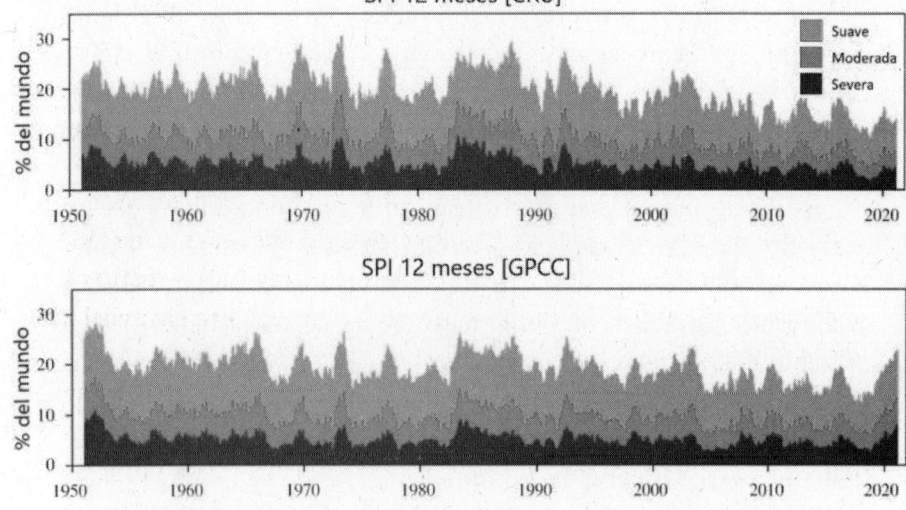

Unidad de medida: SPI (Índice de Precipitación Estándar), unidad usada en meteorología para cuantificar sequías. Se comparan dos series de datos: CRU (Climatic Research Unit) y GPCC (Global Precipitation Climatology Centre), con resultados bastante similares.

---

25 AR6 Report, IPCC: *WG1 - Climate Change 2021 - The Physical Science Basis* (capítulo 12, tabla 12.12).

26 Adaptado de: *Global drought trends and future projections*: Vicente-Serrano S. M., Peña-Angulo D., Beguería S., Domínguez-Castro F., Tomás-Burguera M., Noguera I., Gimeno-Sotelo L., El Kenawy A. Royal Society - Philosophy Transactions. Agosto 2022.

Aunque también conviene señalar que lo que no es cierto a nivel global sí puede serlo a nivel regional, o de todo un continente. Veamos lo que está pasando en África, según un estudio de la UNESCO de 2014[27].

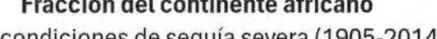

Fracción del continente africano
bajo condiciones de sequía severa (1905-2014)

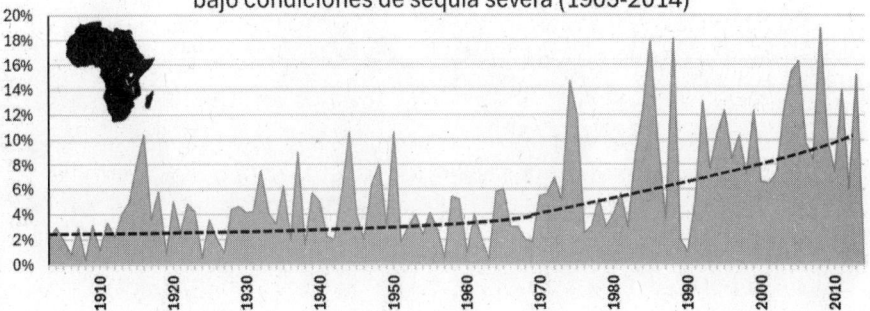

Como se ve, en el siglo largo que va de 1905 a 2014, la superficie de regiones africanas que han padecido sequía ha aumentado, especialmente en los últimos 40 años. En algo tan grande como un continente, es obvio que esto no es tampoco generalizado: las áreas que más contribuyen son el Sahel occidental, el Golfo de Guinea y algunas zonas del sur, incluyendo Madagascar. En cuanto a las predicciones a futuro, basadas en modelos matemáticos, sugieren cierta tendencia al aumento de las sequías, pero son poco concluyentes —distintos modelos dan resultados bastante diferentes—, así que aún hay mucha incertidumbre. No estamos seguros de qué pasará en el futuro.

Aun así, la tendencia de las últimas décadas en África sugiere que debemos preocuparnos e ir haciendo cosas, por si acaso. Sobre todo teniendo en cuenta que muchas zonas son especialmente vulnerables por el rápido crecimiento de población y la demanda creciente de agua. Además, en el continente solo el 5 % de la agricultura es de regadío, a pesar de que en gran parte de él las lluvias son estacionales, con marcados periodos secos y periodos húmedos. Pero las cosas están cambiando. De forma lenta pero continua, cada vez más tierras se están regando en África.

27   I. Masih, S. Maskey, F. E. F. Mussá, and P. Trambauer: *A review of droughts on the African continent: a geospatial and long-term perspective.* Hydrology and Earth System Sciences, 2014.

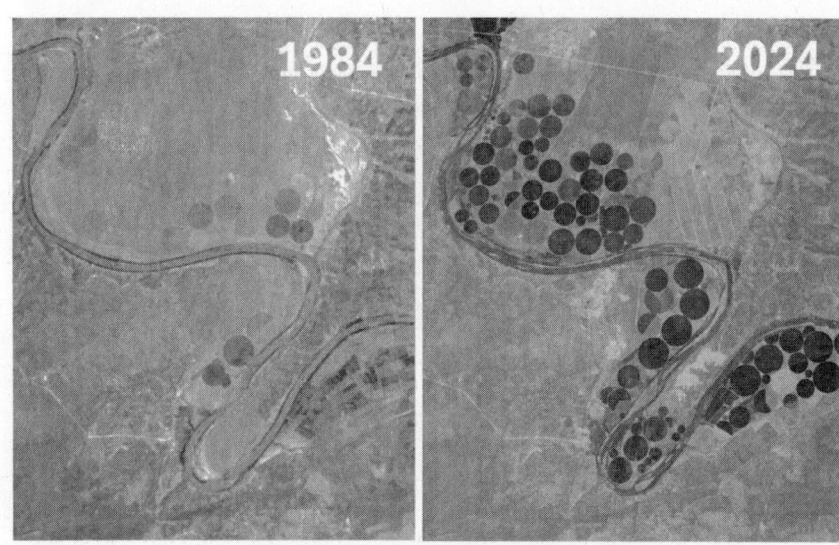

Un ejemplo del aumento de los regadíos en África
en los últimos 40 años. Río Orange, República
Sudafricana (Imagen: © 2022 Google Maps).

En resumen —y siguiendo sobre todo los informes del IPCC—, todo parece indicar que en las próximas décadas las lluvias aumentarán globalmente, pero en algunas regiones harán justo lo contrario, y además tendrán patrones más extremados. A pesar de las grandes incertidumbres en los modelos, parece claro que habrá algunas zonas con grandes impactos en los extremos climáticos y los recursos hídricos. Podemos resumirlo así: donde hoy llueve poco, seguramente lloverá un poco menos; y donde hoy llueve bastante, seguramente lloverá algo más.

Y todo ello acompañado de temperaturas más altas, y es cierto que incluso pequeños cambios en la temperatura (los de las previsiones más moderadas) pueden afectar mucho a la disponibilidad del agua futura para las necesidades de los cultivos. Así que habrá que cambiar cosas en nuestra forma de arreglarnos a medida que llega ese futuro.

Nota importante: hay que señalar que muchas investigaciones se centran en el impacto del cambio climático sobre la lluvia total

---

28   Se trata del Índice Estándar de Evapotranspiración-Precipitación, o SPEI en inglés (ver la página del Laboratorio citado en https://spei.csic.es/).

anual. Ese es un dato clave, pero para la producción de comida también lo es, y mucho, la distribución estacional. Si no ha llovido en primavera y el trigo se ha criado raquítico, unas grandes lluvias en junio no solventan nada, porque ya es demasiado tarde. La irregularidad de las precipitaciones también supone un grave problema, y en eso las predicciones son algo más borrosas.

¿Y cuál es entonces, en este entorno climático cambiante y dubitativo, el futuro del regadío? Pues no cabe duda de que seguirá aumentando allí donde sea posible. El hecho de que las regiones que hoy son secas esperen serlo un poco más sin duda aumentará esta tendencia, y también lo hace la posible irregularidad en las lluvias. Y eso, también, porque los países que más crecen en población irán aumentando poco a poco su desarrollo.

Pero sobre todo, las inversiones en el riego irán a mejorar la eficiencia, a conseguir que cada metro cúbico se aproveche más y proporcione cada vez una cosecha un poco mayor. Para eso se extenderán las técnicas de riego más eficiente: riego por goteo o aspersión. Hoy en día, en el mundo solo el 14 % de los riegos son de alta eficiencia, pero en los países más avanzados en este ámbito son mucho más: Israel alcanza el 80 % y España el 73 %. Así que hay un gran recorrido de mejora en el mundo por este camino.

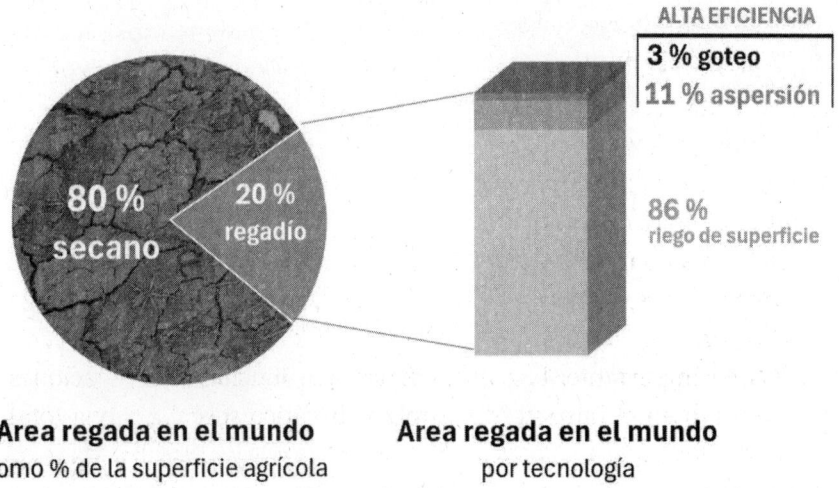

Area regada en el mundo
como % de la superficie agrícola

Area regada en el mundo
por tecnología

También lo hay en las prácticas regenerativas, para mejorar la captación de agua de lluvia y para conservar la humedad del suelo. Y cada vez más lugares adoptarán prácticas de «riego inteligente», con la digitalización como complemento rutinario. Veremos extenderse las estaciones meteorológicas en parcela, los sensores de humedad de suelo, los sistemas de monitorización de caudal y presión en las redes de riego, los drones de mapeo que detectan patrones de necesidades de humedad... Cosas que ya existen en las explotaciones más avanzadas, pero que irán a más.

Veremos mejorar muchas variedades de plantas cultivables, ya sean editadas genéticamente o por simple selección, para aumentar la resistencia a la sequía. Seguramente también veremos redistribuirse cultivos, modificando las zonas donde se implantan hoy, de acuerdo con la evolución de las temperaturas y las pautas de las estaciones. Veremos viñedos más al norte y tomates resistentes a la sequía en el sur. Sí, las cosas irán cambiando bastante en el mundo del riego, ese mundo que es absolutamente vital para la alimentación.

6.
Cómo alimentar a la comida

LA INDUSTRIA DEL NITRÓGENO

Observe un momento su cuerpo. Ahí donde lo ve, contiene algo más del 3 % de nitrógeno, y eso quiere decir que usted lleva encima aproximadamente 2,3 kilos de ese material, para un peso intermedio. Y los lleva formando parte de sustancias absolutamente esenciales para la vida, que no pueden existir sin ese elemento: sobre todo las proteínas —los ladrillos que construyen el grueso del cuerpo humano—, y también el ADN, que alberga los códigos de instrucciones para reproducir constantemente nuestras células. Para mantener ese nivel de nitrógeno estable, además necesita ingerir cada día unos 10 gramos, que le llegarán básicamente en forma de proteínas. Así que, sin nitrógeno, la vida decae rápidamente.

Estas proteínas tan vitales tendrán frecuentemente un origen animal: carne, huevos, leche... A esos animales habrá que haberlos alimentado con algo que contenga nitrógeno, claro, casi siempre proteínas vegetales. Y a estos vegetales tenemos que haberles proporcionado el nitrógeno de alguna manera. La inmensa mayoría provendrá de fertilizantes químicos, que en última instancia vienen de amoniaco de síntesis que se habrá fabricado en una planta química, en algún lugar del mundo. Si lo que come son proteínas vegetales, como el gluten del pan o las proteínas de unas lentejas, al menos se salta un paso.

Cuando Dorothy, una joven inglesa de Brighton, ingiere su dosis diaria de nitrógeno al comerse una salchicha con mostaza, resulta muy probable que ese nitrógeno proceda de un cerdo criado en una granja de Limburg, en los Países Bajos, que exportan muchos productos porcinos. El cerdo en cuestión habrá conseguido su nitrógeno de las proteínas de soja con las que lo alimentaron, y esa soja seguramente llegó en barco al puerto de Rotterdam desde Salvador de Bahía, en Brasil. Hasta allí la soja se transportó en un camión procedente de una plantación en Mato Grosso, en el interior del país —a 2000 km del océano—. A su vez, esa soja habrá sido fertilizada con nitrógeno en forma de urea, importada a Brasil por el puerto de Santos, en São Paulo. Hasta allí habrá llegado en un barco granelero desde la fábrica de fertilizantes y amoniaco de Calgary (Canadá), cruzando el canal de Panamá. En esta fábrica, el nitrógeno que forma el amoníaco habrá sido capturado sencillamente del aire —que es casi todo nitrógeno—, pero mediante un complejo procedimiento químico que consume mucha energía y también gas natural.

El nitrógeno de Dorothy

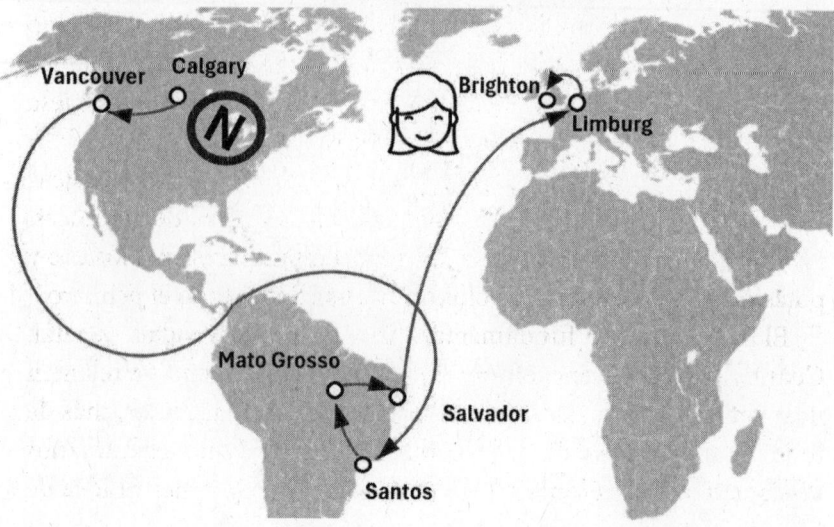

Pues bien, todo ese es el enrevesado paseo que se habrán dado unos átomos de nitrógeno, desde el aire de Canadá hasta alcanzar finalmente el intestino de nuestra joven Dorothy, para mantener las proteínas de sus músculos hermosas y lozanas. Por supuesto, este tipo de viaje no es necesariamente así de largo, pero un itinerario así no es nada, pero nada, inhabitual.

Y es que nuestra comida también necesita comer. Esto resulta obvio cuando hablamos de un pollo o de una oveja, pero es que también necesitan comer una mata de trigo o un manzano. A su manera. Las plantas no precisan sustancias complejas como aminoacidos o vitaminas, como nosotros, pero sí sustancias simples para desarrollar sus organismos y, con ellos, los frutos, semillas o tubérculos de los que habitualmente nos alimentamos.

La mayor parte de lo que «come» una planta lo toma del aire, no del suelo. Su sustento principal es un gas, el CO_2, el famoso dióxido de carbono, que es captado a través de los estomas —unos orificios minúsculos en el envés de las hojas—. La fotosíntesis no es otra cosa que la captura de ese carbono oxidado, a través de un proceso bioquímico increíblemente complejo, para convertirlo en glucosa y otros azúcares. En ese camino se extrae el oxígeno (la O del CO2), que les sobra y se libera en la atmósfera. La energía que necesita tal proceso proviene simplemente de la luz del sol. Las plantas la atrapan con ese captador que tienen de diseños y tamaños tan variados, las hojas, y canalizan su energía con un catalizador casi mágico: la clorofila. Esta sustancia verde apareció en la evolución hace mil millones de años, y con ella surgieron las primeras plantas. Y con el color verde de la clorofila —debido al magnesio que contiene— vino todo el verde de la naturaleza. Todo lo que comemos los humanos proviene, al fin y al cabo, de la domesticación de la fotosíntesis, esa nanofábrica de glucosa que funciona con la luz del sol.

Pero además de CO_2 y agua, las plantas necesitan algunos nutrientes, y estos sí que les llegan ya por el suelo, a través de las raíces. Hay muchos, pero tres son los más importantes: nitrógeno, fósforo y potasio (o N, P y K, sus símbolos químicos). Sobre todo el primero.

El nitrógeno es fundamental para la productividad vegetal. Cuando las plantas encuentran una fuente de nitrógeno, se relamen de gusto y crecen más deprisa, hacen más hojas, más frutos, más de todo. Consiguen sintetizar proteínas. Eso es algo que los humanos descubrimos muy pronto en la prehistoria, aun sin tener ni idea de lo que era el nitrógeno ni la fotosíntesis. Pero enseguida se aprendió que las plantas crecían mejor con «algo» que era abundante en los subproductos animales. La pelea por el nitrógeno es tan antigua como la agricultura, pero hasta el siglo XX solo conocíamos dos fuentes básicas: el estiércol y las leguminosas.

Sobre las leguminosas, ya vimos su capacidad de fijar el nitrógeno del aire en sus raíces, gracias a ciertas bacterias. Es una manera de aportarlo al suelo, pero claro, no vamos a alimentarnos solo de legumbres. Así que la otra fuente es el estiércol; es decir, los excrementos de nuestro ganado, habitualmente mezclados con paja o hierba. Provienen de la digestión de animales, y por tanto tienen restos de proteínas y otros nutrientes ricos en nitrógeno. Abonar con estiércol era fundamental. Los mismos animales que servían de fuerza de trabajo —caballos, mulas, bueyes, búfalos—, y que además se comían una parte sustancial de nuestros cereales para ello, también nos regalaban un valioso abono por la parte de atrás de su tubo digestivo.

Aunque también se ha utilizado el estiércol humano: sí, nuestras propias deyecciones, que pueden tener incluso más nitrógeno porque nos alimentamos en parte de productos animales. Son curiosas las antiguas cerámicas chinas que muestran un sistema «reforzado» de recirculación del nitrógeno —obviamente ellos no le ponían ese nombre—: eran retretes, que consistían en una caseta con un agujero por encima de las cochiqueras donde criaban los cerdos. Así, los animales se alimentaban de vegetales mezclados con… mierda, eso es, como fuente de nitrógeno. Los cerdos convertían esa mezcla en valiosa carne, y como subproducto más excrementos de cerdo para abonar las huertas. Un ciclo sin fin.

Una curiosa figura de cerámica china de la dinastía Han (entre los años 25—220 d. C.): representa un retrete ubicado sobre una cochiquera, con cerdito y todo. Un procedimiento para aprovechar al máximo los recursos.

Durante el siglo XIX se popularizaron dos tipos de abono nitrogenado que procedían, ambos, de la zona andina, aunque eran productos muy diferentes. Uno era el guano, que en esencia es también estiércol, solo que en este caso procede de aves marinas. El guano se había ido acumulando durante siglos en ciertas islas de Perú —sobre todo las islas Chincha—, en un ambiente seco, formando depósitos de metros de espesor. A mediados de siglo se explotaban los depósitos de guano como si fuesen canteras y se vendía el abono en Europa y Estados Unidos.

La otra fuente de nitrógeno era el salitre, conocido en Europa como «nitrato de Chile», porque casi todo se exportaba desde allí. El salitre es un depósito mineral que solo se encuentra, en cantidades importantes, en salares del desierto de Atacama, del norte de Bolivia y del sur de Perú. Se trata de depósitos de nitrato potásico y nitrato sódico, que se sedimentaron durante millones de años en el fondo de grandes lagos salinos, formando capas muy potentes. La pelea por explotar estas valiosas minerías dio lugar incluso a una guerra, la Guerra del Pacífico, en 1879. Enfrentó a Chile con Perú y Bolivia, y a los chilenos les fue bastante mejor la jugada, e incluso llegaron a ocupar Lima. Desde entonces Bolivia perdió su salida al mar por Antofagasta —hoy es un país sin costas—, y Perú cedió la provincia de Tarapacá. Justo donde estaban los mayores depósitos de nitrato.

Hasta principios del siglo XX no había otras fuentes de nitrógeno. Pero por entonces la tecnología vino a cambiar las cosas de forma definitiva. En el asunto fue decisivo un químico alemán, Fritz Haber, un señor de calva redondeada, biogotillo recortado y quevedos sobre la nariz: un aspecto indiscutible de químico decimonónico. Fritz Haber descubrió la manera de producir amoniaco (NH_3, un compuesto de nitrógeno e hidrógeno) a partir del nitrógeno del aire y de gas metano, sometiéndolo a presión con un catalizador. Después se asoció con Carl Bosch, un directivo de BASF, y ambos pusieron en marcha el proceso Haber-Bosch a escala industrial. Así, en 1910 nacía la primera fábrica de amoníaco. Era algo mucho más importante de lo que se podía imaginar: el origen de los fertilizantes nitrogenados.

El amoníaco es la fuente principal de nitrógeno, que después de capturarse de la atmósfera puede formar urea, nitratos u otros compuestos que se usan como fertilizantes. Pero es la clave inicial. El primer eslabón que nos permite conseguir nitrógeno desde una fuente inagotable: el aire.

Poco después de montar esta primera fábrica comenzó la Primera Guerra Mundial, y el amoniaco sirvió también para producir otras cosas: nitrato amónico, nitroglicerina y TNT (trinitrotolueno); seguramente ya le habrán sonado a explosivos. Sí, ese es otro derivado del asunto, y de hecho fue una de las causas de que Alemania pudiera mantenerse varios años en una guerra que consumía cantidades ingentes de explosivos. El caso es que Haber recibió el Premio Nobel de Química en 1918, y Bosch en 1931, por sus trabajos sobre el amoníaco.

Hoy en día, es difícil sobrevalorar la importancia de esta sustancia. Es un producto clave en nuestras vidas, aunque a menudo esto se desconoce. El amoníaco es uno de los materiales básicos de la civilización, porque en él se basa buena parte de la alimentación de todo el mundo. Sin amoníaco no habría existido la revolución verde, no habría fertilizantes nitrogenados, y sin ellos no podría alimentarse al 40 % de la población del mundo. ¡Sobraríamos 3200 millones de personas, incapaces de alimentarnos! Y cuidado, porque no siempre son los demás los que sobran: uno de ellos podría ser usted, o yo. Se estima que de los 2,3 kilos de nitrógeno que tenemos en nuestro cuerpo, al menos la mitad han pasado alguna vez por un proceso de Haber-Bosch. Podemos decir tranquilamente que un siglo de síntesis de amoniaco ha cambiado el mundo.

Fritz Haber y Carl Bosch (no, no eran familia, simplemente era la moda del momento). No está de más ponerles cara, porque la mayoría de lo que comemos se lo debemos a ellos y a su proceso para fabricar amoníaco.

A diferencia de los fertilizantes nitrogenados, que tenemos que fabricarlos del aire, los otros dos macronutrientes —el potasio y el fósforo— se extraen de la tierra. De canteras y minas. El potasio procede sobre todo de la explotación de dos minerales ricos en cloruro potásico, la silvina y la carnalita. Hasta 1914, prácticamente todo se extraía en minas de potasa en Alemania. Pero con el inicio de la Primera Guerra Mundial, Alemania embargó las exportaciones de potasio para reservárselas, y todo el resto del mundo se puso a buscarlo como loco. El resultado es que se encontraron reservas en muchos lugares, y hoy las mayores producciones, además de Alemania, están en Estados Unidos, Canadá y Rusia. Una de las mayores empresas de fertilizantes del mundo sigue siendo alemana y su nombre nos habla del potasio: K+S AG, que significa Kali und Saltz («potasio y sal»). Hoy siguen extrayéndolo en sus minas de Wintershall y Unterbreizbach. Lo cierto es que las reservas mundiales de potasio son extensísimas, no es un material escaso en absoluto.

El fósforo, sin embargo, no es tan abundante. Se extrae de minas de fosforita, una roca rica en fosfatos, y hasta hace poco las mayores reservas estaban en Marruecos, con el 70 % del total. También es abundante en Túnez y en Estados Unidos. En realidad, las ricas minas marroquíes están en el territorio del Sahara Occidental, controlado *de facto* por Marruecos desde la guerra de 1975-1991, en la que se enfrentó al Frente Polisario, al que apoyaba Argelia. En ese territorio desolado las minas de fosfato son sin duda la mayor riqueza —junto con el acceso a las aguas territoriales y las pesquerías—, lo que explica este conflicto. Aunque formalmente el estatus del Sahara Occidental sigue abierto, el control actual de Marruecos es total. Como vemos de nuevo, el acceso a recursos minerales valiosos puede fácilmente hacer salir las armas del cajón.

Pero en 2018, la empresa Norge Mining comunicó públicamente que había localizado un yacimiento de fosfatos en Rogaland, al sur de Noruega. Contiene nada menos que 70.000 millones de toneladas, lo que simplemente viene a duplicar las reservas que existían hasta el momento. Es tanto como todo lo que ya se conocía. Probablemente Noruega se convertirá con esto en un importante proveedor de fosfatos, pero sobre todo esas reservas significan que disponemos de fuentes de fósforo para unos cuantos siglos más. No obstante, nota para nuestros descendientes: ni la potasa ni los fosfatos son recursos renovables; o sea, que cuando se acaben, se acabaron.

La producción de fertilizantes va en línea con la producción de alimentos, así que no deja de aumentar. Desde los años 60, en el inicio de la revolución verde, la fabricación de abonos se ha multiplicado por cinco, y la tendencia no tiene aspecto de aflojar por el momento.

Producción mundial de fertilizantes
(millones de toneladas / año)

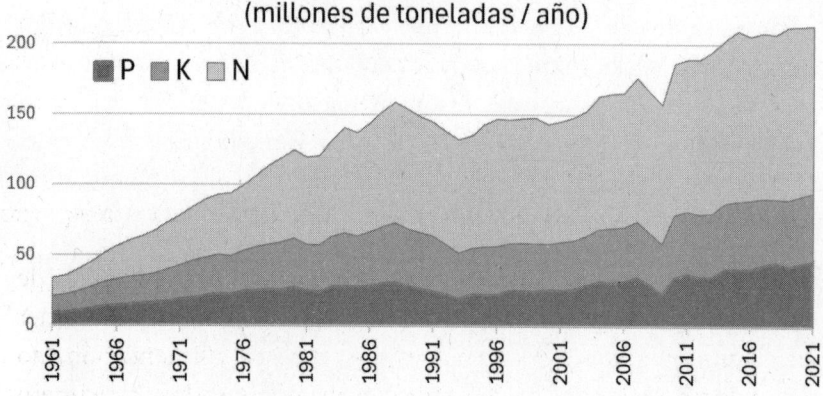

Mirando la gráfica, todo parece indicar que en el futuro vamos a seguir necesitando más fertilizantes. En general esta tendencia es cierta, pero las estimaciones de cómo va a suceder son variables. Podemos ver una proyección hasta final de siglo para los fertilizantes nitrogenados, que muestra dos opciones muy diferentes[29].

La primera hipótesis (A1) supone un mundo con rápido desarrollo económico, con la población llegando a su máximo hacia mitad de siglo y con mejoras en la eficiencia tecnológica. La segunda (B1), hace las mismas suposiciones sobre la población, pero con una economía más basada en servicios y un cambio hacia dietas más eficientes en nitrógeno (en el capítulo sobre ganadería hablamos sobre esto). En cualquier caso, asumiendo que el futuro pueda estar entre alguna de esas líneas, es seguro que seguiremos necesitando mucho amoníaco. Al menos tanto como el que producimos ahora.

---

29   Adaptado del artículo de J.W. Erisman, M.A. Sutton et al.: «*How a century of ammonia synthesis changed the world*». *Nature Geoscience*, Sep. 2008.

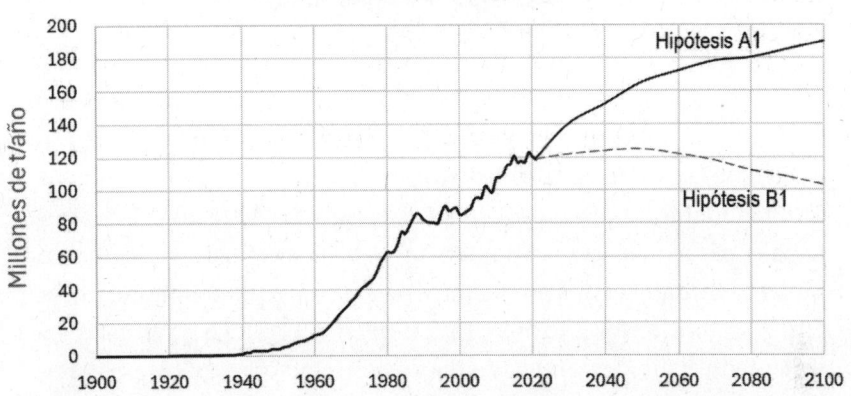

Proyección de la producción futura de fertilizantes nitrogenados

En general está claro que vamos a necesitar más fertilizantes de cualquier tipo. Más comida para nuestra comida. Pero hay que tener en cuenta que, aunque son vitales para nuestra alimentación, no dejan de tener algunos efectos secundarios no deseados. El primero y más rápido, desde luego, lo sufrió la economía chilena hacia 1920: cuando empezó a fabricarse amoniaco barato, su negocio del salitre inició un declive imparable y hoy es casi residual.

Singularidades aparte, lo cierto es que los fertilizantes nitrogenados tienen un problema básico: los usamos de forma sumamente ineficiente. Dar de comer a una planta no es como a un animal. No tienen boca, no lo consumen en el acto; no podemos ajustar las dosis. Hay que poner el abono y dejar que se vaya liberando para cuando las plantas lo necesiten. Aunque hay muchos avances para conseguir abonos de liberación lenta, o pautas de abonado más ajustadas, el resultado es que hay mucho que se pierde por el camino. Solo un 17 % del nitrógeno que aplicamos al suelo es realmente aprovechado para nuestros alimentos —es el nitrógeno presente en el total de alimentos producidos, respecto al total que hay en todo el amoniaco fabricado—. Las pérdidas son descomunales.

Esas pérdidas suponen, en primer lugar, un derroche energético, ya que producir amoniaco requiere fabricar previamente hidrógeno, y eso consume energía. Muchísima energía: los procesos Haber-Bosch a lo largo de todo el mundo consumen cerca del 1 % de toda la energía primaria de la humanidad.

Pero además, el nitrógeno que no conseguimos usar entra en el ciclo de la tierra. Una parte vuelve a la atmósfera, convertido en gases por la acción de bacterias del suelo. Como el 40 % de las pérdidas retornan en forma de nitrógeno gas, totalmente neutro, que forma parte naturalmente de la atmósfera. Pero una buena parte lo hace en forma de amoníaco o de óxidos de nitrógeno. Estos ya no son tan buenos: participan en el efecto invernadero y además hacen disminuir el ozono estratosférico, la famosa capa de ozono que nos protege de la radiación ultravioleta.

Sin embargo, la peor consecuencia de ese nitrógeno perdido es que acaba en las aguas, ya sean subterráneas o superficiales. Hay muchos acuíferos contaminados por nitratos —la forma más soluble del nitrógeno—, sobre todo en zonas intensamente agrícolas. También ha aumentado el nitrógeno en las aguas costeras, y sobre todo en cuerpos de agua cerrados, como los lagos. La consecuencia es, en ocasiones, el crecimiento explosivo de algas microscópicas —a todas les encanta el nitrógeno—, que crean una capa superficial opaca e impiden el paso de la luz. Por debajo, las algas mueren incapaces de realizar la fotosíntesis, se descomponen acabando con el oxígeno disuelto en el agua y perece la vida acuática: peces, crustáceos, moluscos, insectos... Un desastre: más biomasa pero menos biodiversidad.

Esto es lo que se llama eutrofización: un exceso de nutrientes. En griego, la palabreja significa «bien alimentado». Según un estudio de 2022 de la European Environmental Agency, la eutrofización afectaba en algún grado al 32 % de los lagos de la Unión Europea. Es la principal causa, por ejemplo, de la decadencia ambiental del mar Menor, una laguna costera de Murcia (España). Por cierto, que la culpa no es solo del nitrógeno, el fósforo también colabora. Atención, porque la eutrofización es un proceso que también se da de forma natural, y además no todos esos nutrientes proceden de la agricultura: una buena parte llegan con las aguas residuales deficientemente tratadas.

Resolver estos problemas de los fertilizantes nitrogenados no será fácil. Los necesitamos. Pero hay muchas técnicas en marcha para mejorar la eficiencia del uso, donde como vemos hay mucho recorrido de mejora. La agricultura de precisión ayuda a aplicar algo más próximo, en cantidad, a lo que realmente se necesita, así que disminuye las pérdidas. También aportan los progresivos cambios de dieta hacia menores ingestas de proteínas y, por tanto, menos nitrógeno. Y desde luego, la mejora en el tratamiento de aguas residuales colabora en los problemas de exceso de nutrientes. En compensación, se discuten también las potenciales ventajas de este aumento de nitrógeno en los sistemas de la biosfera: a regiones «no fertilizadas» llega un extra de nitrógeno que favorece el crecimiento vegetal y con él, la captura de carbono.

Por último, una tendencia en marcha para mejorar el impacto energético del proceso Haber-Bosch es la producción de «hidrógeno verde». Se llama así al hidrógeno obtenido por electrolisis con energías renovables; básicamente, con energía solar. Ese hidrógeno se usará directamente para el proceso, evitando así el consumo de metano para producirlo. Hablamos entonces del «amoníaco verde», un amoníaco que en buena parte estará producido mediante energía renovable. Aún no es una tecnología claramente rentable, pero existen muchos proyectos en planificación. Por ejemplo, Iberdrola está desarrollando una planta en Sines, en el sur de Portugal, que irá asociada a 500 MW de nuevas energías renovables. Para ello tiene un acuerdo con Trammo, la mayor comercializadora y distribuidora marítima mundial de amoníaco anhidro, que comprará 100.000 toneladas anuales de amoníaco verde a partir de 2027. Iberdrola está desarrollando otras plantas de amoníaco y metanol verde en Europa, Estados Unidos y Australia.

EL EXPERIMENTO DE SRI LANKA

Sri Lanka, antes llamado Ceilán, es una gran isla que se sitúa al sur de la India; pero es un estado independiente, ya que nació como tal casi a la vez que su gran vecino del norte, en 1948. En 2022 el país saltó a los noticiarios por una ola de altercados y disturbios generalizados, que acabaron con el gobierno del presidente Gotabaya Rajapaksa. En la capital, Colombo, una multitud de manifestantes rebasó las barreras policiales y tomó el palacio presidencial. En las redes circularon videos con cientos de personas comiendo en sus salones, tumbándose en las camas del presidente, paseando con asombro por sus estancias palaciegas y bañándose en su piscina. Gotabaya Rajapaksa huyó del país en un barco de guerra, y acabó refugiándose en Singapur, desde donde presentó su dimisión por email. También dimitió todo el consejo de ministros, incluyendo también al primer ministro, Mahinda Rajapaksa. El apellido no es una coincidencia: era el hermano del presidente.

¿Y cómo se había llegado a esto? La causa cercana de tanta inestabilidad había arrancado en 2021. Entonces Gotabaya Rajapaksa tomó una decisión rompedora: Sri Lanka iba a ser el primer país cuya agricultura pasaría a ser cien por cien orgánica, y además de la noche a la mañana. Eso significaba prohibir de golpe todos los fertilizantes inorgánicos —esos de los que venimos hablando—, lo cual allí era relativamente fácil, porque bastaba con cortar las importaciones por los puertos: Sri Lanka no produce ni un gramo de fertilizantes.

Sri Lanka no es un país demasiado grande, es algo menor que Irlanda. Y desde luego no tiene suficiente ganado como para abonar con estiércol toda la superficie agrícola del país. Así que el resultado de esta política fue rápido y contundente. La producción de arroz cayó ese año un 40 %, y el país dejó por primera vez de ser autosuficiente en comida básica. Tuvieron que importar arroz desde la India, cosa que nunca habían hecho, y los precios se dispararon. El té, que es una de sus principales exportaciones, incrementó sus costes de producción por diez mientras la cosecha se quedaba en la mitad, y el sector quedó al borde de la ruina. Como resultado, la comida empezó a escasear y sus precios a subir: la inflación de los alimentos llegó al 24 %. Además, en un país donde el 25 % de la población activa trabaja en el campo, con esas cosechas raquíticas la miseria se asomaba a las puertas. La situación se estaba caldeando en las calles.

En realidad, los problemas venían de más atrás, y esto solo fue una piedra más en la mochila. El país se había recuperado de una guerra civil que acabó en 2009, contra los independentistas tamiles, y habían ido mejorando su economía pero arrastraban una deuda pública importante, y además creciente. La construcción de un nuevo puerto en Hambantota, financiada por China, no dio los resultados esperados, a pesar de su situación idónea en la ruta de Singapur al Golfo Pérsico. Así que la deuda con el Exim Bank of China pesaba en los balances. No, las cuentas públicas no iban bien. El gobierno de los hermanos Rajapaksa había empeorado las cosas en 2019, con una rebaja generalizada de impuestos —como un IVA al 8 %— que pretendía mejorar la economía, pero simplemente desequilibró unas cuentas ya agonizantes. Para cubrir la deuda optaron por la ingeniosa solución de imprimir billetes, con lo que lógicamente la inflación se disparó.

Además, la pandemia de COVID en 2020 golpeó a sus ingresos por turismo, y para completar todo esto tomaron su decisión radical sobre los fertilizantes en 2021. Poco después, el gobierno tuvo que declarar que estaban en la peor crisis económica desde la independencia, con una emergencia alimentaria declarada y el país al borde de la quiebra. En febrero de 2022 estalló la guerra de Ucrania y, con ella, la energía y las materias primas, que ya habían empezado una carrera al alza con la crisis logística del año anterior, dispararon sus precios. El país entró definitivamente en bancarrota; o sea, que no podían atender los pagos de su deuda externa. Tuvieron que recortar todos los gastos y muchas importaciones. Faltaba combustible, faltaba comida, la electricidad era intermitente, con lo que había largas colas en las gasolineras, mercados sin arroz ni pan, casas sin electricidad… y la gente salió a la calle a protestar violentamente. No querían más a un gobierno como ese.

Y así acabó la triste época de la familia Rajapaksa. Poco después se autorizó de nuevo la importación de fertilizantes —aunque ahora eran más caros por el coste internacional de la energía— y la producción agraria mejoró en 2023. Hay que decir que los fertilizantes en Sri Lanka estaban fuertemente subvencionados por el Estado, por lo que su supresión era también una forma de recortar gastos. Pero claro, a costa de quedarse sin comida.

Final de la historia: en 2023 Sri Lanka fue rescatada por un crédito de 3000 millones de dólares del Fondo Monetario Internacional (FMI), y además renegoció su deuda con sus mayores acreedores, sobre todo China, India y Japón. Lo que significa pagar más despacio y con alguna quita, y siempre a cambio de algo. De entrada, de cambiar su política económica y fiscal. El país se recupera poco a poco y su economía ha vuelto a crecer, aunque todavía muy despacio.

Este es el único ejemplo que existe hasta hoy de un país que decide prescindir completamente de fertilizantes de síntesis, y además de golpe. El resultado fue catastrófico, como vemos. Las ideas que pretendían sustentar este brusco giro tenían incluso algunos soportes intelectuales cuando menos sorprendentes. Por ejemplo, un argumento que usaba Anuruddha Padeniya, un médico del grupo de trabajo para la «transición a la agricultura orgánica», era el siguiente: según los escritos de Plinio el Viejo, un autor romano del siglo I, en su libro *Historia Natural*, los habitantes de Sri Lanka —a la que los romanos llamaban Taprobana— vivían unos 140 años. En la actualidad, su esperanza de vida media es de 74 años. La conclusión de Padeniya era que los fertilizantes orgánicos habían reducido la esperanza de vida de los esrilanqueses (sí, se dice así) a la mitad, desde la época romana. Un argumento contundente...

Todos los países consumen fertilizantes, y algunos en cantidades realmente muy importantes. Saben que es muy difícil prescindir de ellos, aunque tengan algunos efectos secundarios contra los que hay que luchar. Pero ninguno había tomado una decisión tan drástica como Sri Lanka, ni parece probable que lo haga en el futuro inmediato, mientras no cambien otras cosas. En la gráfica siguiente se ven los mayores consumidores de fertilizantes; en primer lugar aparece China, que ella solita utiliza el 20 % de todos los que se producen en el mundo.

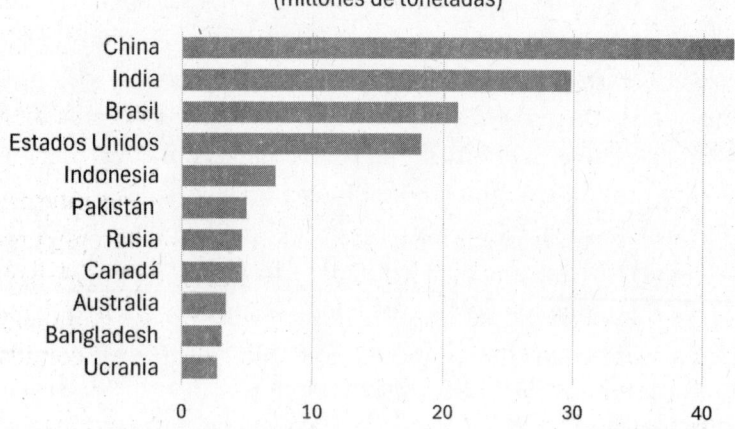

Los mayores consumidores de fertilizantes (2021)
(millones de toneladas)

Y ahora vuelva atrás un momento y compare esta gráfica con una que aparecía en el capítulo primero, sobre «los mayores productores de comida». ¿Ve algo que le llame la atención? Sí, en efecto, está clarísimo. Los primeros países son los mismos, en el mismo orden, y en una proporción similar. La ecuación es evidente: fertilizantes = comida.

La industria de los fertilizantes es un sector muy concentrado. Los mayores productores de amoníaco, las mayores minas de potasio o de fosfatos, están en su mayoría en manos de unas pocas grandes empresas, aunque con plantas de producción repartidas por todo el mundo. Es algo parecido al petróleo, un sector con el que el de los fertilizantes está relacionado, ya que el metano (o gas natural) se utiliza también en la producción del amoníaco. La siguiente lista es la de los mayores fabricantes del mundo. Todos estos juntos producen nada menos que el 82 % de los fertilizantes que se fabrican.

Los mayores fabricantes de fertilizantes
Producción en millones de toneladas / año (2021)

Empresa	País	Producción
Nutrien Ltd	Canadá	29,5
The Mosaic Company	EEUU	26,5
Sinofert	China	15,0
Belaruskali	Bielorrusia	14,9
OCP (Office Chérifien des Phosphates)	Marruecos	14,8
Uralkali	Rusia	14,6
Sinochem	China	12,0
CF Industries Holdings	EEUU	9,4
Yara International ASA	Noruega	9,1
Eurochem	Suiza	8,9
ICL (Israel Chemicals Ltd)	Israel	7,7
K+S AG	Alemania	7,1
SABIC (Saudi Basic Industries Corporation)	Arabia Saudita	4,3

Lógicamente, esto va ligado a un importante comercio internacional. Como vimos con el nitrógeno de Dorothy, hay barcos enteros cargados con urea que viajan cada día de Canadá a Brasil, barcos de cloruro potásico que viajan sin descanso de Rusia a la India, y ejemplos similares por todo el mundo. La comida de nuestra comida también viaja.

Es llamativo que, en el comercio internacional, algunos grandes productores de alimentos como India o Brasil son importadores netos de fertilizantes. China, el mayor productor de alimentos, es el segundo mayor exportador de fertilizantes, aunque también los importa en grandes cantidades. Marruecos entra en la lista de los grandes exportadores gracias a su posición privilegiada en el sector de los fosfatos.

Los mayores exportadores e importadores de fertilizantes
(en miles de millones de dólares)

10,3

6,6

4,1 Canada

EEUU

15,2

12,5

2,8

5,7 Francia Rusia

9,1

11,5

2,8

China

India

Marruecos

Brasil

■ Importación   ■ Exportación

Pero el mayor exportador del mundo es Rusia. Precisamente por eso, los mercados internacionales de fertilizantes sufrieron una sacudida en 2022, tras el inicio de la guerra de Ucrania. Las sanciones a Rusia y Bielorrusia, que juntas suponen el 40 % del mercado de potasio, complicaron la salida de sus productos. Rusia es además suministradora del 25 % del mercado mundial de nitrógeno. A eso hay que sumarle que, ya desde 2021, el precio del gas natural estaba escalando por los problemas de demanda pospandemia, y lo hizo más aún con la guerra y los cortes a los que Rusia sometió a los gasoductos a Europa occidental. Y el gas natural —o metano— es la base de la producción de amoníaco. Así que el mercado de fertilizantes se encareció en un 80 % en 2021, y tras la guerra de 2022 un 30 % más.

A estos movimientos, que encarecieron los abonos de síntesis en todo el mundo, se le añadió el inicial bloqueo ruso a la exportación de cereales ucranianos, sumado a los problemas de embargo de cereales de Rusia. Y es que Rusia y Ucrania sumados representaban el 30 % del comercio mundial de trigo. Toda esta carestía generó un problema mundial en los precios de la comida. Aunque este pico de precios se moderó a partir de 2023 —junto con el de los fertilizantes—, dejó por el camino un importante rastro de inflación alimentaria en muchos países. Hablaremos más de esto, de la evolución de los precios de la comida, en el último capítulo.

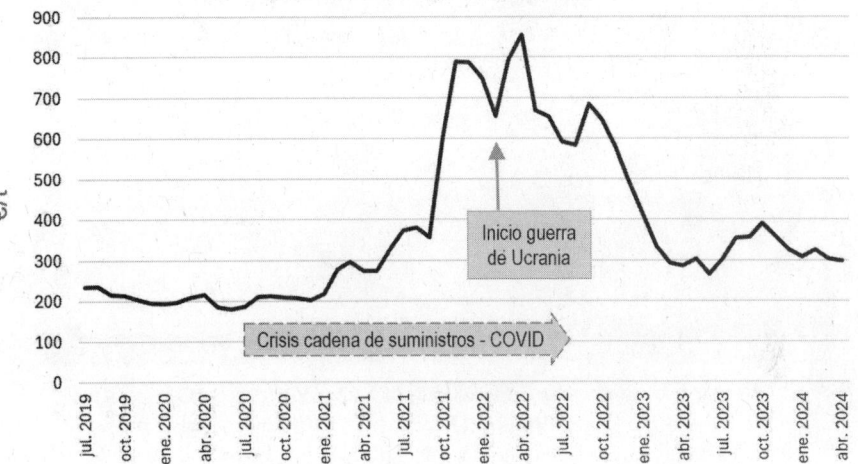

Evolución del precio de la urea 2019-2024
(fertilizante nitrogenado, 46% N)

En el futuro, el sector de los fertilizantes se enfrenta sobre todo al reto de producir amoniaco emitiendo menos gases de efecto invernadero. Y eso se hará con hidrógeno verde, que es como llamamos al hidrógeno producido con energía eólica o solar. Al producto resultante se le llama ya «amoniaco verde». Es uno de los grandes desafíos de los próximos años. Las mayores compañías del sector están ya avanzando en sus planes de descarbonización.

Por ejemplo, Fertiberia, el principal productor español de fertilizantes, está desarrollando varios proyectos de amoniaco verde junto con la petrolera Moeve (antes CEPSA) y la energética Iberdrola. Sobre todo en Huelva, en el sur de España, desde donde pretende liderar el sector europeo de amoniaco verde. Mientras, la energética australiana Worley está desarrollando dos enormes proyectos para producir amoniaco verde en Marruecos, en alianza con OCP —la de los fosfatos—. Tienen previsto invertir 7000 millones de dólares hasta 2027. Y Yara, la gran compañía noruega de fertilizantes, pone en marcha un proyecto enorme en la India junto con GHC SAOC, empresa local de energía renovable. Son solo tres ejemplos: los proyectos de amoniaco verde se multiplican por todas partes.

Pero aunque los macronutrienes —nitrógeno, fósforo y potasio— son la clave, no lo son todo. Además de una multitud de micronutrienes (azufre, magnesio, cobre, hierro, manganeso, cinc...), hay algo mucho más importante que todos los suelos necesitan: materia orgánica.

Fábrica de fertilizantes de IFFCO (Indian Farmers Fertiliser Cooperative Ltd), en Phulpur (Uttar Pradesh, India). IFFCO es una sociedad cooperativa que agrupa 35.000 cooperativas agrarias de la India, y es el mayor fabricante de fertilizantes del país. Tiene otras cuatro plantas como esta.

BIOFERTILIZANTES Y BIOESTIMULANTES

Ya vimos anteriormente que la materia orgánica es un componente fundamental del suelo. Le aporta estructura, es decir, forma una red intrincada de materiales complejos que permiten que el suelo retenga la humedad, que almacene nutrientes, y que además configure un ecosistema en el que existen bacterias y hongos que interaccionan con las plantas y tienen funciones en el ciclo del nitrógeno y del fósforo. Un suelo con materia orgánica es un suelo vivo, y por tanto fértil. Necesita menos riego, suministra nutrientes y mantiene la vida con mayor facilidad. Se considera que un suelo agrícola nunca debe tener menos de un 2 % de materia orgánica, y mejor si tiene un 4 %.

La agricultura tradicional —es decir, cualquiera anterior a 1900— era básicamente una agricultura orgánica. No había otros fertilizantes que los estiércoles de animales o los propios restos de las cosechas incorporados al suelo, especialmente si eran legumbres. Así que los suelos mantenían una buena cantidad de materia orgánica. A cambio, hay que decirlo, producían muy poco.

Con los fertilizantes químicos la productividad creció de forma espectacular. Pero si aportamos nutrientes a un suelo de forma intensiva y nos llevamos sistemáticamente la materia orgánica que produce, en forma de cosechas, o en forma de restos que no vuelven a la tierra —como la paja de cereales, que se usa para alimentación animal—, entonces ese suelo va perdiendo poco a poco su fertilidad. La única manera de evitarlo es mantener su equilibrio orgánico a largo plazo.

La agricultura regenerativa de la que hablamos anteriormente es una forma de hacerlo. Mantiene al máximo la materia orgánica propia de los suelos, mediante técnicas de cultivo menos invasivas. Otra opción complementaria es aportar materia orgánica al suelo, desde fuera. Eso son los fertilizantes orgánicos, llamados así en el sentido de que proceden de materia viva. Proceden, de hecho, de varias fuentes:

a) Residuos de las propias cosechas, como los rastrojos incorporados al suelo con un laboreo después de la recolección. Esto incluye también el «abono verde», es decir, cultivos intermedios que se crían con la única intención de triturarlos e incorporarlos al suelo como materia orgánica.

b) Estiércoles de animales: son heces y orina de vacas, ovejas, gallinas, pollos…, mezcladas con la «cama» de los propios animales; normalmente esta es paja, aunque puede ser serrín o viruta de madera.

c) Compost, que es un producto elaborado, procedente de la fermentación de residuos orgánicos, hasta generar un material estable. El compost puede venir de las basuras urbanas —tratadas en plantas de compostaje—, donde van a parar básicamente restos de comida. O bien de residuos agrícolas, ganaderos y de industrias alimentarias, procesados conjuntamente o por separado. Por ejemplo, restos de la industria del cacao, peladuras y destríos de frutas y hortalizas…

d) Lodos de depuradora, que son los sólidos procedentes del tratamiento de las aguas residuales urbanas. Si lo pensamos bien, el uso de lodos de depuración en agricultura es una manera moderna y sofisticada de hacer lo mismo que hacían aquellos chinos del siglo I: utilizar excrementos humanos como fuente de nitrógeno.

e) Otros residuos orgánicos, como por ejemplo los digeridos de la industria del biometano —un gas renovable que sustituye al gas natural—.

Todos estos productos enriquecen al suelo de materia orgánica, y además aportan nutrientes. Por esto mismo, su demanda aumentó enormemente con la crisis de los precios de los fertilizantes de 2022. Con el fosfato amónico al triple de su precio habitual, los agricultores volvían sus ojos a la granja de al lado para comprar su estiércol, aunque la cosecha conseguida fuera más modesta.

Lo cierto es que el contenido de nutrientes de los fertilizantes orgánicos es muy, pero que muy inferior al de los de origen químico. Ahora bien, como su precio es también mucho menor, el coste por unidad fertilizante no es descabelladamente más alto. La tabla siguiente contiene un ejemplo con el nitrógeno, con algunos valores típicos.

Aporte de nitrógeno y su coste
Fertilizantes inorgánicos vs orgánicos

	Contenido en nitrógeno	Precio por tonelada	Coste de cada kg de N
	kg N/t	€/t	€/kg
Fertilizantes inorgánicos			
Urea	460	300	0,65 €/kg
Nitrato amónico	345	320	0,93 €/kg
Fertilizantes orgánicos			
Estiércol de gallina	25	20	0,80 €/kg
Estiércol de vacuno	15	15	1,00 €/kg
Compost urbano	12	10	0,83 €/kg

Hay que entender que no todo lo que cuenta para el coste es el contenido de nitrógeno. Importa la forma de liberación, más lenta o más rápida, la forma de aplicación y por supuesto las otras cosas que puede aportar. Evidentemente, un fertilizante como la urea, el fertilizante nitrogenado más usado en el mundo, es una fuente de nitrógeno 20 o 30 veces más potente que el estiércol. Pero es que los fertilizantes orgánicos no tienen como principal misión suministrar nutrientes, sino suministrar materia orgánica. Y eso no pueden hacerlo los fertilizantes químicos. Por eso normalmente funciona bien una mezcla de ambas cosas.

Por otro lado, como el exceso en el uso de fertilizantes químicos ha conllevado problemas ambientales y problemas de fertilidad en los suelos, hay una clara tendencia a reducir su uso en el futuro, y sustituirlos en parte por fertilizantes orgánicos. Por ejemplo, la Unión Europea marcó como objetivos para 2030 reducir en un 20 % el empleo de fertilizantes químicos, y en un 50 % el uso de agroquímicos en general —esto incluye además los plaguicidas y herbicidas—, en línea con el Pacto Verde Europeo y la Estrategia *Farm to Fork* («De la granja a la mesa»), ambos de 2020. Hay que decir que la limitación sobre los plaguicidas tuvo que retirarse en 2024, ante el levantamiento del campo europeo, con los tractores protestando en las carreteras desde Cracovia hasta Rotterdam y desde Hamburgo hasta Cádiz. A veces no se puede ir tan deprisa. Lo comentamos en el último capítulo.

Está por ver si es posible producir suficiente comida en la UE con estos cambios, pero con la evolución de la tecnología no parece del todo imposible —más rendimientos, mejores variedades, biofertilizantes…—. De todos modos, como casi todos los objetivos que se marca la UE, este es más voluntarista que realista, y seguramente alcanzarlo tomará bastante más tiempo en la práctica. Pero marca un camino. Un camino que también parece ir en la línea general de Bruselas: producir menos comida en la UE e importar más de otros países. La parte buena es que, al menos, lo plantean de forma gradual —no como el experimento de Sri Lanka—, de manera que hay tiempo para ir corrigiendo posibles errores. Especialmente, si se pusiera en riesgo la seguridad alimentaria del continente más rico, cosa que difícilmente tolerarían sus ciudadanos.

Mientras tanto, los fertilizantes evolucionan. Existe toda una nueva familia que no aporta exactamente materia orgánica, pero que actúa sobre la biota del suelo —o sea, su población de seres vivos—, para mejorar el contenido orgánico y de nutrientes. Son lo que se llama «biofertilizantes», y es un campo en continua evolución. Es cierto que, genéricamente, podrían llamarse biofertilizantes a todos los que aportan materia orgánica, pero este nombre se reserva para los que son algo diferente. Lo que hacen en realidad los biofertilizantes es aplicar microorganismos al suelo; se trata de inocularle ciertas cepas de bacterias, hongos, algas y actinomicetos —un tipo peculiar de bacteria, fundamental para la vitalidad de los suelos—, con funciones específicas.

Por ejemplo, existen biofertilizantes que ayudan al suelo a capturar nitrógeno del aire, de manera que necesita menos fertilizantes químicos. Estos, llamados «fijadores de nitrógeno» aplican bacterias como Rhizobium —las mismas que conviven con las raíces de las leguminosas—, u otras que prosperan libres en el suelo, como Azotobacter.

Otros son «movilizadores del fósforo». En general, los suelos tienen suficiente fósforo, pero mucho de este es muy insoluble y tiende fácilmente a inmovilizarse en formas que la planta no puede utilizar, como los fosfatos cálcicos. Pues bien, la aplicación de bacterias como Pseudomonas, y sobre todo hongos, como Aspergillus, especializados en formar asociaciones con las raíces de las plantas (lo que se llaman micorrizas), consigue solubilizar el fósforo precisamente en el entorno de esas raíces. También mejora las captación de otros micronutirentes, como cobre o cinc, básicamente porque inducen una mayor capacidad de exploración del suelo por las raíces. Una vez más, se consiguen nutrientes sin tener que aplicarlos desde fuera, e incluso una mejor capacidad de captación de agua al estimular las raíces.

También se aplican bacterias que promueven el crecimiento vegetal. Algunas, como Giberela o Anabaena, liberan sustancias que actúan sobre el metabolismo de las plantas y mejoran su vigor, y con él los rendimientos de las cosechas.

Como vemos, no es solo aportar materia orgánica. Se puede modificar la fauna microbiana para poner al suelo a trabajar para el cultivo. Pero los ecosistemas microscópicos de los suelos son un mundo oscuro y complejo. Las interacciones de la materia orgánica muerta y los millones de seres, sean minúsculos o visibles, que hay en esa capa superficial, cambian constantemente —incluso su genética— y pocas veces se conocen bien. Debido a la complejidad del suelo y de su microbiota, es poco realista imaginar que una misma inoculación de microorganismos pueda funcionar bien en cualquier suelo, en cualquier cultivo, en cualquier clima. Ha habido intentos de «personalizar» las herramientas microbianas para distintos suelos, inspirados en la diagnosis personalizada de la medicina más avanzada.

Pero no es ni fácil ni económicamente viable. Sin embargo, mientras continúa la investigación, es probable que en el futuro encontremos evoluciones significativas en el campo de los biofertilizantes que quizá nos sorprendan. Y que quizá permitan reducir las cantidades necesarias de fertilizantes aplicados. Todo esto va en la línea de la eficiencia: más con menos.

Y, aunque no son fertilizantes, existe otra línea de productos biológicos que favorecen mucho el crecimiento de las plantas. No son nutrientes, no son comida para las plantas. Podemos interpretarlos, más bien, como si fueran «vitaminas», porque les ayudan a crecer en mejores condiciones. Es lo que se llama «bioestimulantes»; se trata de sustancias como aminoácidos, polisacáridos, fitohormonas, oligoelementos y antioxidantes. Ayudan al desarrollo de las plantas y mejoran su rendimiento, disminuyendo la cantidad de fertilizantes requeridos. Además no dejan ningún tipo de residuo químico.

Hay un futuro indudable en el desarrollo de productos biológicos para la mejora de las cosechas. Esta línea es una de las más vigorosas de las nuevas empresas de nutrición vegetal, que crecen por todo el mundo en las últimas dos décadas, orientadas a una agricultura más sostenible basada en biotecnología. Todas las grandes del sector están ya aquí, como Bayer Cropscience, BASF, Syngenta o Corteva. Pero es un mercado emergente, donde el camino de la innovación lo marcan empresas estadounidenses (como Marrone BioInnovations o Ag Biochem) y también europeas, como las italianas Biolchim o Valagro, las españolas Fervalle o Kimitec, la danesa Novozymes o la holandesa Koppert. Tampoco se quedan atrás las empresas chinas (Xi»an Citymax AgroChemicals), indias (Peptech Biosciences, IFFCO, Coromandel) o israelíes como Haifa Group.

Desde luego, uno de los retos clave del sector de fertilizantes tiene que ver con la energía invertida para fabricarlos, y por tanto con el amoniaco verde. Pero, a la vez, el sector se enfrenta también a modificar la estrategia misma de la fertilización. Eso significa avanzar en los biofertilizantes, diseñando pautas mixtas que los combinen con los productos químicos. También optimizar la aplicación, de manera que se ajuste a las necesidades del cultivo y se reduzcan drásticamente las pérdidas en el ecosistema. Para ello jugará la agricultura de precisión y futuros sistemas de liberación controlada de nutrientes. La evolución de este sector, decisivo para nuestra alimentación, no se detiene.

Por último, existe una vía completamente nueva que está hoy en proceso de investigación. ¿Y si conseguimos que una planta sea capaz de capturar directamente el nitrógeno del aire y convertirlo en amoniaco? No existe ningún vegetal que pueda hacerlo, y las leguminosas solo lo consiguen por simbiosis con una bacteria que vive en sus raíces. Pero hay estudios en marcha para intentar que algo así pueda llegar a suceder, mediante biotecnología. Es el proyecto llamado BNF Cereals (BNF de «Biological Nitrogen Fixation»). Se trata de encontrar la manera de transferir el gen de la nitrogenasa —la enzima que permite este proceso— desde las bacterias que lo pueden hacer hasta el genoma del arroz y del maíz. En eso trabaja desde 2008 un consorcio internacional en el que participan INIA (España), Virginia Tech, el MIT (ambos de Estados Unidos), CONICET (Argentina) y el Institut de Biologie Structurale de Grenoble (Francia). Si este proyecto llega a buen puerto puede ser el cambio más profundo de la historia en la agricultura: cereales que se fertilizan a sí mismos con el nitrógeno del aire, sin necesidad de abonos nitrogenados de ningún tipo. Sería un vuelco total en el sistema alimentario mundial y un inmenso ahorro de energía para la humanidad. Y es que, tanto si nos gusta como si nos da miedo, la biotecnología genética puede tener por delante desarrollos aún inimaginables.

7.
Cómo proteger a la comida

LAS DIEZ PLAGAS DE EGIPTO

A los humanos no nos gustan las plagas, porque se comen nuestra comida y no nos dan nada a cambio. Por eso las llamamos «plagas» y no «ganado». Hay muchos seres a los que consideramos plagas precisamente por eso, porque compiten por nuestra comida de una manera o de otra. La mayoría son insectos, pero también hay gasterópodos (caracoles y babosas), nemátodos (gusanos de tierra) e incluso pájaros o pequeños mamíferos, como los ratones. Y por supuesto hay enfermedades vegetales que hacen el mismo papel, normalmente debidas a hongos o bacterias. Algunas plagas atacan las plantas que cultivamos, otras devoran sus frutos o semillas en la propia planta, o bien se comen nuestras reservas de granos. Y no son menos importantes lo que llamamos «malas hierbas»: plantas que compiten con nuestros cultivos y les restan vitalidad y producción.

El resultado es que perdemos un importante porcentaje de las cosechas mundiales por causa de las plagas: la FAO estima que hasta el 40 % (!). Eso es una enorme proporción de lo que producimos. Reducir esto a cero es imposible, pero cada punto porcentual que consigamos arañar es mucha más comida disponible, obtenida con casi los mismos recursos. Así que esta es una lucha en la que hay mucho que ganar.

Nos hemos enfrentado a las plagas desde que existe la agricultura. Evidentemente con poco éxito en la antigüedad: ni se entendía a veces su naturaleza, ni mucho menos todos sus procesos biológicos, ni se contaba con recursos contra la mayoría de ellas. Una plaga era normalmente una maldición del cielo con la que había que convivir, y que podía llevarse por delante las vidas y la prosperidad de las gentes. Hay referencias muy antiguas a las plagas, y una de las más conocidas está en la Biblia. Concretamente en el libro del Éxodo, atribuido tradicionalmente a Moisés. Aunque se supone que debió escribirse en el siglo VI a. C., se basa en hechos que pudieron suceder casi mil años antes, hacia el 1500 a. C.; en todo caso hace mucho, mucho tiempo.

El Éxodo contiene un episodio muy importante en la historia mítica del pueblo hebreo. De hecho, el libro se llama así porque habla sobre su partida de Egipto, dirigidos por Moisés, para vagar por el desierto del Sinaí durante nada menos que cuarenta años hasta llegar a aposentarse en Canaán —los actuales territorios de Israel y Palestina—. De hecho, la legitimidad del actual Estado de Israel se asienta, de forma remota, en esta lejana conquista.

Como toda historia legendaria, se trata de un relato de tintes mágicos, pero ya recoge entre ellos una de las alusiones más antiguas a las plagas que golpeaban a la humanidad. Moisés exige al faraón egipcio que les permita marchar de Egipto, donde los hebreos vivían sometidos a esclavitud. Y le amenaza con que, si no lo hace, el dios de los judíos —Yahvé— le enviará diez plagas terribles. El faraón, que además de considerarse todopoderoso tenía de su parte unas cuantas decenas de dioses, en vez de uno solo, le dice que deje de alborotar y vuelva al trabajo. Pero la amenaza de Moisés se acaba cumpliendo y las plagas se abaten sobre Egipto, en número de diez, una detrás de otra, hasta que el faraón acaba por rendirse y les deja marchar.

Dejando un poco de lado la larga historia de Moisés, atendamos a las plagas que recaen sobre Egipto en este episodio. Algunas suenan realmente a prodigios mitológicos, como la conversión en sangre de las aguas del Nilo, los tres días seguidos de oscuridad, las tormentas de granizo y fuego, las enfermedades ulcerosas en el aire y la última, que dio la puntilla a la voluntad del faraón: la muerte de todos los primogénitos del reino, incluyendo a su hijo y heredero. Pero aparte de estas, el Éxodo alude a otras plagas que afectarían a la provisión de comida, bien por devastar las cosechas o bien por la muerte de los animales: ranas, piojos, moscas, peste del ganado y plaga de langostas (los saltamontes, no los crustáceos). Las langostas siguen siendo hoy en África una plaga devastadora que, de cuando en cuando, forma enjambres enormes, de millones de insectos, que devoran los cultivos por donde pasan. La última gran ola de langostas se movió desde Etiopía hasta Kenia y Tanzania en época tan reciente como 2020.

Se han buscado explicaciones más o menos plausibles sobre la veracidad de estas calamidades, pero eso no es ahora lo importante, sino ver cómo reflejan una preocupación ya muy antigua por las plagas que atacan nuestra comida y nos reducen al hambre. En tumbas egipcias de esta época aparecen ya representaciones de langostas. Aquí, igual que muchos siglos después, la única opción considerada para combatirlas era acudir a lo sobrenatural, porque no había soluciones disponibles y solo se entendían como castigos divinos. En este caso, el faraón dejará marchar a los hebreos para calmar la ira de su dios. Bueno, luego se arrepiente y los persigue, pero esa ya es otra historia.

Algunos siglos después, durante la época más brillante del imperio romano, el patricio Marco Terencio Varrón publicó un libro sobre agricultura. Lo publicó en el 37 a. C., así que es coetáneo de Julio César, y en este caso lo sabemos con exactitud porque los romanos eran muy amigos de escribir y registrarlo todo minuciosamente. El libro de Varrón ha llegado hasta nosotros como *De re rustica* (*Sobre las cosas del campo*), y recoge algunas indicaciones sobre cómo conservar los granos y evitar que las plagas los destruyan:

> También el trigo conviene que se guarde en graneros elevados tales que los ventilen los vientos del este y del norte y a los que no llegue ningún aire húmedo desde lugares cercanos. Las paredes y el suelo han de revestirse con obra de cemento de mármol; al menos, de arcilla mezclada con granza de cereal y alpechín, lo que no permite que haya ratón ni gusano y hace a los granos más consistentes y más resistentes.

El almacenamiento del cereal, que debía durar meses o años, era algo fundamental. Había que protegerlo de la humedad, que produce hongos y royas, y de los gorgojos y ratones, que lo devoran. No solo era comida, además era la simiente para la nueva cosecha, así que las pérdidas de grano suponían algo terrible. Los graneros comunales y fortificados, o las reservas centralizadas de los reyes y grandes señores, han sido desde siempre algo común. Bueno, lo siguen siendo: todos los países mantienen hoy en día sus reservas estratégicas de granos.

La lucha contra las plagas ha ido evolucionando en la historia, en línea con el avance de los conocimientos. Pero era algo tan importante que desde siempre los estudiosos le dedicaban su tiempo y se ensayaban técnicas muy diversas. Las plagas de langosta, volviendo a este caso concreto, son muy raras ahora en Europa, pero no lo eran en el pasado. Se conserva un manual publicado en España en 1755, por el Consejo de Castilla, titulado *Instrucción para conocer y extinguir la langosta en sus tres estados*. En él ya se estudia la naturaleza del propio insecto, analizando su ciclo biológico para atacarle en las fases en que es más vulnerable. La instrucción recogía, por ejemplo, acciones preventivas como localizar los parajes de puesta durante el invierno para destruir los huevos, lo que se hacía con arados, azadas, rastrillos o palas, y también pastoreando cerdos o gallinas que acababan con ellos.

La extensión de algunas plagas ha tenido repercusiones espantosas sobre poblaciones enteras. Un caso dramático fue el de la gran hambruna de la patata, en Irlanda. Comenzó en 1845, cuando la isla no era un estado independiente, sino que formaba parte del «Reino Unido de Gran Bretaña e Irlanda». Hoy es el segundo país más rico de la Unión Europea, tras Luxemburgo, pero entonces era muy pobre, con grandes masas de agricultores sin tierra. La mayoría trabajaba para las vastas fincas de *landlords*, generalmente ingleses o anglo-irlandeses que a menudo ni siquiera residían en la isla, sino en Inglaterra. Para esta masa social miserable, la principal fuente de sustento era la patata, que se había convertido por esa época en un cultivo universal. Hacia 1840, una plaga que llegó de América —del mismo sitio del que había llegado la propia patata unos siglos antes—, comenzó a afectar a los cultivos en Europa. Se trataba de la roya o tizón de la patata, una infección debida a un oomiceto, un organismo similar a un hongo, y que se extendió rápidamente. Afectó a toda Europa, pero en Irlanda fue especialmente dura por las circunstancias sociales, ya que allí mucha más población vivía en el límite de la pobreza y apenas disponía de medios propios de subsistencia. También hubo problemas en las Highlands de Escocia, pero a una escala mucho menor.

Las plantas infectadas mostraban pequeñas manchas negras, y poco después un polvo blanco se extendía bajo las hojas y la mata se mustiaba por completo sin dar cosecha. Si llegaba a afectar al tubérculo, este se llenaba de manchas negras y se pudría rápidamente. La roya de la patata casi exterminó las cosechas irlandesas, que se redujeron desde unos 15 millones de toneladas a solo 2 millones en 1847, el peor año de las crisis. Pronto comenzó el hambre. No había nada que comer.

Tras tres o cuatro años de miseria habían muerto de inanición cerca de un millón de personas, que es una barbaridad para un país tan pequeño. Otras muchas emigraron, cerca de otro millón a Estados Unidos y Canadá, y unas 200.000 a Gran Bretaña. Así, el país perdió más de dos millones de habitantes en unos años, lo que significaba una caída de cerca del 30 % de su población (eran unos 7 millones antes de la hambruna), un golpe realmente demoledor. Además, los emigrantes eran generalmente los más jóvenes y fuertes, tanto hombres como mujeres, con lo que la reposición de la población fue aún más lenta. De hecho, el impacto demográfico no invirtió su signo decreciente hasta bien entrado el siglo XX, también por causa de la emigración, que mantuvo el flujo de salida. Hoy, de hecho, Irlanda tiene solo 5 millones de habitantes, así que aún no ha recuperado la población de 1840. Solo que ahora son ricos y, en lugar de emigrar los irlandeses, atraen inmigración a su territorio: el flujo ha cambiado de sentido.

En este caso, una plaga cambió la historia de un país. Cambió sus equilibrios de población durante más de un siglo. Además, la inquina acumulada hacia los terratenientes y administradores ingleses, que agravaron la crisis, amplificó un resentimiento que acabaría con la independencia de Irlanda en 1919. E influyó notablemente en otro país, porque los irlandeses emigrados formaron una colonia muy extensa en Estados Unidos. En muchas ciudades de la costa este, a finales del XIX, entre un cuarto y un quinto de la población llegó a ser de origen irlandés. Además eran católicos casi todos ellos en un país de mayoría protestante, lo que hizo que tendieran a mantener lazos sociales separados, y también que sufrieran discriminación. Los millones de descendientes de irlandeses son hoy la segunda minoría por origen en el país, y aportaron sus particularidades culturales en una nación de inmigrantes adonde llegaron, en buena parte, empujados por los efectos de una plaga.

Hay otro caso muy notable en la historia en el que las plagas, y sobre todo una forma muy equivocada de afrontarlas, tuvieron un efecto terrorífico sobre la población. Es lo que se llamó «la guerra de los gorriones» en China, durante la política del Gran Salto Delante de Mao Zedong.

Comenzó en 1958 —no hace tanto tiempo—. Fundada nueve años antes, la República Popular China arrancaba apenas su andadura, tras la terrible invasión japonesa y una larga guerra civil, bajo la dirección de Mao, el Gran Timonel. Una de las obsesiones del Partido Comunista Chino era avanzar rápidamente en el desarrollo del país, a imagen de la Unión Soviética, que crecía muy deprisa tras la victoria en la Segunda Guerra Mundial (o, como ellos la llaman, la Gran Guerra Patriótica). Solo que China partía de un estado de postración y miseria después de un siglo de decadencia y tres décadas de guerras y desórdenes, con una población mayoritariamente rural y muy pobre, e intentando cambiar de golpe toda una estructura social milenaria con las pautas de la nueva utopía socialista.

El Gran Salto Adelante fue el nombre que dio Mao a una política que pretendía lograr el crecimiento económico acelerado. En lo que respecta a la agricultura, se introdujeron cambios drásticos para darle un vuelco a la productividad en una década —o dos planes quinquenales, que era la unidad de medida—. La idea era muy buena, pero las recetas que se aplicaron demostraron ser profundamente equivocadas.

En primer lugar, la agricultura sufrió un proceso de colectivización radical. Se suprimió por completo la propiedad privada de la tierra y todos los agricultores fueron asignados a granjas colectivas, dirigidas por cuadros políticos. Incluso se rompió toda la estructura social, prohibiendo las pequeñas explotaciones, los mercados e incluso la convivencia familiar: los niños se criaban en guarderías colectivas y los adultos vivían en recintos comunes, separados por sexos. El estado tomaba el monopolio de la agricultura, y a cada «comuna popular» se le asignaban unos objetivos de productividad que debían cumplirse a cualquier precio, incluso al de dejar a los agricultores sin suficiente comida para ellos. Había unas cuotas de entrega de cereales que el estado reclamaba inexorable, para suministrar a las ciudades, al ejército y también para la exportación; sobre todo a la Unión Soviética, con la que había que cubrir la deuda externa por sus suministros industriales y su apoyo técnico.

Además, millones de agricultores fueron obligados a producir acero, aparte de su jornada en el campo. Sí, acero. Mao se había fijado como objetivo industrial superar al Reino Unido en producción de acero en quince años, y para eso tuvo que poner a todos los brazos disponibles a construir miles de pequeños hornos artesanales por toda China. Esto detrajo millones de horas de trabajo de los agricultores, que además fueron directamente a la basura. Porque, después de todo el esfuerzo, el acero producido en estas granjas colectivas tenía una calidad pésima y no servía para nada. Producir acero de calidad no es tan fácil, no está al alcance de cualquiera.

Para completar el cuadro, se aplicaron técnicas agrarias importadas de la URSS, que en esa época aún seguía los criterios del ingeniero agrónomo Trofim Lysenko. Luego se mostraron claramente anticientíficas y se rechazaron incluso en la Unión Soviética, pero por entonces era la política oficial estalinista en cuanto a agricultura. Se tomaron medidas que no funcionaban, como plantación de semillas muy juntas, asumiendo que al ser de una misma especie no competirían por los recursos —cosa que sí que hacían, por supuesto—. Pero, sobre todo, se lanzó la llamada Campaña de las Cuatro Plagas, y aquí llegamos al asunto que nos interesa. Se trataba de erradicar a cuatro grandes enemigos: las moscas, los mosquitos, las ratas y los gorriones. Esos fueron los que definió Mao como las cuatro amenazas para la salud pública y la seguridad alimentaria. Esta lucha se proclamaba como una responsabilidad de todos los chinos, un paso más para llegar al paraíso socialista, que se consideraba ya muy cercano. «Unos años de trabajo duro y mil años de felicidad».

La idea inicial tenía sentido: perseguía mejorar la salud pública eliminando vectores de enfermedades, en los tres primeros casos. En cuanto a los gorriones, se les consideraba una plaga y se les responsabilizaba de comer el grano de las cosechas y robarlo a las personas. Se decretó su exterminio.

Se hicieron campañas para que los niños, después de la escuela, se lanzaran a cazar gorriones, a destruir los nidos y a molestarlos con ruidos y golpes para que no pudieran anidar y se agotaran en vuelo. Se pagaba a cualquiera por cabeza de gorrión presentada, y todo el mundo se dedicaba a cazarlos con alegría y dedicación. Carros llenos de pájaros muertos se exhibían como logros de la campaña patriótica. No hay evaluaciones concretas, pero se estima que se acabó con decenas de millones de gorriones, que prácticamente se extinguieron en China. Un éxito tal que no volvieron a verse hasta que se reintrodujeron en el país años después.

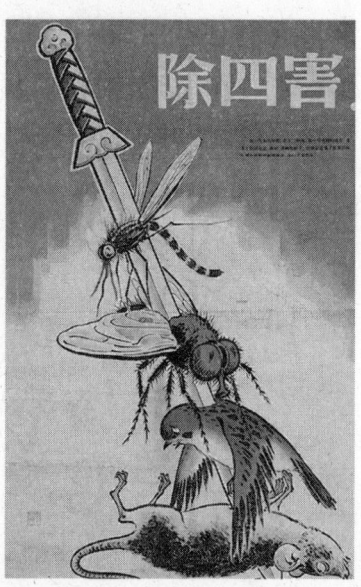

Un cartel de propaganda de la Campaña de las Cuatro Plagas, de 1958. El mensaje dice: «¡Extermina las cuatro plagas!».

Pero los gorriones no solo comen grano. Resulta que en su dieta hay también algo mucho más importante: insectos, muchos insectos; los gorriones eran una enorme población de incansables devoradores de insectos. Y la campaña contra ellos desconocía el delicado equilibrio ecológico que implica a estas aves. Sin los millones de enemigos naturales que se los comían, muchos insectos se reprodujeron de forma explosiva, formando esta vez verdaderas plagas destructivas que acabaron, ellas sí, con ingentes cantidades de cosechas. Entre otras, estaban las langostas otra vez. No había nada que hacer contra ellas. Se había acabado con sus depredadores y ahora no había manera de acabar con los insectos.

Podemos imaginar el resultado de todo este conjunto de decisiones. Producción agraria disminuida por técnicas agrarias erróneas, y un campesinado desmotivado por un estricto modo de vida impuesto. Millones de agricultores que tienen que dedicar su tiempo a producir un acero inservible, en lugar de cultivar. Extensión incontrolada de las plagas que reducen drásticamente las cosechas. Para rematar se dieron importantes inundaciones en el río Amarillo en 1958, y sequía en algunas áreas, lo que empeoró más las cosas. Y, sobre toda esta producción radicalmente recortada, se aplicaron las cuotas inapelables para el estado. Ningún comisario de las granjas colectivas se atrevía a reconocer que no cumplía la cuota de producción; de hecho, a menudo declaraban haber superado los objetivos, cuando era falso, creando una ilusión de abundancia. Pero igualmente se enviaban las toneladas de grano comprometidas, dejando sin comida a los agricultores. Resultado de todo esto: hambre. Hambre a un nivel escalofriante.

La hambruna china duró tres años, desde 1959 hasta 1961. En ese periodo, millones de personas fueron incapaces de cubrir sus necesidades básicas. No había comida en las zonas rurales, simplemente no había nada que llevarse a la boca. La gente enfermaba por comer barro o cortezas de árboles. Se reconocieron cientos de casos de canibalismo, con historias personales devastadoras. Millones de personas murieron de hambre en el mundo rural en ese periodo: se conoce como la Gran Hambruna China.

Por aquel entonces no se reconoció el desastre de cara al exterior, pero sí supuso una crisis política interna que incluso le costó a Mao el puesto de presidente de la República —aunque siguió presidiendo el partido y luego supo resarcirse con la Revolución Cultural—. El nuevo presidente, Liu Shaoqi, dio un giro a la política anterior. Ordenó la importación de grano para paliar la hambruna, en lugar de exportarlo. De forma discreta se organizó el envío de unos doscientos mil gorriones desde la URSS, para intentar repoblarlos en China. Las comunas populares suavizaron su sistema, haciéndose más pequeñas, eliminando las formas de vida colectivas y reintroduciendo las «Tres Libertades»: pequeños campos privados, pequeñas industrias auxiliares y pequeñas unidades ganaderas, para garantizar la subsistencia de las familias.

Ha habido muchos estudios sobre esta hambruna. Los más recientes de ellos son chinos, aunque al Partido Comunista Chino todavía le cuesta reconocer abiertamente su responsabilidad en este drama. Al menos, han pasado de llamarlo *Tres años de desastres naturales*, como se llamaba en la época de Mao, a *Tres años de dificultad*, lo que abre la puerta a algún reconocimiento de responsabilidad. Esos estudios más recientes dan una cifra próxima a los 55 millones de muertos por hambre —algo cercano a toda la población actual de Italia—, con una horquilla que va de 15 a 55 millones. Para ponerlo en perspectiva, en la Primera Guerra Mundial murieron, incluyendo civiles por causas bélicas, entre 15 y 22 millones de personas; y en la Segunda, un total de unos 65 millones. Así que la Gran Hambruna China se llevó por delante una cifra similar a la de las mayores guerras de la historia, solo que sin usar una sola arma y sin la colaboración de ningún ejército extranjero. Se considera por esto la mayor catástrofe no bélica debida solo a causas humanas. Y en ella, la lucha equivocada contra las plagas tuvo un papel muy relevante.

Como nota a pie hay que decir que, si la Gran Hambruna China acabó con 55 millones de personas, lo hizo sobre una población que entonces era de 650 millones, o sea, que mató a un 8,5 %. Es una barbaridad, ciertamente, pero en comparación la hambruna irlandesa de la patata acabó con el 15 % de los habitantes del país, con lo que, en términos relativos, fue aún mucho más mortífera.

Ha habido otros casos llamativos de persecución de aves, consideradas como plagas de los cultivos —no todas las plagas son bichitos pequeños—, aunque ninguno ha tenido tan terribles consecuencias. Otro caso curioso fue la «guerra del emú», en Australia, en 1932. Por entonces los emúes (un tipo de avestruz autóctono) causaban daños en los cultivos del oeste del país, y el gobierno decidió acabar con ellos, nada menos que mediante una campaña militar. Movilizaron compañías del ejército para perseguir a los emúes, con camiones y ametralladoras. Pero el éxito fue muy limitado, porque es un ave corredora muy rápida, y sus bandos se desperdigaban rápidamente ante los ataques para volverse a concentrar después. Se presentó un modesto resultado de 986 emúes muertos, y después se olvidó el tema discretamente. En todo caso, parece que los australianos están acostumbrados a las soluciones a gran escala, porque también en Australia está una de las mayores infraestructuras del mundo contra una «plaga» del ganado. Se trata de la Valla del Dingo (*Dingo Fence*). Y no es nada muy tecnológico, es una simple valla de alambre de algo menos de dos metros de altura. El dingo es un tipo de perro salvaje nativo de Australia, y la valla está diseñada para evitar su paso, para que no puedan atacar a las ovejas. Pero la particularidad de la Valla del Dingo es que es verdaderamente larguísima. Mide nada menos que 5600 km, la misma distancia que hay por tierra desde Lisboa a Damasco, y aísla toda la zona sureste —la de mayor producción ganadera— del resto del país.

Otras plagas históricas no han causado los niveles de hambre que hemos visto hasta ahora, pero sí problemas económicos muy serios e incluso la reestructuración de todo un sector industrial. Es el caso de la filoxera, una plaga de los viñedos que destruye las raíces de la planta. La filoxera es un insecto, un tipo de pulgón que no existía en Europa, y que cruzó el Atlántico a bordo de algún barco a mediados del siglo XIX. El problema se declaró por primera vez en Francia en 1863, y resultó ser enormemente destructivo. Aunque se propagaba despacio, fue avanzando sin pausa de unas regiones vinícolas a otras y supuso un golpe demoledor para este sector agrícola y, con él, para la industria del vino francés, que ya era por entonces la principal industria alimentaria del país. A lo largo de los siguientes quince años se destruyó el 40 % de los viñedos franceses. Muchas bodegas cerraron, y muchos viticultores se quedaron sin trabajo y emigraron, intentando empezar de nuevo sobre todo en Argentina, Chile y Argelia —entonces francesa—.

No se encontró manera de combatir la plaga. La única solución que resultó útil fue algo bastante radical: cambiar todas las plantas de viña. Se descubrió que ciertas cepas americanas eran resistentes a la filoxera, y sobre sus troncos se podían injertar las variedades tradicionales de viña francesa: Chardonnay, Pinot Noir, Merlot, Cabernet Sauvignon... Aunque muchos se resistieron a ese cambio porque «desnaturalizaba» el vino francés, al final fue la única solución posible. A lo largo de varias décadas, las viñas francesas fueron poco a poco sustituyendo sus pies por patrones americanos, en un laborioso proceso que se llamó «reconstitución». La plaga de la filoxera fue el mayor desastre agrícola del país, y cambió el mapa de la viticultura francesa, que tuvo que buscar los lugares menos propensos a la plaga. Y, aunque no de forma tan intensa, también fue un serio golpe para la viticultura española. La filoxera sigue existiendo y no ha sido posible eliminarla, solo convivir con ella.

Así que, queda muy claro que las plagas no son nuestras amigas. Nos hacen daño siempre, y en ocasiones de forma muy, muy seria.

Aun así, para muchos consumidores urbanos es casi desconocido el enorme peaje que suponen sobre nuestra producción de comida y sobre las vidas de las personas. Pero desde siempre hemos hecho todo lo que está en nuestra mano para acabar con ellas. Tradicionalmente se habían usado productos como azufre, jabón, sulfato de cobre, excrementos de animales o cualquier cosa que se mostrara mínimamente efectiva. Aunque los éxitos más fulgurantes llegaron con la ciencia, y particularmente la química, sobre todo desde mediados del siglo XX.

GUERRA QUÍMICA

Los plaguicidas, o pesticidas[30], o también fitosanitarios, son algo bastante reciente. Su verdadera eclosión llegó con el gran desarrollo de la química desde los años 30 y 40 del siglo pasado. La aparición del DDT, cuyas propiedades insecticidas se descubrieron en 1940, marca un hito casi fundacional en el mundo de los plaguicidas. A partir de esa época se comenzaron a sintetizar e investigar cientos de moléculas diferentes, con distintas propiedades y capacidades, algunas muy generalistas y otras muy específicas. Hoy en día hay en el mercado cerca de 600 sustancias activas diferentes, que tienen propiedades herbicidas, insecticidas, nematicidas, fungicidas u otras. Luego esas sustancias se presentan en miles de formulaciones comerciales. Es, exactamente, como los medicamentos: los principios activos se presentan en infinidad de formulaciones, que son las marcas comerciales a las que estamos habituados.

Los plaguicidas son al fin y al cabo la aplicación de una especie de guerra química contra esas plagas que dañan nuestras plantas, nos enferman, enferman a nuestro ganado o se comen nuestra comida.

---

30   La palabra *pesticida* procede directamente del inglés, ya que *pest*, en ese idioma, significa indistintamente 'plaga' o 'peste, enfermedad'. En español es más propia la palabra *plaguicida*, porque 'peste' suele usarse asociada a enfermedades de humanos y animales. No obstante, el Diccionario de la Real Academia admite *pesticida*, ya que en latín *pestis* significa 'calamidad, enfermedad o plaga' (al final el inglés está lleno de términos latinos). Así que vale cualquiera de las dos.

Así que, al principio, no hubo piedad. Encontrar sustancias que acababan con las plagas se consideró una bendición y un avance radical. Y es que lo eran. Aunque, a medida que se fue avanzando, se supieron más detalles sobre ellos que los hacían menos amigables y obligaron a ir cambiando cosas.

Con la Revolución Verde, la productividad agraria despegó como nunca había sucedido, y eso se fundamentó en tres principios: semillas de variedades mejoradas, fertilizantes y plaguicidas. Se trataba de tener los mejores genes, de darles de comer bien para que crecieran todo lo posible, y de defenderlos de las enfermedades que los mermaban. Y funcionó.

En realidad, no se trata solo de plaguicidas. Es bastante más complejo, igual que la medicina no se basa solo en medicamentos, aunque estos sean muy importantes. Por eso se llama al conjunto de técnicas «protección de cultivos», que es algo que abarca muchas más cosas. La protección de cultivos incluye los plaguicidas, pero también el manejo de las propias plantaciones —el equivalente sería la higiene—, y sobre todo, y cada vez más, la compleja lucha biológica, un asunto capital del que hablaremos luego, porque está cambiando muchas cosas.

Hay que tener en cuenta que las plagas no solo afectan a la producción, sino también a la calidad de los alimentos. Por ejemplo, una naranja afectada por la plaga del trips, un insecto minúsculo, a menudo no tiene grandes pérdidas de producción, pero presenta un aspecto feísimo. Por dentro es perfectamente comestible, sin diferencia con una naranja sana, pero su piel presenta manchas escamosas o negruzcas que la hacen parecer «enferma». El resultado es que la gente no la quiere en el mercado, y el precio cae en picado. Al agricultor esto le hace el mismo daño económico que quedarse sin producción.

Sin protección de cultivos, nuestros esfuerzos por conseguir mejores variedades y por darles de comer los mejores fertilizantes, quedarían muy penalizados. Por ejemplo, esta gráfica recoge las pérdidas medias de algunos de los principales cultivos (cereales y soja) con y sin protección. A pesar de todo, aún tenemos unas pérdidas del 30-40 %, pero es que sin protección llegarían al 50-80 %; lo mismo que sucedía, digamos, en 1800. Sería imposible conseguir alimentarnos todos con esas pérdidas.

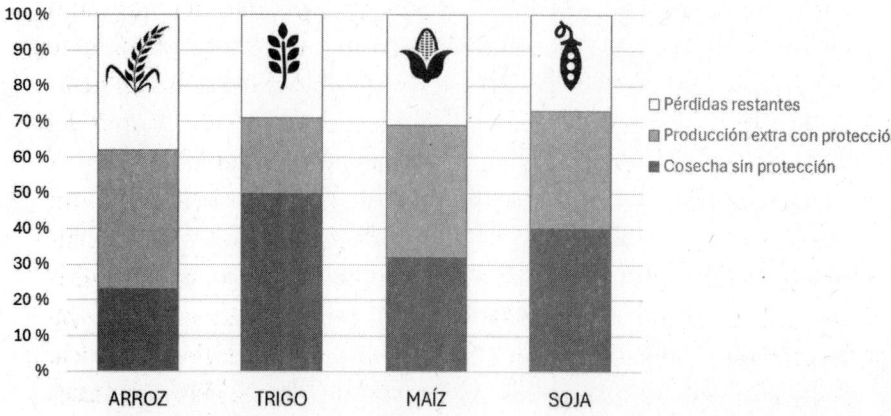

Pérdidas de cosecha con/sin protección de cultivos

- ☐ Pérdidas restantes
- ▨ Producción extra con protección
- ▪ Cosecha sin protección

ARROZ TRIGO MAÍZ SOJA

Como consecuencia, la cantidad de plaguicidas que utilizamos no deja de aumentar. En los últimos treinta años, las toneladas utilizadas de estos productos se han duplicado. Ahora están cerca de los 3,5 millones de toneladas, que es mucho, aunque comparado con el consumo de fertilizantes (213 millones de toneladas al año) es una cantidad bien modesta. Y es que, volviendo al paralelismo anterior, los fertilizantes son la comida y los plaguicidas son las medicinas de nuestros cultivos. Y obviamente, no consumimos la misma cantidad de pan que de paracetamol.

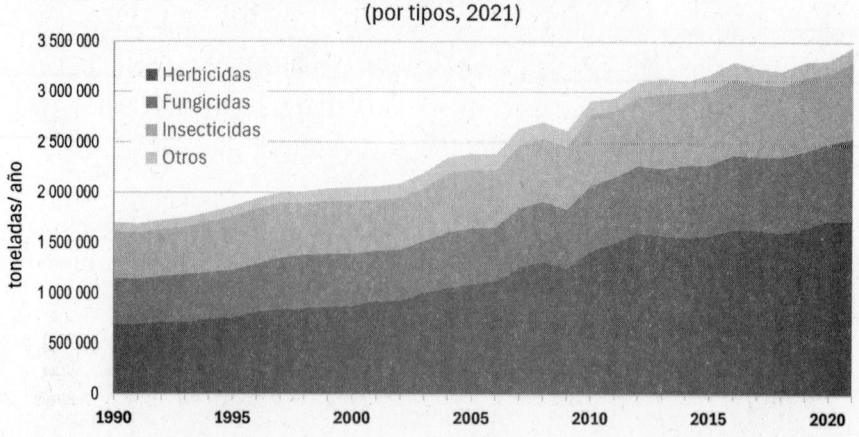

Uso de plaguicidas en el mundo
(por tipos, 2021)

- ▪ Herbicidas
- ▪ Fungicidas
- ▨ Insecticidas
- ▨ Otros

Es de señalar que la categoría más consumida de plaguicidas son los herbicidas, que suponen la mitad del total. Esto es algo que puede resultar sorprendente, ya que tendemos a identificar plagas con insectos, y no es así. La competencia de las malas hierbas es uno de los mayores problemas de la agricultura, y además el consumo de estos productos por hectárea suele ser mayor. Además, las técnicas de agricultura regenerativa conllevan a menudo el no laboreo del suelo, que supone normalmente más consumo de herbicidas.

Este incremento en el uso de plaguicidas tiene, obviamente, un paralelismo con el aumento de producción de comida. Pero especialmente en los países que han tenido un mayor desarrollo en las últimas décadas: desde 2008 la fabricación de productos fitosanitarios ha crecido un 10 % en China, un 8 % en India y un 6 % en Iberoamérica. Ahora bien, la gráfica del consumo total de plaguicidas por países resulta también un tanto llamativa, ya que hay sorpresas.

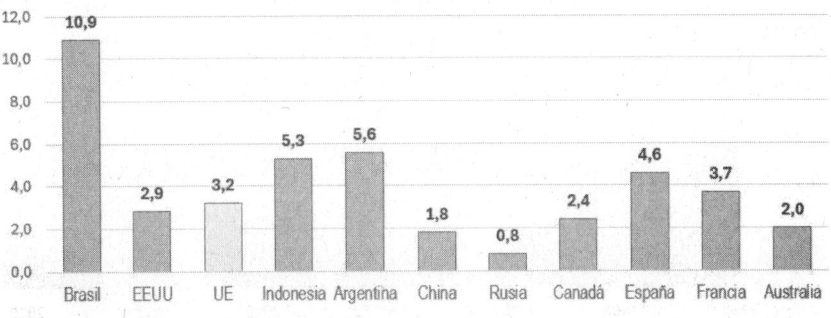

Consumo de plaguicidas - Países del top ten
Miles de toneladas / año (2017)

Consumo de plaguicida por hectárea de cultivo
(kg / hectárea)

Y es que, por una vez, ¡el mayor consumidor o productor de algo no es China! En la lista del *top ten* aparece también, claro, pero lejos de la primera posición. Por cierto, que la lista tiene en realidad once columns: está incluida la Unión Europea, que no es un país pero sí un espacio regional y político bastante homogéneo, desde muchos puntos de vista; entre otros de normativa. Tiene sentido a efectos de comparación. Pues bien, quizá sea un tanto sorprendente que el mayor consumidor, con mucha diferencia, sea Brasil. Desde luego es uno de los mayores productores de comida, y también el mayor exportador (en toneladas, no en valor; en esto, el primero es Estados Unidos). Al final, esto está ligado a producciones muy extensivas y muy mecanizadas, sobre todo de soja, de manera que Brasil, él solito, consume el 20 % de todos los plaguicidas del mundo. Y sin embargo produce poco más del 10 % de la comida del mundo. Pero hay algo más, porque cuando comparamos el consumo por hectárea cultivada para los mismos países, resulta que Brasil sigue estando muy por encima de la media, como era de esperar. Grandes productores como Estados Unidos y China están en dosis mucho más bajas, lo que implica unas explotaciones mucho más ajustadas. Cuando vemos estos ratios de consumo, entendemos que tiene todo el sentido avanzar en la agricultura de precisión.

En cuanto a las mayores empresas que actúan como fabricantes en este mercado, la lista también tiene algunos aspectos interesantes.

Mayores empresas de plaguicidas del mundo (2021)

Empresa	País	Facturación (en plaguicidas) Millones €
Syngenta	Suiza [1]	11 272
Bayer CropScience	Alemania	9 692
BASF Agricultural Solutions	Alemania	6 536
Corteva Agriscience	Estados Unidos	6 147
UPL (United Phosphorus Limited)	India	4 692
FMC Corporation	Estados Unidos	4 275
Adama Agricultural Solutions	Israel [2]	3 719
Sumitomo Chemical	Japón	2 962
Jiangsu Yangnong	China	1 538
Nufarm	Australia	1 494

[1] Comprada por ChemChina en 2017
[2] Comprada por Syngenta en 2017

Si se ha fijado bien, habrá observado que los primeros cuatro grandes del mundo son las mismas empresas que están a la cabeza de la biotecnología, las que aparecían en el capítulo «Agricultura 4.0». Y es que la química, la bioquímica y la biotecnología aplicadas a la agricultura son mundos muy próximos, y cada vez más. Estas cuatro grandes controlan el 70 % del mercado mundial de plaguicidas, así que es una industria con un nivel de concentración muy alto, aún mayor que la de los fertilizantes. Por cierto, desde 2017 la suiza Syngenta es propiedad de ChemChina (la compañía estatal «China Chemical National Corporation»), que también compró a la israelí Adama. Con todas estas compras en el bolso, ChemChina es ahora el tercer grupo empresarial de productos químicos a nivel mundial, y China se ha convertido en el líder de los plaguicidas y también de los productos biotecnológicos.

Lo cierto es que el desarrollo de los plaguicidas requiere muchísima inversión. Actualmente, para sacar una única sustancia al mercado en este sector, una empresa debe sintetizar y estudiar exhaustivamente unas 160.000 moléculas diferentes, según precisa Bayer. Puede que sea algo menos, pero muchas en todo caso. Los plaguicidas se encuentran entre las sustancias más reguladas del mundo, lo cual es lógico, porque vamos a soltar productos que son biotóxicos, que lanzaremos al por mayor y libres en el medio ambiente. Por eso es necesario desarrollar pruebas y más pruebas de efectividad, seguridad y persistencia, todo ello en distintas condiciones, con organismos vivos y con ensayos que toman mucho tiempo.

En total, el plazo medio para poder sacar al mercado una molécula que pase todas las aprobaciones administrativas es de más de once años en la actualidad. Y por el camino se han quedado miles de otros desarrollos y pruebas que, en algún momento del proceso, han tenido que descartarse y tirar todo ese trabajo a la basura. Así que es muchísimo dinero el que se invierte en poder poner en el mercado un solo producto eficaz y seguro; por eso solo ciertas empresas tienen el músculo financiero para llevarlo adelante. Es lo mismo que pasa en la biotecnología... y también en la industria farmacéutica. Eso hace que sean sectores que, de forma natural, tienden a la concentración.

Entre los años 40 y 60, los plaguicidas comenzaron a usarse de forma cada vez más extendida, y progresivamente en todo el mundo, a medida que avanzaba la Revolución Verde. Pero, como era de esperar, como nos ha sucedido con tantas tecnologías, resulta que tenían efectos secundarios que no se habían previsto, o no se habían estudiado del todo. Y al cabo del tiempo empezaron a ser notorios y obligaron a tomar medidas. Para entenderlo, es interesante conocer la historia del DDT.

UN ARMA DE DOBLE FILO

Aunque ya apenas se usa, probablemente le suene el nombre, porque fue muy popular en el pasado. El DDT, siglas del nombre de la molécula (dicloro difenil tricloroetano) fue considerado durante mucho tiempo un milagro de la ciencia, para pasar con el tiempo a ser el mayor villano del medioambiente y quedar prácticamente prohibido.

El DDT fue sintetizado en 1940 por un químico que trabajaba en la empresa suiza Geigy, en Basilea —hoy forma parte del gigante químico Novartis—. El buen señor se llamaba Paul Hermann Müller, y había empezado buscando productos para crear tintes y colores, la actividad principal de Geigy, para luego pasar a investigar en el novedoso y prometedor mundo de los plaguicidas. En realidad el DDT se había sintetizado muchísimo antes, en 1874, pero solo como un ejercicio universitario para una tesis doctoral, y a nadie se le había ocurrido estudiar para qué podía usarse. Pero Müller ya sospechaba de las propiedades insecticidas de los compuestos orgánicos con cloro. Empezó a hacer pruebas con moscas en su propia casa, y vio cómo cayeron fulminadas. Siguió probando en plantas, con un escarabajo de la patata, y vio que tras el tratamiento no quedaba ni uno. Después probaron con chinches y piojos, sobre seres humanos, y observaron que quedaban limpios —y muy agradecidos— con el primer tratamiento. A cada prueba que se hacía, en Geigy estaban más emocionados con el descubrimiento: un insecticida sintético de amplio espectro, que eliminaba a los insectos con dosis muy bajas, y encima era inofensivo para los seres humanos. Todo un hallazgo. Y una patente, claro.

Pero en 1940 había otros problemas en el mundo aparte de las moscas. Problemas muy serios: Europa estaba inmersa en los primeros capítulos de la Segunda Guerra Mundial, que en el año siguiente se agravaría con la invasión alemana de la Unión Soviética. Y poco después, con la entrada de Estados Unidos en la guerra del Pacífico contra Japón, que ya había invadido China tres años antes. En una guerra, y más en una con esa escala de destrucción civil y con la enorme masa de militares movilizados, la higiene y la salubridad no están ni mucho menos garantizadas. Las enfermedades se llevaban por delante a muchísima gente. Había refugiados y prisioneros de guerra llenos de piojos y garrapatas; soldados operando en condiciones tropicales, en el Pacífico, donde mosquitos, moscas y piojos transmitían enfermedades; situaciones de higiene urbana devastada, que conducían a brotes de tifus y cólera... De pronto, disponer de un insecticida prodigioso se convirtió en una poderosa herramienta de guerra. Salvaba vidas. Porque las enfermedades transmitidas por insectos podían matar a muchos más soldados que las bombas.

La patente de Geigy se envió a sus filiales de Inglaterra y Estados Unidos, donde se hicieron pruebas con éxito, y enseguida el War Production Board norteamericano —que gestionaba toda la producción de suministros para la guerra— solicitó su fabricación inmediata. Así que, muy pronto, los ejércitos aliados esparcidos por todo el mundo empezaron a usar el DDT, para controlar la malaria (transmitida por el mosquito *Anopheles*), el tifus epidémico (que transmite una pulga) o la disentería y la fiebre tifoidea (en cuya transmisión participan las moscas). Primero tuvieron que ser capaces de fabricarlo en grandes cantidades y a bajo precio, pero ya en 1943 se pudo incluir en los suministros oficiales del US Army, y en 1944 de la US Navy. Y en exclusiva, por cierto: todos los suministros disponibles de DDT se declararon de uso exclusivamente militar, igual que los de tanques Sherman. Millones de soldados americanos, desde Sicilia hasta Saipán, llevaban en su mochila una lata con polvos de DDT, a la que se aficionaron enseguida. Las tiendas de campaña, los hospitales, los barracones, los camarotes de los barcos, todo se fumigaba con grandes pulverizadores de émbolo, o con mochilas o bombas de fumigación, que acababan enseguida con todos aquellos malditos insectos.

Uno de los mayores éxitos del DDT tuvo lugar en Nápoles, por esa época. La ciudad acababa de ser conquistada por los aliados en la campaña de Italia, en 1943, y había quedado arrasada por los bombardeos y llena de refugiados. El hacinamiento en refugios y el descontrol de aguas fecales pronto provocó una epidemia de tifus, donde los piojos eran un vector clave. Los casos empezaban a escalar, con más de sesenta cada día, amenazando con generar una epidemia descontrolada que podría matar a decenas de miles de personas. Entonces el general Leon Fox, del mando aliado, ordenó fumigar con DDT a la población —directamente sobre sus cabezas— en cuarenta estaciones de despiojado y fumigación, organizadas rápidamente. Fue un éxito. En apenas dos meses, una epidemia que estaba en crecimiento exponencial y a punto de descontrolarse desapareció por completo. Cero: exterminada. Y sin afectar a las personas, ya que la toxicidad del DDT es bajísima en humanos. El caso de Nápoles fue conocido a nivel mundial y el DDT pasó a verse como una novedosa herramienta de salvación.

Acabada la guerra en 1945, pronto el DDT dejó de ser un suministro militar y se abrió su fabricación al uso civil. Enseguida empezó a emplearse como insecticida doméstico, con gran éxito. Alguien quizá recuerde aún los pulverizadores de FLIT, una marca de insecticidas que comercializaba en todo el mundo un aceite insecticida con DDT. Pero sobre todo comenzó a usarse masivamente como plaguicida agrícola. Primero en Estados Unidos: se pulverizaba desde camiones cuba, desde tractores o desde avionetas, para tratar plagas de frutales, de campos de maíz e incluso plagas forestales, pulverizando sobre los bosques. Era un insecticida muy efectivo y además barato.

Pero también muy pronto empezaron a observarse efectos en los que no se había reparado, y que empezaron a ser visibles por ese mismo uso intensivo. En primer lugar, se observó la alta persistencia del DDT. Tardaba años en degradarse, a diferencia de otros insecticidas como las piretrinas, que mataban a los insectos pero en unas pocas semanas se habían desintegrado. No, la molécula del DDT era muy estable: un colchón fumigado con DDT era mortal para las chinches durante casi un año. Además, en el campo eso tenía otros problemas. El insecticida no era muy específico, así que con los insectos perniciosos desaparecían también los beneficiosos: los que eran sus enemigos naturales, las abejas polinizadoras y todo lo que pillara por delante. Además, el DDT no es soluble en agua, solo en aceites. Así que el lavado apenas lo eliminaba. Los animales que se alimentaban de insectos, frutos o partes de plantas también lo estaban ingiriendo durante meses... y también los humanos. En algunas plantaciones tratadas se observó una enorme mortandad de pájaros.

Los estudios sobre los efectos del DDT empezaron muy pronto. Ya en 1945 el US Department of Agriculture, que llevaba dos años haciendo pruebas con sus entomólogos en parcelas de ensayo, dijo que se trataba de «un arma de doble filo»: era el insecticida más prometedor jamás desarrollado, pero a la vez el que encerraba más amenazas. Pero en la posguerra el mundo necesitaba urgentemente alimentos, madera, algodón... La capacidad de controlar las plagas era algo a lo que no se podía renunciar fácilmente, porque era una manera de tener mucha más comida con el mismo esfuerzo. El uso del DDT se extendió por el mundo. También como una herramienta fundamental de salud pública: en Egipto y en la India, para 1950, fue decisivo para reducir la malaria a niveles mínimos. Incluso en Grecia, que apenas cerrar la guerra mundial había entrado en una guerra civil que acabó en 1949, se utilizó para acabar con la malaria, que producía una tremenda mortandad infantil. Miles de pueblos fueron fumigados desde aviones con apoyo de Naciones Unidas, y se consiguió acabar prácticamente con la malaria en ese país. Otro éxito del DDT.

La verdad es que había que agradecer al DDT que hubiera salvado la vida de millones de personas (cinco millones para 1950, según la OMS). Por cosas como esta, y aunque no tenía nada que ver con el mundo de la salud, a Müller se le concedió el Premio Nobel de Medicina en 1948.

Fumigando con DDT el equipaje de los inmigrantes judíos que llegaban a Israel desde toda Europa, tras la Segunda Guerra Mundial. Puerto de Haifa, en 1948.

Pero a lo largo de los años 50 y 60, se fueron acumulando más y más pruebas de que «el otro filo» del DDT estaba haciendo mucho daño. Su uso masivo estaba haciendo que empezaran a aparecer resistencias en algunos insectos, que evolucionan deprisa porque tienen varias generaciones en un solo año. Se había visto en cultivos de frutales cómo, junto con los insectos perjudiciales, desaparecían otros beneficiosos como las mariquitas, que se alimentan de pulgones, con lo que las plagas de estos se volvían explosivas.

Pero había algo peor: su enorme persistencia. Es una molécula correosa, a la que le cuesta mucho degradarse, y permanece activa largo tiempo. Al ser soluble en grasas, se vio que se acumulaba en tejidos grasos de insectos, y de ahí pasaba a sus depredadores (pájaros, lagartos, ranas...) y después se concentraba hacia arriba por toda la pirámide alimentaria, y más en los carnívoros. A la larga, los animales iban concentrando cada vez más cantidad de DDT en sus grasas: en su hígado, en su encéfalo... Se descubrió que interfiere el metabolismo del calcio, por lo que muchas aves ponían huevos con cáscaras endebles que no llegaban a prosperar. Los polluelos morían, y los pájaros iban desapareciendo en muchas zonas. En Estados Unidos fue impactante descubrir cómo estaba afectando a un caso particular: las poblaciones de la emblemática águila de cabeza blanca. Se pudieron medir altas dosis de DDT en los cerebros de aves muertas. Y sucede que el águila de cabeza blanca es todo un símbolo del país; aparece incluso en su escudo, y con él, en todos los billetes de dólar. Pronto comenzaron a acumularse evidencias de que podía ser dañino también para humanos.

El DDT empezó a encontrarse por todas partes: en los suelos, en las aguas subterráneas, en las playas, en los lugares más recónditos. Se encontró DDT en los huevos del petrel de las Bermudas, un ave que se alimenta únicamente sobre el mar. Se encontró en pingüinos y focas de la Antártida, e incluso en los suelos del continente blanco, a miles de kilómetros del lugar más próximo donde se hubiera aplicado. Estaba claro que el DDT se estaba usando en exceso y además se movía y se acumulaba con facilidad.

En 1962, un libro vino a poner el acento sobre el problema y lo sacó a la luz pública en Estados Unidos. Su autora era Rachel Louise Carson, una bióloga marina del US Fish and Wildlife Service. El libro se tituló *Primavera silenciosa*, porque decía cosas como esta:

> En áreas cada vez más extensas de los Estados Unidos, la primavera llega ahora sin ser anunciada por el regreso de los pájaros, y las madrugadas son extrañamente silenciosas, donde antes estaban llenas de la belleza del canto de los pájaros [...]
>
> Nadie que sea responsable sostendrá que deben pasarse por alto las enfermedades transmitidas por insectos. La cuestión que se viene presentando ahora con urgencia es si es sensato o responsable enfrentarse al problema con métodos que empeoran rápidamente la situación. El mundo ha oído hablar mucho de la guerra triunfal contra las enfermedades mediante el control de insectos vectores de infecciones, pero ha oído hablar poco de la otra cara de la moneda: las derrotas, las victorias de alcance corto que favorecen decididamente la alarmante opinión de que, efectivamente, nuestros desvelos han fortalecido al insecto enemigo.

Aquí se hablaba ya del «arma de doble filo». Además, por primera vez, Carson ponía negro sobre blanco que el ser humano forma parte de un ecosistema global, y que si introducimos una sustancia perniciosa para ese ecosistema lo será finalmente para nosotros. Un concepto que hoy nos parece evidente, pero que no lo era por entonces. El libro fue un aldabonazo; levantó gran controversia en los medios científicos, pero también entre la opinión pública general... y por tanto entre los políticos.

Después de un largo proceso de estudios y comprobaciones, en 1972 el DDT fue prohibido en Estados Unidos. La US Environmental Protection Agency lo declaró peligroso para el medioambiente, la vida salvaje y la salud de las personas. Poco después, gradualmente, se prohibió en Europa, a lo largo de esa década y la siguiente. La prohibición real tardó bastante más en extenderse a los países en desarrollo, que a pesar de todo necesitaban desesperadamente armas contra las plagas y las enfermedades, y más si eran baratas y efectivas. En la India, por ejemplo, se prohibió en 1972, pero siguió usándose de forma muy común hasta los años 90, cuando finalmente se eliminó de la agricultura. Pero no así de los usos sanitarios. Y es que ahora, desde 2008, la India es el único productor de DDT a nivel mundial —China lo producía también hasta entonces—. ¿Y para qué producen una sustancia «prohibida»? Teóricamente para la exportación, ya que India vende este producto químico a Botsuana, Sudáfrica, Zambia, Mozambique, Namibia y Zimbabue, donde aún se usa. Hindustan Insecticides Ltd, una empresa pública india, propiedad del Ministerio de Fertilizantes y Productos Químicos, tiene tres fábricas activas produciendo DDT en Kochi, Mumbai y Bathinda.

Hoy, el DDT está clasificado como un posible carcinógeno humano, y se proscribe por su persistencia, su capacidad de extenderse en la atmósfera y su acumulación en los tejidos grasos de los animales. Pero hay una exención puntual: desde 2006, la OMS sigue permitiendo su uso, solo en interiores, y solo en los países africanos donde la malaria sigue siendo un problema de salud sustancial, porque los beneficios del pesticida superan los riesgos para la salud y el medio ambiente. Aún puede detectarse DDT en el ambiente y en tejidos animales —y humanos— por todo el mundo, aunque sus cantidades decrecen lentamente.

Esta tremenda historia es muy significativa de nuestra relación con estas sustancias sintéticas, nuevas en el mundo: los plaguicidas. Los necesitamos desesperadamente, pero a la vez pueden hacernos daño. ¿Qué podemos hacer? Bueno, en primer lugar asumir que no todos son iguales. No todos son DDT. Hay cientos de sustancias diferentes, seleccionadas a su vez entre cientos de miles de candidatas. Cada sustancia, cada familia de plaguicidas, tiene diferentes características que hay que estudiar detalladamente. Básicamente, en todos ellos hay que conocer:

a) Toxicidad: un producto es más o menos tóxico en función de qué cantidad se necesita para matar a la plaga objetivo. Si lo mata con muy poquito, digamos un picogramo, es tremendamente tóxico. Si necesita mucho, por ejemplo diez miligramos, no lo es tanto.

b) Especificidad: la toxicidad de un plaguicida no es general, no es tóxico para todos los seres vivos. Hay toxicidades específicas, porque cada tipo tiene peculiaridades en su bioquímica. Las hormigas pueden tener rutas metabólicas particulares, de manera que una sustancia es tóxica para ellas mientras los pulgones o las libélulas ni se enteran. También hay sustancias insecticidas completamente inocuas para los mamíferos o los peces. Y otras pueden ser tóxicas para todos.

c) Persistencia: el tiempo que tardan en degradarse por efecto del oxígeno, el ultravioleta o lo que sea. Lo ideal es que actúen el tiempo que están sobre el cultivo y luego se degraden deprisa y no dejen restos.

d) Posibilidad de generar resistencias en las plagas objetivo, y por tanto ir perdiendo eficacia con el tiempo.

e) Riesgo de que eliminen también a los enemigos naturales de las plagas, con lo que estaríamos haciendo un pan como unas tortas.

En cierto modo, los plaguicidas son como los antibióticos en la medicina: sustancias maravillosas que nos libran de organismos peligrosos, pero cuando se usan en exceso y sin control, pueden conducir a peligrosísimas resistencias en bacterias, pueden circular por las aguas fecales y llegar a los ríos, o pueden eliminar a otras bacterias que nos hacen bien. De hecho, el paralelismo es muy serio: el mal uso de los antibióticos es uno de los mayores riesgos sanitarios del futuro inmediato.

Desde la época del DDT, muchas cosas han cambiado. Las precauciones se han extremado. Los países, especialmente los de la OCDE —los más desarrollados— han desplegado un corpus de normas reglamentarias para los productos fitosanitarios, que se han vuelto cada vez más exigentes. También países muy relevantes en este sector, como Brasil, India o China, han ido adoptando normativas en este sentido. Eso significa estudios cada vez más más estrictos, con unos niveles de escrutinio muy rigurosos. Y no basta con pasar las pruebas la primera vez. Muchas de estas sustancias requieren periódicamente una nueva revisión completa a la luz de conocimientos recientes. Por ejemplo, en la Unión Europea, conocida por su rigor en estos temas, la reinscripción de plaguicidas derivada de una directiva de 1991 supuso sacar de la lista casi la mitad de los fitosanitarios disponibles. Para que un producto fitosanitario sea aprobado para uso comercial, debe demostrar que puede manipularse y utilizarse de forma segura, con riesgos mínimos para la salud humana y el medio ambiente.

La prueba de cómo han cambiado las cosas la tenemos en la siguiente relación, que recoge los diez plaguicidas más usados en Estados Unidos en 1968 y en 2016.

Top 10 de plaguicidas más usados en la agricultura de Estados Unidos

... en 1968			... y en 2016
Atrazina			Glifosato
Toxafeno	⊘	Prohibido	Metolaclor
DDT	⊘	Prohibido	Piraclostrobin
2,4-D			Mesotrion
Metil paration	⊘	Prohibido	Tiametoxam
Aldrin	⊘	Prohibido	Acetoclor
Trifluralin			Azoxystrobin
Propaclor			Atrazina
Dinoseb	⊘	Prohibido	Abamectin
Cloramben	⊘	Prohibido	Clotianidin

Fuente: Phillips McDougall - Agribusiness Intelligence

Como se ve, casi no queda ni uno de los de entonces. Y seis de los más usados en esa época ahora están prohibidos. Solo la atrazina, un herbicida, se ha mantenido desde entonces. Por cierto, que el más usado hoy en día es el glifosato, tanto en Estados Unidos como en Europa, que es también un herbicida; y además sometido a revisiones y críticas constantes, pero todavía aceptado incluso por la UE —o sea, por los más exigentes—.

Un pulverizador de plaguicidas de gran capacidad, trabajando (pulverizador John Deere serie 600, de 375 CV).

A medida que los productos han evolucionado, se han vuelto no solo más seguros, sino mucho más eficaces. Las tasas de aplicación por hectárea, al menos en las agriculturas más avanzadas, se han reducido significativamente. En los años 50, la tasa media de aplicación de insecticidas era de 1700 gramos de sustancia activa por hectárea. En la década de los 2000, se había reducido a una media de 40 gramos por hectárea. Esta evolución significa que la cantidad utilizada por un agricultor es hoy un 95 % más baja que la de 1950. Sin embargo, esto no es así en todo el mundo. Al incorporarse a la producción agraria extensiva, los grandes países en desarrollo fueron utilizando cantidades cada vez mayores de plaguicidas. La prueba es que la cantidad media aplicada por tonelada de comida producida ha seguido subiendo lentamente hasta aproximadamente 2010, cuando empezó un lento descenso, como se ve en la siguiente gráfica.

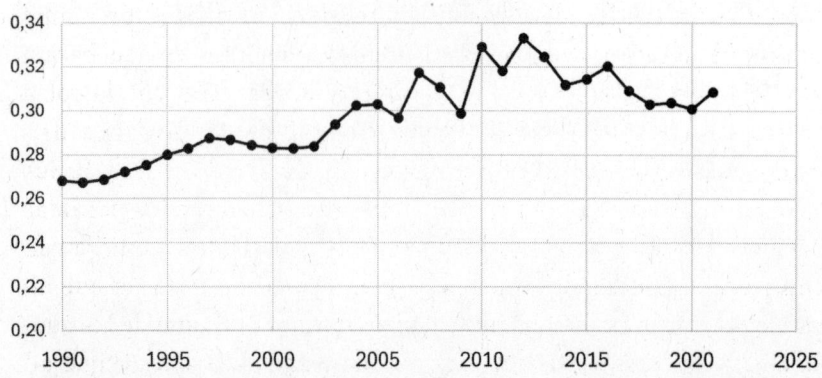

kg de plaguicida usado
por cada mil toneladas de comida producida

Hay una cuestión polémica en el uso de los plaguicidas, y es que los criterios de uso y prohibición son diferentes para los distintos países o espacios económicos, mientras que el mercado de la comida es básicamente abierto. De esto se derivan situaciones paradójicas, o directamente de competencia desleal. Por ejemplo, hay un tipo de plaguicidas que están prohibidos en casi toda Europa, los neonicotinoides. Con ese nombre tan raro, son productos sintéticos similares a la nicotina; sí, la sustancia del tabaco, que se utilizaba también como insecticida por su actuación sobre el sistema nervioso de los insectos. Los neonicotinoides se fueron prohibiendo desde 2009, por su efecto pernicioso sobre las colonias de abejas.

Sin embargo, no fue así en Estados Unidos. Hay una diferencia de criterio importante en sus agencias reguladoras. La EFSA (European Food Security Agency, Agencia Europea de Seguridad Alimentaria) tiende a aplicar el criterio del «peligro potencial» de un producto, y por tanto es más restrictiva. En cambio, la US EPA (US Environmental Protection Agency, Agencia de Protección Ambiental de Estados Unidos), admite que, independientemente del peligro potencial, está el «peligro real» que depende de la exposición real, y que los beneficios potenciales deben sopesarse también antes de descartar un producto. Exagerando un poco, viene a ser como si se analizara el riesgo de conducir un coche: hay un riesgo real de accidente, y por tanto la EFSA prohibiría los coches en casi todas las situaciones, mientras que la US EPA diría que depende de cómo se conduce, y los permitiría.

El caso es que en Estados Unidos los neonicotinoides están permitidos, y por consiguiente los productores norteamericanos de, por ejemplo, semilla de colza, tienen una producción por hectárea muy superior a los europeos. Por tanto la colza americana es más barata y compite en los puertos de Rotterdam o de Algeciras con la colza europea. Lo mismo sucede con las frutas procedentes de países africanos, en los que se utilizan plaguicidas no autorizados en la UE. Sus tomates o naranjas son más competitivos —tienen menos pérdidas por hectárea cultivada—, y pueden entrar en la Unión siempre que cumplan los niveles de residuos de plaguicidas. Se trata de que *no queden residuos*, no de que no se hayan usado. Esa es una de las quejas de los agricultores europeos ante su Parlamento, puesto que no deja de ser una competencia muy desigual: «A mí no me dejas usar metil-azinfos en mis naranjas, pero mientras, compramos naranjas sudafricanas que lo han usado para su cultivo». El descontento del campo por estos motivos —y otros—, expresado mediante tractoradas masivas y manifestaciones por toda Europa en 2024, provocó que se retirara temporalmente un objetivo del Pacto Verde Europeo: el de reducir al 50 % el uso de plaguicidas para 2030.

El caso es que el asunto es muy delicado: se juega a la vez con economía, con seguridad alimentaria, con protección del medioambiente y con salud pública. Y lo necesitamos todo. Encontrar el equilibrio no es fácil. Las restricciones son mayores en unos países y menores en otros, mientras el mundo está interconectado. Y a la vez, necesitamos producir alimentos y no es fácil implantar restricciones eficaces en países que tienen problemas para alimentar a toda su población. La tecnología y la normativa hacen que cada vez los plaguicidas sean más seguros y eficaces, aunque nunca lo son del todo. Son como medicamentos cada vez más avanzados, con más poder curativo y menos efectos secundarios. Pero ¿los conocemos todos?

EL OCASO DE LOS BICHOS

Mientras tanto, algo está pasando. Hay algo que no va bien y empieza a notarse. Estamos recibiendo una señal de alarma que es conveniente no ignorar: se trata del declive de los insectos.

Para los que tienen alguna edad —tampoco demasiada— será fácil recordar cómo antes, en verano, los parabrisas de los coches se llenaban con una constelación de insectos estrellados, pegados al cristal. Cada coche se movía a través de una nube de todo tipo de bichitos voladores y atrapaba una buena cantidad, sobre todo al atardecer. Hoy ya no es así, en general. De vez en cuando una avispa o un moscardón se estrellan contra el cristal, pero ya no son dos mil.

Desde luego, esta no es, ni mucho menos, una observación científica. Es solo un indicio, uno que está al alcance de cualquiera. Pero, desde hace unos veinte años, se acumulan los estudios —más serios que el parabrisas de mi coche— que nos muestran un declinar constante en la población de insectos, al menos en los países del hemisferio norte. Veamos un simple ejemplo, un caso recogido en una reserva natural del oeste de Alemania, cerca de Duisburg.

El método de conteo era simple: pesar el total de insectos capturados cada día mediante unas trampas normalizadas, y hacerlo así a lo largo de los meses de verano. La diferencia, en los 24 años que separan las dos partes del estudio, es demoledora.

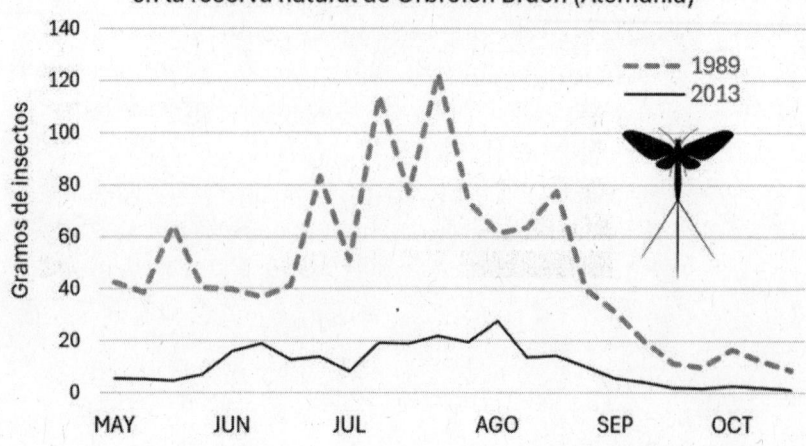

Biomasa de insectos capturada
en la reserva natural de Orbroich Bruch (Alemania)

Pero bueno, eso puede ser un caso particular en un lugar concreto de Alemania. Puede que haya un problema de contaminación atmosférica en Duisburg, o una base secreta de radiación atómica, o algo que no hemos tenido en cuenta. El problema es que hay cientos de estudios como este por toda Europa, en Estados Unidos, en Méjico, China, Brasil o Rusia. Y desgraciadamente la evidencia se va acumulando y todos concuerdan: la población de insectos está disminuyendo.

En 2019 se publicó un artículo que condensaba los resultados de 73 estudios anteriores sobre la evolución de las poblaciones de insectos[31], desarrollados durante 20 años por todo el mundo. El resultado, resumido en la gráfica adjunta, es muy revelador.

Casi cualquier taxón de insectos que se analice presenta una cantidad de especies cuyas poblaciones disminuyen. Ojo, la gráfica no dice que la población de insectos ha disminuido un 41 % (como dijo algún medio), sino que el 41 % del *número de especies* de insectos presentan disminuciones muy relevantes de población. No es lo mismo. Porque también significa que el 59 % de las especies no muestran ninguna tendencia, e incluso algunas se vuelven más numerosas. Y desde luego, la información disponible es limitada, ya que no tenemos censos exhaustivos de insectos ni una cobertura global suficiente de los estudios. Pero no nos engañemos: en conjunto, las poblaciones disminuyen de forma muy notable, y no es algo que le pase a un tipo de insecto, sino a muchos.

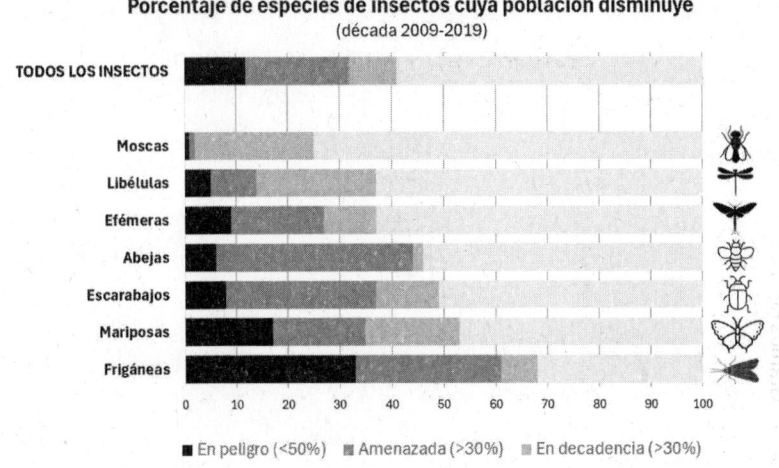

Porcentaje de especies de insectos cuya población disminuye
(década 2009-2019)

31   Francisco Sánchez-Bayo, Kris A.G. Wyckhuys: *Worldwide decline of the entomofauna: A review of its drivers.* Biological Conservation, 2019.

En este punto, es posible que se esté preguntando: «Pero vamos a ver, ¿no queríamos deshacernos de los malditos insectos? Entonces, ¿cuál es el problema?». Bueno, no es exactamente así. Queríamos deshacernos de *algunos* insectos en *algunos* momentos. No de todos, en todas partes ni en todo momento. De hecho, la importancia de los insectos en los ecosistemas, y también en nuestra agricultura, es enorme.

Hay millones de especies de insectos. Literalmente, millones. Tenemos descritas alrededor de un millón de estas especies, pero se estima que existen otros cuatro o cinco millones que aún no se han estudiado. Puesto que se conocen aproximadamente 1,5 millones de especies de todos los animales, resulta que solo los insectos suponen dos tercios del total conocido. Los mamíferos, pobrecitos, solo somos unas 5500 especies; eso sí, las más estudiadas, ya que para algo nosotros mismos somos mamíferos. Y es que los insectos llevan sobre el planeta 400 millones de años, desde el Devónico, reproduciéndose a tasas de varias generaciones anuales de cientos de individuos, lo que da un margen tremendo para evolucionar. ¿Los mamíferos? Pues en la práctica llevamos unos 65 millones de años y, con suerte, con una generación anual de unas pocas crías.

Así que son los animales más abundantes en número y en variedad, y un jugador fundamental de muchos ecosistemas. Tienen un papel prominente en las cadenas alimentarias, que a menudo se ignora. Muchísimas especies de vertebrados, terrestres y acuáticas tienen a los insectos en la base de su alimentación: pájaros, peces, ratones, lagartijas, erizos, ranas... que a su vez están en los primeros escalones de la cadena para otros predadores. Y sobre todo juegan un papel decisivo en la propagación vegetal. En las regiones templadas, unas tres cuartas partes de las plantas con flores dependen de insectos para su polinización, o sea, para dar frutos y continuar como especie. Desequilibrar sin más este sistema tiene sus riesgos, como ya hemos visto antes.

Pero sobre todo, el papel de los polinizadores es básico también para nuestra agricultura. No es así para los principales cultivos: el trigo o el arroz se autopolinizan, y el maíz o la caña de azúcar lo hacen por el viento. Pero sí para una enorme cantidad de ellos, como casi todas las frutas, las hortalizas —como tomates, pepinos, pimientos o calabazas—, e infinidad de tipos de otros cultivos como el girasol, el trébol, las judías, las almendras o el cacao. En los cultivos bajo invernadero, en los que el ambiente es cerrado y controlado, a menudo se introducen colonias de abejorros o abejas para que la polinización sea posible. Los polinizadores, especialmente las abejas, afectan al 35 % de la producción agrícola mundial. En resumen, para buena parte de los cultivos la polinización es tan importante como los fertilizantes.

Solemos asociar polinización a las abejas, y en muchos casos es así. Eso ha hecho, incluso, que la protección de este insecto en concreto se vuelva algo bastante popular. Hay hasta una marca de cosméticos —lo digo: Guerlain— que hace campaña de sus productos con la protección de las abejas, con el apoyo de la actriz Angelina Jolie. Bueno, es un ejemplo de un insecto muy conocido, aunque hay que tener en cuenta que aquí solo se habla de la abeja melífera (*Apis mellifera*), una sola entre más de veinte mil especies de abejas, pero que se ha convertido en el símbolo del problema. Y además, hay decenas de miles de otras especies de insectos que también intervienen en la polinización (moscas, avispas, abejorros, mariposas, escarabajos…) y también murciélagos y algunos pájaros, como los colibríes. La cuestión es que la pérdida de insectos puede suponer un problema en el futuro por varias vías: merma en la polinización y también en las especies que controlan a las verdaderas plagas de nuestros cultivos. Eso sin entrar en posibles desequilibrios de los ecosistemas que igual no somos capaces ni de imaginar ahora. No hace falta que llamemos a esto *apocalipsis de los insectos* como ya hacen algunos titulares —algunos llegan a *holocausto de los insectos*, aunque parece que aún no se han atrevido con *genocidio*—. Pero desde luego es un problema serio, y sobre todo es una luz de alarma que se enciende en el panel, así que no podemos pasarla por alto.

¿Y a qué se debe que estén disminuyendo muchas poblaciones de insectos? Todo parece indicar que hay dos causas fundamentales. Primera, la pérdida de hábitats naturales, por la enorme transformación de los suelos debida a la agricultura, y en menor medida la urbanización; recordemos que dedicamos a la producción de comida el 8 % de la superficie de la tierra. Y segunda, la presencia en muchos ecosistemas de sustancias plaguicidas, especialmente en las regiones de clima templado.

El cambio climático, al que solemos achacar casi cualquier nuevo problema, tiene menos que ver en esto, aunque también afecta a la disminución de insectos, sobre todo en regiones tropicales. Muchos polinizadores son sensibles a las altas temperaturas y la sequía, y en los trópicos la mayoría de los polinizadores ya viven cerca de su rango óptimo de tolerancia a la temperatura. Por otro lado, es probable que los cambios en el clima influyan en las pautas de migración de distintas especies de insectos, por lo que será importante disponer de más estudios sobre esto.

Reconozcámoslo, tenemos un problema. El uso de insecticidas contra las plagas es una de las causas principales del declive de los insectos, un efecto que no buscábamos. Y también la «simplificación» de los ecosistemas introducida, entre otras cosas, por las grandes superficies de monocultivo. Está claro que hay algo que no estamos haciendo bien, y que hay que cambiar algo para revertir este proceso. En eso la agricultura es la principal responsable. O sea: algo a la vez tan irrenunciable como la producción de nuestra comida.

Pero una buena parte de las soluciones futuras está ya en marcha. Estamos cambiando progresivamente la forma de lucha contra las plagas a opciones que utilizan menos sustancias químicas sintéticas y más elementos biológicos. Esto, en el futuro, va a ir cada vez a más.

AMIGOS PEQUEÑITOS, PERO AMIGOS AL FIN Y AL CABO

En el mundo hay miles de cultivos diferentes, manejados en condiciones de clima y suelo muy distintas, y cada uno de ellos puede ser atacado por un buen número de plagas que además están evolucionando, y encima a veces aparecen otras nuevas. Y todo ello en un contexto de cambio climático. Así que hay decenas de miles de combinaciones sobre posibles formas de ataque y defensa, que además pueden ser buenas hoy y no serlo mañana.

Por eso la protección de cultivos es todo un mundo; en cierto modo es como la medicina. Hay infinidad de enfermedades y plagas que tratar, solo que además con gran número de especies involucradas que pueden ser muy diferentes, y con muchas opciones para enfrentarse a cada enfermedad. Además, aparecen nuevas enfermedades de tanto en tanto. Así que no es fácil generalizar las soluciones, y cada caso requiere su estudio y tratamiento. El mundo de la protección de cultivos es un escenario complejo y cambiante, no es tan «fácil» como la nutrición de las plantas.

Por suerte nuestra caja de herramientas es cada vez más amplia y no deja de aumentar, en una guerra que difícilmente tendrá fin, pero en la que nos jugamos mucho: nos jugamos enormes cantidades de comida. Y aunque en esto seguimos usando la guerra química, que es decisiva, ya hemos visto que presenta muchos problemas. Pero no hemos levantado las manos: hemos puesto en marcha también la guerra biológica.

La guerra biológica existe desde hace mucho tiempo. Un ejemplo antiguo: cuando los mongoles lanzaban cadáveres con catapultas al interior de las murallas de Caffa (hoy Feodosia, en Crimea), durante el asedio a la ciudad en 1346. Lo hacían para inocular la peste negra entre los defensores genoveses. Con gran éxito, por cierto: acabó expandiéndose por toda Europa y generando la peor epidemia de la historia del continente. Pero también había en el pasado guerra biológica aplicada a los cultivos. Se conservan registros tan antiguos como el siglo IV, en los que un botánico chino, Ji Han, recoge en un libro el uso de los nidos de ciertas hormigas, como bolitas de algodón, que se aplicaban a cítricos para acabar con sus plagas. Así que sabemos hace tiempo que hay formas de usar a unos seres vivos contra otros, aunque para hacerlo bien, bien de verdad, hay que tener un conocimiento muy profundo de su biología, de su genética y hasta de su bioquímica.

Pues bien, esta es una tendencia que lleva tiempo en marcha y que, sin duda, será cada vez más relevante en el futuro, desplazando progresivamente a los plaguicidas químicos. En los últimos 30 años, la tasa de introducción de nuevos productos biológicos en el mercado va superando a la de los plaguicidas convencionales, y la tendencia parece que va a continuar.

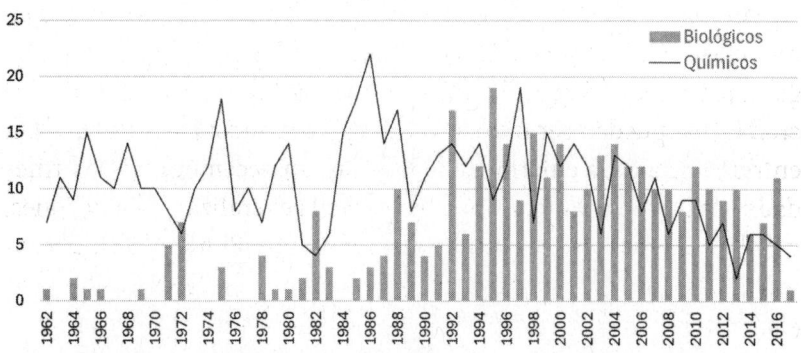

Número de nuevos productos plaguicidas introducidos cada año

Si hay ahora unas 600 sustancias en uso entre los plaguicidas químicos, también contamos ya con unos 300 elementos en nuestra caja de herramientas biológicas. Son muy variadas: hay sustancias naturales, productos derivados de la fermentación, microbios, feromonas, insectos y ácaros depredadores, hongos y nematodos. Un pequeño ejército, con pequeños soldados, a nuestra disposición. Y con un impacto sobre el medio infinitamente menor que el de los plaguicidas convencionales.

Estas herramientas básicas del biocontrol de plagas son, en esencia, de cuatro tipos:

a) Insectos vivos (y también otros bichos, como nemátodos): aquí se trata de soltar en los cultivos organismos vivos que acaban con las plagas. Hay una gama muy amplia: pueden ser insectos depredadores, o machos estériles de la plaga que se aparean con las hembras sin dejar descendencia, disminuyendo la población. O también los llamados insectos parasitoides, que se limitan a poner sus huevos *dentro* del cuerpo vivo de los insectos objetivo, con lo que sus larvas los acaban exterminando.

b) Microbios (bacterias, hongos o incluso virus), que se utilizan como antagonistas de otras enfermedades microbianas o para enfermar a insectos malvados.

c) Sustancias con acción biológica, que pueden ser extractos de plantas, moléculas naturales o incluso moléculas sintéticas, iguales en función a las naturales pero fabricadas en laboratorio.

d) Y no nos olvidemos de los organismos modificados genéticamente: transgénicos y NGT (me remito de nuevo al capítulo «Agricultura 4.0»). Con ellos, las propias plantas tienen la capacidad de defenderse de sus enemigos. La potencia de esta herramienta en el control de algunas plagas, sin efectos secundarios, es abrumadora.

Dentro de la infinidad de ejemplos que existen, vamos a ver unos pocos para que sea más fácil entender los mecanismos de esta guerra biológica, que es cada vez más extensa. Porque son un poco más sofisticados, y un poco más ingeniosos, que la idea de un tractor esparciendo insecticida por el campo.

Hay infinidad de insectos que se usan para cargarse a otros insectos. Una familia muy exitosa son los sírfidos. Son un tipo de moscas que se camuflan bajo el aspecto de una abeja, aunque solo tienen dos alas y no cuatro como la original —por eso es un díptero y no un himenóptero, por si le interesa—. Por lo demás, suelen copiar en su abdomen el diseño de colores amarillo y negro de las abejas, esa combinación que significa «peligro» en la naturaleza, y dan el pego bastante bien. Digamos que se hacen los peligrosos para protegerse, pero en realidad ni siquiera tienen aguijón. Son como un tipo con cazadora de cuero, tatuajes satánicos y cara de malote, pero que en realidad es pacífico como un *boy scout*.

Pues bien, las larvas de los sírfidos son grandes devoradoras de ácaros, cochinillas, pulgones y orugas. La estrategia de la especie consiste en poner los huevos justo en los focos de pulgones —que suelen amontonarse—, de manera que en cuanto eclosionan, sus larvas, unos gusanillos verdes, se ponen a devorar todo lo que pillan sin tener casi que moverse. Pueden comerse cientos de pulgones en un solo día, así que funcionan muy bien para proteger cítricos, frutales, cultivos de invernadero e incluso cultivos extensivos como la colza. Por eso, la suelta controlada de miles de estas moscas se utiliza para proteger las cosechas. Además, los sírfidos son unos magníficos polinizadores, porque los adultos se alimentan de néctar y visitan las flores sin descanso; por eso se llaman también moscas de las flores. Así que tienen un doble papel, plaguicida y polinizador, que las hace unas campeonas del biocontrol.

Izq.: Preparándose para el banquete: las mariquitas devoran pulgones, una plaga importante ya que se alimentan de la savia de las plantas. Distintas especies de mariquitas (hay más de 6000 especies, bastantes más que de mamíferos) se utilizan en la lucha biológica. Der.: Una avispa parasitoide pone sus huevos dentro de una larva de polilla peluda, una plaga forestal.

Hay otra manera de acabar con una población, aparte de comérsela, y consiste en no dejar que se reproduzca. Es lo que se hace, por ejemplo, con la mosca de la fruta en Valencia. Allí, en el Mediterráneo español, los cultivos de naranjas y mandarinas son una de las claves de su agricultura. España es el mayor exportador mundial de cítricos, y de ellos el 60 % proceden de esta región. Pero la mosca de la fruta (*Ceratitis capitata*) pica los frutos para poner sus huevos y eso hace que se pudran, con una enorme merma de cosecha. Antes se trataban con plaguicidas, pero la Unión Europea puso duras limitaciones a su uso en 2009, y además Estados Unidos implantó una cuarentena a las importaciones de esos cítricos por si traían moscas vivas. Entonces se planeó otra estrategia muy diferente.

Para ello se instaló una «biofactoría», el Centro de Control Biológico de Plagas de Caudete, para criar moscas de la fruta por millones. Puede que piense «¿Y esa es la gran estrategia? ¿Más moscas?». Bueno, en ese enorme criadero lo que se hace es eliminar las hembras en la fase de huevo, de modo que solo nacen machos. Estos machos se esterilizan mediante irradiación. Pero a la vez se les dan unos cuidados especiales antes de la suelta, para que estén hermosos, fuertes y lozanos. Atractivos para sus hembras y a tope de fuerza... pero estériles. Estos machos-*bluf* se sueltan en los campos por millones (300 millones por semana, en temporada), y compiten exitosamente con los machos silvestres para copular con las hembras. Seguramente ellas deben estar muy contentas con estos machotes tan apuestos... solo que ya no tienen más mosquitas. El resultado de esta estrategia es un control radical de la población de la plaga. La mosca de la fruta no desaparece por completo, pero ya no causa daños relevantes a los cultivos. Y todo esto, con una disminución del 97 % en el uso de plaguicidas, o sea, prácticamente erradicados.

Los hongos son también grandes enemigos de los cultivos. Suelen ser esas manchas negras o blanquecinas, pulverulentas, que se van extendiendo por la planta y pudriéndola poco a poco. Por ejemplo, el moho gris (*Botrytis cinerea*) es la enfermedad más grave de las fresas, y puede provocar pérdidas muy graves de la cosecha. Pero resulta que este hongo tiene un parásito natural: otro hongo. Este es *Clonostachys rosea*, que normalmente vive en el suelo pero que cuando encuentra al moho gris lo envuelve, penetra en él y crece dentro hasta eliminarlo. Encima, es totalmente inocuo para las plantas.

El *Clonostachys* podría pulverizarse como un fungicida, pero el problema es cómo alcanzar el interior de las flores de la fresa, que es donde se asientan las esporas del moho gris para luego crecer en la fruta. Aquí, la solución de la guerra biológica ha sido muy ingeniosa. Se llevan colmenas de abejas a las zonas de cultivo, y esas colmenas tienen junto al orificio de salida un baño con esporas de *Clonostachys*. Así, las abejas lo llevan en sus patas inevitablemente al salir de la colmena, y cuando polinizan las flores —que para algo es su trabajo— lo dejan allí. En este caso un insecto es el vector para poner el hongo parásito en el lugar exacto, con la dosis exacta, con lo que se consume poquísima cantidad. Y además es más eficiente que cualquier fungicida. Es la guerra: un caso de comando biológico, aerotransportado por un helicóptero biológico.

Otras sustancias biológicas que se usan para nuestra lucha son los semioquímicos, palabreja que viene del griego *semeion*, señal. Son «señales químicas», sustancias que los propios insectos emiten para comunicarse entre ellos situaciones fisiológicas, a través de sensores químicos (algo como el olfato pero más complejo) y modificar así su comportamiento. Entre los semioquímicos están las famosas feromonas. Las feromonas pueden mandar mensajes de alarma, o de disponibilidad sexual, o pueden marcar territorios, marcar puestas de huevos o indicar rutas de alimentación a otros insectos de su misma especie.

Las feromonas pueden usarse de formas muy diferentes para luchar contra las plagas. Pueden ponerse como cebos en trampas, de manera que el insecto es atraído por una llamada sexual y acaba atrapado y muerto. Las trampas de agua con feromonas son muy eficaces para capturar masivamente al minador del tomate. También puede interferir en las pautas de apareamiento. Por ejemplo, para eliminar el barrenador del arroz, una mariposilla, se liberan feromonas en muchos puntos del cultivo; eso despista a los machos, que no son capaces de encontrar la verdadera ruta hacia la hembra, con lo que no hay reproducción. Otras feromonas actúan como repelentes al enviar señales de alarma. Hay desarrolladas feromonas para muchísimas especies de polillas, escarabajos, moscas, orugas, avispas, cucarachas, trips... Suelen aplicarse con dispensadores, normalmente tubos de plástico, paquetes o las propias trampas, para que liberen el señuelo poco a poco, ni muy despacio ni muy deprisa.

El uso de feromonas es muy seguro: suelen ser muy específicas para cada especie, no son tóxicas, no persisten en el medioambiente y las plagas no desarrollan resistencia, porque se trata de sustancias de su propio metabolismo. La gracia está en engañarlas hablando su mismo lenguaje químico: es una especie de guerra de inteligencia. Su único problema es el precio. Como son moléculas muy específicas, algunas muy complejas, es caro fabricarlas por síntesis química. Pero cada vez más se está consiguiendo producirlas por fermentación, mediante levaduras modificadas, que pueden fabricar grandes cantidades y por tanto mucho más baratas. Hay un mundo de desarrollo en diferentes feromonas para diferentes insectos y cultivos. Muchas son ya asequibles y ampliamente usadas, otras irán llegando con la investigación. Es uno de los campos de juego más abiertos y prometedores en la protección de cultivos.

Como podemos imaginar por esta pequeña muestra, hay infinidad de procedimientos de biocontrol, con distintas especies y cientos de estrategias diferentes, la mayoría muy específicas. Pero hay que tener claro que esto no es algo que se pruebe en el campo sin más, alegremente. El biocontrol es el resultado de años de investigación científica, de pruebas y ensayos, para identificar los agentes adecuados que además no dañan a las especies nativas. Igual que los plaguicidas químicos, los agentes de biocontrol tienen un proceso de aprobación administrativa muy garantista para permitir su uso.

Por desgracia, todo esto no quiere decir que podamos prescindir totalmente de los plaguicidas químicos. No, por ahora no podemos, hay momentos en que son necesarios. Igual que no podemos prescindir a veces de medicamentos por mucho que hagamos ejercicio, comamos sano, bebamos mucha agua y nos riamos cinco veces al día. A veces necesitamos parar una plaga cuanto antes, ya mismo, no hay tiempo de organizarse con sus ciclos vitales y su momento de reproducción y etcétera: nos quedamos sin cosecha. Por eso, lo que mejor está funcionando ahora mismo es utilizar conjuntamente procedimientos biológicos y químicos, dependiendo de las disponibilidades, los cultivos y los momentos de la plaga. Es lo que se llama manejo integrado de plagas (MIP).

Hay un consenso mundial en que el MIP es hoy el enfoque más efectivo y con menor impacto que podemos utilizar. A menudo su objetivo no es erradicar las plagas, sino controlarlas por debajo de las densidades que puedan provocar un daño económico. Pero hay que reconocer que es más complicado que simplemente fumigar. Con un plaguicida químico, solo hay que comprar el bote y leer las instrucciones; y a veces no se hace ni eso. Pero a la larga, el MIP es mucho más eficiente. Se trata de combinar métodos de cultivo, métodos biológicos y productos químicos solo cuando es necesario, de manera que los tratamientos sean rentables pero que tengan, a la vez, una racionalidad ambiental. Los métodos biológicos son más conservadores con la biodiversidad de los ecosistemas agrarios, lo que, en general, favorece la vida de las plantas. Y eso, a la larga, repercute también en rentabilidad.

Tanto la FAO como la Unión Europea apoyan el uso del manejo integrado, porque es el camino que va reduciendo progresivamente el uso de plaguicidas químicos sin perder productividad. Un ejemplo se encuentra en el cultivo del algodón en Australia. En los años 90, los cultivadores de algodón tenían que aplicar de 10 a 14 tratamientos por temporada con plaguicidas, para poder controlar su mayor plaga: el gusano cogollero, un tipo de mariposa (*Helicoverpa*). A partir de 1996 empezaron a introducirse variedades transgénicas de algodón, que producían una proteína de la bacteria del suelo *Bacillum turingiensis* —por eso se le llama algodón Bt—. Esa proteína es tóxica para el gusano cogollero, es decir, que la propia planta se defiende sin ayuda. Otras variedades Bt más avanzadas se fueron introduciendo posteriormente, la última en 2020. El resultado es que hoy el uso de plaguicidas se ha reducido en el algodón australiano más de un 98 %. Se hacen uno o dos tratamientos por temporada con menos dosis, y a veces ninguno. El 99 % del algodón australiano es ahora algodón Bt, lo que, de paso, ha mejorado la fauna de insectos del entorno (excepto la del gusano cogollero, claro) y su biodiversidad. En 2020 el algodón Bt comenzó a introducirse también en Kenia, donde simplemente está triplicando las cosechas con el mismo esfuerzo. Y es que allí, por su coste, se usaban muchos menos plaguicidas.

No cabe duda de que, en el futuro, la protección de cultivos va a ser cada vez más biológica y menos química. Lo que pasa es que para eso se requieren toneladas de investigación y desarrollo, para ir adaptando más y más formas de lucha a distintas plagas y cultivos, y eso toma tiempo. Pero se está haciendo: el sector de protección de cultivos va por ahí. La siguiente gráfica da las proyecciones esperadas para las próximas décadas en esta industria.

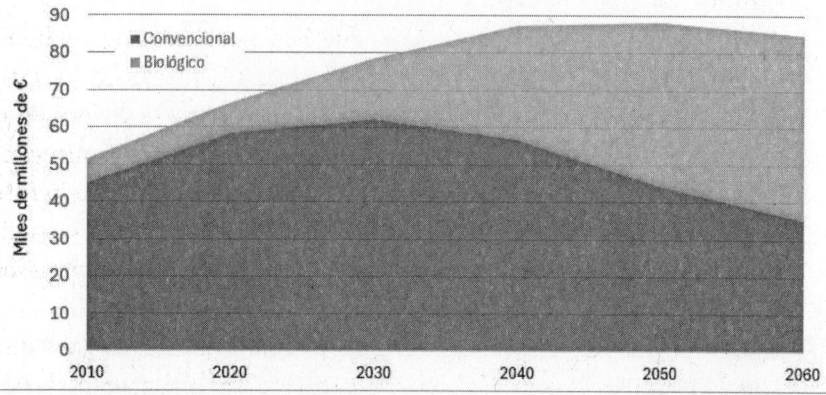

Proyección del mercado mundial de protección de cultivos
(convencional vs biológico)

Adaptado de Lux Research, 2015

Parece que el tamaño de este mercado seguirá creciendo al menos hasta mediados de siglo. Pero, si bien hoy la parte biológica es solo un 12 % del total, la proyección es que llegará a igualarse con la convencional en la década de 2050 y luego seguirá ganando cuota poco a poco. Los plaguicidas químicos se usarán cada vez menos.

Ojo, porque que una cosa sea «biológica» no la convierte automáticamente en buena. El impacto ecológico y toxicológico no es exclusivo de los productos químicos. Ni tampoco todos los productos químicos son malos sin más. Así que la investigación a este respecto continuará sin descanso, y debe ir más allá del propio cultivo y estudiar también los impactos de la lucha biológica sobre el suelo y los ecosistemas implicados.

El futuro de la protección de cultivos (o, por decirlo de otra manera, de la protección de nuestra comida) verá muchos cambios. Una parte importante tiene que ver con la agricultura de precisión, la agricultura de los datos. Con apoyo de drones y de imágenes de satélite, se podrá conocer el alcance exacto de las plagas y ajustar los tratamientos. Pero también se podrán hacer proyecciones sobre parámetros que permitan prever cuándo va a aparecer cierta plaga, porque las condiciones son adecuadas. La inteligencia artificial será capaz de analizar los datos sobre comportamiento de insectos u hongos, condiciones ambientales y pautas históricas de infestación, con lo que podrá disponerse de modelos predictivos. Eso permitirá adelantar y ajustar tratamientos, especialmente los de tipo biológico.

Hay proyectos muy avanzados que utilizan gafas de realidad aumentada e inteligencia artificial para detectar plagas en los cultivos. La IA se entrena para identificar las plagas, o enfermedades o carencias, en condiciones muy distintas, hasta conseguir una mirada experta. Y las gafas permiten tener la información de manera inmediata solo mirando a las plantas afectadas. La capacidad de estas tecnologías para ofrecer conclusiones rápidas, precisas y sin sesgos puede cambiar completamente el panorama.

Ya vimos también que entrarán nuevos sistemas robóticos que pueden eliminar las malas hierbas de forma completamente específica, con precisión gracias a la visión artificial e incluso utilizando láser. Así desaparecen totalmente los herbicidas.

Muchas de estas tecnologías pueden sonar hoy a un nivel de sofisticación, y desde luego coste, asumibles por muy pocos. Pero hace setenta años los tractores eran exactamente eso, y sin embargo hoy están por todas partes. El campo, dentro de unas décadas, habrá cambiado en muchos aspectos.

Además, otras muchas innovaciones vendrán con el sector biotecnológico, que en muchos aspectos van en paralelo con el farmacéutico. Una forma de minimizar las cantidades aplicadas de plaguicidas, aunque sean biológicos, es poner justo la dosis adecuada en el sitio y lugar adecuado. Los *nanocarriers* (nanotransportadores), una innovación del sector farmacéutico, están dando el salto a la protección de cultivos. Plaguicidas biológicos nanoencapsulados serán capaces de penetrar las membranas de los objetivos, ser más estables y liberarse de forma controlada. Incluso podrá activarse esa liberación de acuerdo a estímulos concretos, como pH, temperatura o la presencia de determinadas enzimas. ¿Qué significa esto? Que usando muy pequeñas cantidades de plaguicida conseguiremos ponerlas justo donde hacen falta, a nivel de los tejidos vivos, y que incluso una vez allí podrán esperar y liberarse justo cuando más efectivas van a ser.

También las plantas van a colaborar en su propia defensa. Se están desarrollando moléculas que, pulverizadas sobre las plantas, promueven una determinada respuesta fisiológica, que puede hacerlas más resistentes a una plaga en determinado momento. Una planta puede segregar sustancias que la protegen de una infección por hongos o bacterias, con el estímulo adecuado, de manera que se pueden provocar respuestas sistémicas que preparen a la planta contra los ataques. De forma análoga, también pueden provocarse respuestas fisiológicas que las hacen más resistentes a la sequía.

Todas estas innovaciones están en marcha, en algunos casos como conocimientos biológicos básicos, en otros aplicándose ya para algunos cultivos y plagas concretos. No cabe duda de que la investigación futura los irá extendiendo más y más. El sector de protección de cultivos está cambiando. Pero, como la mayoría de los cambios masivos, no será rápido.

Una última observación relacionada con la protección de los cultivos. Hay un sistema muy sencillo y muy barato de proteger la biodiversidad, los ecosistemas agrarios y los insectos que pueden ser favorables para ellos. Uno de los problemas que tiene la agricultura moderna, en cuanto a protección, viene precisamente de aquello que es quizá su mayor símbolo: las grandes extensiones de monocultivo. Es evidente que esto permite la mecanización, una alta eficiencia y precios contenidos, pero también puede causar graves problemas de plagas masivas. Ese sistema no es incompatible con el que la misma FAO defiende: introducir un poco de heterogeneidad en ese mundo tan homogéneo. Se trata de combinar superficies de distintos cultivos cuando sea posible, y sobre todo mantener parches de vegetación nativa, en forma de recintos, altozanos, zonas encharcables, corredores o setos. Basta con un pequeño porcentaje de terreno. Solo con eso, muchos seres vivos pueden permanecer y prosperar, y cambia sustancialmente la salud de los cultivos, ya que se mantienen los equilibrios, los polinizadores y la variedad de insectos que pueden controlar una plaga.

AGRICULTURA ORGÁNICA

Existe un tipo de agricultura que ha decidido renunciar voluntariamente a las tecnologías de las que venimos hablando en los últimos capítulos. Las tecnologías de alimentar a los cultivos y las de protegerlos. Bueno, no a todas; solo a las que considera más agresivas con el entorno. Es la agricultura orgánica (también llamada «ecológica»).

La agricultura orgánica parte de un principio valioso: respetar al máximo los equilibrios naturales del ecosistema agrario —en especial el suelo— y proteger su biodiversidad. En realidad, esta agricultura se caracteriza sobre todo por lo que *no* utiliza. No utiliza fertilizantes químicos —adiós a Haber-Bosch, a las minas de potasa y a las de fosfatos—, y en su lugar utiliza fertilizantes orgánicos como estiércol, compost o abono verde. Tampoco utiliza plaguicidas de síntesis, aunque eso no significa que no utilice plaguicidas. Pero los que utiliza son sustancias químicas que existen en la naturaleza, como los piretroides (extractos de una flor de crisantemo, que son insecticidas), aceites de naranja, geranio o tomillo, extractos de ajo o cebolla, sulfato de cobre o azufre. Ojo, no olvidemos que el hecho de que algo sea natural, como lo son el arsénico o la cicuta, no significa que no sea tóxico para los seres vivos a su manera; por eso, precisamente, es un plaguicida. Pero estos son mucho más suaves. También, hay que decirlo, menos efectivos en general.

Otra cosa que no usa nunca la agricultura orgánica son organismos modificados genéticamente. Sobre los NGT, aún no se sabe qué hacer, y de hecho no están regulados para esto. Además de esas prohibiciones, en los cultivos orgánicos se aplican una serie de prácticas propias de la agricultura regenerativa, como el laboreo mínimo o la rotación de cultivos, que mantienen mejor la fertilidad del suelo. Y por supuesto la lucha biológica contra las plagas, con los procedimientos que ya hemos visto antes.

En cuanto a la ganadería orgánica, en ella se prohíbe el uso de antibióticos y hormonas (que, de hecho, están enormemente limitados también en la ganadería convencional en Europa), se cuida el bienestar animal (como también en la ganadería convencional) y se utilizan pastos con fertilización orgánica, o piensos de proteína a base de soja o leguminosas orgánicas.

Los productos orgánicos, es decir, los procedentes de este tipo de agricultura, tienen una fama generalizada de ser más sanos y más respetuosos con el medio ambiente. Esta percepción habitualmente no se somete a mayor análisis: se llaman «orgánicos» ¿no?, luego tienen que ser necesariamente mejores. En realidad, en el supermercado suele ser muy difícil distinguirlos de los «convencionales» a simple vista, porque de hecho el producto es el mismo, lo que cambia es el «proceso de fabricación».

Un problema para el productor es que una manzana orgánica y una convencional son exactamente iguales a ojos del consumidor que va a comprarla. Por eso la producción orgánica está sometida a un proceso de certificación: unos inspectores visitan periódicamente las explotaciones para verificar los procedimientos y expiden un sello de garantía que podrá exhibir el productor. Así, el comprador puede saber que eso se ha producido realmente mediante agricultura orgánica. Vamos, para que no nos vendan algo como orgánico después de haberle echado nitrato potásico y glifosato a escondidas, por la noche. Los métodos de agricultura orgánica están estrictamente regulados; a nivel internacional la base son los estándares de la IFOAM (International Federation of Organic Agriculture Movements). La Unión Europea es también muy estricta en la regulación y verificación de los cultivos orgánicos, con listas muy concretas de qué productos están permitidos para ella.

Pero, además de buscar ese sellito verde que expide la Unión Europea (con una hoja formada por las doce estrellas de la Unión) hay otra forma muy rápida de distinguir un producto orgánico en el mercado. A mí me pasó hace un tiempo y lo aprendí enseguida.

Había ido a visitar una bodega con mi familia y unos amigos. Una de esas visitas de fin de semana en que te enseñan el proceso de producción del vino, cómo eran las bodegas antiguamente y, sobre todo, cómo es el vino que producen. Seamos sinceros: esta es la mejor parte. Pruebas unos cuantos vinos, te explican algunas cosas sobre las variedades, la elaboración, la historia local, y de paso te ponen unos platitos de jamón, de queso curado y otras bagatelas que combinas con los caldos mientras lo comentas con tus amigos. Así que nos lo estábamos pasando bien. Claro, luego te dan la opción de comprar alguno de los vinos, y aunque ya has pagado por la visita, en cierto modo te sientes obligado.

Así que estaba yo charlando con el chico que nos había hablado de la uva Chardonnay, la Bobal y la Shiraz, y de las barricas de roble americano, mientras me preparaba una caja de vinos. Al lado del que había elegido había otro de la misma variedad y de la misma añada, pero que costaba el doble. Le pregunté por qué. Me miró un momento, frunciendo los labios imperceptiblemente, aunque lo suficiente para que yo captara lo que me reprochaba en silencio: «Seguro que no estabas atento cuando lo estaba explicando, ¿verdad? Me hacéis repetirlo todo... Ya te veía yo ocupado con el jamón y sin parar de hablar». Pero en realidad fue muy cortés y simplemente me dijo: «Bueno, es que este vino es ecológico». Mientras lo decía me sostuvo la mirada con intención durante unos segundos, algo más de lo que hubiera sido normal. Unos segundos en los que entendí perfectamente lo que en realidad quería decir: «Bueno, es que este vino está salvando el planeta, él solito. Está combatiendo la desertificación, salvando a las abejas y luchando contra el cambio climático. Entenderás que eso es algo más, que no es un vino vulgar hecho simplemente de uvas: es un vino ético. Entenderás también que ese esfuerzo hay que pagarlo. ¡Ráscate el bolsillo!».

Y entonces asimilé una cosa que distingue a primera vista los productos orgánicos de los que no lo son: que son bastante más caros. Por cierto, compré también el vino ecológico (y eso que, me dije, ya hago bastante por el medio ambiente con mi trabajo). Pero decidí estudiar la cuestión un poco más.

Para mis libros suelo incluir algún trabajo de campo, aunque es verdad que mucho de él lo llevo hecho de serie a lo largo de mi vida profesional, así que me lo convalido yo mismo. Pero esta vez me llamó bastante la atención el asunto, así que para este caso, en concreto, diseñé un trabajo de campo completamente específico. Material: un papelito y un boli. Lo que hice fue darme una vuelta por un supermercado orgánico de mi barrio, y anoté el precio de 15 productos muy habituales. Luego me fui al supermercado normal e hice lo mismo; en este caso, en Mercadona, un supermercado muy representativo porque es el de mayor cuota de mercado minorista en España (nada menos que el 29 %). Debo decir que aquí había bastante más gente, pero aun así no tuve mucho problema con mis anotaciones. Mi trabajo de campo fue bastante rápido e instructivo, y este fue el resultado:

		Supermercado orgánico	Supermercado normal	¿Cuántas veces es más caro el orgánico?
Manzana golden	€/kg	2,65	2,09	**1,3**
Naranja de mesa	€/kg	2,39	1,88	**1,3**
Plátano	€/kg	3,04	2,00	**1,5**
Alubia blanca	€/kg	6,50	1,85	**3,5**
Patata blanca	€/kg	2,22	1,63	**1,4**
Ajo	€/kg	7,90	6,20	**1,3**
Calabacín	€/kg	4,83	2,00	**2,4**
Tomate ensalada	€/kg	3,63	2,28	**1,6**
Solomillo de cerdo	€/kg	29,34	8,20	**3,6**
Filete ternera	€/kg	30,73	15,00	**2,0**
Muslos de pollo	€/kg	19,50	3,90	**5,0**
Pechuga de pavo	€/kg	36,53	7,90	**4,6**
Huevos	€/docena	4,88	2,20	**2,2**
Leche entera de vaca	€/l	1,86	1,14	**1,6**
Pan de molde	€/kg	4,95	1,84	**2,7**
Coste total	**€**	**160,95**	**60,11**	**2,7**

Comprobado: la comida orgánica es mucho más cara. No un poquito; muchísimo. Una hipotética cesta de la compra con esos 15 productos —un poco extraña, es cierto, ya que llevaría exactamente un kilo de cada cosa—, costaría 60 € en un super normal y 160 € en uno orgánico. Casi el triple. También es cierto que hay bastante diferencia entre los productos vegetales, que pueden ser desde un 30 % más caros hasta más del doble, y los productos de origen animal, que esos sí que son realmente mucho más costosos: puede pagar hasta cinco veces más. Bueno, parecería que el supermercado orgánico es una especie de capricho de ricos: no todo el mundo se lo puede permitir. Y es que allí no solo compras comida, sino también buenos sentimientos, y eso hay que pagarlo. Pero un momento... ¿los buenos sentimientos que te están vendiendo son reales?

Pues un poco sí y un bastante no.

Partamos de un principio: la comida orgánica no es más cara porque sí, solo porque nos quieran sacar el dinero sin más con el pretexto de su bondad. Bueno, a veces también hay algo de esto. Pero sobre todo es más cara porque es menos productiva. Una hectárea de terreno, cultivada con técnicas convencionales, dará 5000 kilos de maíz, pero en agricultura orgánica serán 3500 kilos si todo va bien. Pero esa hectárea habrá sido igualmente labrada, regada, fertilizada y tratada con plaguicidas, aunque sean los permitidos. Y habrá usado la misma mano de obra. Por tanto el coste por kilo producido es, casi invariablemente, mayor. La clave es que la productividad de la agricultura orgánica es mucho más baja, desde un 5 % hasta un 40 % menor, según los cultivos.

Para analizar el impacto ambiental de los cultivos orgánicos he recurrido a un interesante estudio de 2017[32], que me gusta porque se dedica a sintetizar y homogeneizar cientos de estudios anteriores (como el que vimos para los insectos). De esa manera, condensa un trabajo muy amplio y el resultado es mucho más valioso, algo así como un concentrado de caldo de carne. Este, en particular, condensaba los «estudios de ciclo de vida» realizados sobre nada menos que 742 sistemas de cultivo, que abarcaban 90 tipos de alimentos diferentes, para comparar el impacto sobre el entorno de los cultivos orgánicos y los convencionales. Aquí haré una supersíntesis de esa síntesis.

El estudio compara varios cultivos y varios productos animales, producidos con procedimiento orgánico o convencional, y evalúa el impacto en varias cuestiones ambientales relevantes. Aquí resumo los resultados sobre las cuatro principales familias de impactos.

El gráfico puede parecer un poco lioso porque intenta meter mucha información en poco espacio, pero aun así, si lo mira con un poco de calma, seguro que le gusta. Lo que mide es el ratio del impacto orgánico/convencional. Es decir, cuando un punto está sobre la línea del valor 2, quiere decir que el producto orgánico tiene el doble de impacto que el convencional, y sobre la línea del 0,5, quiere decir que el convencional tiene el doble de impacto que el orgánico. Cuando están sobre la línea del 1, es que los impactos son más o menos iguales.

32 Clark, Michael; Tilman, David: *Comparative analysis of environmental impacts of agricultural production systems, agricultural input efficiency, and food choice.* Environmental Research Letters, 2017.

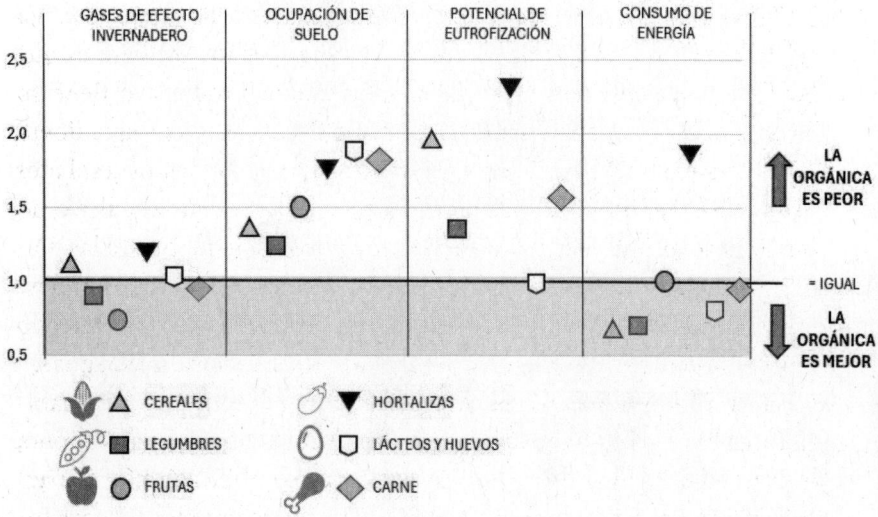

Ratio de respuesta a impactos ambientales de
producción orgánica frente a **convencional**

Atención al resultado. En primer lugar, el análisis muestra que los impactos comparativos de los sistemas de producción no son iguales para todos los cultivos ni para todos los tipos de impacto considerados. O sea, que no es lo mismo producir almendras orgánicas, melocotones orgánicos o trigo orgánico. No todo lo orgánico tiene las mismas ventajas e inconvenientes. Y el resumen global, por kilo de alimento producido, nos dice lo siguiente:

a) En cuanto a emisión de gases de efecto invernadero —GEIs, los gases que causan el cambio climático—, ambos sistemas son bastante similares, aunque las hortalizas convencionales dan un resultado algo mejor que las orgánicas, y las frutas y legumbres orgánicas algo mejor que las convencionales.

b) En cuanto a ocupación del suelo, en todos los casos funciona peor el orgánico. Ocupa más suelo (mucho más en hortalizas y productos animales) con el consiguiente impacto sobre más hectáreas.

c) En cuanto a riesgo de eutrofización, en todos los casos funciona peor el orgánico, salvo en lácteos y huevos, en que son iguales.

d) Y en cuanto a consumo de energía, en general son mejor los orgánicos, excepto en el caso de frutas y productos animales.

Igual piensa que le estoy engañando, que esto no puede ser. Va contra todos los prejuicios positivos sobre lo «orgánico». Pero es que hay que tener en cuenta que ser mucho menos productivo tiene su coste, también un coste ambiental. Abonar con estiércol, que libera los nutrientes muy despacio y no sincronizados con las necesidades de las cosechas, implica más pérdidas de nutrientes que el cultivo no puede aprovechar. Eso, y una lucha muy poco eficiente contra las plagas, hace que se produzca menos y que se liberen más nutrientes desaprovechados en el medio. El resultado es más utilización de terreno para producir lo mismo, y más riesgo de eutrofización en las aguas.

Aún hay algo más. Los campos de cultivo orgánico tienen habitualmente más biodiversidad y a la vez suelos más ricos en carbono, lo cual es muy bueno. El problema es que eso es cierto para la parcela orgánica concreta, pero no lo es para el conjunto del territorio: resulta que hay que roturar muchas más tierras para producir lo mismo, y no hay nada que cambie más drásticamente la biodiversidad y el carbono del suelo que la transformación de los espacios naturales. Así que, en una escala mayor, ni siquiera es mejor el resultado para la biodiversidad.

A cambio, el consumo de energía es menor con los cultivos orgánicos, sobre todo por el alto consumo energético que implica producir fertilizantes nitrogenados, que esta agricultura no utiliza. Pero, desde el punto de vista estrictamente ambiental, no está claro que nos sirva de algo consumir menos energía si producimos más GEIs.

Así que, si quiere consumir orgánico por una cuestión medioambiental, hágalo exclusivamente con legumbres y frutas. Para el resto, que sepa que está haciendo justo lo contrario: más impacto sobre el medioambiente.

Claro, que usted podría decirme: «Bueno, vale, puedo aceptar que sus ventajas medioambientales no son generalizadas. Que incluso tiene desventajas a veces. ¡Pero no me negará que es una comida mucho más sana!». Bueno, verá… créame que me resulta muy incómodo contradecirle de nuevo. Especialmente en un tema que parece tan bien establecido en el imaginario común. Pero es que tampoco es así: la comida orgánica no es más sana. Ni menos. No me cree, ¿verdad? Claro, le han repetido lo contrario muchas veces. Así que esta vez tendré que apoyarme en un estudio de la Unión Europea, que precisamente es uno de los mayores defensores y campeones mundiales de la agricultura orgánica[33]. Las conclusiones generales son las siguientes:

a) Según este estudio, no hay evidencias de una influencia en la salud globalmente positiva para los alimentos orgánicos. Es cierto que algunos estudios encuentran una menor influencia de alergias infantiles, de obesidad y de un tipo particular de cáncer (linfoma no Hodgkin), aunque ninguna influencia en otros tipos de cáncer. Pero también es cierto que se ha observado que sucede que las personas que siempre comen orgánico tienen una tendencia a ser más cuidadosas con su dieta, en general. Así que lo que parecen indicar los estudios epidemiológicos es que una dieta adecuada (con muchas frutas, verduras y legumbres, con una ingesta calórica adecuada a la actividad y con menos productos animales), es mejor en cualquier caso, independientemente de que los alimentos sean orgánicos o no. No se han encontrado evidencias claras de que el sistema de producción de alimentos influya en la salud, y eso que se han buscado.

b) Por otro lado, sí está claro que los que consumen productos orgánicos tienen una menor exposición a los pesticidas (en torno a un 30-40 % del que se tendría con productos convencionales; en ningún caso cero). Pero también es cierto que, en ambos casos, la exposición de un consumidor normal está varias veces por debajo de los límites considerados seguros; o sea, es extremadamente segura. Por tanto, la influencia de este factor no está demostrada.

Ahora bien, es innegable que, desde un punto de vista de salud pública, siempre será deseable una exposición tan baja como sea posible a los plaguicidas para el conjunto de la población. Pero eso no implica necesariamente la agricultura orgánica. Implica más bien que se avance en el manejo integrado

---

33 *Human health implications of organic food and organic agriculture.* EPRS (European Parliament Research Service), Scientific Foresight Unit, 2016.

de plagas, se aumente la lucha biológica y, cuando se usen plaguicidas, que sea con unas cantidades cada vez menores y una
persistencia residual cada vez más baja, pero sin afectar a la
producción. Digamos que está bien aprender algunas lecciones
de la agricultura orgánica, pero no hace falta comprar todo el
pack, no es indivisible.

c) Algo similar puede decirse del uso de antibióticos en la ganadería. El uso profiláctico y masivo de antibióticos es muy peligroso
para la salud pública, porque está generando una creciente cantidad de resistencias bacterianas. Nos estamos quedando sin
armas. Pero el uso limitado y preciso de los antibióticos no es
una prerrogativa de la ganadería orgánica. En general, las restricciones legales a su uso son cada vez mayores en cualquier
tipo de ganadería, al menos en países desarrollados.

d) Por último, en cuanto al valor nutritivo de los productos orgánicos, sí que está demostrado que tienen los mismos nutrientes
(vitaminas, minerales, proteínas...) que sus equivalentes convencionales. No presentan ninguna ventaja. Bueno, en algunos
productos animales hay algo más de ácidos grasos omega-3, y
algo más de compuestos fenólicos en algunos vegetales, pero
esas diferencias tienen una nula influencia en la dieta.

Así que, en lo que respecta a la salud, no parece haber ninguna
ventaja especial en «comer orgánico». Sí la hay, y mucha, en seguir
una dieta adecuada. La mayoría de consumidores orgánicos la
siguen, pero también lo hacen millones de personas que no lo son.

Todo esto tampoco significa que sea mejor la producción «convencional», sin más ni más. Y es que hay muchas maneras de hacer
producción convencional, que sin duda también presenta otros problemas. Pero en todo caso no se trata simplemente de comparar dos
mundos opuestos, sino de buscar las mejores soluciones conjuntas.
Desarrollar sistemas que integren los beneficios de la agricultura orgánica con los de la convencional —por ejemplo, con sistemas de precisión para fertilizantes, con manejo integrado de plagas o con abonado
combinado orgánico/inorgánico—, será clave para crear una agricultura realmente más sostenible en el futuro. No hay ninguna buena
razón para cerrarse en sistemas gobernados por principios teóricos
rígidos, por muy «naturales» que nos parezcan, en lugar de analizar

los resultados prácticos y reales. La orgánica paga también un fuerte peaje ambiental en su baja productividad, y da muy poco a cambio.

¿UN FUTURO ORGÁNICO O INORGÁNICO?

¿Es la agricultura orgánica el futuro? Para la Unión Europea, parecería que definitivamente sí. De hecho, el Pacto Verde Europeo de 2020 establece, entre sus objetivos vinculantes para 2030, que el 25 % de la superficie agraria sea ecológica. También incluye reducir un 20 % el uso de fertilizantes y un 50 % el uso de pesticidas —un punto que Bruselas ha retirado, de momento, tras las protestas del campo—, así como las ventas de antibióticos para animales de granja. Pero todo esto va a tener un coste, no solo económico, sino también uno un poco más oculto: el ambiental.

En todo caso, en 2021 la agricultura orgánica suponía un 6,4 % de la superficie agraria de Europa, después de años de desarrollo y subvenciones[34]. Confiar en que se cuadruplicará en diez años parece uno más de esos sueños de los burócratas alejados del mundo real, que no suelen ser conscientes de lo que cuestan de verdad las modificaciones tecnológicas, por no decir las sociales. La Excel lo aguanta todo.

Es cierto que la superficie de agricultura ecológica ha aumentado mucho en los últimos años, solo que a nivel global sigue siendo algo bastante limitado, ya que solo supone un 2 % del total de superficie agraria del mundo. Pero desde el año 2000, en que era el 0,3 %, esa superficie se ha multiplicado casi por siete. Si bien eso es una evolución muy notable y puede dar un buen titular («¡Se dispara la producción orgánica en el mundo!»), lo cierto es que en el conjunto sigue resultando muy poco significativa. Es curioso ver cómo se distribuye por países. El mapa siguiente nos da el porcentaje de agricultura orgánica de cada uno de ellos, en 2021.

---

34 6,4 % es el dato que ofrece la FAO para 2021 en la Unión Europea, aunque Eurostat lo eleva al 9,1 %.

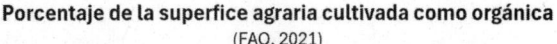

Porcentaje de la superfice agraria cultivada como orgánica
(FAO, 2021)

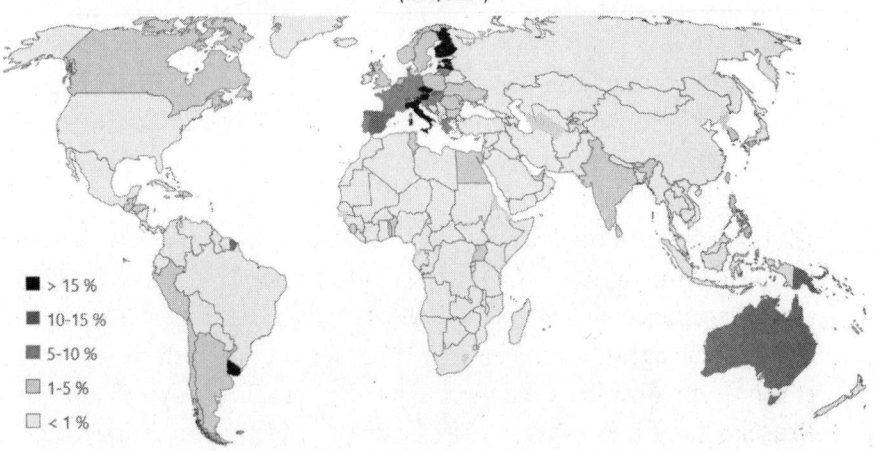

■ > 15 %
■ 10-15 %
■ 5-10 %
□ 1-5 %
□ < 1 %

Como se ve nítidamente en el mapa, hay una clara concentración en una región muy concreta del globo: parece que la orgánica sea una especie de manía de los europeos occidentales. Bueno, y también en Australia y el caso particular de Uruguay. Seguramente, las subvenciones a la agricultura orgánica en la Unión Europea tienen bastante que ver con esta situación (la ayuda media fue de 223 €/ha en 2020), pero desde luego no lo explican todo; sin duda existe una demanda de estos productos, que además está creciendo. Pero el caso es que para el resto de países, incluyendo a los mayores productores de alimentos del mundo —China, Estados Unidos, Brasil, India, Indonesia, Rusia, Argentina…— resulta algo casi completamente ajeno.

En cuanto a Europa, la verdad es que también podemos encontrar notables diferencias de unos países a otros, según el siguiente mapa. Mientras Austria lidera el *ranking* con un sorprendente 26 % de superficie agraria orgánica, en países como Irlanda, Polonia, Suecia o Ucrania es francamente escasa, entre el 0,1 y el 2 %.

Por otro lado, si analizamos la lista de los países que más productos orgánicos consumen, que está a continuación, también veremos algún asuntillo significativo. Me temo que no vamos a encontrar en esa lista a lugares como Mali, Afganistán ni Guinea Conakry. No, la verdad es que los que aparecen son básicamente los países más ricos del mundo, aunque en el top ten faltan los del Golfo Pérsico o Japón, donde el asunto quizá tiene aún recorrido. Sí, viendo las cifras la cosa suena a que podríamos encontrar algún tipo de correlación entre el consumo de comida orgánica y el mercado de Rolex, aunque reconozco que no he hecho esos números. Aun así, el consumo de estos productos tampoco es mayoritario en los países ricos, la verdad. Suiza es el país con mayor cantidad de consumidores «proorgánicos», pero incluso eso significa que «solo» el 11,1 % de su consumo alimentario lo es. Tampoco es para tirar cohetes, ni siquiera en el campeón del mundo.

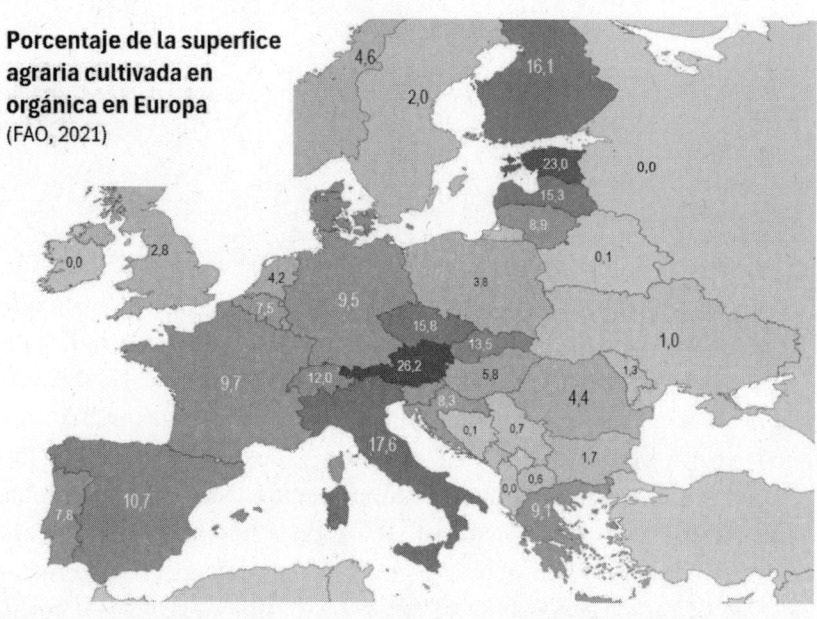

Porcentaje de la superfice agraria cultivada en orgánica en Europa
(FAO, 2021)

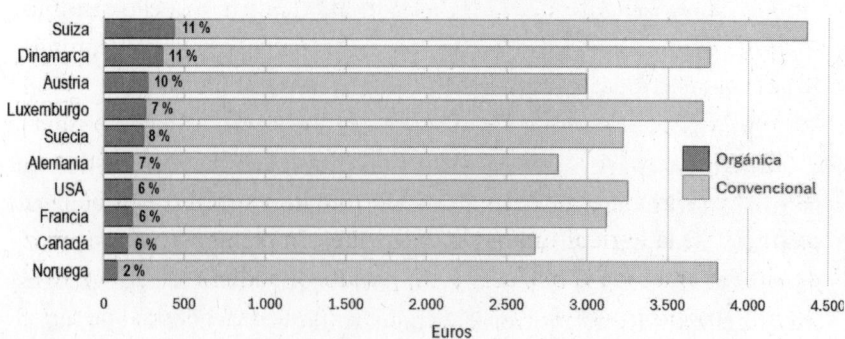

Los 10 países con más consumo per cápita de comida orgánica
Gasto total en comida, per cápita (2022)

Respecto a la superficie cultivada en orgánica en valor absoluto, es llamativo que el lugar del mundo con más tierras de este tipo sea, con mucho, Australia, que responden ellos solitos por más de la mitad del total mundial (55 millones de hectáreas). En el gráfico siguiente, que da un resumen por continentes, donde pone «Oceanía» quiere decir, básicamente, Australia.

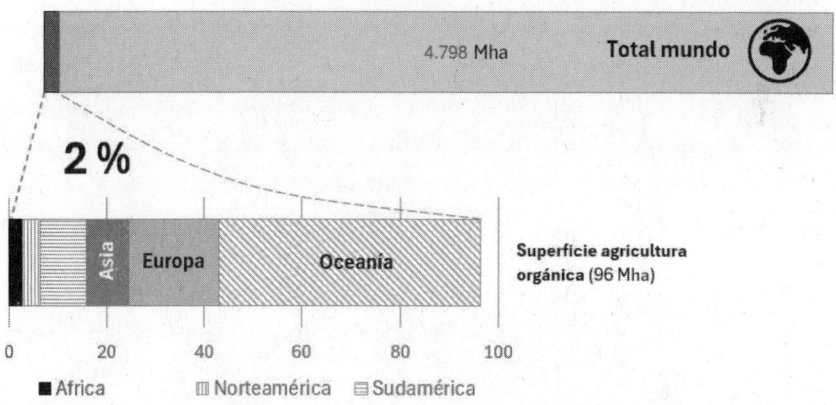

Superficie de agricultura orgánica por continentes (2022)
(Millones de hectáreas)

Pero la verdad es que hay un poco de trampa en estas cifras. La superficie orgánica de Australia no corresponde a tierras de cultivo, sino que prácticamente toda (el 97 % nada menos) son en realidad pastizales orgánicos, donde pacen los prolíficos rebaños de ovejas australianas. La realidad es que los pastos dominan en general la estadística del cultivo orgánico —como, por otra parte, la de todas las tierras agrarias, como ya vimos en el primer capítulo—. Pero el caso es que la imagen queda así un tanto hinchada, porque lo que uno imagina cuando se habla de agricultura orgánica son tomates, manzanas, patatas o maíz. En realidad, a nivel mundial solo el 31 % del suelo de agricultura orgánica es tierra de cultivo; el resto son pastos.

¿Y por qué se ha extendido tan poco si parece, a primera vista, tan atractiva? ¿Hay algún problema? Pues sí, uno muy sencillo: el problema principal de la agricultura orgánica es que, simplemente, no es capaz de alimentar a toda la población del mundo. Si pudiera hacerlo podría ser una solución, pero no es el caso ni tiene capacidad material de serlo.

Un ejemplo claro: la capacidad de fertilizar todas nuestras cosechas solo con abono orgánico. Aunque la materia orgánica es un componente vital del suelo, que hay que mimar y que mejora definitivamente su fertilidad, la cuestión es si es posible proporcionar *todos* los nutrientes a nuestras cosechas *solo* con fertilizantes orgánicos. La fertilidad del suelo a largo plazo requiere también que se repongan todos los nutrientes que extraen las cosechas, y eso no es posible en muchos cultivos orgánicos. Hay una publicación de la Universidad del Estado de Washington, de 2017, que se titula *No hay bastante estiércol (o compost) para sostener la agricultura*.[35] Sí, ya sé que se pueden encontrar estudios de universidades secundarias sobre casi cualquier cosa, pero este me parece interesante porque es un enfoque original entre otros muchos similares. El estudio se circunscribe a Estados Unidos —una potencia agrícola, por otra parte—, y viene a decir que la agricultura orgánica, allí, lo que hace en realidad es captar la materia orgánica del resto de suelos. Concluye:

> Retire los desechos orgánicos de un área de tierra grande y aplíquelos a un área de tierra mucho más pequeña. Mejorará el suelo, el crecimiento de las plantas, etc. No importa si se hace en un jardín, en una granja, incluso en un bosque tropical. (…) Sin embargo, no es sostenible. Es una ilusión que vemos cuando ignoramos la fuente de la fertilización orgánica.

Sobre esto, podemos remitirnos también al experimento de Sri Lanka, en el capítulo anterior. De hecho, un secreto de la agricultura ecológica es que, en los países desarrollados, la gran mayoría de esos cultivos dependen del nitrógeno del estiércol animal, que en última instancia proviene —en buena parte— de las proteínas de soja importada, fertilizada con nitrógeno Haber-Bosch. Más o menos como en el ejemplo que vimos sobre el nitrógeno de Dorothy.

A este respecto es conveniente escuchar a Nadia El-Hage Scialabba, ecóloga alimentaria, que fue la responsable del Programa para la Agricultura Orgánica de la FAO hasta 2018. No hablamos de una persona cualquiera: por su cargo, trabajó durante años para promover la agricultura orgánica en el mundo, especialmente en países

---

35   Andrew McGuire: *There is not enough manure (or compost) to sustain agriculture.* Center for Sustaining Agriculture and Natural Resources. Washington State University, 2017.

en desarrollo. Pues bien, ella misma, después de años de experiencia en este campo, promovió un amplio estudio sobre la viabilidad de tener una agricultura 100 % orgánica[36]. Estas eran sus conclusiones:

> La agricultura orgánica solo puede contribuir a proporcionar suficientes alimentos para la población de 2050 y, al mismo tiempo, reducir los impactos ambientales de la agricultura, si se implementa en un sistema alimentario bien diseñado en el que [...] se recorte el número de animales y el consumo de productos animales, así como el desperdicio de alimentos. La conversión a una agricultura 100 % orgánica, dentro de un sistema de producción agraria que proporcione las mismas cantidades y composición de productos que en el escenario de referencia, no es viable y conduciría a un mayor uso de la tierra agrícola [18-36 % más].

O sea, que no, no se puede. Hay que cambiar muchísimas más cosas, aparte del propio sistema de producción.

Y es que, al final, de lo que se trata es de conseguir una agricultura que nos dé de comer a todos y a la vez sea sostenible. «Sostenible» es una palabra que ya aburre, porque se ha exprimido tanto que se ha vaciado de contenido: hoy cualquier caja de lápices o cualquier bolsa de cacahuetes es «sostenible». Hasta unas gafas. Sin embargo, la palabra, aplicada a la agricultura, tiene todo el sentido. El sentido original: el de un sistema que podremos *sostener* indefinidamente, porque utiliza los recursos de manera que siempre se regeneren y siempre estén disponibles.

Pero es importante resaltar que una agricultura *sostenible* no tiene por qué ser una agricultura de extremos. Como hemos visto, la agricultura orgánica no es, por sí sola, la mejor solución. Pero eso no quiere decir que vayamos a ese extremo que imaginan algunos defensores de la orgánica: una agricultura depredadora que esquilma las tierras con monocultivos de miles de hectáreas, abonados intensivamente hasta quemar el suelo, y pulverizados con venenos fluorescentes que exterminan la vida en kilómetros a la redonda. No, ni tam-

---

36   Adrian Muller, Christian Schader, Nadia El-Hage Scialabba et al.: Strategies for feeding the world more sustainably with organic agriculture. Nature Communications, 2017.

poco significa que la agricultura orgánica sea un proceso amoroso, espiritual, trascendente, que nos permitirá vivir para siempre como en la feliz Comarca de los hobbits. No, no se trata de nada de eso.

Sin duda, la agricultura mayoritaria en el mundo irá evolucionando hacia menores impactos en todos los sentidos, gracias a los muchos cambios que hemos ido viendo y a otros que ni imaginamos todavía. Y para ello no tenemos por qué renunciar a lo que la tecnología nos proporciona; solo usarlo con cabeza. Sobre todo cuando se trata de que cada vez más gente pueda comer de forma adecuada. No olvidemos que venimos de un mundo de hambre generalizada, no hace tanto tiempo, y que ahora estamos en uno en que apenas el 9 % de la población la padece, y queremos que sea aún menos.

Lo que ocurre es que la agricultura orgánica se presenta al público general con muchos de los ingredientes atractivos de una «filosofía de la naturaleza», de esa idea de bondad intrínseca de todo lo natural que nos atrae como los cánticos de una secta. Algo que a muchas personas les resulta irresistible, porque recuerda a ese mundo tradicional que tan a menudo idealizamos —aunque dudo que nos gustara vivir en él de verdad, con todas sus consecuencias—. En ocasiones la agricultura orgánica estricta funciona como una especie de extremismo casi religioso; pero si fuera tan buena se habría expandido por el mundo a la misma velocidad que lo hizo la revolución verde, especialmente en los países en desarrollo. La cuestión es que, cuando se aplica un análisis crítico, el dogma de su superioridad queda en entredicho. En la escala global y el largo plazo, no da mejores resultados que una agricultura sostenible abierta a las mejoras tecnológicas, ni en producción, ni —atención— en impacto sobre el medio, ni tampoco en salud humana.

De hecho, no creo que nos plantéaramos algo así para otros campos del saber humano decisivos para nuestro bienestar, como puede ser, por ejemplo, la medicina. No creo que decidiéramos evitar la tecnología, prohibir las ecografías, los TACs y los antibióticos en la «medicina orgánica», y recurrir solo a emplastos de barro e infusiones de corteza de sauce, como remedios naturales. Entonces, ¿por qué hacerlo en la producción de alimentos? No es menos importante. Lo que se necesita es un enfoque flexible, con lo mejor de los dos mundos, para tener unos sistemas agrícolas que cumplan a la vez sus objetivos ambientales, económicos y sociales. Lo que la FAO llama «agricultura productiva y sostenible», sin limitaciones dogmáticas. Y sin duda la agricultura del futuro irá por este camino.

Como resumen, podemos decir que hoy en día la comida orgánica no aporta claras ventajas, ni a la salud ni al medio ambiente, y todo ello a cambio de menos producción y un precio mucho más elevado. Pero vamos, si puede permitírsela, adelante; mala no es. Si le gusta y le hace sentir mejor, no hay ningún problema. Hay quien solo consume comida orgánica, igual que hay quien tiene un Tesla eléctrico de 120.000 €; es perfectamente lícito, y yo no soy quién para decirle lo que tiene que consumir. Lo único es que 1400 millones de chinos, 1400 millones de indios y otros 1400 millones de africanos —entre otros millones—, simplemente ni se la plantean. De hecho, la mayoría no saben muy bien de qué estamos hablando.

LA LUCHA CONTRA EL DESPERDICIO

La verdad es que no conseguimos comernos todo lo que producimos. Y no es por falta de apetito. Cuando usted se pone a cocinar, o simplemente a comer —porque a lo mejor no cocina— seguro que es consciente de ello. En el súper pagó por todas las patatas de la bolsa, pero luego tuvo que tirar a la basura una parte del peso: las peladuras, los trozos inservibles e incluso dos o tres patatas que se acabaron estropeando en el fondo de la cesta y huelen fatal. Las cáscaras de los huevos, lógicamente, tampoco nos las comemos, ni el corazón de las manzanas, ni la raspa de la sardina, ni los huesos del pollo; cosas que en esencia no son comestibles. Pero también fueron a la basura cosas que sí eran comestibles: esa media barra de pan que se quedó dura, los macarrones que el nene no se comió, la lechuga que se quedó fofa en la nevera o los filetes olvidados que ya empezaban a oler mal. Pero todo eso era comida; hubo que producirlo, elaborarlo y transportarlo, y en esencia contaba en los 11.000 millones de toneladas de comida que la humanidad necesita producir cada año. Eso que vemos ahí es el desperdicio alimentario —o al menos una parte de él—, y es algo que reduce nuestro aprovechamiento de la comida. Así que cuanto menor sea, mejor.

La FAO estima que en 2022 se desperdiciaron 1050 toneladas de alimentos. Es bastante, casi un 10 % de todo lo que producimos. Cada punto que consigamos reducir ese porcentaje supone mucha comida, y eso significa muchas tierras que no necesitaremos cultivar, mucha energía que ahorraremos, mucha menos agua que utilizar en riego... Es un asunto para mirar con lupa, porque se trata de ahorrar.

Ya sabemos que todos los años pagamos un importante peaje de comida a las plagas y enfermedades, en torno al 23 % del potencial de producción. Pero de los 1375 kilos de comida per cápita que finalmente producimos, después de que las plagas se coman lo suyo, aproximadamente 125 kilos se desperdician. Resulta que, en total, un 30 % del potencial productivo se pierde por el camino. Y eso es mucho. La lucha contra las pérdidas que provocan las plagas es otro capítulo, cuyas dificultades ya hemos visto antes. Solo que una vez que hemos obtenido las cosechas sanas y salvas, parece que el resto debería ser más fácil de controlar. Pero no siempre lo es.

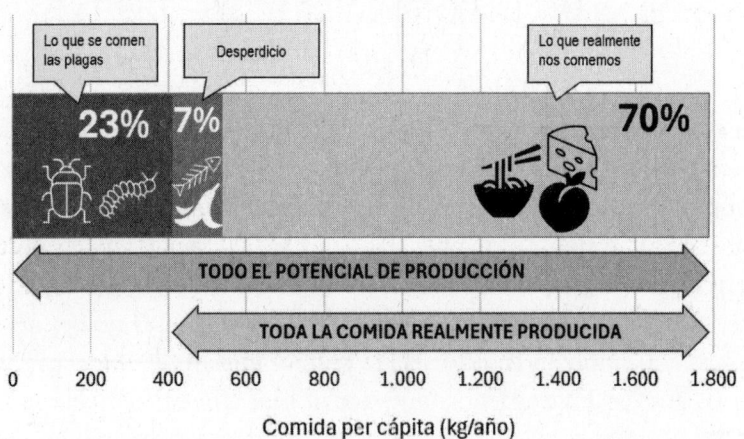

También entran aquí las destrucciones voluntarias de producto que se hacen, en ocasiones, para regular el mercado y destruir excedentes sin salida, dado que en productos perecederos es imposible ajustar con exactitud la oferta a la demanda (se planta con meses de antelación y la demanda es fluctuante). Al contrario que lo anterior, esto se da más en países desarrollados. Estas actuaciones pueden resultar impactantes, pero en realidad suponen cantidades muy pequeñas (menos del 3 por mil en el caso de las frutas y hortalizas de la Unión Europea), la mayoría se destina a donaciones gratuitas, y en todo caso garantizan que los agricultores puedan mantener su viabilidad para seguir produciendo al siguiente año.

Otra parte se pierde en la distribución, en las tiendas, debido a alimentos perecederos no vendidos, desechados o caducados. También se pierde algo en la preparación por la industria de alimentos, que a menudo es como una cocina a escala industrial, aunque ahí se afina mucho más para minimizar las pérdidas.

Finalmente, se desperdicia comida en la restauración y, sobre todo, en los hogares. En el cubo de la basura global, el 62 % es materia orgánica, o sea, básicamente restos de comida. Del total de esos restos, el 61 % no es comestible (pues eso: las raspas de pescado, las peladuras de naranja…) pero el 39 % restante sí que lo es, es comida de la buena que se ha echado a perder por distintas razones. A nivel global, cada uno de nosotros tira a la basura de casa unos 74 kg de comida al año, es decir, que más o menos el 60 % del desperdicio alimentario se produce en los hogares. Eso tiene bastante lógica, ya que es el principal punto de consumo final.

En la gráfica siguiente, que muestra las diferencias por países, se ve que la parte de pérdidas debida a la distribución —el epígrafe incluye también la industria de procesado— suele ser bastante contenida: unos 15 kilos per cápita. Al fin y al cabo, son actividades económicas que se esfuerzan por ser eficientes. Por otro lado, es curioso observar cómo el desperdicio depende de diferentes modelos culturales en el consumo de comida.

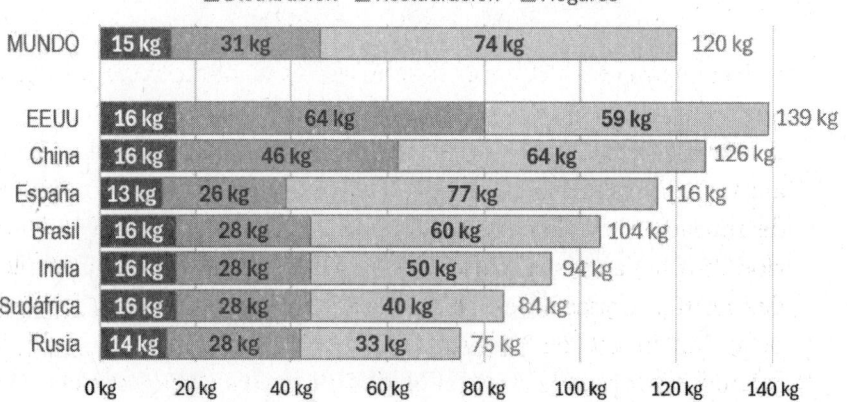

Desperdicio de comida per cápita (2019)

■ Distribución ■ Restauración ▢ Hogares

	Distribución	Restauración	Hogares	Total
MUNDO	15 kg	31 kg	74 kg	120 kg
EEUU	16 kg	64 kg	59 kg	139 kg
China	16 kg	46 kg	64 kg	126 kg
España	13 kg	26 kg	77 kg	116 kg
Brasil	16 kg	28 kg	60 kg	104 kg
India	16 kg	28 kg	50 kg	94 kg
Sudáfrica	16 kg	28 kg	40 kg	84 kg
Rusia	14 kg	28 kg	33 kg	75 kg

0 kg 20 kg 40 kg 60 kg 80 kg 100 kg 120 kg 140 kg

Por ejemplo, Estados Unidos y China muestran mucho mayor desperdicio que la media en restauración, probablemente por particularidades locales: el gusto por las raciones enormes en uno, y el estilo de múltiples platos compartidos en el otro. Ya vimos que en China se tomaron medidas «culturales» para intentar frenar esa fuente de desperdicio alimentario (la campaña del Plato Limpio).

Sin embargo, para un mismo país, apenas se aprecia diferencia por niveles de renta. Desperdiciamos comida de forma muy parecida independientemente de nuestros ingresos. Y es que, en general, el consumo de comida por cabeza es una cantidad bastante parecida para todos. La prueba es que la cantidad de materia orgánica en la basura, expresada en peso, es muy parecida incluso en países de renta muy diferente. Hay diferencias, por supuesto, como se ve en la gráfica siguiente; pero no es *tan* diferente.

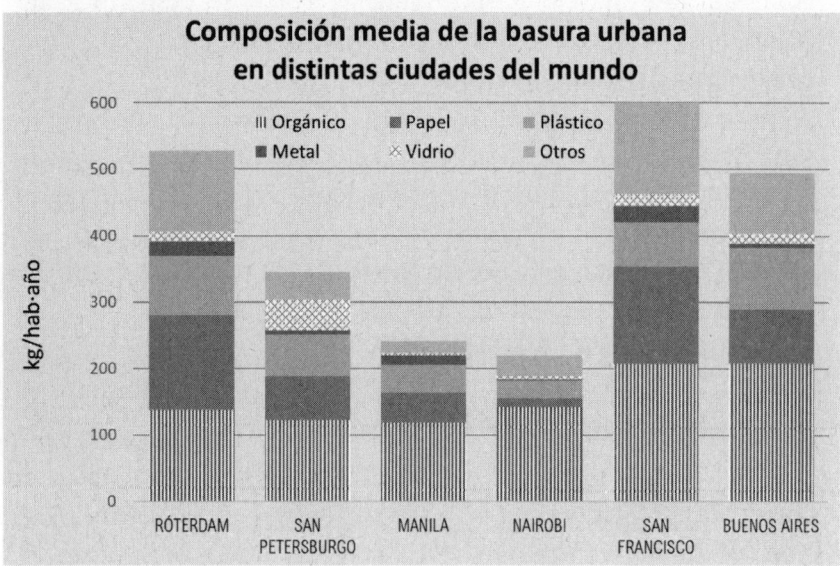

Y es que da igual que seas rico o pobre, vas a necesitar comer más o menos la misma cantidad —aunque la calidad del producto sea distinta—. Las grandes diferencias en la cantidad y en la composición de la basura urbana, en ciudades del mundo que representan rentas muy distintas, se debe sobre todo a lo que *no* son restos de comida: papel, plástico, vidrio y otras cosas.

Así que el desperdicio de alimentos no es solo un problema de los países ricos. La cantidad de alimentos desperdiciados en los hogares de los países de ingreso alto, medio-alto y medio-bajo (según la nomenclatura de la ONU) difiere, en promedio, tan solo 7 kilos por persona al año.

Lo cierto es que el desperdicio es la peor manera posible de perder comida. Ya ha pasado por todas las etapas de la producción, ya hemos incurrido en todos los costes, en todos los impactos ambientales, en todo el consumo de energía, ya está lista para su función... y la perdemos. Una lástima. Si el desperdicio alimentario se redujera, digamos, a la mitad, tendríamos de pronto 500 millones de toneladas de comida nueva, cada año, sin coste. Podemos pensar que reducirlo a la mitad es un objetivo muy ambicioso, suena casi a un imposible. Sin embargo es exactamente el objetivo que se fijó la ONU en 2015, uno de los muchos objetivos de la Agenda 2030 (concretamente el objetivo 12.3): reducir el desperdicio alimentario a la mitad para ese año, 2030. Muy difícil, la verdad, pero es cierto que, aunque no se llegue, cada punto porcentual cuenta. Es nuestra mejor opción para conseguir más comida sin usar más recursos. Y en esto algunos países lo han hecho muy bien. Un buen ejemplo es Japón.

Japón es un país que resulta un tanto peculiar en todo, salvo si eres japonés. Una larga historia de aislamiento y pobreza, tampoco muy diferente de la de cualquier otro país antes del siglo XX, fue afinando muchos hábitos de aprovechamiento exhaustivo de los alimentos. Antes de cada comida los japoneses aún suelen decir *itadakimasu*, una expresión de humilde gratitud, con la que dan las gracias a todo lo que permitió llevar esa comida a su mesa: al agricultor que cultivó, al pescador que pescó, al que llevó la comida al mercado, a las personas que la prepararon y la cocinaron y la pusieron sobre la mesa; e incluso a las propias plantas y animales gracias a cuya vida sigue adelante la nuestra. Es, al fin y al cabo, la bendición de los alimentos que existe en tantas culturas como muestra de gratitud.

Con el tiempo, y con esfuerzo, Japón se volvió rico. Y aunque se sigue diciendo *itadakimasu*, ya no se entiende igual el valor de la comida. Los restaurantes, la comida para llevar, las comidas preparadas en máquinas dispensadoras, fueron generando cada vez más desperdicio. Pero muy pronto fueron conscientes y empezaron a preocuparse por ello; ya en 2001 apareció una Ley de Desperdicio Alimentario, orientada sobre todo a las empresas de distribución y restauración. Se progresó bastante, a base de educación en las escuelas (la comida escolar era una gran fuente de desperdicio), y sobre todo con mecanismos para la distribución, como la relajación de las fechas de caducidad. Aunque también con algunas ideas un tanto peregrinas, como la iniciativa 3010. Esta era un intento de animar a la gente a pensar en ese número, 3010, cuando fueran a un banquete o una fiesta con comida: dedicar los primeros 30 minutos a comer, en vez de hablar con los amigos y familiares; y centrarse otra vez en la comida en los últimos 10 minutos de la fiesta, para cerciorarse de que no hay sobras o se pueden aprovechar bien. Está claro que hay pocas culturas a las que se les pueda pedir algo así: imagine a un italiano, un chino, un ruso o un español enfrentados al 3010. O a cualquier otro, en realidad. Sin duda, todos dedicarían los primeros 30 minutos de la fiesta a reírse de una idea como esa, mientras charlan animadamente con los demás.

Pero hubo otras medidas que sí pueden extenderse tranquilamente a cualquier otro país. Las actuaciones sobre las fechas de caducidad (o más bien de «consumo preferente») funcionaron. Algo tan sencillo como cambiar las fechas en las que se especificaba el día exacto, por una que solo indicaba el mes. Por ejemplo, un pan de molde ya no caduca el 01.oct.2024, sino en Oct.2024. Caduca en octubre, da igual el día; tampoco hay que ser tan fino. Un yogur que caduca el 12 de enero no se convierte en un veneno en la medianoche del día 12: sigue siendo perfectamente comestible durante semanas. En general se hizo un esfuerzo por extender las fechas de consumo por parte de fabricantes y distribuidores, siendo menos estrictos pero sin entrar en riesgos alimentarios. Incluso se plantearon medidas simples pero sensatas, como el llamado *temaedori* («coge el de delante»), introducido por los supermercados Co-op Kobe. Significa que se coja siempre el primer producto de la línea, que es el que caduca antes; los reponedores se ocupan de dejar los más recientes detrás. *Temaedori* se convirtió en una de las diez nuevas palabras más usadas en Japón en 2022.

En 2019 el foco se puso también en el desperdicio domiciliario, que al fin y al cabo era mayoritario, con la nueva «Ley de Promoción de la Reducción de la Pérdida y el Desperdicio de Alimentos». Esta ley define la reducción del desperdicio como una medida social, con medidas para alentar a todos los japoneses a abordar el problema como un asunto individual, una cuestión de ética personal y colectiva; casi una especie de movimiento nacional por la comida. El resultado de todas estas medidas ha sido francamente bueno. Desde 2008, las pérdidas de comida en Japón se han reducido en un sorprendente 31 %. Hay que decir que, además, en el país se sigue un programa de control del desperdicio, con mediciones en hogares piloto y en supermercados y restaurantes.

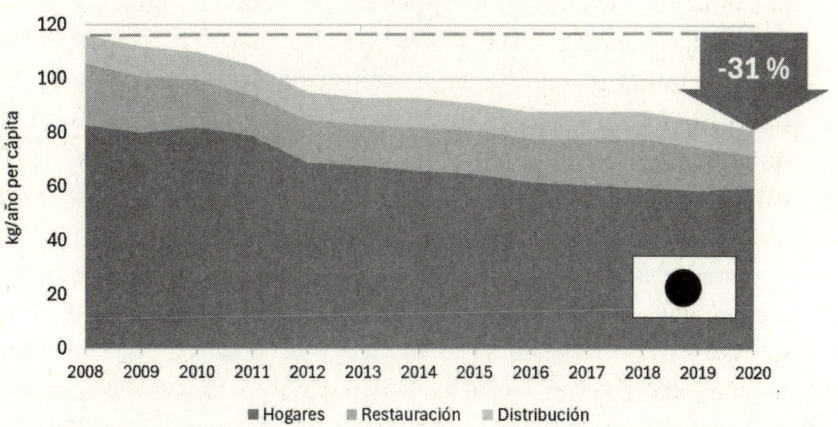

Evolución del desperdicio alimentario en Japón

Mediciones de este tipo, que permiten saber cómo están funcionando de verdad estas iniciativas, no son frecuentes, y solo se dan en los países más desarrollados. En realidad, la FAO solo considera medidas fiables sobre el desperdicio las de Arabia Saudita, Australia, Canadá, Estados Unidos, Japón, Reino Unido y la Unión Europea. En el resto, la FAO trabaja con estimaciones más o menos finas, con las cuales ha construido el Food Waste Index para medir el desperdicio global. Sí, ya sabemos que casi todo puede medirse en este mundo. Y ya conoce el principio: lo que no se mide no se puede mejorar. Es verdad que este proceso de control todavía es algo incipiente, y que las evaluaciones a nivel mundial no son todo lo representativas que se desearía.

Pero no es solo Japón el que hace cosas en este sentido. En Reino Unido ya se ha conseguido una bajada del desperdicio del 18 % desde 2005. En este proceso ha sido importante un tipo de acuerdo voluntario entre empresas productoras, grandes marcas de distribución y organismos públicos: el Courtauld Commitment 2030, que arrancó en ese año 2005. Este acuerdo también incluye iniciativas para reducir el consumo de agua y la generación de gases de efecto invernadero. Al final, se trata de que ciertas empresas se animen a tomar medidas que mejoran estos aspectos, en parte porque creen verdaderamente en ellos, en parte porque permiten mejorar sus resultados y en parte por imagen pública. Pero sin duda, la mayor parte de las actuaciones tienen que ver con cambiar la conciencia del consumidor sobre el problema: sin esas decisiones individuales, poco se puede hacer.

Hay ya bastantes países que han puesto en marcha sistemas de colaboración público-privada de este tipo para mejorar la situación, aunque son todos muy recientes: en 2019 se puso en marcha el Pacific Coast Food Waste Commitment, que abarca estados de Canadá y Estados Unidos; en 2020, el South African Food Loss & Waste Initiative; en 2021 en México, el Pacto por la Comida. Y así unos cuantos más. Pero este no deja de ser un movimiento bastante inicial, del que sin duda iremos oyendo hablar más en el futuro.

En la Unión Europea, este es un tema en el que hace tiempo que se habla del objetivo de reducción del 50 %, pero a la altura de 2024 se discute todavía cómo hacer para que eso se convierta en un compromiso legal para todos los estados miembros. Ya hay algunos países de la Unión que tienen alguna regulación sobre el desperdicio alimentario, que suelen incluir beneficios para la donación de comida —otra forma de que alguien se la coma y no acabe en la basura—, y mecanismos de flexibilidad de las caducidades de alimentos. Entre ellos Italia, Francia, Alemania y, más recientemente, España, que aprobó una ley sobre desperdicio alimentario en 2025.

Acuerdos de participación público-privada sobre desperdicio alimentario en el mundo

Hay que tener en cuenta, también, que los alimentos que acaban en la basura tienen al final alguna forma de aprovechamiento, aunque no sea la alimentación. No todo, pero al menos una parte se procesa, bien desde la basura urbana o bien desde la gestión de residuos alimentarios, para la producción de fertilizantes orgánicos (compost) o incluso para la producción de biometano, un sustituto perfecto del gas natural. Solo que, en el proceso, pasamos de materiales de alto valor (alimentos, con costes de producción desde 300 hasta 10.000 euros por tonelada) a materiales poco valiosos (como el compost, con precios de 10-20 euros por tonelada). Una enorme pérdida de valor, en todos los sentidos.

No cabe duda de que en las próximas décadas el esfuerzo por disminuir estas lamentables pérdidas va a aumentar. Esta es otra forma de proteger nuestra comida, y cada vez hay más concienciación sobre ello. Veremos más actuaciones, más legislación o novedades en los supermercados. Habrá cosas, por ejemplo, como los estantes de comida «fea» pero más barata: tomates con protuberancias, zanahorias con tres piernas, pepinos retorcidos o pimientos que se autoengullen. Cosas que normalmente dejaríamos de lado casi sin querer, pero que son perfectamente comestibles y no deberían terminar en la basura. Ya existen estas iniciativas, pero no de modo general.

También puede extenderse el sistema de descuentos variables en tiempo real, como el que existe en los billetes de avión. Son los precios dinámicos: los productos perecederos pueden ir variando de precio a medida que aumenta su tiempo en el estante, haciéndose más baratos, y sin duda eso mejoraría las ventas y dejaría mucho menos producto no vendido. No se trata del descuento global de última hora al final del día, sino de un sistema de ajuste dinámico y progresivo a lo largo de toda la vida del producto, lo que hoy es perfectamente factible con el control digital de las tiendas.

La creatividad de la distribución a este respecto nos dará buenas ideas, e incluso buenos momentos, en el futuro.

8.
El futuro de la ganadería

LA DIMENSIÓN DEL PROBLEMA

A los humanos nos gusta la carne. En algunas culturas existen incluso expresiones particulares que significan específicamente «hambre de carne». Los yanomamos, una tribu de la Amazonia venezolana y brasileña, hacen una clara distinción entre la comida vegetal (*nii*) por un lado, y por otro una categoría distinta que incluye la carne (*yaro*) y el pescado (*yuri*). Cuando un yanomamo está hambriento en general, a eso lo llama *ohi*. Pero puede estar saciado de ñame y, sin embargo, seguir teniendo hambre de carne o pescado, y eso ya es otra cosa: eso es *naiki*.

Otro caso parecido se da en los batwa del Congo y Ruanda, un pueblo pigmeo de África central. Durante la estación lluviosa, los batwa se quejan de que pasan hambre, a pesar de que su dieta sigue teniendo un valor nutricional suficiente; solo que los alimentos de origen animal, carne y leche se reducen mucho. Entonces se lamentan de la monotonía de la dieta y de la ausencia de su alimento más preciado: la carne. Y en el otro lado del mundo, los bororo de Mato

Grosso (Brasil) se quejan de «no tener nada que comer en toda la semana» si no tienen acceso a la carne de animales, aunque tengan suficiente comida vegetal.

Puede pensarse que esto es cosa de unos cuantos pueblos raros que viven en un mundo arcaico. Pero lo cierto es que la importancia de comer carne se da en todas las culturas y en todos los tiempos. Incluso nuestros primos evolutivos, los grandes primates, consumen mucha más carne de lo que se pensaba hace un tiempo: los chimpancés y los bonobos capturan pequeños mamíferos, incluso crías de otros monos, además de insectos, ranas o reptiles, y así comen carne con frecuencia. El reparto de la carne de caza entre los miembros de un clan es una operación ancestral, que se da también entre los chimpancés, y que forma parte de los rituales culturales que fortalecían las sociedades antiguas. Los sacrificios de animales en un altar frente a una divinidad —corderos, palomas, gallinas, bueyes, terneros...—, que se daban en muchas religiones, desde los etruscos y romanos hasta los hebreos y los persas, forman parte en realidad de banquetes rituales en los que se repartía carne entre una población que tenía un acceso a ella más bien ocasional. El antropólogo Marvin Harris afirma, incluso, que los sacrificios humanos entre los mexicas —o aztecas— eran una forma de enfrentar la escasez de carne entre una población creciente, sin acceso a grandes mamíferos para comer. Las llamadas «guerras florales» de los aztecas eran en realidad expediciones de caza entre las tribus vecinas, y los prisioneros sacrificados a continuación eran repartidos entre la población y cocinados sin mayor problema.

Pero es que además, en casi cualquier cultura, las grandes celebraciones en grupo siguen incluyendo el consumo de importantes cantidades de proteína y grasa animal. Ya no tenemos carencia de ellas —a menudo hay incluso exceso—, pero es una pauta del pasado que sigue presente en nuestra forma de vida. Y hay algo biológico en ese comportamiento. Da igual que sea un banquete de Año Nuevo chino en Guandong, donde no faltarán cangrejos, peces al vapor y varios tipos de carne. O una cena de Navidad en Hannover, donde habrá ganso asado y patatas con salchichas. O la «fiesta del primer salmón» que siguen celebrando las tribus chinook, tilamook y kalapuya del río Columbia, en Estados Unidos, en la que se aúnan la acción de gracias por la remontada anual de los salmones, con un banquete para todo el pueblo con enormes cantidades de este pez. Y también podemos incluir en este tipo de banquetes «tribales» esa comida del domingo con sus amigos, ya viva en Alabama, en Mendoza, en Sevilla, en Johannesburgo, en Wuhan o en Estocolmo, en la que a menudo abundan las proteínas. No dejan de ser réplicas estilizadas de los repartos de carne de caza de nuestros antepasados paleolíticos, que han atravesado la historia de la humanidad.

Pero todo esto tiene un porqué. La escasez de proteínas y grasa ha sido la tónica de prácticamente todas las sociedades humanas hasta hace bien poco. Y resulta que los productos animales nos proporcionan las proteínas más valiosas. Necesitamos proteínas para obtener los aminoácidos con los que construir nuestras células, nuestra estructura corporal, y también las enzimas y hormonas que regulan todos los procesos vitales. Por supuesto, se pueden conseguir también de los vegetales. Pero en general estos tienen un contenido en proteínas muchísimo más bajo (del orden de un 1-5 % en la mayoría de los casos, frente a un 20-30 % de los productos animales). Hay excepciones como las legumbres, especialmente la soja, que son ricas en proteínas (20-25 %). Pero incluso estas, como no pueden consumirse crudas porque son duras como una piedra, vuelven a tener un 3-8 % de proteínas en sus versiones cocinadas.

Además, hay un concepto nutricional importante llamado «valor biológico de las proteínas». No voy a entrar en detalles sobre cosas como los aminoácidos esenciales, pero esto viene a significar que no todas las proteínas son iguales. Por decirlo de manera sencilla: de 100 gramos de proteína de carne, mi cuerpo aprovecha 80; de 100 gramos de proteína de lenteja, mi cuerpo aprovecha 50. O sea que, en general, los alimentos vegetales tienen menos proteínas y además son de menos valor biológico. Así que para alcanzar mi dosis diaria de proteínas (digamos 70 gramos, según pautas de la FAO), de hacerlo solo con carne necesitaría unos 300 gramos, y de hacerlo solo con lentejas estofadas serían 1500 gramos. Kilo y medio de lentejas: no hay color. Las proteínas animales son, nutricionalmente, muy superiores. Aunque obviamente, en una dieta normal obtenemos proteínas de una mezcla de alimentos animales y vegetales, no de uno solo. Nota: una vez más, la soja es una excepción, pues sus proteínas tienen un valor biológico alto, igual al de algunas carnes.

Por otro lado, hay otras sustancias que solo se consiguen adecuadamente a través de los productos animales, como es el hierro —vital para la hemoglobina de la sangre—, ya que el de fuentes vegetales es muchísimo menos eficaz. O la vitamina B12, que simplemente no existe en los vegetales. Eso sin hablar de la grasa. Hoy está denostada, pero en la dosis correcta sigue siendo muy importante. Y miremos hacia atrás tan solo un siglo o poco más, cuando la mayoría de la población tenía problemas para conseguir suficiente energía con sus alimentos diarios. La grasa era una reserva de energía vital, y poder consumirla permitía rellenar las reservas para un invierno duro.

El caso es que nuestros antepasados no tenían ni idea de bioquímica, pero sabían empíricamente que comer carne o pescado de vez en cuando les hacía más saludables y más fuertes. Y por eso lo buscaban con ahínco, porque además era más difícil de conseguir y más costoso que unas gachas de centeno o unas patatas hervidas. Y, probablemente, también por eso les gustaba tanto.

Y es que se trata de un hecho antropológico: los humanos queremos comer carne. Es algo que forma parte de nuestras pautas biológicas más ancestrales. Todo el mundo quiere acceder a ella y lo hace en cuanto se lo puede permitir, como se ve en los países en desarrollo. No tiene por qué suponer grandes cantidades en la dieta —a veces ni siquiera es posible—, ni tampoco estar todos los días, pero sí tiene que estar presente. Y ahora es cuando me puede decir: «¡Pues no, ni hablar! Fíjese en mí. Yo no quiero carne para nada, ni siquiera quiero cualquier cosa que provenga de los animales. Yo soy vegano/a». Pues perfecto: forma usted parte del 1 % de la población mundial que no consume productos animales. Pero, por favor, siga leyendo, porque a pesar de eso el problema sigue siendo 99 % el mismo.

El hecho es que la humanidad demanda, y de hecho consume, cada vez más carne. Las siguientes gráficas son muy ilustrativas: en los últimos sesenta años, el consumo de carne mundial se ha multiplicado por 5. Sí, ya sé que somos más gente, pero la población solo se ha multiplicado por 2,7. Así que el consumo per cápita casi se ha doblado: de 23 kilos por persona al año en 1961, a 43 kilos en 2020.

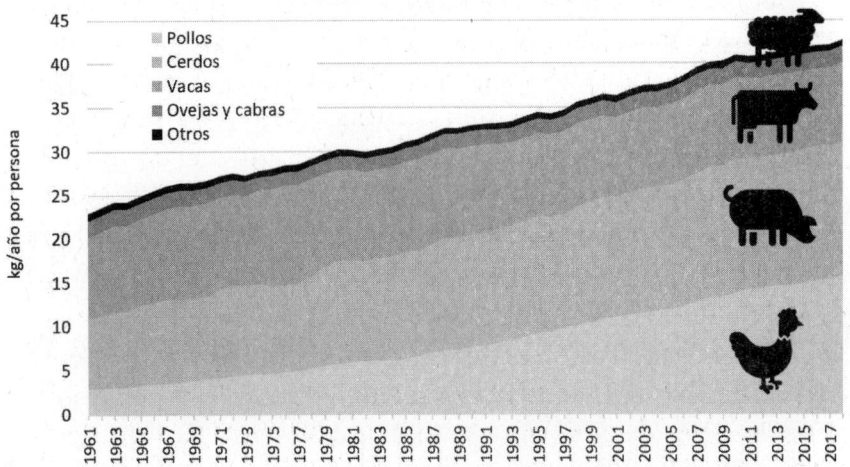

Evolución del consumo de carne en el mundo
(kg por persona y año)

Leyenda:
- Pollos
- Cerdos
- Vacas
- Ovejas y cabras
- Otros

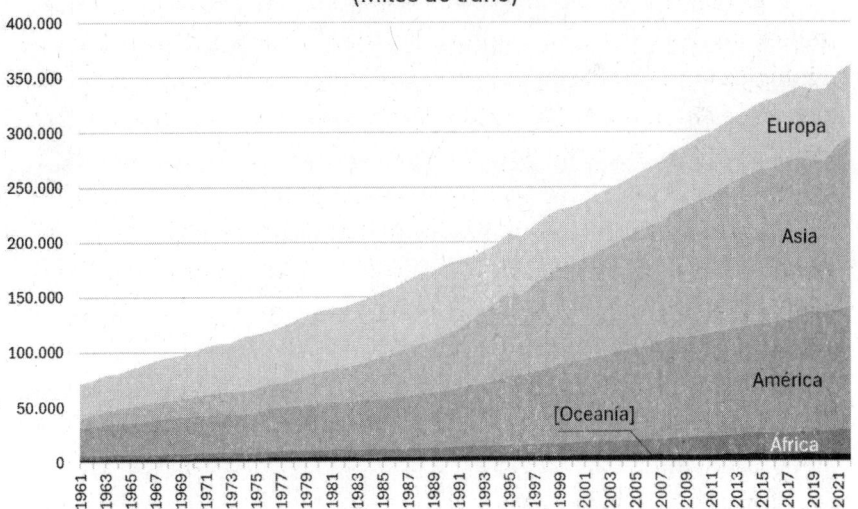

Evolución del consumo de carne por continentes
(miles de t/año)

Europa
Asia
América
[Oceanía]
África

Curiosamente, donde más ha crecido el consumo es en Asia, que además de su incremento demográfico incluye las economías más pujantes y que más han crecido desde mediados del siglo XX. Allí, el consumo de carne ha aumentado explosivamente, desde 9 millones de toneladas en 1961, a 155 millones en 2022: diecisiete veces más.

Como ejemplo de este crecimiento, tomemos el caso de Nigeria. Se trata del país africano más poblado: 220 millones de personas. A pesar de tener petróleo, su PIB per cápita es muy bajo, de unos 1500 €/año, lo que lo sitúa entre los países pobres de África; o sea, del mundo. Y esos 1500 euros esconden, además, una enorme desigualdad. Sin embargo, como tantos países africanos, a pesar de ser todavía pobre no deja de mejorar de forma consistente: su renta se ha multiplicado por cuatro desde el año 2000.

En Nigeria, la producción de carne de pollo se triplicó entre 1980 y 2022, mientras la producción de huevos creció aún un poco más en ese mismo tiempo. El pollo, que es el animal más eficiente para convertir granos en carne, pasó de criarse en pequeños corrales caseros a granjas cada vez más grandes, operadas por empresas de tamaño mediano. Nigeria ejemplifica una tendencia común: la de un país en desarrollo que importa tecnología de Europa y Estados Unidos para su sector avícola, y rápidamente aumenta su producción. El mayor criador de pollitos de un día en Nigeria es Ajanla Farms, una empresa nigeriana, pero que trabaja con genética de Aviagen (Estados Unidos) para las gallinas ponedoras, y Hendrix Genetics (neerlandesa) para los pollos de engorde, o *broilers*. Los medicamentos y suplementos alimentarios para los pollos también son importados. El resultado es que el pollo y los huevos son cada vez más asequibles en Nigeria y con ello puede llegar a muchas más personas, que poco a poco mejoran su nutrición. Aun así, el consumo medio de carne en el país es de unos exiguos 8 kg por persona y año.

Pero, en cuanto al consumo de carne, la media mundial esconde enormes diferencias locales. Es algo que varía muchísimo de unos países a otros. En la siguiente gráfica vemos algunos de ellos, entre los que están algunos de los países más carnívoros; la gráfica —con datos de la FAO— recoge en realidad el total de proteínas de carne y pescado, que es un dato más importante.

Aquí se evidencian algunas pautas culturales curiosas. Se observa cómo algunos países como Portugal y España, o también Japón y China, son grandes consumidores de pescado, cosa que apenas sucede en el resto. Es una parte muy importante de su proteína animal. También se aprecia cuál es el tipo de carne más consumido por países, lo que se relaciona con sus tradiciones culinarias: cerdo en

España y Alemania, pero también en China; ternera en Argentina; o pollo en Estados Unidos (igual esto último no es lo que esperaba).

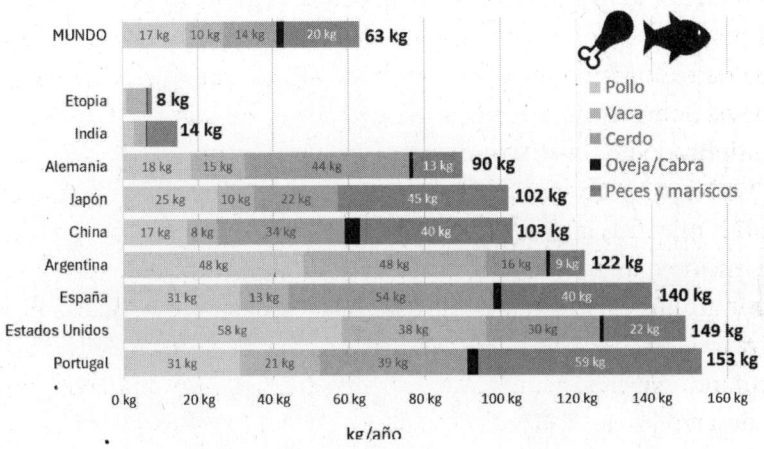

Consumo anual per cápita de carne y pescado

MUNDO	17 kg	10 kg	14 kg	20 kg	**63 kg**
Etopia	8 kg				
India	14 kg				
Alemania	18 kg	15 kg	44 kg	13 kg	**90 kg**
Japón	25 kg	10 kg	22 kg	45 kg	**102 kg**
China	17 kg	8 kg	34 kg	40 kg	**103 kg**
Argentina	48 kg	48 kg	16 kg	9 kg	**122 kg**
España	31 kg	13 kg	54 kg	40 kg	**140 kg**
Estados Unidos	58 kg	38 kg	30 kg	22 kg	**149 kg**
Portugal	31 kg	21 kg	39 kg	59 kg	**153 kg**

Leyenda: ■ Pollo ■ Vaca ■ Cerdo ■ Oveja/Cabra ■ Peces y mariscos

Eje: 0 kg · 20 kg · 40 kg · 60 kg · 80 kg · 100 kg · 120 kg · 140 kg · 160 kg

kg /año

Y una observación: en la India se come poca carne, básicamente por su baja renta, pero contra lo que puede pensarse, en ese apartado sí que está presente la carne de ternera. Sí, es cierto, las vacas son sagradas para el hinduismo (la religión mayoritaria), pero la India es un país muy poblado y muy diverso, y también hay allí muchos millones de indios cristianos, budistas o musulmanes que no tienen problema en comerse un estofado de ternera. En concreto, estos suman 250 millones de personas. Y además, por qué no decirlo, no todos los hinduistas son tan estrictos... El resultado es que la India consume cada año 3,1 millones de toneladas de carne de vacuno, así que es un enorme consumidor de este producto, y de hecho esto supone un 50 % más que los 2,1 millones de toneladas que se zampan cada año los argentinos, un país famoso por sus asados. Es lo que tiene ser 1400 millones de personas: que hay de todo y mucho.

Pero sobre todo, lo que la gráfica nos dice es que las pautas de consumo de carne, y de proteínas animales en general, son abismalmente diferentes de un país a otro. De los 8 kg/año de Etiopía a los 153 kg/año de Portugal, hay un mundo de diferencia. Casi 20 veces más, por ponerle número.

Parece entonces que tiene sentido empezar a preguntarse: ¿cuánta carne necesitamos realmente para tener una dieta saludable? Aunque la verdad es que, en la práctica, esa no parece ser la cuestión. Simplemente, lo que los datos manifiestan es que la demanda de carne está claramente relacionada con la renta. Así se ve también en la siguiente gráfica.

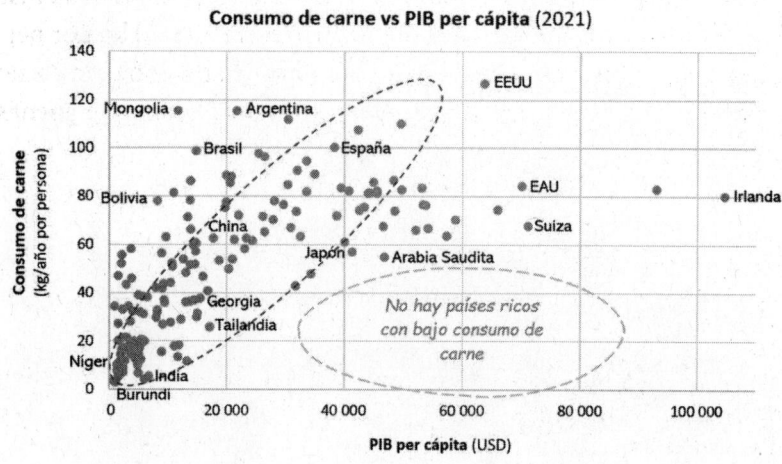

La figura representa, para todos los países del mundo, el consumo de carne per cápita frente el PIB per cápita. Puede verse que hay una banda de tendencia muy clara: los países de poca renta comen mucha menos carne, y los países con más renta, comen mucha más, aunque la tendencia está modulada por las tradiciones y usos culturales. Por supuesto hay algunos puntos fuera de la tendencia principal. Por ejemplo Mongolia, con una renta modesta, pero que es uno de los mayores comedores de carne, básicamente por su tradición pastoril. O Irlanda, un país muy rico pero con un consumo de carne intermedio. También podemos ver casos en que, con una renta similar, como sucede con China y Argentina, el consumo de carne difiere mucho: los argentinos duplican la cantidad de los chinos, una vez más por las tradiciones de un país de grandes praderas y enormes rebaños de ganado. Pero desde luego eso no cambia la tendencia general del mundo: *no hay* países ricos con bajo consumo de carne.

Otra forma interesante de verlo es fijarse en la evolución en un mismo país a lo largo del tiempo. Veamos el caso de China (siguiente figura), que es un lugar cuya renta ha crecido de forma espectacular durante los últimos 60 años, desde 240 dólares per cápita hasta 18.200, a valor constante (un asombroso factor multiplicador de 75).

Podemos observar cómo a medida que crece la renta aumenta claramente el consumo de carne, y además de forma muy paralela. Pero ese aumento no es infinito: digamos que a medida que la gente puede permitírselo, quiere comer más carne, pero solo hasta que ya tiene «suficiente». Aquí vemos como, en China, aumentos de renta por encima de 12.000 dólares al año ya no generan mucha más demanda de carne, que parece estabilizarse entre 60 y 70 kg por persona y año. Se diría que eso es lo que el modo de alimentación chino considera «suficiente». Ya han llegado al nivel de renta que apenas genera más demanda.

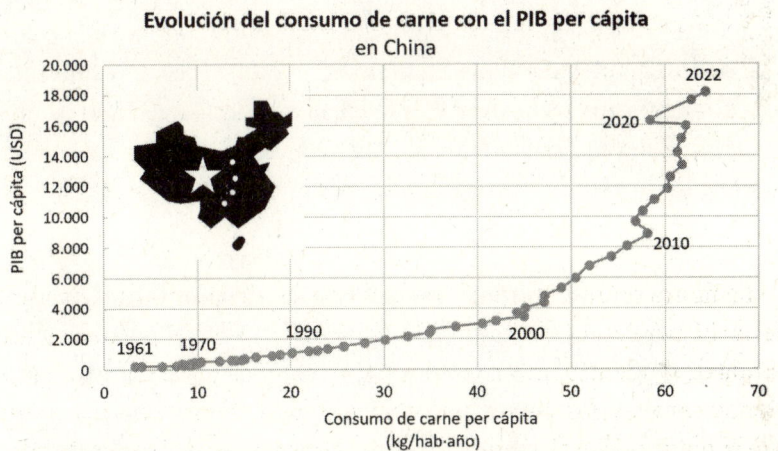

Evolución del consumo de carne con el PIB per cápita en China

Está claro, pues, que como tendencia global la ausencia de carne en la dieta se debe habitualmente a que no se puede abordar su coste (ya, ya hemos comentado las excepciones peculiares de los países avanzados). Y en cuanto se puede acceder a ella, conseguirla es una prioridad. Esto es así en todos los países en desarrollo, y en ellos incluso tiene algo que ver con el estatus social. Pero también es cierto que, una vez que se ha conseguido la cantidad y calidad que se considera adecuada, sea lo que sea esto para cada cultura, ya no se busca consumir más. Ya hay suficiente.

DE CAMINO A LAS PROTEÍNAS ALTERNATIVAS

Así que parece que la tendencia a comer carne sigue aumentando en el mundo. Y sin parar. No obstante, sabemos que esto tiene sus costes. Comparado con otras fuentes de alimento, el impacto de la ganadería sobre el medio ambiente es mucho mayor. El caso es que somos perfectamente conscientes de ello, y sin embargo eso no está cambiando la tendencia global... de momento.

La ganadería tiene, por ejemplo, un enorme impacto sobre la superficie necesaria para producir alimentos. Ya vimos, por ejemplo, que del total de tierras que los humanos usamos para criar nuestra comida, algo más de dos tercios son pastos para el ganado. Y es que, para producir 1000 kilocalorías de alimento, solo necesitamos 1-2 m² si se trata de vegetales, pero pasamos a 15-20 m² para producirlas en forma de leche o queso, y llegamos a los 100-120 m² si se trata de carne de cordero o ternera. ¡Resulta que necesitamos casi 100 veces más superficie para alimentarnos con carne! Aunque hay que decir que algunas proteínas animales son mucho menos exigentes, como el pescado de piscifactoría, los huevos o incluso el pollo, que es tremendamente eficiente.

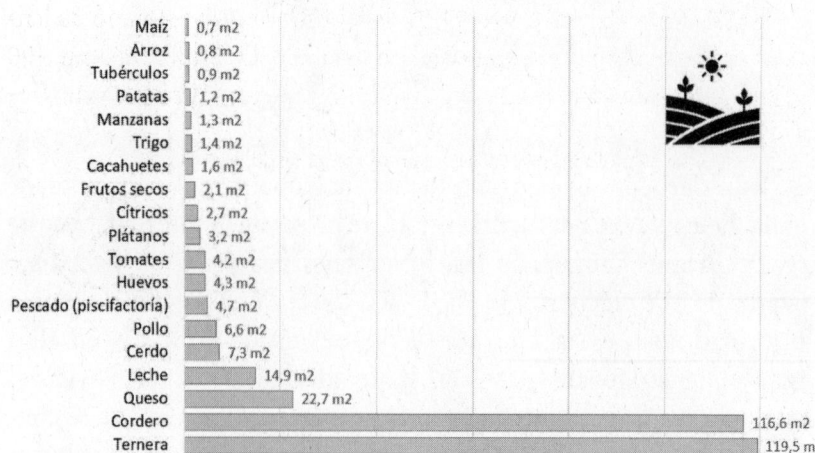

Suelo utilizado para producir 1000 kilocalorías

Maíz	0,7 m2
Arroz	0,8 m2
Tubérculos	0,9 m2
Patatas	1,2 m2
Manzanas	1,3 m2
Trigo	1,4 m2
Cacahuetes	1,6 m2
Frutos secos	2,1 m2
Cítricos	2,7 m2
Plátanos	3,2 m2
Tomates	4,2 m2
Huevos	4,3 m2
Pescado (piscifactoría)	4,7 m2
Pollo	6,6 m2
Cerdo	7,3 m2
Leche	14,9 m2
Queso	22,7 m2
Cordero	116,6 m2
Ternera	119,5 m

Pero no es solo eso. Hay otro coste ambiental que tiene casi más impacto, relacionado sobre todo con la energía que necesitamos para producir proteínas animales. Se trata de la emisión de gases de efecto invernadero (GEIs), medida como CO_2 equivalente. En este momento, podemos decir que nuestra civilización está inmersa en un proceso de transición energética que será largo y costoso, y que supone un gran esfuerzo para limitar nuestras emisiones de estos gases a la atmósfera. Objetivo: frenar el cambio climático. Así que este asunto es muy relevante, y aquí también la alimentación juega su papel.

Es evidente que, si en vez de comernos un kilo de trigo en forma de pan, se lo damos a un cerdo para que lo convierta en carne, obtendremos bastante menos cantidad de comida para nosotros. No podemos pasar por alto que serán proteínas muy valiosas, y que nos gustan mucho, pero el hecho es que habremos gastado mucha más energía y habremos producido muchos más GEIs. En el caso de los rumiantes (ovejas, cabras y vacas) este efecto se multiplica, porque no solo tenemos ese doble paso productivo que recorta la eficiencia, sino que además los propios animales son emisores de metano por la propia naturaleza de su digestión. Sus aparatos digestivos de rumiante son muy diferentes de los de otros mamíferos, llamados monogástricos —donde estamos incluidos los humanos—. No se trata tanto de los pedos de las vacas, como se dice popularmente, sino del metano emitido desde sus peculiares estómagos rumiantes, de cuatro cavidades en vez de una, y que sale en realidad por la boca. Y resulta que este metano tiene una potencia de efecto invernadero 28 veces superior al CO_2. Así, 100 gramos de proteínas de legumbres (un estofado de lentejas, por ejemplo) emiten apenas un kilo de CO2, mientras que 100 gramos de proteínas de ternera (un chuletón) emiten casi 50 kilos.

Emisiones de CO2 equivalente por 100 g de proteína

Frutos secos	0,3 kg
Legumbres	0,9 kg
Cacahuetes	1,2 kg
Cereales	2,7 kg
Huevos	4,3 kg
Pescado (piscifactoría)	5,7 kg
Pollo	6,0 kg
Cerdo	7,6 kg
Leche	9,5 kg
Queso	10,8 kg
Cordero	19,9 kg
Ternera	49,9 kg

Entonces ¿por qué comemos tanta carne? Ya vemos que tiene un coste económico y ambiental, que conocemos bien. Especialmente el económico, porque en todo lo que tiene que ver con nuestro bolsillo tenemos una sensibilidad finísima. Y sin embargo, globalmente cada vez comemos más.

Todos los excesos pueden traer problemas para la salud, pero ¿es mala la proteína animal? Es evidente que no; no solo no es mala, sino que es muy recomendable que haya este tipo de proteínas en la dieta, por su valor biológico y por su aportación colateral de hierro, vitamina B12, zinc o ácidos grasos omega-3 (en el pescado). Es cierto que podríamos comer soja y suplementos de vitaminas y hierro, pero, simplemente, la mayoría de la humanidad no quiere hacerlo. Prefiere comer, al menos, un poco de carne.

Hay un curioso indicador poblacional que nos habla del valor de la proteína animal: la estatura. Resulta que, dentro de los límites impuestos por la genética, hay una correlación significativa entre el consumo de proteínas de origen animal y la altura de un individuo.

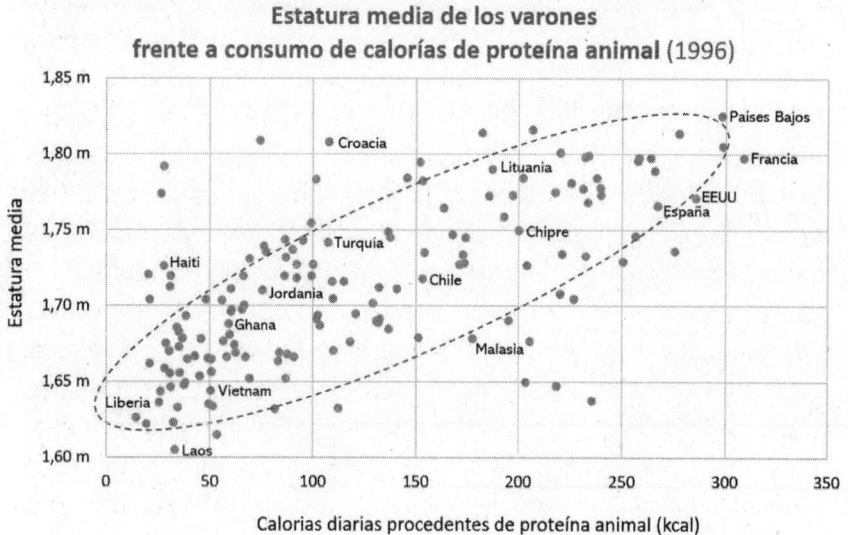

Estatura media de los varones frente a consumo de calorías de proteína animal (1996)

Calorias diarias procedentes de proteína animal (kcal)

Sucede que los habitantes de los países que comen más proteínas animales tienden a ser más altos. Mientras tanto, las dietas de los países de renta baja suelen depender de unas pocas fuentes de alimentos básicos, con menos variedad. En Laos, por ejemplo, una gran parte de la alimentación se basa en el arroz, con pocas proteínas animales de alta calidad (lácteos, carne y pescado). En cambio, los cereales y granos constituyen menos de una cuarta parte de la energía alimentaria en los países más ricos. Así resulta que la talla media de un laosiano es de 1,61 metros, mientras que la de un holandés (bueno, o neerlandés) es de 1,83. Hay nada menos que 21 centímetros de diferencia, la mayor existente entre el país de los más bajitos y el de los más altotes (me ahorraré la broma sobre el nombre de Países Bajos).

Por tanto, un alto nivel de desarrollo socioeconómico implica más proteína animal en la dieta, y eso predice estaturas medias más altas. ¿Y es importante ser alto? Bueno, no especialmente, salvo que te dediques al baloncesto. O para enroscar una bombilla en una lámpara sin usar escalera. A nivel individual, no hay grandes ventajas en ser algo más alto que tu vecino. Pero no cabe duda de que, extendido a una población, es un indicador de buen desarrollo biológico, dentro de los límites de la genética, así que seguramente es también un indicador estadístico de una mejor salud general en una población. Nuestras abuelas lo sabían de forma empírica, y por eso decían admirativas: «¡Qué alto está el mozo!».

Obviamente, esta correlación puede esconder otras cosas. Más proteína animal se relaciona —en general— con más renta, y eso implica otras mejoras que conducen a un mejor estado de salud, más allá de la proteína: un sistema sanitario mejor, más cuidados en la infancia, menos accidentes... Pero el hecho es que podríamos igualmente tener mayor supervivencia sin que eso implique alcanzar mayor talla. Hay algo en ese tipo de dieta que favorece un desarrollo más vigoroso. Y parece que los humanos intuimos esto desde el pasado remoto.

Por supuesto, nuestras necesidades de proteínas pueden tener además otros orígenes complementarios. Obviamente, no se trata solo de la carne. Hay otras magníficas fuentes de proteínas animales, como los huevos, la leche, los pescados y mariscos, e incluso en ciertas culturas los insectos. Pero, a pesar de ser tan importantes en la alimentación, ¿pasaría algo si reducimos el consumo? ¿Cuánta es la cantidad que necesitamos de esta proteína para vivir de forma saludable? Parece que es perfectamente viable reducir la cantidad total que consumimos en ciertos países: tampoco da la impresión de ser menos saludable la población alemana, que consume 90 kg por persona al año, que la portuguesa, que consume 153.

Ojo, hablar de reducir ese consumo está muy bien para países desarrollados; digamos que es el tipo de idea que se defiende mejor con la barriga llena. Pero no es algo que estemos en condiciones de pedirle, por ejemplo, a un ciudadano de Ghana, que apenas consume 20 kg de carne al año: no nos sentimos con autoridad para pedirle que aún coma menos. Por el contrario, sí tiene todo el sentido para un estadounidense o un español.

Hay organismos, como la propia FAO, que claman hace tiempo por un ajuste de las dietas globales, especialmente en este aspecto de disminuir el consumo de proteína animal. Y es que el impacto de una reducción a largo plazo en la cantidad de carne que consumimos será relevante también a nivel ambiental. Las siguientes dos gráficas muestran qué pasaría hasta final de siglo si las pautas de consumo siguen más o menos los patrones de los últimos tiempos. Estos son: en cuanto a cantidades, crecimiento en países en desarrollo y estabilización en países desarrollados; y en cuanto a tipos, un peso creciente del pollo y el cerdo frente a las vacas y otros rumiantes, que pierden cuota.

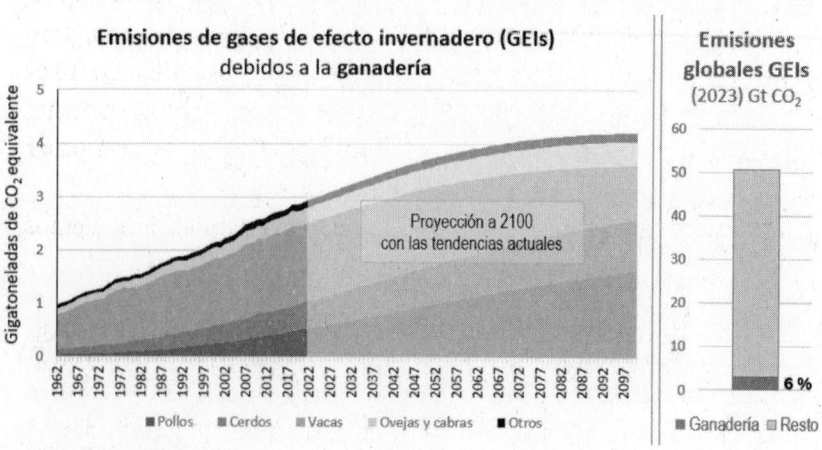

Hay que decir que en ambas gráficas he incluido el impacto de la producción de huevos en el de los pollos, y el de la leche en el de las vacas, ovejas y cabras. Así que en realidad las gráficas nos hablan del coste ambiental de la producción de proteínas animales «terrestres», dejando aparte el pescado. Como se ve, la superficie necesaria para la producción sufriría un aumento notable, como un 20 %, aunque se estabilizaría hacia final de siglo para reducirse después un poco. Esto se debe en parte a una estabilización de la población mundial, y en parte a una tendencia a disminuir la cría de vacuno.

Pero hay algo mucho más relevante. Se trata del impacto de la ganadería sobre las emisiones de gases de efecto invernadero, y esto cuenta porque esa es la base del cambio climático que estamos empeñados en frenar. Hoy en día, la ganadería supone una fracción significativa de estas emisiones[37]: nada menos que un 6 % del total, según datos de la FAO: o sea, 3 gigatoneladas en 2023. Esto incluye todo lo necesario para la producción de los alimentos de ese ganado, por supuesto, incluyendo los fertilizantes para la soja, los combustibles para los tractores que cultivan el maíz, y también los cambios de uso del suelo para zonas de pastos o cultivos. Comparado con el total de emisiones, 50,6 gigatoneladas en 2023, es un impacto relevante. Pero es que además, si nada cambia, va a aumentar de forma muy acusada de aquí a final de siglo, como indica la gráfica. Si nada cambia, repito.

La cuestión es que necesitamos reducir la producción de GEIs. Y aunque los mayores productores son los sectores de la energía, el transporte y la producción de acero, cemento y amoníaco, es verdad que todo ayuda, y el sector ganadero también tiene su peso. Esta es la razón por la que se oye hablar tanto de una necesaria reducción en el consumo de proteínas animales. No de forma generalizada, pero sí, al menos, en los países y regiones que más consumen. Lo cierto es que un cambio progresivo en la dieta permitiría, al menos, contener este rubro del crecimiento en la producción de GEIs. Podría pasar algo como lo que se ve en la gráfica siguiente.

Sin duda, esta gráfica requiere una pequeña explicación. Vemos

---

37 Estos son los datos del PNUMA (Programa de las Naciones Unidas para el Medio Ambiente). Hay que decir que otros, como los de la FAO, dan valores muy superiores, casi el doble (11,5 %). ¡Y eso que son dos organismos de la ONU! Los datos presentados se parecen más a los de otras fuentes, incluido el IPCC, así que trabajamos con ellos. En todo caso, las conclusiones tampoco serán muy diferentes.

en ella cómo ha evolucionado la producción de GEIs de la ganadería, y cómo lo haría si no cambiamos nada. Y, en comparación, vemos qué pasa en dos itinerarios de reducción de aquí a final de siglo. Como se ve, hay una manera de conseguir que las emisiones debidas a la ganadería se estabilicen a final de siglo: el itinerario C.

En cualquiera de los dos, B y C, partimos de que no hay que poner ninguna restricción a la población de África. Bastante tienen con lo suyo: son los que menos consumen per cápita, e incluso de seguir su evolución con las tendencias actuales, aún estarían bastante por debajo de la media mundial en 2100. En cuanto a los asiáticos, en ambos itinerarios también aumentaría su consumo per cápita, pero no tanto como sus actuales tendencias indican.

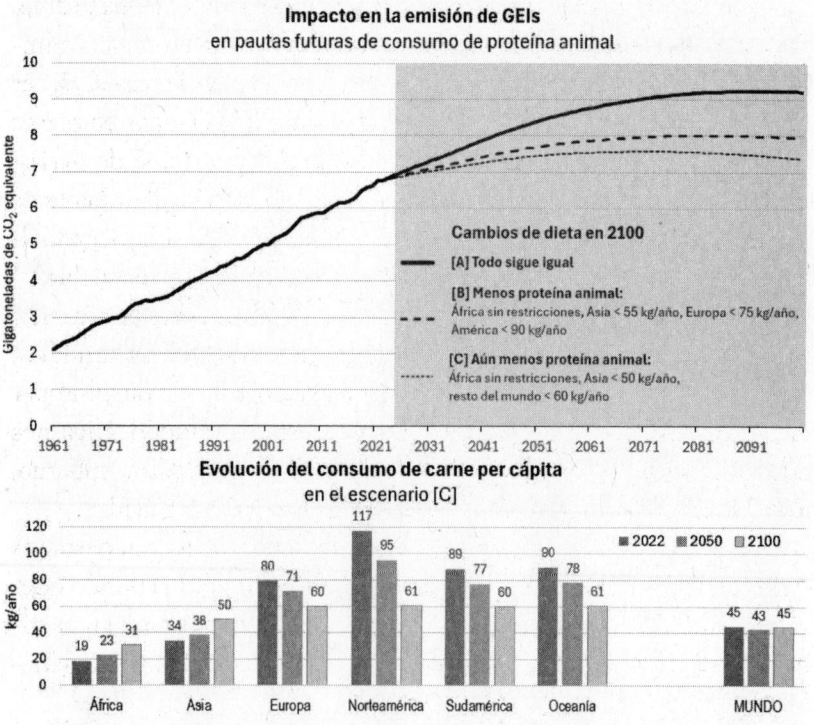

¿Y para el resto del mundo? Básicamente aquí hablamos de Europa y las Américas, porque en Oceanía, aunque son muy majos, en realidad son cuatro gatos y apenas aportan población al mundo. Para estos asumimos una notable reducción en el consumo, mucho mayor en la hipótesis C que en la B. Desde luego, pedirle a un canadiense o a un español que pase a consumir 60 kg/persona de carne al año es pedirles mucho. Pero lo tomaremos así.

Por último, también asumimos la continuidad de una tendencia que es ya clara: menos rumiantes (vacas, ovejas y cabras), y más pollo y cerdo. Eso también ayuda en la reducción de GEIs, ya que solo los rumiantes emiten metano.

Sin embargo, lo que más impacta en estas curvas no está tan a la vista: es el crecimiento de la población, que es muy diferente para los distintos continentes. Si repasamos las curvas del segundo capítulo, veremos que hoy la población de Asia y África sumadas es el 70 % de la mundial. Y para 2100 será aún mucho más, el 80 %. Así que, resulta que es prácticamente indiferente lo que hagamos en Europa y América: somos una cantidad de gente cada vez más irrelevante. Lo que cuenta, por tanto, es sobre todo cómo evolucione el consumo en Asia. Y también, que esas proteínas reduzcan su porcentaje en rumiantes. Hacer esto no es tan fácil como decirlo: hay millones de personas en países africanos y asiáticos cuya economía se basa en el pastoreo de ovejas, en las cabras o en los rebaños de vacas, que son la principal fuente de carne y lácteos. Pero la preferencia por el cerdo y el pollo, especialmente este, que es muy barato, también es una tendencia inevitable.

El resultado de estos cambios en la dieta sería, en esencia, mantener más o menos constante el consumo global de proteínas animales, pero reduciendo el de rumiantes, mientras aumenta el consumo per cápita en África y Asia y disminuye en el resto del mundo. Digamos que disminuiría la «desigualdad cárnica», manteniendo, sin embargo, un ratio de consumo saludable en los países más desarrollados.

¿Va a pasar esto? Pues no es fácil de saber. A menudo somos demasiado optimistas prediciendo el futuro, sobre todo cuando queremos que se parezca a nuestros deseos. Sobre esta cuestión en particular, la FAO tiene una deliciosa definición de lo que considera «dietas sostenibles»:

> Las dietas sostenibles son protectoras y respetuosas con la biodiversidad y los ecosistemas, culturalmente aceptables, accesibles, económicamente justas y asequibles, nutricionalmente adecuadas, inocuas y saludables, a la vez que optimizan los recursos naturales y humanos.

Uf, decididamente en todo eso hay demasiados requisitos virtuosos... Y aunque todo junto suena fenomenal, no es algo que podamos pedir que tenga en mente un mecánico de Jartum, una informática de Nagoya, un oficinista de Karachi o una profesora de Bogotá, cuando van al mercado a por comida; ya es bastante difícil organizarse todos los días y llegar a fin de mes. Y sin embargo, lo cierto es que tiene todo el sentido limitar de alguna manera el consumo de proteínas animales, como hemos visto. Algo tenemos que ir cambiando, pero sin duda funcionará mejor en el nivel de usos y costumbres, no en el de prohibiciones.

No es fácil que los hábitos alimentarios cambien de forma acusada, ni tampoco rápida. Pero sí pueden introducirse, especialmente en los países más carnívoros, pautas que animen a disminuir ese consumo de carne. Las ventajas globales serían notorias, incluso en cuestiones de salud. Por supuesto, no se trata de suprimir la carne, los lácteos o los huevos; solo de ajustar algunos consumos.

Cómo llegar a esto no es algo tan fácil. A veces nos encontrarnos algunas actuaciones polémicas, como en las Olimpiadas de París de 2024. Francia quería que fueran «los Juegos más sostenibles de la Historia» —entiendo que dejaban aparte los de los griegos del siglo primero—, y entre otras cosas eso supuso dietas bajas en proteína animal. El gigante francés Carrefour como proveedor oficial, junto con la empresa de catering Sodexo, se encargaron de proporcionar más de 40.000 comidas diarias a los 15.000 atletas de la Villa Olímpica. Su objetivo declarado fue reducir un 50-60 % el consumo habitual de proteínas animales en las dietas de los deportistas, una reducción bastante drástica. Además, el 60 % de las comidas ofertadas al público eran vegetarianas. Hubo delegaciones que se quejaron, especialmente porque justo en el deporte, las proteínas son básicas para la recuperación muscular. En las colas del comedor, la carne desaparecía lo primero —cosa que debió dar qué pensar a los organizadores—. Al final tuvieron que reajustar las cantidades de huevos, lácteos y pollo que ofrecían. El asunto tuvo sus defensores y sus detractores, porque además ya sabemos que hay diferencias culturales enormes entre países, pero todo esto no dejó de verse como una imposición antipática, basada en criterios que no todo el mundo tenía por qué compartir. Desde luego, el palo no parece el mejor camino para inducir cambios a largo plazo. Y ahora imaginemos a los atletas de Etiopía, de Mozambique o de Indonesia escuchando que deben reducir su consumo de proteínas... y se lo dice un francés.

El caso es que, mientras tanto, otras proteínas diferentes están entrando en el juego. Todavía son una fracción minúscula, pero no sabemos hasta dónde llegarán. Las llamamos «proteínas alternativas», y pueden ser derivados de vegetales, de cultivos celulares o incluso de un puñado de especies de insectos. Un mundo nuevo de usos alimentarios parece abrirse paso por aquí. Aunque frente a él, no lo olvidemos, permanece inmutable nuestra avidez atávica por consumir carne. Un poco, al menos.

¿COMER INSECTOS?

El picudo rojo es un tipo de gorgojo que vive en las palmeras y acaba matando a muchas de ellas. Sus larvas prosperan dentro del tronco, excavan galerías y la planta se acaba secando por completo. Un desastre. Se considera una plaga muy seria en la región mediterránea, adonde llegó a finales del siglo XX. Sin embargo en el sudeste asiático, de donde proceden, hay una manera estupenda de controlar esta plaga: la gente se come sus larvas. Y además son una verdadera delicatesen. En Vietnam se recolectan en las palmeras y se consumen fritas, asadas en pinchos o hervidas con salsa y acompañadas de arroz. En Papúa Nueva Guinea se recolectan en los troncos de palma de sagú, y se hace una fiesta en torno a esta recolección en la que se consumen larvas asadas en grandes cantidades, con tortitas de pasta de sagú. Muchas mujeres papuanas de zonas rurales las venden en el mercado de Lae: 250 gramos de larvas (unos 40 bichos) por un euro, o en su caso por cuatro kinas. No es barato. Pero la cuestión es que los insectos acaban siendo parte importante de las proteínas en la dieta de esta región.

La verdad es que comer insectos no tiene nada de nuevo. Muchas culturas comen insectos desde siempre. Chapulines en México, saltamontes asados en Camerún, orugas hervidas en el Congo, termitas desecadas en Malawi, gusanos de seda fritos en China... Sin embargo, parece que comer artrópodos, esos animalitos de múltiples patas articuladas y cuerpecillos con exoesqueleto, es algo desagradable para un occidental. Están casi ausentes en la cultura europea y en sus derivados culturales de otros continentes. Excepto si se llaman cigalas, gambas o langostinos: entonces los artrópodos pasan a ser un manjar.

Esa repugnancia occidental hacia los insectos sustenta la percepción de que comerlos es, en cierto modo, una costumbre de salvajes. ¿Por qué? Pues quizá tenga que ver con que su consumo es más común en los trópicos, lugares que en el pasado se consideraban exóticos y un tanto bárbaros. Y es que en ese tipo de climas, durante nuestro desarrollo como especie, resultaban ser una fuente eficiente de proteínas: en los trópicos los insectos son más grandes, más abundantes, con mucha más variedad, disponibles todo el año... La energía invertida para alimentarse con insectos merecía la pena y era una buena elección evolutiva; así pasó a la cultura. Mientras que en climas templados o fríos era un esfuerzo estéril: demasiado pequeños, demasiado escasos, hay que gastar demasiada energía para conseguir una buena cantidad. Así, quedaron fuera de la dieta por cuestiones de eficiencia y la cultura culinaria occidental los desterró.

Pero en realidad, la nueva ganadería de animales de seis patas no tiene mucho que ver con esto. Los insectos como comida del futuro de los que tanto se habla no van del todo por ahí: no es que vayamos a comernos un estofado de grillos, una brocheta de escarabajos o una guarnición de larvas fritas con nuestra tortilla... de momento. Es algo bastante más sofisticado.

Lo cierto es que muchos tipos de insectos tienen unas cualidades nutricionales realmente buenas. Son una estupenda fuente de proteínas de alta calidad y contienen grasas insaturadas similares a las del pescado (con ácidos grasos omega-3 y omega-6). Además tienen vitaminas como A y B-12, son más ricos en hierro que muchas carnes e incluso tienen fibra alimentaria. ¿Qué, no le he convencido? Ya me lo imaginaba.

De hecho, la mayor parte de la producción actual de granjas de insectos no está destinada al consumo humano. Casi toda la producción se destina a alimentación animal: son un pienso inestimable para las piscifactorías, y pueden sustituir buena parte de las proteínas que consumen los pollos y los cerdos. También se incluyen en la formulación de comida para mascotas.

Los insectos pueden freírse, asarse o cocerse, pero la forma de consumo más práctica son las harinas: insectos tostados y triturados en forma de polvo. Estas harinas mantienen todas las cualidades nutricionales pero son mucho más versátiles: pueden incorporarse a productos como pasta, galletas, barritas energéticas, chocolate... Cuando no vemos las antenas y las patas, ni tenemos que masticar el caparazón, la cosa cambia.

Mercado callejero de insectos en Lijiang, China. Hay que decir que también para ellos es algo un tanto singular, ya que esto forma parte del «Festival de Comidas Populares de las Minorías Culturales de Yunnan».

De hecho, hay estudios sobre la aceptabilidad de productos hechos con insectos, y los resultados son mejores de lo que cabría esperar. En 2024 se publicó un *Informe sobre aceptación de insectos comestibles por consumidores de la UE*, que se llevó a cabo con encuestas en seis países de la Unión Europea (Alemania, Bélgica, Francia, Italia, Polonia y Suecia). Es un informe elaborado por IPIFF (International Platform of Insects for Food and Feed), la asociación europea de productores de insectos. Quizá puede considerarse por ello que está algo sesgado, dado quien lo paga, y también limitado por el ámbito de la encuesta, pero no deja de ser interesante como referencia.

Según este estudio, un 33 % de los europeos encuestados ya han probado algún producto enriquecido con insectos, porcentaje que sube al 46 % entre los menores de 24 años. La mayoría lo ha hecho en forma de barritas de proteínas o galletas, y otros en aperitivos crujientes o pasta enriquecida. Pues bien, de ellos un 57 % dijo que encontraba su sabor «bueno» o «muy bueno». Del total, tanto si había comido ya insectos como si no, un 58 % decía estar claramente dispuesto a probarlos. El aspecto que más les preocupaba de un posible producto que incluya harinas de insecto es su sabor y su textura, por encima de sus cualidades nutricionales y su seguridad. ¿Bueno, qué? ¿Le apetece probar?

Parece, en fin, que *a priori* no hay un rechazo tan abrupto cuando se trata de productos muy elaborados, que ya no tienen «forma de insecto». Aunque también sabemos que una cosa es lo que decimos en una encuesta y otra lo que hacemos de verdad. El caso es que parece que es pronto para que los insectos estén de forma generalizada en la dieta humana occidental. Al menos de forma directa, porque sí lo están a través de otros animales alimentados con pienso que incluye insectos, especialmente en piscifactorías.

El sector de la cría industrializada de insectos ha crecido mucho en las dos últimas décadas. Las granjas donde se crían son, en cierto modo, una forma casi perfecta de agricultura vertical. Los insectos prosperan en bandejas apiladas, en condiciones ambientales controladas y con sustratos de alimento suficiente. Sus ciclos de vida suelen ser cortos, de unas pocas semanas, y normalmente en ese tiempo solo se tocan las bandejas para renovar el alimento cada semana. Después se vacían y se procesa tanto el insecto como el sustrato, que se utilizará como fertilizante.

Granja de insectos de la empresa ŸNSECT en Amiens (Francia), puesta en marcha en 2023. Es la mayor del mundo (de momento): puede producir 100.000 t/año de *Tenebrio molitor*. Seguramente no es la imagen mental que tiene de una granja.

Todo esto, que parece muy simple, es en realidad una intrincada combinación de ingeniería y biología. Para que estos sistemas de cría intensiva sean eficientes es necesario que dispongan de automatización y gestión de datos. El manejo de las pilas de bandejas suele estar automatizado y robotizado, igual que en los almacenes de Amazon. Se utilizan sistemas de visión artificial para controlar los insectos, tanto en número como en estado de desarrollo, porque no se puede manejar bien la cría si no se controla. Hay sistemas de cámaras térmicas que permiten saber si los bichos han comido, su nivel de humedad, su densidad y otros aspectos de salud. Criarse todos juntos no suele ser un problema, sino al contrario: a estos insectos les gustan las multitudes y evitan estar solos, como una estrategia de seguridad.

Por ejemplo, las moscas soldado —una de las especies más utilizadas— viven durante unos días, se aparean, ponen huevos y mueren. Los huevos eclosionan después de dos o tres días y nacen las larvas, que se alimentan vorazmente durante dos semanas hasta alcanzar la etapa de pupa. Finalmente, se convierten en moscas y el ciclo comienza de nuevo. Pero en la granja, muy pocos insectos completan este ciclo: las larvas maduras se recolectan —ya que son la producción principal—, aunque se reservan algunas para que alcancen la etapa de mosca adulta y pongan huevos.

Interior de una granja de insectos de Protix Biosystems (Países Bajos).

Normalmente todo el ciclo se hace en la misma instalación, pero es probable que en el futuro se especialicen plantas para distintas fases del ciclo, como pasa con la cría de otros animales. Habrá, por ejemplo, granjas especializadas en la producción de huevos o larvas de un día con garantía genética, mientras otras se dedicarán solo al engorde y aprovechamiento final.

Obviamente, con los insectos pasa como con las otras especies ganaderas: aunque hay alrededor de un millón de especies de insectos conocidas, solo unas pocas decenas son adecuadas para su cría. La EFSA (Agencia Europea de Seguridad Alimentaria) tiene una lista de insectos evaluados y aprobados que es muy corta: doce especies. En las más interesantes se está trabajando ya en edición genética para mejorar sus cualidades: engorde más rápido, más contenido en proteínas o ácidos grasos insaturados...

La cuestión es que las inversiones en granjas de insectos no paran de crecer, medidas ya por miles de millones de euros, especialmente en los últimos diez años. Sin duda, se trata de una estrategia a largo plazo para producir proteínas de calidad a menor coste, tanto para alimentación animal como humana.

Los países que más insectos producen son Tailandia, Francia, Sudáfrica, China, Canadá y Estados Unidos. Las grandes granjas de China y Tailandia los producen, sobre todo, para consumo humano. Sin embargo, hoy en día las mayores empresas del sector son europeas, y son estas las más avanzadas en tecnologías de cría y aprovechamiento de cada especie. La industria europea de los insectos es actualmente líder mundial en términos de innovación y avance tecnológico... precisamente en la región con más rechazo a los insectos como comida. Estas son algunas de las empresas más importantes del mundo.

Algunas de las mayores compañías de cría de insectos

Compañía	Fundada	País	Especie de insecto		Destino
Protix Biosystems	2009	Países Bajos	Mosca soldado	*Hermetia illucens*	Animales
Ynsect	2011	Francia	Gusano de la harina	*Tenebrio molitor*	Animales
Tebrio	2014	España	Gusano de la harina	*Tenebrio molitor*	Animales
Beta Hatch	2015	EEUU	Gusano de la harina	*Tenebrio molitor*	Animales
Shengzhou Mulsun Biotech	2015	China	Gusano de seda	*Bombyx mori*	Animales
Hexafly	2016	Irlanda	Mosca soldado	*Hermetia illucens*	Animales
Cricket One	2016	Vietnam	Grillo	*Acheta domesticus*	Humanos
Grubbly Farms	2016	EEUU	Mosca soldado	*Hermetia illucens*	Animales
Enorm	2017	Dinamarca	Mosca soldado	*Hermetia illucens*	Animales
Loopworm	2019	India	Gusano de seda	*Bombyx mori*	Animales

Por ejemplo, empresas como Ÿnsect[38] (Francia) o Tebrio (España), especializadas en el gusano de la harina, tienen tres líneas de producto final: harinas para alimentación de peces y mascotas; biofertilizantes (procedentes de la cama donde vive el insecto); y quitosano, un producto que se obtiene de los caparazones y que tiene muchos usos: para producir bioplásticos, como antibacteriano en sanidad vegetal y en usos médicos, o para productos coagulantes para tratamiento de aguas. Todo eso sale de los insectos.

Ya sabemos que en cuestión de alimentos la normativa suele ser muy estricta, al menos en Europa. En la Unión Europea, en 2017 se autorizó por primera vez el uso de siete tipos de insectos como pienso para acuicultura, a pesar de que, después de la crisis de las «vacas locas» de principios de los 2000, se había prohibido alimentar animales con proteínas procedentes de otros animales. Pero esto era algo muy diferente. Poco después, a partir de 2021, la EFSA comenzó a aprobar insectos también para consumo humano, aunque con mucha parsimonia. Actualmente hay cuatro especies aprobadas, que pueden comercializarse en unos cuantos formatos autorizados: desecados, en harinas, en pastas...

Insectos autorizados en la UE para consumo humano

Nombre	Aspecto	Formas autorizadas de comercialización	Fecha autorización
Tenebrio molitor (gusano de la harina) - Larvas		Desecada	Jun 2021
		Congelada, desecada y en polvo	Mar 2022
Locusta migratoria (langosta migratoria)		Congelada, desecada y en polvo	Dic 2021
Acheta domesticus (grillo doméstico)		Congelada, desecada y en polvo	Mar 2022
		Polvo parcialmente desgrasado	Ene 2023
Alphitobius diaperinus (escarabajo del estiércol) - Larvas		Congelada, en pasta, desecada y en polvo	Ene 2023

Y es que la UE es muy amiga de regular con un cierto exceso de prudencia, especialmente lo relacionado con «comidas nuevas» o

---

38   Ÿnsect estaba llamada a ser la mayor empresa de insectos de Europa pero, tras haber invertido 600 M€, entró en concurso de acreedores en octubre de 2024, y a cierre de esta edición su futuro está en el aire.

novel foods. Sin embargo, en otros lugares hay bastante más manga ancha con los insectos —y con más cosas—. Ya sabemos: criterio de riesgo frente a criterio de peligro real. Por ejemplo, en China y Corea del Sur no es necesaria ninguna autorización para su consumo, igual que no lo es para cualquier tipo de ave, de pez o de caracol. Tailandia, el mayor productor mundial de grillos y saltamontes, tiene unas recomendaciones para la cría de los insectos, pero ninguna restricción como producto alimentario. Tampoco las hay en México. Parece bastante lógico que los países donde son un producto tradicional no se planteen que tengan que reglamentar nada al respecto.

En Estados Unidos tampoco son demasiado estrictos. La única limitación de los insectos de granja para consumo humano es que cumplan con los estándares establecidos por la FDA (Food and Drug Administration), como las pruebas bacteriológicas y los requisitos de etiquetado. La importación de insectos para el consumo humano también es legal.

Lo cierto es que los insectos, como ganado de seis patas, tienen muchas ventajas en cuanto a eficiencia, comparados con la ganadería de dos o cuatro patas. Está claro que una harina de mosca soldado no será jamás competencia para un buen solomillo de ternera, pero como fuente de proteínas para el día a día, su sistema productivo tiene muchas ventajas. El cuadro siguiente resume algunas de ellas, comparando con los principales animales de cría.

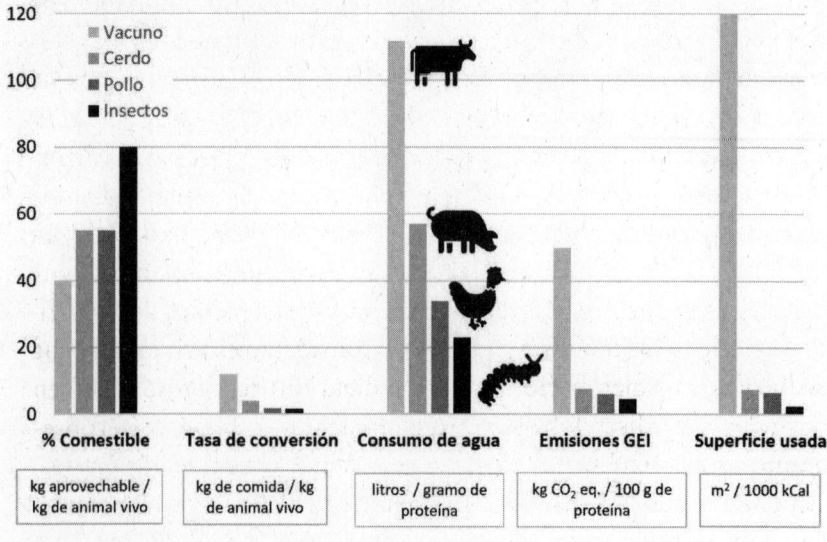

De entrada, los insectos tienen muchas más partes aprovechables que los otros animales: llegan al 80 % del peso total, con un desperdicio muy pequeño. Claro, no tienen huesos, cosa que sí tienen todos los demás de la lista. Además su tasa de conversión es mejor aún que la del pollo. Esa tasa significa que para conseguir un kilo de pollo tenemos que gastar en su alimentación 1,7 kg de pienso, lo que es una tasa magnífica, pero los insectos aún la mejoran ligeramente, hasta 1,5 kg. Con las vacas la cosa no es tan bonita: nos vamos hasta 10 o 12 kilos de comida por kilo de vaca.

En cuanto a criterios de eficiencia ambiental, como el consumo de agua, la emisión de gases de efecto invernadero o el uso de superficie, los insectos ganan por goleada. Son mucho más eficientes por todos los criterios.

No obstante, es importante ver que esta comparación solo tiene sentido si los insectos se usan directamente para consumo humano. Si se crían para alimentación de otros animales, las ventajas se pierden rápidamente porque, aunque son una fuente de proteína de bajo impacto, no lo son menos que la soja. Digamos que su ventaja clave es que permiten conseguir proteína animal —con toda su superioridad nutricional respecto a la vegetal— con una eficiencia muy alta.

Por otro lado, no olvidemos que los insectos comen pienso, igual que cualquier otro ganado, igual que un cerdo. También hay que alimentarlos con cereales o soja. En algunos casos se alimentan con residuos orgánicos que ya no sirven para el consumo humano. Por ejemplo, la fracción orgánica de nuestra basura urbana. O más frecuentemente residuos tales como bagazos de cervecería, restos de conservas vegetales o residuos de cosecha. Pero hay que tener en cuenta que algunos de estos productos ya se usan hoy para alimentación animal, y que además empiezan a tener mucha demanda para otros usos, como la obtención de biocombustibles o bioplásticos. Y en todo caso, si los insectos se destinan a alimentación humana, la normativa alimentaria se vuelve más estricta con sus fuentes de comida.

Pero, de todos modos, sin duda hay considerables ventajas en que los insectos formen parte de nuestra dieta futura, seguramente en formatos muy discretos —sin patas crujientes—. Si además conseguimos que estén buenos y se supere el tabú cultural que los rodea, es probable que jueguen un papel significativo como fuente de proteínas en una o dos décadas.

Existe otro interesantísimo uso de los insectos que no es alimentario pero que conviene conocer, porque también se está desarrollando: su aplicación como biorreactores. Es decir, se puede conseguir mediante ingeniería genética que fabriquen sustancias valiosas, en vez de simplemente comérnoslos. Para ello nos aprovechamos de su alta tasa reproductiva y de sus ciclos de vida cortos. Por ejemplo, la *startup* canadiense Future Fields cría moscas de la fruta modificadas genéticamente para generar proteínas de alto valor de uso médico, como FGF2 (un factor de crecimiento) o transferrina (la proteína que transporta hierro en la sangre). Y la empresa india Arthro Biotech trabaja con moscas soldado para fabricar biopesticidas y productos farmacéuticos. Resulta además que los insectos pueden ser más económicos que las fermentaciones con microorganismos para «fabricar» este tipo de sustancias.

HAY UN FILETE EN LA IMPRESORA

En diciembre de 2020, el restaurante 1880 de Singapur ofrecía un menú muy especial. Hay que decir que el 1880 no es un restaurante más: es uno sumamente exclusivo, en un club social privado de la extremadamente rica ciudad-Estado de Singapur. Ocupa 2200 metros cuadrados en la tercera planta del Hotel Intercontinental, junto al río Singapur, en pleno centro comercial de la urbe. Tras su mostrador de recepción, tallado en un solo bloque de cuarzo rosa, se accede a un sofisticado restaurante, una espaciosa terraza, un centro de spa, un salón con amplias vistas y un espacio de trabajo para socios. Un lugar de encuentros, donde coincide la gente más glamurosa de los negocios y el comercio internacional, de las tecnológicas más avanzadas, de los centros de nuevas ideas de Asia y Europa. Su lema: «*1880 existe para inspirar conversaciones que cambian el mundo*».

Pues bien, en ese entorno tan VIP y cosmopolita, el menú especial de diciembre costaba solo 20 € y parecía bastante sencillo: pan bao de pollo empanado con sésamo y cebolleta; rollo de primavera de pollo y puré de alubias negras; y gofre con pollo, especias y salsa picante. En fin, nada que no pueda encontrar en el chino de la esquina, a poco bueno que sea. ¿Entonces…?

La diferencia estaba en el pollo. En este caso, no había salido de ningún animalito con plumas que correteara por la granja. Era el primer caso de carne cultivada que se servía en el mundo, de forma pública y aprobada por las autoridades sanitarias. Efectivamente, Singapur fue el primer país en aprobar el consumo humano de carne cultivada en 2020, y la empresa Eat Just, con sede en California, preparó este evento para dar a conocer mundialmente su producto: carne de pollo cultivada en biorreactores; sin pollo, solo la carne. Un momento único en la más novedosa tecnología de alimentos, un momento *foodtech*, muy apropiado para un club de pudientes de mentalidad tan avanzada. Hay que decir, como inciso, que el precio del menú era simbólico, ya que por entonces un kilo de esta carne de pollo salía a unos 700 € (según indicaciones del fabricante, aunque no se sabe el coste cierto de producción).

¿Y qué es la carne cultivada? Es algo nuevo, que procede de las técnicas de cultivo de tejidos desarrolladas por la ciencia médica. No se cría un animal entero, sino solamente un tejido muscular, que es lo que normalmente nos comemos. El cultivo parte de células madre, que tienen la capacidad de replicarse indefinidamente y además diferenciarse en distintos tipos de tejido. Esas células se toman de una muestra de tejido de un animal vivo: en el caso de una ternera pueden ser del lomo, y en el caso de un pollo proceden de la pechuga. Es una biopsia de un trozo minúsculo de carne, y el animal luego sigue a sus cosas.

Estas células se colocan en un medio en el que pueden crecer. Flotan en un caldo alimenticio, que les va aportando nutrientes, y también factores de crecimiento que les dan las instrucciones para multiplicarse. Todo esto se hace dentro de unos depósitos metálicos, llamados biorreactores. Lo que al principio eran unas pocas células empiezan a diferenciarse y replicarse en grupos, cada vez más grandes, que van formando glóbulos de tejidos musculares flotando en la matriz de nutrientes. Solo necesitan absorberlos y así producir más y más células. Luego, cuando ya han alcanzado un tamaño adecuado, se extraen del biorreactor, se centrifugan y ya tenemos una masa muscular que ha crecido sola, sin organismo, sin animal anexo.

Las investigaciones para conseguir este novedoso producto tuvieron un primer hito en 2013. Fue en la Universidad de Maastricht, donde presentaron la primera hamburguesa producida con carne cultivada. Era una hamburguesa porque todavía no estaba claro cómo conseguir texturas de mayor escala, tipo filete, y esa carencia es más fácil disimularla en un amasijo de carne picada (que me disculpen las hamburguesas, pero eso es lo que son). Fabricarla costó 200.000 € y dos años de trabajo, así que no era todavía algo apto para un McDonalds. Pero en fin, todos los primeros pasos son difíciles. También al principio los paneles solares eran tan caros que solo se usaban para los satélites artificiales, y mire hoy donde están. Es una cuestión de escala… que puede producirse o no.

Biorreactor para producción de carne cultivada, de Eat Just, Inc. (California, EE. UU.).

Para mejorar el producto final y dotarlo de textura, se han ido introduciendo unas estructuras básicas (o *scafolding*, «andamiajes») en el caldo de cultivo. Son unas mallas sobre las que se produce el crecimiento del tejido muscular, de manera que al terminar tiene cierta forma y sobre todo una textura más apta para ser comida y ser más como la carne. Porque en un tejido muscular hay más cosas aparte de las fibras musculares: hay tejido conjuntivo, depósitos de grasa, vascularización, cosas que confieren a la carne su aspecto real. Esto se imita con estos andamiajes, que son de productos vegetales, como la celulosa, o animales (también sintéticos) como el colágeno.

Hay que decir que este producto, por raro que sea, puede considerarse carne de verdad. Son tejidos musculares más o menos estructurados, formados por células individuales, con toda su complejidad interna. No son una proteína aislada, como podría ser la albúmina de huevo. Son células, con membrana y núcleo, con todos sus nutrientes. Solo que han crecido «en un tubo de ensayo». Hay que tener claro que la carne cultivada *es carne*, rara pero carne (atención vegetarianos). Puede considerarse un caso extremo de la agricultura vertical, en este caso ganadería vertical. Aunque, desde luego, si el concepto de «granja» llega por los pelos a una donde se crían insectos, aquí parece que queda ya fuera por completo. Hablamos más bien de «fábricas».

Este sistema tiene ventajas. Producimos solo el tejido que nos vamos a comer, y no gastamos energía y recursos en producir huesos, plumas, picos o pezuñas. Además, en un sistema cerrado y esterilizado no hay enfermedades, así que no hay que usar medicamentos ni antibióticos, ni se transmiten plagas. Las células madre pueden ser seleccionadas con biotecnología genética para producir el patrón nutricional más adecuado, la combinación perfecta de proteínas y grasas, hacer que estas sean más insaturadas, o que haya más vitamina B_{12}. Y además, este tipo de granjas no producen estiércol, no huelen, no tienen problemas con sus vecinos. Es como una ganadería sin animales.

El proceso puede aplicarse también a peces y mariscos, por supuesto. Ya hay empresas que lo hacen, y producen tejidos de atún rojo, de gamba, de salmón o de pulpo.

Conseguir la forma del corte al que estamos acostumbrados (filetes, chuletas, cortes de pescado…) no es fácil, y hay quien lo está consiguiendo por otra vía original: con impresión 3D. La empresa israelita Steakholder Foods se ha asociado con Umami Bioworks, de Singapur, para elaborar filetes de pescado cultivado. Umami cultiva tejidos de mero y anguila, con su músculo y su grasa, y Steakholder se encarga de acoplarlas a un entramado de fibras vegetales, ubicado en su posición exacta mediante sus propias impresoras 3D especiales. El resultado final es un filete listo para cocinar, que imita bastante bien las propiedades del pescado de mar.

Un filete de pescado cultivado, impreso en 3D, de
Umami Bioworks y Steakholder Foods. El aspecto es difícil de distinguir de un pescado natural.

Suena todo muy bonito, pero obviamente también hay inconvenientes. No deja de ser un producto completamente nuevo, y no sabemos si puede tener algún efecto sobre la salud a largo plazo, cosa que requerirá estudios. Y por supuesto, está el tema del precio.

Y es que fabricar carne de esta manera es, de momento, muy caro. Las empresas que se dedican a ello están seguras de que en unos años conseguirán una razonable paridad de precio con la carne «convencional», o sea, la del ganado que muge, cacarea y se pasea por el prado. Hoy en día se manejan precios muy diversos según fabricantes, pero todos muy elevados: desde 400 hasta 10.000 € el kilo, o sea, que de momento se parece a comer metales preciosos. Sin embargo hay una buena cantidad de empresas que están en este proceso, peleando para conseguir un producto atractivo a precios cada vez menores. Y los precios bajan rápido.

Muchas de ellas se dedicaban a la producción de proteínas vegetales y dieron luego este paso adicional. Es un sector muy nuevo y en pleno desarrollo, y aunque todavía no es rentable ni está claro del todo su futuro, se está invirtiendo mucho dinero en él porque parece prometedor. Por supuesto, conseguir bajar el precio es en primer lugar una cuestión de escala. Para ello hacen falta fábricas más y más grandes y por tanto una demanda mayor.

Hoy en día hay pocos biorreactores en el mundo produciendo carne cultivada. Pero no es solo eso. No es solo ensamblar tecnologías que vienen desde la industria biomédica y hacerlas más grandes. Hay que desarrollar nuevas técnicas para hacer crecer el tamaño y a la vez conseguir un tipo de producto que pueda ser atractivo, que genere demanda. Porque además parece que las expectativas sobre este tipo de carne son altas: se espera algo mucho mejor que las «carnes vegetales» de las que hablamos luego. Algo que sea prácticamente carne.

Empresas más avanzadas en carne cultivada

Empresa	Fundación	País	Producto	Entrada en mercado
Aleph Farms	2017	Israel	Ternera	2024
Because Animals	2018	Estados Unidos	Comida de mascotas	2022
Believer Meats	2018	Israel	Carne	2022
Bene Meat Technologies	2020	República Checa	Comida de mascotas	2025
BioTech Foods	2017	España	Cerdo	2024
Clear Meat	2019	India	Pollo	2022
Cultured Food Innovation Hub	2021	Suiza	Carne	2022
Eat Just	2011	Estados Unidos	Carne	2020
Finless Foods	2016	Estados Unidos	Atún	-
Mosa Meat	2015	Países Bajos	Ternera	2022
SCiFi Foods	2019	Estados Unidos	Carne	2024
Steakholder Foods	2019	Israel	Foie gras	2023
Upside Foods	2015	Estados Unidos	Pollo	2023

No hay estudios amplios de aceptación, porque tampoco hay una oferta amplia de carne cultivada. Tampoco es fácil saber si nos va a gustar de verdad lo que podemos aceptar sobre el papel, y sobre todo si estamos dispuestos a pagar un precio extra por ello. Desde luego, una pechuga de pollo a 200 € no va a tener éxito, eso puedo asegurarlo. Pero si consiguen llegar a un precio equiparable, podríamos empezar a hablar.

En 2019 se hizo un estudio interesante[39] sobre la aceptación de proteínas alternativas. Sobre todo es interesante porque se hizo en los tres países más poblados del mundo: India, China y Estados Unidos (suman el 40 % del total de humanos). Y no solo son los más poblados, sino que son países decisivos en muchas tendencias alimentarias. Bueno, y de cualquier otra cosa. El resultado, a grandes rasgos, es el siguiente.

---

39   Bryant, Christopher; Szejda, Keri; Parekh, Nishant; Deshpande, Varun; Tse, Brian: *A Survey of Consumer Perceptions of Plant-Based and Clean Meat in the USA, India, and China.* Frontiers in Sustainable Food Systems, 2019.

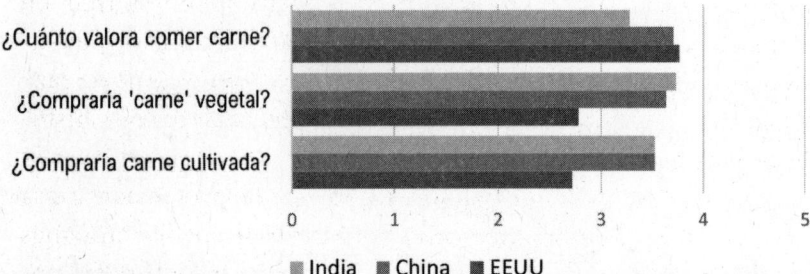

Aceptación de sustitutos de la carne
en India, China y Estados Unidos

¿Cuánto valora comer carne?

¿Compraría 'carne' vegetal?

¿Compraría carne cultivada?

0 1 2 3 4 5

■ India ■ China ■ EEUU

Como se ve, todos los encuestados aprecian la carne entre «bastante» y «mucho», aunque un poco menos en la India. Y en general están bastante dispuestos a comprar y consumir sustitutos vegetales y de carne cultivada; en este caso, bastante menos en Estados Unidos. Así que no parece descabellado pensar que la aceptación general sería buena. Sin embargo, no está de más tener en cuenta algunas cuestiones que pueden sesgar esta encuesta: primero, que fue hecha en poblaciones urbanas, en general más instruidas, de mayores ingresos y de costumbres más abiertas —sobre todo en India y China—; segundo, que el universo fue relativamente limitado, unas 1000 personas por país; y tercero, que no deja de ser una pregunta desiderativa («¿Compraría...?»), como concepto, incluso sin haberla probado nunca.

Para los puristas de la ética animal, que al principio miraban con buenos ojos esta «carne libre de animales», hubo además un problema que resolver. Para conseguir los factores de crecimiento de los tejidos, al principio era necesario obtenerlos de tejidos animales vivos, concretamente de células del plasma embrionario de terneras. Esto requería sacrificar embriones de vaca, y al parecer el asunto ya no despertaba tanta ilusión. Posteriormente, se ha conseguido obtener estos factores de crecimiento por tecnología genética.

El caso es que hay algunas dudas respecto a estas carnes cultivadas que dan que pensar. De entrada, los veganos no saben muy bien qué hacer con ellas. Para un vegetariano, que no come carne por cuestiones nutricionales, está claro: es tejido muscular, así que no lo comerá. Pero para un vegano, que basa el asunto en una relación de ética con los animales, no es tan simple. ¿Se está dañando un animal para obtener esta carne? ¿Es, de hecho, un producto animal, o no? También han tenido que analizarlo los pensadores de algunas de las grandes religiones con tabúes alimentarios. ¿Esta carne es *halal* para un musulmán? El concepto *halal* tiene que ver más bien con la forma de sacrificio, y aquí no hay ningún sacrificio. Pero ¿un tejido muscular cultivado de células de cerdo, es cerdo? Pasa lo mismo con los judíos. Tampoco está claro si una carne cultivada es o no *kosher* —o sea, un alimento permitido según la religión judía—.

Simplemente, cuando surgieron estas religiones nada de esto existía ni podía imaginarse. Es tan radicalmente nueva que todo el mundo tiene que definirse en torno a ella. Es un tejido cultivado, simplemente. No cabe en ninguna casilla.

Respuestas al problema, por si le interesa: la mayoría de autoridades islámicas consideran que este producto es *halal*, independientemente del tipo de animal de origen —podría igualmente ser un cerdo o un perro—, porque al ser un cultivo no es un ser vivo, es más bien algo parecido a un yogur. En cambio, algunos de los rabinos más sabios suelen considerar que si las células proceden de un animal *kosher* todo el resultado del cultivo es *kosher*, y si no, no. Esto excluiría tejidos de especies como el cerdo, el camello o la gamba. Pero, puesto que no existe sacrificio, no hay ninguna observación ante el carácter *kosher* de los tejidos provenientes de otras especies. En cambio, en el Hindu Mahasabha (un movimiento político y religioso que promueve la ortodoxia hinduista) consideran que ninguna forma de tejido que tenga que ver con una vaca puede ser consumido por un hindú. Así que parece que queda debate. Mundo nuevo, problemas nuevos.

Los fabricantes de carne cultivada sostienen que su impacto ambiental puede llegar a ser inferior al de la ganadería convencional. Parece que su eficiencia para convertir cultivos en carne (la tasa de conversión) es aún mejor que la del pollo o los insectos, lo que se traduce en menos superficie y menos agua. Pero desde luego esta fabricación es intensiva en energía, para la preparación de los medios y el mantenimiento de los biorreactores a la temperatura de producción. La verdad es que hoy aún es pronto para evaluar su eficiencia a gran escala, aunque es prometedora *a priori*.

Desde luego, una ventaja de la que hacen gala sus productores es que podremos comer carne sin matar animales, apelando a una supuesta ética animal en la que la ganadería sería moralmente inferior. Es una llamada subliminal a su consumo por criterios no alimentarios. De hecho, en cierto momento se llamó comercialmente *clean meat* (carne limpia), nombre que luego se cambió por *cultured meat* (carne cultivada) para no hacer tan evidente su supuesta superioridad moral —que, claro, no gustaba nada a los honrados ganaderos—.

Mientras tanto, las empresas siguen trabajando y desarrollando tecnologías. Como hemos visto, no es solo la carne, sino cada vez más tipos de pescado. La empresa Avant Meats, de Hong Kong, ha desarrollado filetes de pescado cultivado, y tiene una primera planta de producción en Singapur. Este diminuto país está en la vanguardia de todas las tecnologías de *foodtech* precisamente porque no tienen espacio para producir alimentos, y por eso exploran todas las alternativas. Allí mismo está también Shiok Meats, desarrollando gambas. Y en Estados Unidos, Wildtype está trabajando para conseguir salmón, y Finless Foods, atún. Incluso la australiana Vow trabaja con carne de canguro. La verdad es que podrían producirse tejidos de cualquier especie. Incluso se habla de obtener carne de mamut, cultivando tejidos obtenidos por tecnología genética a partir de células de elefante y genes de mamuts congelados en Siberia. Todo es posible.

Hay algunos otros divertimentos que quizá puedan tener éxito... o más probablemente no. Por ejemplo, en la Yonsey University de Corea del Sur, unos ingenieros químicos están cultivando tejido de vaca en una matriz de granos de arroz. El resultado es una especie de «arroz de vaca», que resulta en algo como un puré rosado, granulado. Aunque nutricionalmente es muy completo (cereales y carne), parece poco atractivo a primera vista. Pero podría ser que encontraran un diseño que funcionara comercialmente.

La aprobación de este tipo de producto por las entidades de control sanitario está tomando su tiempo. Y tiene sentido, ya que esto no son insectos criados en una granja, algo que al fin y al cabo ya existía: es algo total y radicalmente nuevo, algo que no había existido nunca. Después del pionero Singapur, en Estados Unidos la FDA (Food and Drug Administration) y el USDA (US Department of Agriculture) aprobaron la comercialización de carne cultivada en 2022. Ya la ofrecen algunos restaurantes con buena aceptación, a precios elevados pero no completamente prohibitivos. Por ejemplo, el restaurante China Chilcano, en Washington D.C., del conocido chef español José Andrés, incluye un plato de pollo cultivado en su menú degustación de 70 dólares.

En Israel también se han dado los primeros pasos, pues en 2024 su Ministerio de Salud (IMOH) dio autorización para producir y comercializar carne cultivada de vacuno. Y en Europa, el primer avance lo ha hecho Reino Unido, que en 2024 autorizó la carne cultivada… pero solo para mascotas. Concretamente, la empresa Meatly lanzó la primera comida para perros a base de pollo cultivado, lo que a pesar de todo es un hito en la industria alimentaria europea. Y, sin embargo, Italia prohibió la carne cultivada en 2023, con el criterio de proteger la herencia cultural de su excelente cocina y de su ganadería.

Por último, citaremos que hay un sector que produce proteínas animales por un proceso distinto, pero afín: las fermentaciones de precisión. Son cultivos de levaduras o bacterias modificadas genéticamente para producir proteínas. Por ejemplo, ovoalbúmina, la proteína mayoritaria en el huevo. Esto es lo que hace Every, una empresa de San Francisco, que la fabrica como complemento de proteínas y para pastelería. En este caso lo que se produce no son células ni tejidos, sino algo muchísimo más simple, una única proteína.

Como dicen algunos de los mayores defensores de esta tecnología, «un día cultivar carne será tan normal como hoy hacer queso o cerveza». Son palabras de Isha Datar, directora ejecutiva de New Harvest, un instituto de San Francisco que investiga en agricultura celular. Y es muy posible que así sea. Pero es un poco pronto para saberlo.

PLANT-BASED Y VEGANISMO

Bill Gates ya no es el hombre más rico del mundo, aunque lo ha sido durante mucho tiempo. A partir de 2018 le han ido adelantando en el *ranking* otros multimillonarios, como Elon Musk (dueño de Tesla y SpaceX), Bernard Arnault (presidente del grupo de lujo LVMH Moët Hennessy Louis Vuitton) o Jeff Bezos (el amo de Amazon). Bueno, no creo que le importe mucho, igualmente Bill Gates sigue teniendo muchísimo dinero, casi más del que se puede imaginar. Es un tipo muy inteligente, que hizo su fortuna con Microsoft y luego la invirtió en cosas muy variadas. Pero lo que sí que mantiene Bill Gates es una capacidad de influir en las ideas, porque cuando él hace un movimiento todo el mundo tiende a pensar que ha visto algo que los demás aún no han visto.

Y eso es lo que pasó en 2013, cuando Bill Gates invirtió dinero en una empresa casi recién creada y muy novedosa: Beyond Meat («Más allá de la carne»). Era una joven empresa californiana que estaba produciendo sustitutos de la carne, solo que fabricados a partir de productos exclusivamente vegetales. En este tipo de casos, Gates no invierte de forma discreta. Al contrario, envía un mensaje público. Él lleva tiempo empeñado en hacer inversiones responsables que indiquen al mundo por dónde debe ir, de acuerdo con sus declaradas preocupaciones medioambientales. Como su fondo de inversión Breakthrough Energy Ventures, que apoya empresas de energías renovables, biocombustibles, hidrógeno o captura de carbono. O TerraPower, que desarrolla reactores nucleares modulares de pequeña escala. O, en este caso, Beyond Meat, y también su rival Impossible Foods, otra empresa similar en la que invirtió en 2017.

Su mensaje, en estos casos, es claro: reducir el consumo de proteína animal tiene ventajas medioambientales. Menos consumo de energía, menos consumo de agua, menos superficie cultivada, para obtener la misma capacidad nutricional. Gates quiere promover esas proteínas alternativas que pueden cambiar el futuro de nuestra alimentación, y que se prevé que tengan una aceptación cada vez mayor. Y de paso, obviamente, ganar dinero, que es para lo que se invierte. Eso quiere decir que hay un tipo muy listo que cree en el futuro del sector.

Lo que hace Beyond Meat son productos con aspecto de carne, un aspecto muy conseguido, solo que hechos con vegetales. Es lo que se llama carne vegetal... o *plant-based meat*. En su catálogo hay cosas como hamburguesas, salchichas, carne picada, pollo empanado, albóndigas, e incluso platos preparados como espaguetis boloñesa. No hay ni rastro de carne real en ellos.

Para fabricarlos, se recurre a productos vegetales ricos en proteínas. Los más usados son la soja y los guisantes, ambas legumbres, que es una familia de semillas bastante proteínicas. No se usan tal cual: se extraen las proteínas separando de la semilla las pielecitas, las grasas y los carbohidratos. Luego se formula la receta combinando esa proteína con la grasa adecuada —que no tiene por qué ser la de la semilla original—, un aglomerante —harinas de distintas semillas— y otros materiales que aportan distintas texturas, color o aroma —remolacha, zanahoria, maíz, gluten de trigo...—. Esa mezcla se extrusiona formando fibras que luego se aglomeran, para conseguir un producto con textura de carne. Cada especialidad tiene su truco, claro está, combinando la receta con otros productos. Por ejemplo, hay marcas que incluyen micelios de hongos para conseguir la estructura adecuada.

La clave de todo esto, sin embargo, son los aromas y sabores. Tiene que saber a carne, si no será un fracaso. Aquí entran en juego conocimientos bioquímicos muy profundos, porque todos los aromas son combinaciones de ciertas moléculas biológicas, a veces de muchas de ellas. Así que cada uno tiene su ciencia, y se usan lípidos aislados, aminoácidos, extractos de levadura o de hongos, especias, combinados de frutos secos o grasas vegetales. Toda una ciencia del sabor, que cada fabricante consigue a su manera. Desde luego tiene mérito, conseguir que un vegetal sepa a carne, hay que reconocerlo. Siempre se juega, además, con las reacciones químicas que se producirán durante el cocinado, especialmente la reacción de Maillard. Esta reacción es universal en todos los productos que contienen aminoácidos y polisacáridos (o sea, proteínas y almidones) y se someten a calor, como al hornear o asar. Al calentarse, se produce una combinación de ambas sustancias, que se polimerizan conjuntamente y forman unos productos de color oscuro: ese es el característico color tostado del pan, de las galletas, de una salchicha asada o de un chuletón a la brasa. Son buena parte del secreto de su sabor. Y los fabricantes de carne vegetal saben usar esta reacción. El aspecto final, e incluso el sabor, suele ser bastante bueno y se parece mucho al preparado de carne al que intenta imitar.

Conseguir un parecido razonable, con un buen valor nutritivo, no es algo fácil. Los laboratorios de diseño juegan con matices complejos y prueban decenas de productos. Para ver lo complicado que puede ser basta leer la larga lista de ingredientes en las hamburguesas de Beyond Meat: agua, proteína de guisante, aceite de colza, aceite de coco refinado, proteína de arroz, levadura seca, manteca de cacao, metilcelulosa, almidón de patata, extracto de manzana, sal, cloruro potásico, vinagre, zumo de limón concentrado, extracto de zumo de remolacha, ácido ascórbico, extracto de remolacha, extracto de granada, lecitina de girasol, vitaminas (B1, B2, B3, B6 y B12) y minerales (calcio, hierro y zinc).

Carnes vegetales de Impossible Foods y Beyond Meat,
tal como se encuentran en los supermercados.

Pero hay muchas otras opciones, aparte de carne. Cualquier alimento de origen animal tiene su correspondiente *plant-based*. Empezando por los lácteos, entre los que se cuenta el queso vegetal más antiguo del mundo: el tofu. Este es un coagulado de leche de soja, muy popular en la cocina oriental, que se conocía ya hace más de dos mil años, y es una muy buena proteína similar en aspecto al queso fresco. Salvo que no sabe a nada, pero eso tiene solución con las salsas adecuadas.

Los sustitutos de la leche basados en vegetales son cada vez más populares: bebidas de soja, de avena, de arroz, de almendras... Líquidos blancos densos, con distintos sabores, que a veces aportan proteínas y grasa como la leche, a veces simplemente su aspecto. En realidad, su composición nutricional es totalmente diferente de la de la leche natural, por lo que en la Unión Europea no se permite la denominación legal de «leche» para estos productos, para no confundir al consumidor. No hay «leche de soja» sino «bebida de soja», igual que no se nos ocurre llamar «leche de chufa» a la horchata. Es estupenda y muy sana, pero es otra cosa que no es leche. Lo mismo para sus derivados: no es legal llamarlos queso o yogur.

Al igual que el tofu, hay otro producto lácteo *plant-based* que nos acompaña desde hace mucho tiempo de forma muy discreta. Hablo de la margarina. Nadie la llama «mantequilla vegetal», pero eso es lo que es. Se conoce desde finales del siglo XIX, aunque entonces era solo un sustituto barato de la mantequilla que seguía teniendo grasas animales: contenía grasa de vaca —de la carne, no de la leche—, mucho más barata que la grasa láctea de la que se hace la mantequilla. Pero se popularizó en Inglaterra y Estados Unidos durante la Segunda Guerra Mundial: debido a la escasez de leche, se afiló el ingenio de los fabricantes, que empezaron a producirla a partir de aceites vegetales, con un proceso que ya se conocía desde 1900. La gracia de la margarina es que es una grasa saturada, por lo que tiende a ser sólida, pero que se produce a partir de grasas vegetales insaturadas, que tienden a ser líquidas. Un proceso de hidrogenación con catalizadores consigue el milagro. Luego, un poco de colorante amarillo completa el parecido. Así que, sí, convivimos con mantequilla vegetal desde hace décadas.

También hay preparados vegetales sustitutivos del huevo (obviamente, sin su forma). Suelen ser un polvo al que añadir agua, o un líquido que contiene almidones, proteínas vegetales, lecitinas de soja, y en ocasiones extractos de algas o frutas. Con ellos uno puede prepararse una tortilla o unos huevos revueltos, y algunos, como los de Just Eat (que se llaman Just Egg) tienen muy buena prensa en el mercado norteamericano.

Todo el mundo se apunta a la moda del *plant-based*, para capturar esa parte del negocio. A veces resulta hasta un poquito forzado, como por ejemplo… la Nutella vegana. Ferrero, el fabricante italiano de chocolates, la lanzó en 2024 para celebrar su 60 aniversario. En realidad no era tan difícil, porque en la Nutella, esa deliciosa pasta de cacao, casi todo es vegetal. Sus ingredientes son azúcar, manteca de palma, avellanas, leche desnatada en polvo, cacao desgrasado, lecitinas de soja y vainillina. Así que lo único no vegetal es la leche, y lo que hicieron fue sustituirla por un producto basado en garbanzos y arroz. Para hacerlo más evidente también han sustituido la tapa del tarro, que en la Nutella vegana es verde (por supuesto) en vez de roja. La han ido introduciendo progresivamente, con cautela, en varios mercados europeos.

El sector del *plant-based* es ya muy amplio, y es el de mayor tamaño dentro de las proteínas alternativas. Eso no significa que esté sustituyendo a la carne, claro: hoy por hoy supone solo un 2,7 % del valor de mercado de proteínas animales, aunque tampoco está mal. Estas son algunas de las compañías y marcas con un mejor desempeño (de Europa y Norteamérica, lo que suma el 85 % del mercado):

Marcas de proteínas vegetales con mayor cuota de mercado (2020)

SUSTITUTOS VEGETALES DE LA CARNE					
NORTEAMÉRICA			**EUROPA**		
Marca	Fabricante	País	Marca	Fabricante	País origen
Beyond Meat	Beyond Meat Inc.	EEUU	Quorn	Monde Nissin Corp.	Filipinas (1)
Morningstar	Kellogg Co.	EEUU	Rügenwalder Mühle	Rügenwalder Wurstfabrik Carl	Alemania
Gardein	ConAgra Brands Inc.	EEUU	Garden Gourmet	Nestlé	Suiza
Field Roast	Maple Leaf Foods Inc.	Canadá	Linda McCartney	The Hain Celestial Group	EEUU
Lightlife	Maple Leaf Foods Inc.	Canadá	The Vegetarian Butcher	Unilever Group	Reino Unido

SUSTITUTOS VEGETALES DE LA LECHE					
NORTEAMÉRICA			**EUROPA**		
Marca	Fabricante	País origen	Marca	Fabricante	País origen
Silk	Danone	Francia	Alpro	Danone	Francia
Almond Breeze	Blue Diamond Growers	EEUU	Oatly	Cereal Base CEBA AB.	Suecia
Califia Farms	Califia Farms	EEUU	Bjorg	Ecotone	Francia (2)
Ripple	Ripple Foods Inc.	EEUU	Chufi	Lactalis	Francia
So Fresh	Earth's Own Food	Canadá	Provamel	Danone	Francia

(1) Monde Nissin, líder mundial de los fideos instantáneos, compró la británica Quorn en 2015
(2) Ecotone, antes Koninklijke Wessanen, de Países Bajos, trasladó su sede a Francia en 2020

Fuente: RBC Capital Markets

Algunas marcas están consiguiendo ir más allá de las hamburguesas y la carne picada: la eslovena Juicy Marbles ya está haciendo productos vegetales con aspecto y textura de filetes, solomillo y hasta costillas.

Y estos productos tan complejos y sofisticados, ¿cumplen realmente su función nutricional? Porque no olvidemos que se trata de sustituir a las proteínas animales, un producto muy valioso en nuestra dieta. Si nos vamos a los resultados de un estudio de The Food Foundation[40] de 2024, encontraremos que tienen cualidades realmente interesantes.

---

40 *Rethinking plantbased meat alternatives.* The Food Foundation, 2024.
 The Food Foundation es una organización británica que trabaja para mejo-

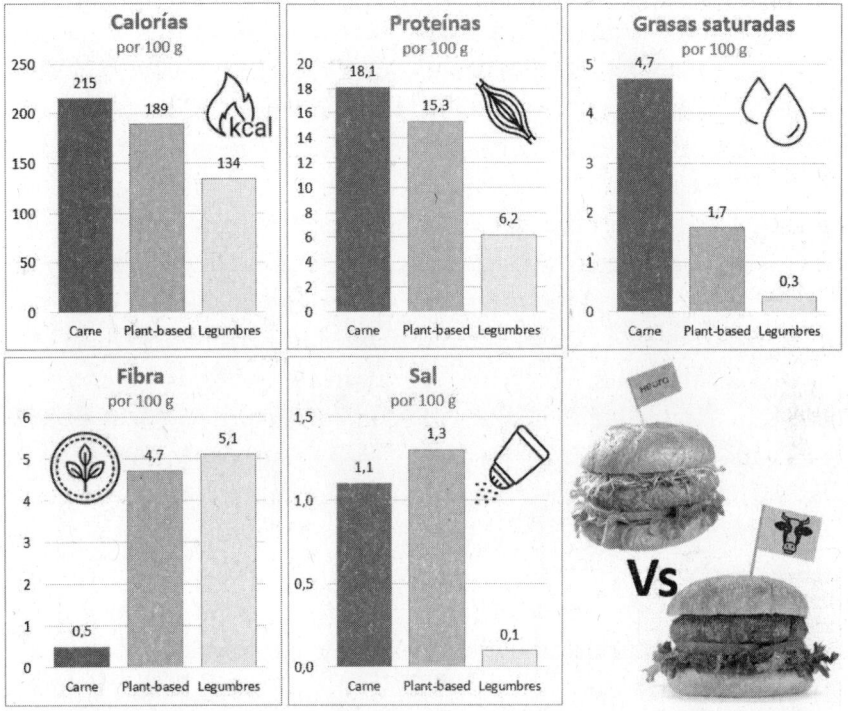

Resulta que, en general, los *plant-based* proporcionan una cantidad de proteínas casi al mismo nivel que las carnes, con un valor biológico entre muy bueno y aceptable. Esto lo hacen con menos grasa saturada y más fibra, lo que está muy bien, y es lógico, ya que al final son vegetales. Aunque a cambio tienen un poco más de sal, por la cuestión del sabor. En conjunto, el resultado es bastante bueno. Las gráficas comparan también con la opción de comer directamente legumbres, que son semillas relativamente ricas en proteínas, sin pasar por toda la compleja elaboración de un preparado vegetal.

Hay algo que quizá suene un poco contracorriente, pero no hay más remedio que admitir que estas carnes y alimentos vegetales entran de lleno en la categoría de «productos ultraprocesados». Sí, ya sé que suena chocante, por la cosa de que son vegetales, pero es así. No hay una definición canónica de lo que es un ultraprocesado, pero tomemos, por ejemplo, la de la Organización Panamericana de la

---

rar el sector alimentario, junto con institutos de investigación, fabricantes y distribuidores.

Salud —parte de la OMS— que es bastante concisa: «Son formulaciones industriales principalmente a base de sustancias extraídas o derivadas de alimentos, además de aditivos y cosméticos que dan color, sabor o textura para intentar imitar a los alimentos». ¡Pues tal cual!

Sin embargo, vemos que las «carnes» vegetales, por ultraprocesadas que sean, pueden conseguir un valor nutricional francamente bueno. Y es que ser procesado no es malo en sí mismo, depende más bien de lo que se obtenga como producto final. Ojo con los prejuicios.

Entonces, ¿es la carne vegetal un alimento saludable? De entrada es importante entender que no hay *alimentos* saludables, lo que hay es *dietas* saludables. Casi cualquier alimento es admisible en una dieta, lo importante es la dosis y la combinación de nutrientes que ingerimos a lo largo de varios días. El caso es que, por lo que vemos, la «carne» vegetal cumple su principal función de forma más que aceptable: es una buena fuente de proteínas de buen valor biológico. Además de eso, aporta fibra y más grasas insaturadas que la carne natural, aunque, a cambio, no suele contener hierro ni vitamina B12 (aunque algunas marcas sí que las suplementan con ellas). Así que podemos considerar que perfectamente pueden ser parte de una dieta saludable; no mucho más que las carnes naturales, pero tampoco mucho menos. Vamos, que después de tanto rodeo y matiz, la respuesta es sí: son alimentos saludables.

Otra cuestión es si es adecuado que puedan llamarse «carne» en el mercado. O incluso sugerir que lo son a través de nombres que aluden a la carne (*meaty names*, dicen los anglosajones). Hay cierta pelea legal sobre este tema. Por ejemplo Francia, en 2024, prohibió que los alimentos de origen vegetal utilizaran nombres comerciales como filete, escalope, jamón, bistec, solomillo o pechuga. El argumento fue proteger al consumidor, que puede suponer que son equivalentes cuando no lo son. También, obviamente, defender al sector ganadero tradicional y al sector cárnico, ambos de mucho peso en el mundo alimentario. El caso es que no se consideraba legítimo vender algo bajo el nombre de «salchicha vegana», «escalope vegetal» o «hamburguesa de soja». Italia ya lo había restringido el año anterior, con la misma ley que prohibía la carne cultivada. También Chile prohibió estos términos en 2024.

Sin embargo, unos meses después el Tribunal Superior de Justicia de la UE les enmendó la plana. Dijo que la prohibición no era legal:

un Estado no puede prohibir el uso de términos «usuales y descriptivos» cuando no existe una definición normativa de ellos. Y esto es aplicable a cualquier Estado de la Unión (a Chile no, claro). Sin embargo, sí que está aprobado prohibir el nombre de «leche» en las bebidas vegetales. Hay un conflicto de nomenclaturas en marcha, un reflejo del propio conflicto entre los productores de carne y los de *plant-based*, y más subterráneamente entre los promotores del veganismo y los defensores de la comida tradicional y sus valores culturales. Una cuestión complicada, que en resumen juega con la información del consumidor final.

En Estados Unidos han sido más directos desde el principio. En 2025, la Food and Drug Administration (FDA) emitió su «Borrador de guía para etiquetado de alternativas vegetales a los alimentos de origen animal». La guía indica que *no se impide* que los alimentos vegetales utilicen nombres asociados a animales, incluidos los más estandarizados (por ejemplo, «pollo», «tocino», «cecina») siempre que, al lado, se identifique claramente el tipo de fuente vegetal. También pueden usar nombres más divertidos como *veggie Chick'N*, o *vegan Be'f*.

Las razones que puede haber para consumir este tipo de productos en lugar de carne son variadas, pero básicamente se resumen en tres: 1) porque quiere aportar su granito de arena para rebajar el consumo de energía global; 2) por una cuestión de salud, ya que se considera adecuado un consumo de carne moderado —y si a uno le gusta mucho la carne, una opción para reducirla es esta—; y 3) porque es vegano.

Aquí ya estamos introduciendo criterios de decisión que van mucho más allá de lo nutricional. No se trata solo de aminoácidos esenciales o de ácidos grasos omega-3, aquí hablamos de otras cosas. De opciones alimentarias y hasta filosóficas que habrá primero que definir. De entrada, hay que diferenciar vegetariano de vegano.

Vegetariano es aquel que no quiere comer proteínas animales por cuestiones de salud, porque considera que no son adecuadas para su dieta. A menudo —no siempre— esto se concreta en no comer carne o pescado, pero sí huevos y lácteos, con lo que el equilibrio alimentario puede ser más que correcto si se tiene un poco de cuidado con el hierro. Vegetariano es una opción de alimentación perfectamente válida.

Vegano es otra cosa. El vegano considera que los humanos no tenemos derecho a utilizar a los animales bajo ninguna forma. Por supuesto no podemos comerlos, pero tampoco ningún derivado, elaborado o exudado suyo (como la miel o la leche), ni tampoco podemos usar ningún producto de origen animal que implique su sufrimiento (nada de zapatos de cuero, camisas de seda ni abrigos de piel). En el extremo, tampoco podemos montar caballos ni esquilar ovejas, aunque curiosamente muchos veganos aceptan tener un perro cautivo en casa. Veganismo es una opción filosófica de vida, también perfectamente válida, aunque más complicada desde el punto de vista de la nutrición. Conseguir una dieta equilibrada siendo vegano no es fácil, y requiere un buen conocimiento de los entresijos de la nutrición humana.

En cuestiones de comida, como puede imaginarse, con un vegetariano se puede hablar de dietas, contenido en proteínas, hierro asimilable, vitamina B12 y cosas así, y probablemente ambas partes pueden aceptar variaciones menores en la dieta. Con un vegano esto es más difícil, porque el asunto es de principios y va más allá de la nutrición, por tanto se vuelve todo/nada. No debemos mezclar esto con la preocupación por el bienestar animal, porque la mayoría de los ganaderos ya aplican sus principios y se preocupan del razonable bienestar de sus animales. Otra cosa es que al final nos los comamos o los ordeñemos —que es la razón última por la que han estado bien tratados—.

Hay una tercera definición que se está usando en los últimos años, que es la de flexitariano. Por decirlo de forma breve, un flexitariano es un vegetariano que, de forma muy limitada y esporádica, come carne o pescado. Digamos que en su casa igual cocina totalmente vegetariano, pero si le invitan a casa de sus amigos y le ponen un bistec no se rasga las vestiduras: se calla, se lo come y hasta lo disfruta. Y a lo mejor no vuelve a comer carne en un mes, o se hace una tortilla en un día tonto.

La verdad es que, descrito así, la mayor parte de la humanidad ha sido flexitariana hasta bien entrado el siglo XX, y no tenían ni idea de ello. Y muchos lo siguen siendo en Uganda o en Afganistán, probablemente sin saberlo e incluso sin querer serlo. Porque flexitariano no es otra cosa que un omnívoro que come poquita carne. Una opción muy saludable, por cierto, solo que no era una opción para nuestros antepasados, sino una dura imposición de la vida para la mayoría. Así que el término flexitariano suena a una de esas ideas propias del mundo opulento, acostumbrado a comer carne a todas horas y todos los días, que considera que volver a algo como una dieta mediterránea es toda una opción de vida. Pero parece que descubrir que somos omnívoros no es tampoco un gran descubrimiento.

En cuanto al planteamiento ético sobre el consumo de productos animales, no deja de ser una cuestión discutible. Intentemos, en primer lugar, mirarlo desde un punto de vista puramente zoológico, desde la biología desnuda; es decir, observando el comportamiento natural de las especies animales en su medio. Como haría un biólogo estudiando la conducta de una población de cebras, de liebres o de orangutanes. O de humanos. Liberémonos de cuestiones puramente filosóficas y observemos a estas especies, es decir, observemos la realidad. Cada una de ellas está especializada en un determinado tipo de comida; su evolución la ha dotado de órganos y técnicas adecuadas para conseguirla y consumirla, y es lo que hace. Si por un momento tuvieran conciencia de sí mismos, es difícil imaginar que un zorro pida disculpas a un ratón de campo por comérselo, o incluso que se plantee hacerlo. Sencillamente lo caza y se lo come, es su naturaleza. O que un atún pida disculpas a un calamar, o un águila culebrera a una serpiente bastarda, o una lagartija a un abejorro. Tampoco nuestros primos chimpancés pedirían disculpas a una termita o a una cría de babuino. Simplemente, hay animales que se alimentan de otros animales y nosotros, *homo sapiens*, somos uno de ellos desde hace 200.000 años. Ya está, la evolución es así, no hay mucho más que decir al respecto.

Otra cosa es lo que libremente decidamos hacer con nuestra alimentación, ya que los humanos tenemos capacidad de pensar y planificar. Pero eso no somete a cuestionamiento ético nuestra propia biología. Esa no podemos elegirla ni criticarla, como no elegimos ni criticamos el diseño de nuestra rodilla o nuestro ciclo metabólico de los ácidos grasos. Nuestra biología está adaptada al omnivorismo desde el mismo origen de la especie, como demuestra la forma de nuestro intestino, el tamaño de nuestro cerebro —un gran consumidor de energía—, nuestra forma de absorber el hierro, nuestro propio registro fósil que refleja nuestras dietas arcaicas o, más simplemente, la pura observación científica de lo que hace el 99 % de los primates humanos hoy en día. Eso significa que estamos diseñados para una dieta mayoritariamente vegetal, pero nunca exclusivamente vegetal. Podemos ir contra nuestra biología, por supuesto, ya que somos libres y además capaces de adaptarnos a condiciones de vida muy diversas. Pero no tiene mucho sentido revestir ese comportamiento arbitrario con argumentos éticos que pretenden ser universales. La inmensa mayoría de la humanidad no lo hace, por cierto.

En el fondo, esa es la razón de que, ya sea un filete de carne cultivada o sea una hamburguesa de proteína de soja, el hecho es que lo que se intenta con todas estas tecnologías novedosas es *imitar* a la carne de verdad, invirtiendo para ello muchísimo ingenio y recursos. No tratamos de conseguir otro tipo de proteína radicalmente diferente, un nuevo tipo de comida; no, se trata sobre todo de hacer algo que *parezca* carne. La industria alimentaria sabe muy bien que no queremos otra cosa. Que estamos dispuestos a pasar por alto el origen siempre que tenga aspecto de carne, tenga textura de carne y sepa como carne. Esa es la dificultad, porque si no, comer proteínas de soja o cultivar proteínas cárnicas amorfas sería muchísimo más sencillo. Por supuesto, todo lo anterior puede aplicarse también al pescado, los huevos o los lácteos.

Una vez más, la clave del problema de la sustitución es que a los humanos nos gusta la carne, no los sucedáneos. Bueno, de acuerdo: *solo* a la inmensa mayoría. Y como prueba, puede volver a dar otro vistazo a las gráficas del inicio del capítulo, que hablan por sí solas de las tendencias del mundo a este respecto.

Por supuesto, todo esto no quiere decir que ser vegano sea una mala elección: cada uno puede tomar la opción de vida que desee, de acuerdo con su ética particular. Pero claro, también debe dejar que los demás hagan lo mismo. Los hinduistas, por ejemplo, tienen un impedimento religioso para comer vaca porque la consideran sagrada. Pero a un brahmán de Jaipur le da exactamente igual que un budista de Bangkok coma ternera, le basta con no comerla él. No intentan impedirlo con leyes transnacionales ni campañas éticas. Cada uno a lo suyo.

Y tampoco quiere decir que haya que comer carne o pescado a dos carrillos, tres veces al día. No, por supuesto. En realidad, es muy, muy recomendable que baje nuestro consumo global de proteínas per cápita, como ya hemos visto, especialmente en los países más carnívoros. También es muy recomendable que las proteínas alternativas vayan ganando un espacio creciente en el consumo global. Y todo esto es recomendable sobre todo por cuestiones ambientales, aunque también de salud. Pero decir eso no es lo mismo que decir que no debemos comer proteínas animales. Son muy sanas y muy recomendables, y es bueno comerlas… si quiere. Lo que pasa es que, como todo en la alimentación, depende de la dosis; o sea, de la *dieta*. De todos modos, el vegeterianismo no es algo nuevo. Existen movimientos vegetarianos, normalmente asociados a ciertas religiones, desde hace más de dos milenios. El veganismo como concepto sí es más nuevo, ya que la palabra aparece por primera vez en 1944, acuñada por el británico Donald Watson, fundador de la Vegan Society. Pero también podemos rastrear el veganismo en la antigua religión india del jainismo, una práctica que surgió en el siglo VI a. C. Sigue habiendo unos cuatro millones de jainas, casi todos ellos en la India. Los jainas creen profundamente en la no violencia, o *ahina*, lo que incluye la compasión por todo lo viviente, sea humano o no. No matan ni comen nada que sea animal, de cualquier tipo que implique violencia hacia ellos. Así que la mayoría son vegetarianos, porque asumen que destruir la vida de un vegetal, que aunque está vivo no puede sentir, es lo menos violento que pueden hacer para permanecer con vida. Hay monjes jainas que, cuando caminan, barren con una pequeña escoba por delante de ellos para estar seguros de no pisar ningún insecto.

El veganismo ha crecido en popularidad en Occidente en las últimas dos décadas. Sigue siendo muy minoritario, a pesar de todo, pero ha ganado visibilidad e influye en ciertas pautas de consumo. No hay censos de veganos, por lo que las estimaciones se basan en encuestas que pueden estar sesgadas, pero a nivel global se estima que hay algo entre 70 y 80 millones de veganos en 2024, es decir, algo menos del 1 % de la población mundial. En algunos países el porcentaje es muy superior.

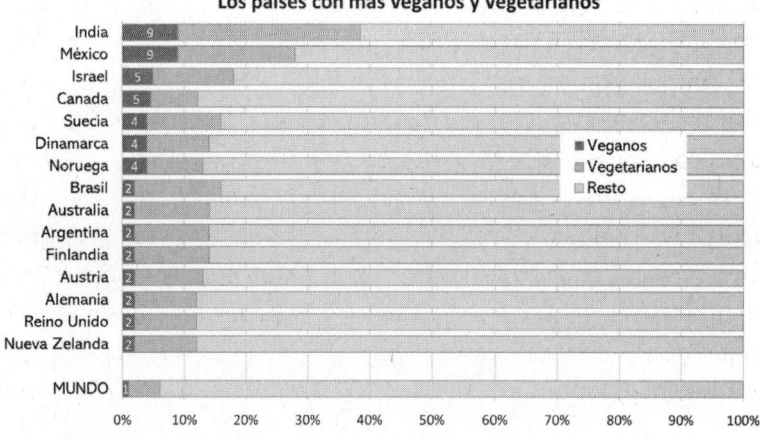

Los países con más veganos y vegetarianos

Como vemos, hay dos países con una proporción elevada de veganos y vegetarianos. El primero es la India, donde estas prácticas forman parte de muchas de sus tradiciones y religiones más extendidas, con lo que forma parte de su cultura. El segundo es México, donde también hay una tradición cultural vegetariana, reforzada por un movimiento actual de recuperación de dietas sin carne que se suponen propias de los pueblos locales (mexicas, totonacas, tlaxcaltecas…), antes de la introducción de ganado mayor por los españoles. Esto es bastante caprichoso, ya que esa parte de sus antepasados no eran en realidad veganos, sino literalmente flexitarianos; es decir, no comían más animales porque no los había. La otra parte de sus antepasados, los españoles, tampoco conseguían demasiada carne en aquella época. Pero las modas son así.

El resto de países con más población vegana son todos occidentales: es un movimiento que, aunque minoritario, se vuelve un tanto popular. Su alcance varía de unos sitios a otros. En Europa es más frecuente en países nórdicos. En países del sur, como España, el veganismo alcanza un 0,7 % de la población, al que se suma otro 1 % de vegetarianos. Curiosamente, en Europa el 67 % de los veganos son mujeres. En cualquier caso, son unos cuantos millones de consumidores, que además aceptan pagar más por los productos que prefieren, ya que en su caso es una cuestión ética impostergable. Por eso muchas empresas siguen apostando por el sector.

Algunos análisis apuntan a que el veganismo podría estar estancándose, y que no alcanzaría porcentajes relevantes de la población. No hay datos fiables, pero para ver la tendencia podemos recurrir una vez más a Google Trends: las búsquedas en Google de un término nos dan indicios de su popularidad, del interés que genera. Pues bien, esta es la tendencia del término *vegan*.

Parece, efectivamente, que después de un pico en 2020 (curiosamente el año de la pandemia) hay un cierto decrecimiento del interés. No obstante, esto no es una encuesta ni tiene un valor científico, solo da una pista. También es posible que la pérdida del efecto novedad signifique, precisamente, que está más asentado como comportamiento social. Hay que esperar un poco para ver cómo evoluciona. Pero hay cierto acuerdo en que el veganismo puede crecer, pero es poco probable que vaya a ser un tipo de consumo mayoritario en las próximas décadas.

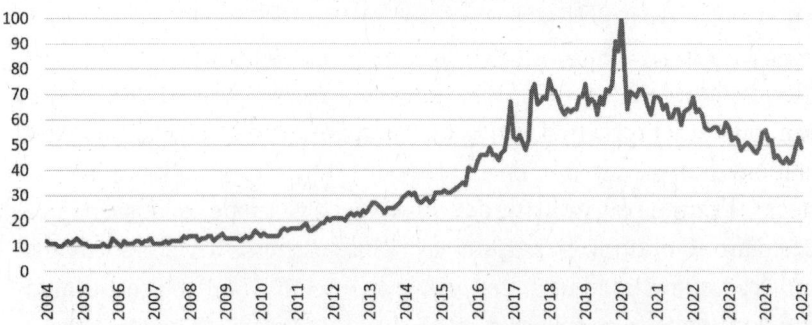

Interés en Google por la palabra: **vegan**

Fuente: Google trends (alcance de búsquedas: mundial). Los valores reflejan el interés de búsqueda del término, siendo 100 la popularidad máxima.

Hay una cierta preocupación en el sector de sustitutos vegetales, porque podría ser que haya tocado techo. El *boom* que esperaban hace diez años no se ha producido ni parece estar cerca. De hecho, si vemos la evolución de Beyond Meat en bolsa, veremos que refleja una desconfianza de los inversores ante un mercado que no despega y no acaba de encontrar el nicho. El batacazo de 2022 fue fenomenal, y poco después McDonalds sacó la Beyond Burger de su menú, y en paralelo Burger King hizo lo mismo con Impossible Burger. La inversión de Bill Gates no fue brillante aquí. Pero no se preocupe por él, tiene otras.

Beyond Meat Inc (BYND)

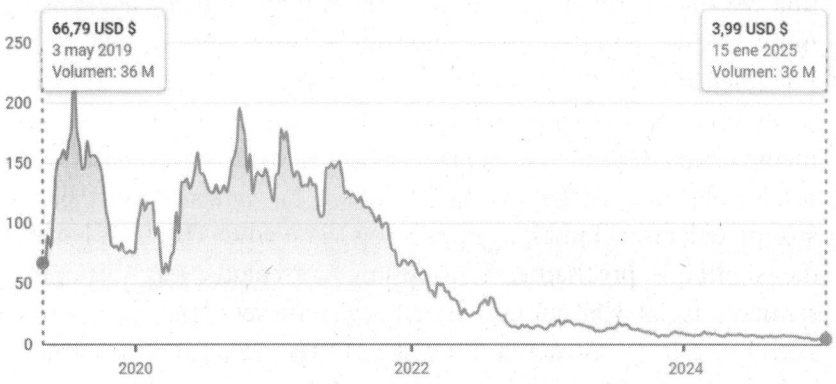

Seguramente el precio tiene mucho que ver en esto, y más en un entorno de inflación en el sector alimentario —y en todos—. Por ejemplo, en un supermercado español y en 2024, el precio de una hamburguesa vegana es de 26,95 €/kg, frente a 11,92 €/kg para una hamburguesa de vacuno y 6,65 €/kg para una de mezcla cerdo/ternera. La diferencia de precio es decisiva para muchos bolsillos. Nota: esta vez el trabajo de campo lo hice en Carrefour.

El futuro de las proteínas alternativas, a pesar de todo, suena prometedor. Reunimos en esta categoría los sustitutos vegetales, la carne cultivada y los productos derivados de insectos. Muchos consumidores, y no solo en el primer mundo, son conscientes de que la carne es un producto cuyo consumo debería disminuir, tanto por motivos de salud como por una preocupación por el medioambiente que, al final, influye en las decisiones de compra. En cuanto a la salud, es importante recordar que todavía en muchos países pobres lo que hay que hacer es *aumentar* el consumo de proteínas, no disminuirlo. Y que, en los más ricos, una cierta dosis de proteínas animales sigue siendo importante, y en caso de sustituirlas totalmente hay que ver muy bien cómo se hace.

En 2018, el estadounidense Jacy Reese Anthis publicó un libro titulado *El fin de la ganadería animal*, en el que asume que la carne cultivada y la carne vegetal habrán sustituido totalmente a la carne de animales en 2100. Si cambiamos «totalmente» por «al 90 %» no es algo por completo imposible, pero hoy en día no hay verdaderos argumentos para apostar por ello. Sin embargo, lo que sí parece posible es que una cantidad creciente, y cada vez más relevante, de nuestras proteínas venga de estas fuentes alternativas. «Relevante» puede ser cualquier cosa entre el 20 y el 40 %, es algo que no podemos saber, pero sí que tiene sentido augurarles un buen futuro a este tipo de productos.

La siguiente gráfica resume las estimaciones del valor de mercado de proteínas alternativas respecto al mercado total de proteínas. En valor, no en toneladas, pero igualmente es significativo. Los datos proceden de varias fuentes, de empresas de consultoría que intentan vislumbrar el futuro a partir de tendencias actuales, para orientar las inversiones a largo plazo de sus clientes. Para los próximos 15 años, todos estiman un crecimiento importante de estos productos, que podrían ser un 11 % del total del mercado de proteínas en 2040. Quizá algo optimista.

Pero sin olvidar que la demanda de carne y otras proteínas animales, mientras, no deja de crecer. De lo que se trata es de controlar ese crecimiento y de amortiguarlo con la introducción de estas alternativas. Y sin olvidar que, a la vez, la ganadería es un sector crucial para el cuidado de los espacios rurales, que tiene un papel decisivo en la agricultura regenerativa, y que en muchos países en desarrollo es una parte sustancial de las rentas y la forma de vida de las poblaciones no urbanas.

Un banco de inversión, RBC Capital Markets, estima en sus estudios que el 50 % del mercado será de las proteínas alternativas para el 2100. Reese Anthis hablaba en su libro de un osado 100 %, Pero creo que ambos porcentajes son puramente desiderativos, y que aún no podemos saber hasta cuánto llegarán. Lo que es seguro es que tendrán un papel importante, dejémoslo ahí.

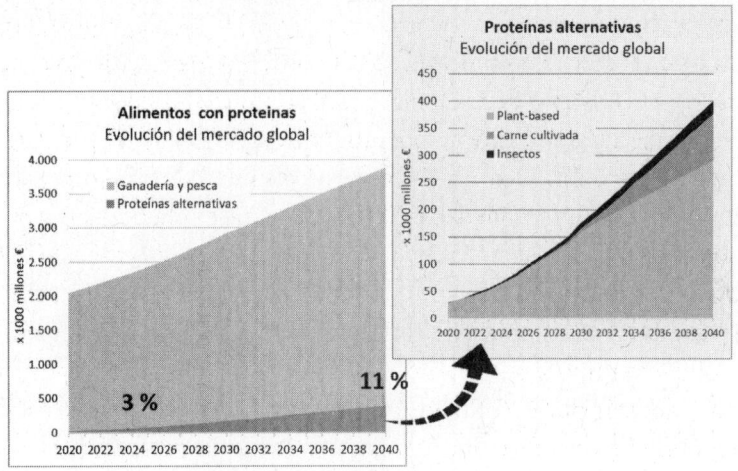

GRANJAS DE PECES

Hay muchos lugares donde apenas se come pescado. Pero visto desde sitios como España, Portugal o Japón, cuyas gastronomías incluyen una enorme variedad de pescados y mariscos, quizá no sea tan sorprendente saber que suponen una parte muy significativa, respecto del total de proteínas animales, en la dieta mundial.

Desde luego, en cuanto a proteínas lo que más se consume son los lácteos —aunque su contenido proteínico es mucho más bajo, porque el principal componente de la leche es el agua—. Pero si dejamos aparte las proteínas «derivadas», es decir, la leche y los huevos, los pescados suponen una proporción muy alta del total de productos animales: aproximadamente un tercio, 185 millones de toneladas de un total de 543 millones. Así que son realmente importantes para la dieta proteica de la humanidad.

Consumo mundial de proteínas animales
Millones de toneladas (2022)

Carne
358 millones de toneladas

Peces y mariscos
185 millones de toneladas

Huevos y leche
1.023 millones de toneladas

0   100   200   300   400   500   600   700   800   900   1000   1100

La pesca es un mundo de actividades muy diversificadas. Puede ir desde los pescadores que lanzan a mano el esparavel en las playas de Gambia o de Camboya, pasando por los pequeños barcos artesanales del mar Egeo, hasta los enormes pesqueros oceánicos que pasan meses en los caladeros del Atlántico Norte, de Terranova o de Angola. Esta es la última gran actividad que aún forma parte de nuestro mundo de cazadores-recolectores, aunque sea a escalas industriales. Todo el resto de nuestra alimentación procede de plantas que cultivamos y animales que criamos. Pero es importante remarcar que cada vez menos pescado del que comemos proviene realmente de la pesca. La cría de peces, y también de moluscos y crustáceos, en las «granjas de peces» tiene cada vez más peso, hasta el punto de que en 2022, por primera vez en la historia, el tonelaje de animales acuáticos de cría superó al tonelaje de capturas pesqueras. Comemos ya más peces de granja que peces salvajes. Solo tiene que fijarse en la pescadería de su supermercado: cada vez hay menos tipos de peces y cada vez hay más especies de piscifactoría.

Producción mundial de pesca y acuicultura
1960-2022

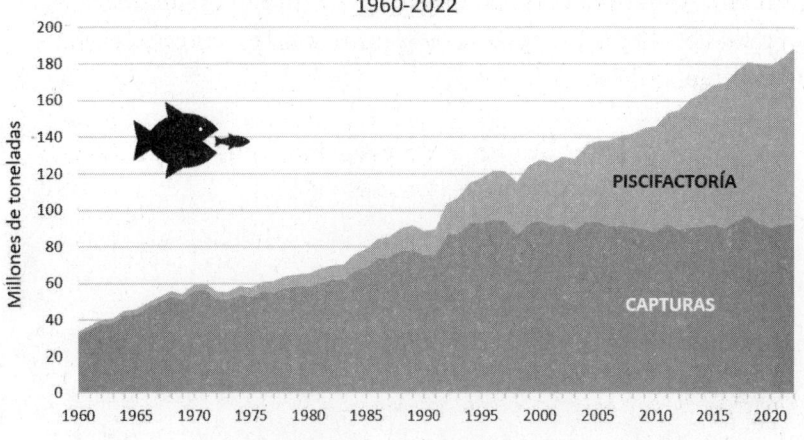

Millones de toneladas

PISCIFACTORÍA

CAPTURAS

Producción pesquera
y acuícola mundial (2022)*

Total: 185 millones de toneladas
Excluidas algas

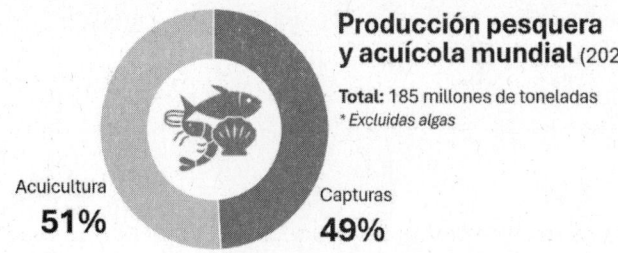

Acuicultura
51%

Capturas
49%

Además, como se ve en la gráfica, el volumen de la pesca de captura dejó de crecer desde los años 90. Está estabilizado entre 80 y 90 millones de toneladas al año. Hay varias causas para esto. Por un lado, muchas pesquerías han alcanzado ya su máximo nivel de explotación sostenible, e incluso bastantes de ellas están sobreexplotadas, lo que reduce las capturas (el 23 % del volumen total corresponde a especies que se explotan de forma insostenible). Y por otro lado, están las propias limitaciones a la pesca que se van adoptando en muchos acuerdos pesqueros internacionales, precisamente para garantizar la pervivencia de todos los tipos de fauna acuática.

Pero el consumo de pescado no es igual en todas partes. Una vez más, como en muchas otras cosas, es Asia la región con mayor producción y consumo, con un 70 % del total. No olvidemos, en todo caso, que es con mucho donde más gente vive: seis de cada diez seres humanos son asiáticos. Así que en casi todo lo que tiene que ver con comida, comen más y producen más.

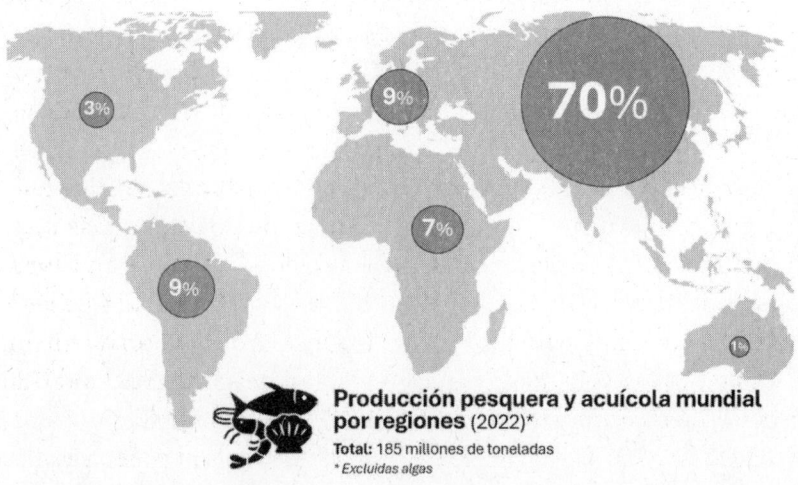

Producción pesquera y acuícola mundial por regiones (2022)*
Total: 185 millones de toneladas
* Excluidas algas

Pero Asia es muy grande. Y si sacamos la lupa sobre ese gran continente, encontraremos enseguida que hay un país en particular que es el máximo responsable de ese enorme crecimiento de la acuicultura en el mundo. Ya, sabía que no se iba a sorprender: es China.

China tiene una larga tradición en la cría de peces. La más larga que se conoce, de hecho, ya que se estima que la cría de carpas en estanques artificiales empezó hace unos 5000 años. Se conserva un libro, mucho más reciente pero aun así antiquísimo (del 475 a. C.) que ya hablaba específicamente de esto: el *Yangyu Jing* (*Tratado de cría de peces*, así sin más). Lo escribió Fan Li, un político, militar y hombre de negocios, que fue contemporáneo de Heródoto y de la batalla de Maratón, para ubicarlo en el tiempo. La carpa común es un animalito fácil de criar, porque es muy prolífico, come de todo y crece rápido. Además está buena para comer, así que incluso hoy en día sigue siendo el pez que más se cría en China.

En el pasado la acuicultura era un complemento a la agricultura o la granja familiar. Igual que cualquier pequeño agricultor criaba un par de cerdos, también tenía un estanque con carpas para completar su dieta, alimentándolas con las sobras de la casa. En los talleres de producción de seda también había a menudo estanques con carpas, para alimentarlas con los gusanos que morían después de hervirlos para obtener la seda de su capullo. Otras veces se criaban en los campos inundados para el cultivo del arroz. Así que era un buen complemento para obtener proteínas baratas a partir de materiales casi sin valor.

Pero China comenzó su desarrollo expansivo a finales del siglo XX, y todo cambió de escala. Desde los años 90, cualquier indicador que usemos sobre China se dispara como un cohete, y la producción de pescado en piscifactorías es uno más de ellos. La acuicultura empezó a escalar a niveles industriales, con tecnologías cada vez mejores y especies seleccionadas. Un tipo de ganadería acuática cada vez más productiva. El caso es que, hoy en día, bastante más de la mitad —el 57 %— de la acuicultura del mundo se produce en China, y es el principal impulsor de su crecimiento mundial. Si le añadimos otros cuantos países asiáticos (Japón, Corea del Sur, Vietnam, Tailandia…), resulta que Asia responde por casi el 90 % del total. Sí, la acuicultura es como una manía especial de los asiáticos.

Hay que decir que en esta acuicultura no todo son peces, gambas o mejillones: se incluye también el cultivo de algas, que no son una fuente de proteínas especialmente buena (aunque también), pero sí son una forma de agricultura muy interesante, que no compite por el suelo fértil. Y no es una cosa menor: de los 75 millones de toneladas que produce la acuicultura china cada año, 20 millones (un 27 %) corresponde a algas. Es algo relacionado, una vez más, con una cultura alimentaria bastante diferente a la occidental.

Hay dos grandes líneas de piscicultura con tecnologías muy diferentes. Por un lado están las piscifactorías en tierra de tipo cerrado, con sistemas de tanques o lagunas, instalaciones de recirculación y tratamiento de agua y dispositivos de alimentación. No son necesariamente para peces de agua dulce, ya que pueden estar junto al mar y tomar agua de allí. También las hay semiabiertas, ubicadas en el cauce de ríos con circulación de agua a su través, como los típicos criaderos de truchas.

Por otro lado está la piscicultura marina en sistemas abiertos, con jaulas flotantes de varias capas de redes, en las que los peces se crían con circulación libre del agua de mar. Esto requiere un control de la masa de peces y la analítica de las aguas circundantes, porque los desechos de los peces también circulan y se diluyen alrededor.

Igual que ha sucedido en otros campos de la producción de alimentos, la acuicultura está teniendo una evolución tecnológica que no se detiene. Las piscifactorías actuales están cada vez más automatizadas, con medición de la densidad y estado de los peces, dosificación automática de la alimentación y control de los parámetros del estanque, como temperatura, oxígeno disuelto o pH.

Sin embargo, uno de los mayores retos de la piscicultura es la alimentación de los peces. Esta es su principal fuente de impacto sobre el medio ambiente. Al fin y al cabo son ganado, metido en sus grandes jaulas, y tienen que comer lo que les aportamos. La mayoría de los peces que se crían son herbívoros u omnívoros, pero algunas especies muy apreciadas son carnívoras. Es el caso, por ejemplo, del salmón o el atún. Este es el único caso que existe de ganadería de carnívoros, algo que los humanos no solemos hacer —salvo cosas particulares, como los visones, que no se crían para comer, sino por su valiosa piel—. Y es que si criar un animal con vegetales es un proceso de bajo rendimiento, imagine criarlo con otros animales, que a su vez se han alimentado con vegetales. Es cierto que estos peces son minoritarios en la acuicultura mundial, pero son muy valorados y de precio elevado; de hecho suelen producirse en países de ingresos altos, como Noruega o Japón. En todo caso, es cierto que buena parte de la alimentación de estos peces carnívoros se hace a partir de harinas de pescado. Estas se obtienen de los desechos de procesado de peces, que suelen tener un rendimiento bajo (30-40 %). Pero la piscicultura actual se enfrenta a esa necesidad de disminuir su impacto, y una de las vías de mitigación es a través de la alimentación con insectos y con más productos vegetales.

Piscifactoría marina de jaulas flotantes.

Parque acuícola en Wenchang (provincia de Hainan, China).

En algunos lugares, las instalaciones terrestres están evolucionando hasta configurar auténticas mega estructuras, donde se produce de forma integrada una cantidad ingente de animales. Es el caso de los parques acuícolas de China. Un ejemplo: el parque acuícola de Maoming, en la provincia de Guandong, al sudeste del país. Esta inmensa factoría ocupa 17.000 hectáreas y da trabajo a 12.600

personas. Para ubicarse, eso es como lo que ocupa toda la ciudad de Barcelona, con su área metropolitana y su puerto incluídos. Todo eso se dedica a la cría de tilapias, de tal manera que produce 800 millones de alevines que se convierten en 225.000 toneladas de pescado cada año. Todos sus números son apabullantes, así que ya puede imaginar la logística de pienso necesaria y las instalaciones para procesado de las tilapias, que producen filetes y congelados. También la cantidad de desechos, que obliga a dedicar un 10 % de la superficie a tratamiento de aguas, incluida la purificación mediante cultivo de plantas acuáticas. Este parque acuícola es, hoy en día, el centro de la industria acuícola de Guandong, que es la más grande del mundo.

Detrás de esto hay un programa de largo plazo para fomentar una piscicultura muy productiva y tecnificada en la región. Se trata de la «Zona Económica del Puerto Pesquero Costero Nacional de la nueva área de Binhai». Es un proceso planificado desde el Estado que incluyó la demolición de muchas de las piscifactorías tradicionales, ya que tenían muy poco o ningún control. Muchas estaban construidas en zonas de marea y provocaban contaminación por la liberación a la bahía de las aguas con heces y medicamentos, así que las fueron liquidando, sin más. Maoming fue nombrado en 2010 «Capital de la tilapia de China» (les encantan estas nomenclaturas un poco grandilocuentes). En 2022 alcanzó una capacidad total de procesado de 480.000 toneladas, con trece empresas exportadoras de tilapia que envían su producto a Rusia, Estados Unidos o Canadá. La escala de esta producción es monumental.

También la acuicultura marina está evolucionando. Lo más frecuente son las instalaciones costeras, granjas flotantes ancladas al fondo del mar en entornos someros. Pero claro, eso limita las ubicaciones. En los últimos años están empezando a desarrollarse otro tipo de granjas oceánicas, grandes instalaciones flotantes de mar adentro, mucho más sofisticadas.

Un primer caso son las granjas oceánicas flotantes, un concepto completamente nuevo, de las cuales Noruega cuenta con varios ejemplos. El más reciente y llamativo es el Ocean Farm 1, que empezó sus pruebas en 2017 y ya está en producción. Es una gigantesca estructura flotante de acero, de 110 metros de diámetro y 69 de altura (sí, como un edificio de 20 pisos). La granja es remolcada a su lugar de emplazamiento y luego se sumerge parcialmente, llenando con agua los grandes lastres. En su interior, un sistema de redes define cuatro enormes espacios, donde se alojan 1,6 millones de salmones con un ciclo productivo de dos años. La producción total alcanza las 6000 toneladas anuales.

Pertenece a la empresa noruega SalMar, uno de los mayores productores de salmón de piscifactoría en el mundo, con granjas en Noruega, en Islandia y en Escocia. La Ocean Farm 1 es un prodigio de sensorización: tiene 20.000 sensores controlando todos los parámetros de producción de los peces, la presencia de parásitos y la calidad del agua, así como el estado de las redes y, por supuesto, el posicionamiento de todos los elementos. Desde tierra, unas tuberías submarinas llevan la electricidad, liberan la comida e incluso retiran los peces muertos de forma automática. Pronto se pondrán en marcha la Ocean Farm 2 y 3, aún más grandes y aún más monitorizadas.

Hay que indicar que una de las motivaciones para este diseño innovador, además de la productividad, fue la sanidad de los salmones: se buscaban ubicaciones alejadas de la costa, porque allí sufrían la plaga del piojo marino. Ah, y un pequeño detalle: aunque el diseño y la tecnología es noruega, la Ocean Farm 1 fue construida en China, en los astilleros de China Shipbuilding Industry Corporation. Algo así como lo que pasa con los iPhones, que se diseñan en California y se ensamblan en Zhengzhou; pero a otra escala.

Granjas oceánicas flotantes de la empresa noruega SalMar. Arriba, Ocean Farm 1, en posición flotante de transporte (110 m de diámetro). En la siguiente página, Arctic Offshore Farming (78 m de diámetro), en posición de producción semisumergida.

Otro paso más reciente y más atrevido hacia las aguas profundas: las granjas oceánicas gigantes, pero en forma de barcos. Un ejemplo, esta vez directamente chino, es el buque piscifactoría Guoxin 1, botado en 2022. Alcanza el tamaño de un portaaviones, unos 250 metros de eslora. En ese tremendo casco alberga quince tanques donde se cría la corvina amarilla, con un sistema de torbellino que inyecta agua de mar y las mantiene siempre en movimiento, su estado natural. Su producción es de 3700 toneladas anuales.

Disponer de este sistema de barcos permite ubicar las piscifactorías en aguas profundas, con mejores condiciones para ciertas especies. Además permite tener jaulas muy, muy grandes, lo que resulta mucho más productivo y económico. Por otro lado, con tanto espacio proporciona a los peces unas condiciones más cercanas a su medio natural, por lo que se desarrollan más sanos y con más calidad.

El plan de China con su acuicultura oceánica es rodear las costas del sur con una corona de cuarenta granjas de aguas profundas, tipo Ocean Farm 1 (ellos llamaron a su prototipo Deep Blue 1), y cuatro barcos piscifactoría. Los Guoxin 2 y 3, versiones mejoradas del primero, están en construcción.

En Noruega tienen un diseño paralelo, pero todavía mucho más grande, esta vez para salmón: es la mayor granja de salmones que existe. La empresa Nordlaks —otro gran productor de este pez— puso en marcha en 2020 su buque Jostein Albert, una especie de estructura abierta gigantesca, de 385 metros de eslora. Bueno, este supera al mayor portaaviones existente, el USS Enterprise de «solo» 341 metros. En posición semisumergida, y fondeado a 5 kilómetros de la costa de Hadseløya —muy, muy al norte—, alberga seis enormes jaulas donde se crían 2 millones de salmones (10.000 toneladas de pescado al año), y está en producción desde que acabó su periodo de pruebas en 2022.

Arriba, el buque piscifactoría chino Guoxin 1, que produce 3700 t/año de corvina amarilla en 15 gigantescos tanques. Abajo, el buque «granja marina» Jostein Albert, en
Noruega, donde se crían 10.000 t/año de salmón.

A lo mejor se está preguntando dónde se construyó este prodigio
tecnológico. Pues sí, también en China. En los astilleros de CIMC
Raffles en Yantai (CIMC: China International Marine Containers).

Lo cierto es que estas gigantescas granjas oceánicas, además de
conseguir condiciones más sanas para los peces, dan acceso a una
enorme área de producción que en entornos costeros está mucho más
limitada. No cabe duda de que el futuro de la cría de peces incluye a
estos colosos marinos.

De hecho, todas las predicciones apuntan a que la producción de
animales acuáticos en granjas va a crecer de forma sostenida en las
próximas décadas, mientras que las pesquerías se mantendrán en un
nivel muy estable.

La producción de algas también parece llevar un camino ascendente
bien marcado. No todas son para alimentación humana, y de hecho esta

fracción es solo un tercio de la cosecha total de algas. Hay una buena parte que es para usos farmacéuticos o cosméticos. Pero es un producto que va ampliando poco a poco su consumo y diversificando las especies cultivadas. Las algas son muy productivas y en general poco exigentes, así que su papel se verá aumentar también en el futuro.

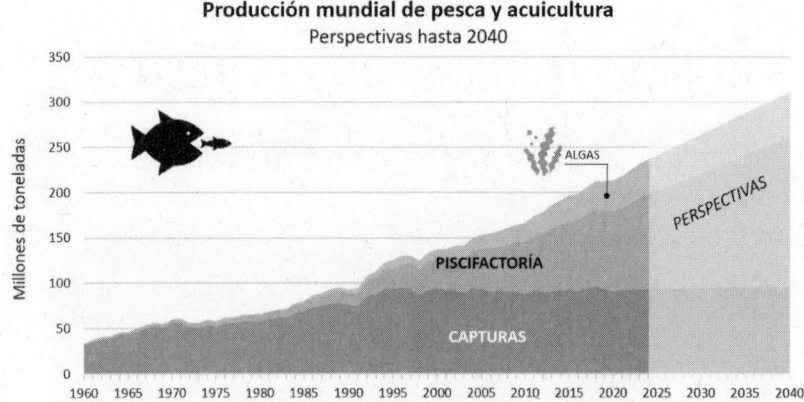

Producción mundial de pesca y acuicultura
Perspectivas hasta 2040

El cambio climático está teniendo también una influencia progresiva en la producción pesquera. La temperatura de los océanos está cambiando. Zonas que antes eran templadas ahora son algo más cálidas, y zonas que eran frías se vuelven más templadas. Eso conlleva una migración de los peces: cada especie busca las aguas dentro de su rango óptimo, y se mueve para ello. Por ejemplo, el atún rojo del Atlántico está migrando lentamente hacia el norte, y se ha pescado ya en aguas del mar de Barents, en el Ártico, o del norte de Noruega, donde nunca había estado.

Estos cambios significan que, de alguna manera, las flotas pesqueras se van desplazando hacia los polos. Es probable que la pesca disminuya progresivamente en latitudes ecuatoriales. Esto llevará a cambios, sin duda. Afectará menos a la acuicultura, que puede desplazarse y adaptarse, y tampoco será un problema para las grandes flotas de pesca oceánicas, que simplemente se moverán con los caladeros. Pero las pescas de bajura en zonas cálidas, tan importantes en la dieta de proteínas de muchos países en desarrollo, pueden tener problemas.

El sector de la pesca va a ser muy diferente dentro de cincuenta años, tanto por la preponderancia creciente de las «granjas de peces» como por los cambios en las zonas pesqueras a las que estamos acostumbrados.

9.
De la fábrica de comida a la tienda de la esquina

¿CÓMO SE FABRICARÁ LA COMIDA?

Hacer una ensalada de lechuga en 1990 era un proceso que incluía varios pasos: comprar una lechuga o una escarola, limpiar las hojas más feas, separar las que se van a usar, lavarlas y luego trocearlas al tamaño adecuado. Después había que guardar el sobrante en la nevera con una bolsa de plástico, para que no se estropeara y así poder hacer la ensalada del día siguiente. Bueno, tampoco es que fuera nada del otro mundo. Pero hacerla en 2020 suele ser muy distinto. Se abre una bolsa de ensalada preparada y... ya está. Nada más. Y encima hay muchas variedades, con mezclas de distintas hojas, así que uno se puede tomar una ensalada de lechuga romana, escarola rizada, mizuna, lechuga roja y canónigos, sin tener que comprar, preparar y conservar una verdura de cada una de esas variedades. De hecho, millones de europeos han descubierto los canónigos o la rúcula gracias a ellas.

Este tipo de productos preparados es lo que se conoce como «cuarta gama»[41]. Hoy en día son muy comunes y se encuentran en cualquier supermercado. Su éxito es muy variable, ya que en Países Bajos o Reino Unido son las reinas absolutas del mercado de ensaladas, pero en Alemania son más amantes del producto fresco y la cuarta gama tiene menos demanda. En los países del sur de Europa su penetración es más moderada que en el norte, pero aun así son bastante populares en Francia, Italia y especialmente en España. En esta última, el éxito de la cuarta gama vino de la mano de cambios sociales más amplios. Empezaron a venderse a principios de los años 90, pero la verdad es que no tuvieron mucho protagonismo al principio. Apenas se compraban durante esa primera década de vida. Pero desde los primeros 2000 no han dejado de crecer en los lineales de los supermercados. ¿Y esto por qué? En buena parte, porque desde los 90 se produjo un crecimiento muy acusado de la entrada de mujeres en el mercado de trabajo: en 1990 participaban en el trabajo remunerado el 26 % de las mujeres, pero en 2020 ya era un 57 %, el mismo nivel que en Estados Unidos o Alemania. Eso significaba, por un lado, que pasaban menos tiempo en el hogar, donde antes se ocupaban más de las tareas domésticas. Y por otro lado, que las familias contaban con más ingresos y podían permitirse productos de conveniencia más caros. Así que cada vez más ensaladas salían de una bolsa.

Una ensalada de cuarta gama lleva más tecnología de lo que parece a simple vista. La fábrica procesa las verduras que tienen que ser preenfriadas a su llegada del campo, luego seleccionadas y preparadas —muchas veces utilizando visión artificial—, cortadas, después higienizadas con productos que no den ningún problema sanitario, mezcladas y por fin envasadas en una atmósfera protectora. Eso significa que lo que las envuelve no es aire, sino una mezcla de nitrógeno y CO_2 en la proporción adecuada para cada tipo de producto, lo que reprime la respiración de las hojas —que son seres vivos, al fin y al cabo— y las conserva estupendas por más tiempo. Además, la bolsa no es de un plástico cualquiera, sino de un material

---

41   Se llama primera gama a los alimentos frescos; segunda gama, a los conservados por calor, las típicas conservas; tercera gama, a los conservados por frío, normalmente congelados; y cuarta gama, a estos productos precortados, higienizados y envasados, listos para consumir. Existe una quinta gama: los alimentos precocinados.

diseñado para ser impermeable precisamente a esos gases y al oxígeno del exterior. Luego se expiden a través de una compleja cadena de frío, y se acaban exponiendo en la tienda en sus envases completamente transparentes, que permiten que sepamos qué hay adentro. Y a comer.

Las ensaladas de cuarta gama son solo un ejemplo de cómo ha cambiado, y sigue cambiando, el sector de la alimentación. No había nada parecido a eso en una verdulería de Rotterdam en 1950. Ahí se resumen algunas de las tendencias de los últimos años, que además parecen adentrarse con decisión en las siguientes décadas. Por un lado, la búsqueda creciente de alimentos de conveniencia, preparados para consumir. Por otro lado, el apetito por el producto considerado saludable. Y por último, la tecnificación cada vez más compleja, cada vez más avanzada, que se adapta a las formas de distribución del siglo XXI.

En todos estos aspectos, el papel de la industria alimentaria no deja de crecer. Ya es grande en los países desarrollados, pero en los países en desarrollo va a más, a medida que este mismo proceso que hemos visto se extiende, y cada vez más alimentos se consumen con algún paso de industrialización. Ya vimos al principio el gran peso industrial de este sector, y también su incansable búsqueda de novedades, tanto del propio producto como de presentaciones, de forma de producción, de información al consumidor o de envasado.

No cabe duda de que la importancia de la industria alimentaria seguirá creciendo, a medida que los países en desarrollo avanzan por ese mismo camino. Y las empresas de ese sector lo harán también. Algunas, de alcance global, son ya verdaderamente muy grandes. La tabla siguiente muestra las mayores empresas de la industria alimentaria mundial, que como verá son realmente enormes. Muchas producen marcas comerciales que reconocerá perfectamente, y otras suministran ingredientes sin nombre, pero que seguro que come sin saberlo. Aunque cada una de ellas tiene un país de origen que suele ser su sede social, todas dispersan por el mundo un gran número de factorías en distintos países, en las que además adaptan sus recetas y sus marcas a los gustos locales.

Las mayores empresas de la industria alimentaria mundial (2024)

	Empresa	País	Ingresos Millones €	Producto	Algunas de sus marcas
1	Nestlé	Suiza	95.277	Multi-producto	Nescafé, Nesquick, Maggi, Buitoni, Nespresso
2	PepsiCo	EEUU	84.153	Bebidas, aperitivos	Pepsi, Mirinda, Cheetos, Lays, Quaker, Doritos
3	JBS	Brasil	67.075	Cárnico, lácteo	Seara, Primo, Moy Park, O'Kane, Friboi
4	Anheuser-Busch InBev	Bélgica	54.630	Cerveza	Budweiser, Stella Artois, Estrella Jalisco, Busch Beer
5	Tyson Foods	EEUU	48.651	Cárnico	Tyson, Jimmy Dean, Hillshire Farm, Sara Lee
6	Mars	EEUU	46.000	Comidas preparadas, dulces	M&Ms, Mars, Snickers, Orbit, Twix
7	Cargill	EEUU	45.595	Multi-producto	*Suministra ingredientes a otros fabricantes*
8	Archer Daniels Midland Company	EEUU	42.404	Multi-producto	*Suministra ingredientes a otros fabricantes*
9	The Coca-Cola Company	EEUU	36.212	Bebidas, aperitivos	Coca-Cola, Fanta, Aquarius, Sprite, Nordic Mist
10	Heineken	Países Bajos	32.591	Cerveza	Heineken, Amstel, Moretti, Desperados
11	Marfrig Group	Brasil	34.363	Cárnico	Montana, Bassi Angus, GJ, Pampeano
12	Mondelez International	EEUU	33.135	Dulces, galletas, aperitivos	Oreo, Milka, Philadelphia, Suchard, Toblerone
13	Olam International	Singapur	33.071	Multi-producto	*Suministra ingredientes a otros fabricantes*
14	CHS	EEUU	32.591	Multi-producto	*Suministra ingredientes a otros fabricantes*
15	Lactalis	Francia	29.367	Lácteos, agua, alimentos infantiles	Président, Puleva, Choleck, Bridel, Galbani

Por ejemplo Nestlé, que es la mayor empresa alimentaria mundial, tiene una facturación de 95.000 millones de euros (en 2024), lo que equivale al PIB de un país enterito como Omán o Bulgaria. Piénselo un momento la próxima vez que se prepare un Nespresso.

Verá que casi todas las empresas de esta lista son de los países más desarrollados, con la notable excepción de JBS y Marfrig, dos gigantes de origen brasileño, precisamente dos empresas del sector de la carne. Pero en los otros grandes países de renta media-alta, los otros BRIC además de Brasil, también hay industrias alimentarias de enorme peso, que si no están en esa lista de las mayores del mundo es solo porque atienden sobre todo a sus populosos mercados locales y apenas se han internacionalizado. Por ejemplo, en China la mayor industria es Yili Group (16.200 M€), curiosamente un enorme fabricante de productos lácteos, que todavía era la número 29 en la lista mundial de 2024[42]. En la India, si dejamos aparte al líder Hindustan Unilever, filial de la anglo-holandesa Unilever, la primera compañía alimentaria autóctona es ITC (de su antiguo nombre Imperial Tobaco Company of India), con 8800 M€. Hoy ya no se dedica al tabaco, sino a la alimentación, y precisamente es fuerte en sectores de alimentos «de conveniencia» como los fideos instantáneos, los platos preparados de comida india *gourmet* (con la marca Kitchens of India), los congelados, los dulces o las galletas. Y, por cerrar el panorama de los BRIC, la mayor industria alimentaria en Rusia es Miratorg (1960 M€), líder ruso en el sector cárnico y también en platos preparados y congelados. Como vemos, la producción del «listo para comer» está bien presente —y sigue ganando puntos— en todos los países de renta media-alta.

Naturalmente, la industria alimentaria sigue las mismas pautas evolutivas que el resto de sectores industriales. Eso significa que cada vez es más frecuente y abundante la digitalización, la robótica, la automatización, la ciencia de datos. Es lo que se llama industria alimentaria 4.0.

La digitalización pasa por capturar millones de datos sobre el mundo real para utilizarlos en los procesos. Por ejemplo, en una fábrica de brócoli ultracongelado, la visión artificial sobre una cinta transportadora permite identificar los ramos que no cumplan especificaciones de forma y color, y retirarlos en una estación de soplado. El sistema puede recoger datos del porcentaje y peso de ramos defectuosos, compararlo con los parámetros de la zona de recepción y

---

42   Curiosamente, porque la cultura china ha sido tradicionalmente reacia a consumir leche o productos lácteos, quizá por una mayor prevalencia de la intolerancia a la lactosa. Cosa que está cambiando rápidamente: los lácteos se están haciendo populares en los mercados más urbanos.

la cortadora, y ajustarlos para cada tipo o partida de brócoli, para reducir las pérdidas. Este proceso forma parte del «internet de las cosas»: los datos se captan mediante sensores, los sistemas los procesan y toman decisiones automáticas que mandan sobre actuadores: las «cosas» que mueven el mundo físico.

La inteligencia artificial (IA) puede enriquecer este proceso. Ya no es solo mirar un color o una forma, sino que el sistema puede aprender por experiencia cuándo una forma concreta predice que el interior estará demasiado blanco, y lo rechaza al principio de la línea. También puede aprender la mejor manera de lonchear un jamón minimizando las pérdidas, o cómo clasificar los tomates para distintos tipos de kétchup, lo que va más allá de mirar el color o la forma: la IA puede aprender patrones, prever errores y estimar lo que va a pasar. Hay una gran diferencia entre los dos sistemas: una visión artificial puede clasificar tomates por colores —en función de su espectro— y por formas. Pero una IA puede relacionar esos valores y otros no tan medibles (como el tamaño y forma del pedúnculo, la profundidad media de los surcos o la presencia y aspecto de manchas), ligándolos con resultados finales de sabor, densidad o color en el kétchup, y así «intuir» cómo debe clasificar los tomates y mejorar el sistema con el tiempo. Algo así como el examen multicriterio que haría un experto en tomates, solo que mucho más rápido.

Pero una IA puede ayudar en muchas más cosas. Puede ayudar a desarrollar formulaciones de productos que funcionen mejor (como los ingredientes de una madalena) sin necesidad de hacer tantas pruebas. Puede crear aromas a partir de componentes básicos para conseguir el efecto deseado para un refresco. Puede reforzar la seguridad alimentaria vigilando parámetros de los que va aprendiendo. La IA es cada vez más una superherramienta para la industria, que veremos crecer rápidamente.

Los robots también están aquí. Cada vez operan más en la industria, y ya no es solo en las cadenas de montaje de coches. Hay robots en las líneas de proceso de alimentos, realizando tareas que requieren precisión y repetición, como en el montaje de platos precocinados, en el encajado de frutas —incluso las más delicadas, como frambuesas o arándanos— o en cortes precisos de embutidos. Y por supuesto en el manejo del producto final, paletizando cajas, organizando almacenes o paseándose por cámaras frigoríficas inmensas para buscar el producto concreto con la fecha de envasado adecuada. Y no pasan frío.

La sensorización avanzada —la captura de millones de datos a lo largo de los procesos—, permite también mejorar la seguridad y trazabilidad. Podemos tener información de la evolución del contenido de oxígeno, la temperatura, la opacidad o el color de un zumo de naranja, de manera que un sistema predictivo pueda anticipar un problema de conservación. Todo está conectado. Toda la información está integrada.

Un robot trabajando en una línea de envasado de embutidos. Fábrica de COVAP (Córdoba, España).

La propia fábrica en sí puede tener su «gemelo digital». Se llama así a una réplica digital de todos sus elementos (desde las vigas hasta los cerramientos, las máquinas, los motores o las tuberías), un modelo que incorpora toda la información disponible de cada uno de ellos, y que es único para todas las personas que tienen que manejarlo: al mismo modelo accede el ingeniero de procesos, el técnico de mantenimiento o el responsable de calidad. Así la información es la misma para todos y se mantiene actualizada en el modelo. Esto es fundamental para su uso en la operación y mantenimiento de la industria. Además, con ese modelo digital, un operario puede ponerse unas gafas de realidad aumentada, mirar a la línea de proceso y ver cómo la válvula A234.45 se ilumina en rojo porque necesita revisión. Luego puede buscar en su *tablet* en qué punto del almacén está el recambio y hacer el pedido de un repuesto de seguridad al proveedor. Todo esto quedará guardado en el historial de la planta, junto con el día a día de miles de operaciones similares. La visión simultánea del mundo físico y el digital aporta una profundidad de información totalmente nueva.

Todos estos sistemas digitales forman parte de lo que hoy se llama industria 4.0: la industria que va más allá de las máquinas e integra cantidades ingentes de datos. La tecnología de la industria alimentaria es solo un tipo particular del mundo industrial, con casi todo en común con otros sectores de la industria, pero con una peculiaridad única: es una ingeniería de sistemas biológicos, de seres vivos.

Gemelo digital de una industria alimentaria (aquí, una línea de procesado de guisantes). Se puede seguir y controlar el funcionamiento real de cada equipo con una visión precisa de la línea y todos sus parámetros.

Obviamente, todo esto que suena tan futurista no está en todas partes ni es todavía generalizado. Pero cada vez es más frecuente, está en plena expansión en la industria y, en el futuro, irá siendo un estándar de producción cada vez más extendido. Las fábricas de comida cada vez son menos lo que eran.

Hay otro elemento paralelo al mundo de los alimentos que tiene una importancia capital, y que tampoco para de evolucionar. Se trata de los envases y los embalajes: el *packaging*.

El envoltorio de los alimentos tiene en primer lugar un valor comercial clave. Los consumidores solo pasamos veinte segundos de media frente a un lineal y tardamos otros cinco segundos en coger el producto que buscamos. Un 80 % de los envases que se toman de una estantería se compran. Así que ese es el tiempo del que dispone el fabricante para marcar su diferencia con el *packaging*. Tiene que ser atractivo, cómodo, distintivo, fácil de transportar, que muestre su apoyo a la sostenibilidad...

Pero hay mucho más. Los envases requieren unas cualidades técnicas muy concretas, y este es un mundo que también evoluciona. Puede parecernos que el envase de plástico del jamón york es solo eso, plástico, pero tiene mucho más. Cada tipo de envase y cada material se diseña con diferentes niveles de barrera, ya sea a la luz, al vapor de agua, al oxígeno, a los líquidos, al aroma, todo ello para conservar mejor el producto. Además debe resistir los tratamientos (vacío, calor) y no migrar componentes al alimento. Y encima, ser atractivo.

Y por si fuera poco, cada vez más los fabricantes se preocupan por la vertiente medioambiental. Conseguir envases responsables, más fáciles de reciclar, menos complejos, empleando menos material. Hay algunas marcas que empiezan a introducir botellas de vidrio reutilizables para productos como gazpacho, zumos o leche pasteurizada, con un retorno de 10 o 15 céntimos que al comprarlos se dejaron como depósito. Aunque esto aún no muestra mucho éxito: se impone la comodidad cada vez más.

Uno de los materiales que más se usa en los envases de alimentos es el plástico: en Europa, el 16 % de todo el plástico que se utiliza va al sector de la alimentación. Con el tiempo, los fabricantes han avanzado en la reducción de su peso, con un rediseño completo, utilizando nuevos tipos de plástico, empleando más porcentaje de plástico reciclado... También se están introduciendo bioplásticos, generados a partir de productos biológicos —lo que no necesariamente los hace más reciclables, ni tampoco biodegradables, ojo—. A pesar de todo, el total de productos que se venden envasados sigue aumentando. En este campo hay una clara evolución hacia envases más sostenibles (con menos materiales, más reciclables) que será una constante en los próximos años.

La Comisión Europea de la UE tiene una estrategia de reciclabilidad 100 % para el plástico: el objetivo es que, para 2030, todos los plásticos que estén en los mercados de la Unión Europea sean reutilizables o reciclables de manera económica. Ya sabemos que, a menudo, los ambiciosos objetivos de la UE se acaban volviendo flexibles. Pero bueno, la tendencia existe.

También se están desarrollando cada vez más los «envases activos», que son capaces de liberar sustancias o captarlas del alimento que envuelven. Por ejemplo, existen envases captadores de oxígeno, ya que este suele acelerar el estropeado de los alimentos, y para eso incorporan hierro que se oxida capturando el oxígeno del interior. O a la inversa, hay envases que pueden liberar CO_2 que actúa como antimicrobiano, a partir de una bolsita que va en el envase y que libera el gas cuando se humedece. Hay desarrollos en marcha para conseguir envases activos que liberen enzimas, etileno, ácidos orgánicos o aceites esenciales, todo ello solo cuando hace falta y garantizando la seguridad. Veremos más envases activos en el mercado, que además permiten prolongar la vida de los alimentos y reducir el desperdicio.

LO MÁS TOP Y LO MÁS TRENDY

Está claro que muchas cosas están cambiando en el mundo de la alimentación. No de golpe, no todas a la vez ni en todos lados al mismo tiempo. Pero no hay más que darse una vuelta por cualquier supermercado, pensando como solían ser las cosas hace veinte o treinta años. Y seguro que, si hoy pudiéramos trasladarnos al futuro en la máquina del tiempo y entráramos en un supermercado de 2050, encontraríamos muchas cosas que nos sorprenderían. Aunque seguramente también muchas otras perfectamente reconocibles incluso por nuestros tatarabuelos.

En buena parte, somos nosotros mismos los que impulsamos esos cambios. Nosotros, los consumidores; y todos lo somos. La industria, y muy especialmente la distribución, rastrea nuestros gustos, explora y conoce nuestras demandas y se esfuerza en darnos lo que queremos. Porque si no lo hace, lo hará la competencia.

Las necesidades de un consumidor respecto a la alimentación tienen un componente nutricional, pero también uno emocional y uno social. Y por supuesto está el precio; pero a veces estamos dispuestos a pagar un poco más si vemos que alguno de los otros tres componentes queda mejor cubierto. Los consumidores estamos demandando, poco a poco, otras cosas a los alimentos que hay en el mercado. Esta fuerza en la demanda tiene también algo de nuevo, porque a menudo nos comportamos como consumidores más conscientes, más exigentes y menos conformistas.

Buscamos alimentos que den menos trabajo. Es lo que se llama, con un cierto anglicismo, comida *de conveniencia*. Cada vez hay más opciones de precocinados, precortados o directamente platos preparados para llevar en el propio supermercado. Encontrar en el súper una tortilla de patatas envasada que solo hay que abrir, que está realmente buena y que cuesta casi lo mismo que hacerla en casa, no es una casualidad. Es fruto de mucha investigación y desarrollo en la industria alimentaria.

Buscamos alimentos que aporten novedades, que tengan sabores nuevos, texturas nuevas, que incluyan un toque de exotismo. Disponer en nuestro súper de la esquina de un bote de kimchi coreano, de unas algas nori japonesas, de tortillas de maíz para preparar tacos mejicanos, o de una salsa india de curry *tikka masala* es algo cada vez más normal. Da igual que esté en Barcelona, Frankfurt, Bucarest, Río de Janeiro o Los Ángeles. Y cada vez más de estos productos están fabricados localmente, no vienen de Japón, México o la India.

Buscamos alimentos que prometan mejorar la salud. Es decir, alimentos que, además de sus propios nutrientes, incluyen sustancias con actividad biológica que aportan mejoras para la salud —supuestas o reales—. Bebidas funcionales como la kombucha, el té matcha o las bebidas deportivas con cafeína y vitaminas. Lácteos probióticos para mejorar la salud intestinal, como yogures activos o kéfir. Alimentos funcionales como aceite de aguacate, margarinas con fitosteroles o leches con calcio y omega-3. Bebidas vegetales de soja, almendras o guisantes. Leche sin lactosa, madalenas sin gluten, galletas sin azúcar. Muchos de ellos, junto con los suplementos alimentarios específicos —como el colágeno, el ácido hialurónico, la cúrcuma o el *ginseng*— se engloban bajo el simpático nombre comercial de nutracéuticos.

Buscamos alimentos que se hayan producido con menos impacto ambiental, y también con una producción responsable con el medio. De ahí la tendencia a los productos vegetales, o a mirar si los envases son reciclables o si proceden de plantaciones sostenibles. Todo esto puede ser más o menos verdad, no es fácil saberlo. Porque si compro unas galletas llegadas de una fábrica que usa solo energías renovables (solar y biometano, por ejemplo), me es imposible distinguirlas de unas hechas en hornos de gas natural y con electricidad de la red. Así que los fabricantes nos lo tienen que decir, nos mandan mensajes en sus embalajes con colores verdes, con sellos de calidad o con imágenes y notas sugerentes. «Escanea el código QR y podrás saber cuánta agua se ha consumido para producir estas barritas energéticas», «Mira en *www.italianarts.com* cómo producimos nuestra pasta con baja huella de carbono, y usa el código de descuento SUPER25 en tu próximo pedido *online*», «Solo trabajamos con productos kilómetro cero, de nuestras propias granjas de bienestar animal». Ojo, porque la inmensa mayoría de las veces esto es realmente así: muchos fabricantes se esfuerzan para mejorar su eficiencia en energía, agua o materiales reciclables. Y claro, quieren demostrarlo, y que lo sepamos.

Buscamos también alimentos que nos proporcionen sabores tradicionales, el gusto por lo bien hecho, la cultura culinaria del pasado. Es así en todas partes, y no solo en Italia, en España, en Francia, en China, en Japón o en la India, por citar algunas grandes tradiciones culinarias. Y se buscan especificidades regionales o locales, de lugares muy variados, e incluso mezcladas entre ellas. Igual un parmesano *reggiano* de dieciocho meses de curación, que unas setas *shitake* o un corte de *picanha* brasileña. Buscamos en el súper ese sabor tradicional que solo se encontraba en una remota alquería en la montaña o en una cabaña de pescadores, la imagen de la calidad preindustrial. Nos la proporcionan los alimentos orgánicos, las carnes *premium*, las pastas al bronce, los quesos elaborados, las setas deshidratadas, los vinos de calidad... Y de nuevo es la industria la que los provee.

Todas estas tendencias están presentes cada vez más en el mercado. Y aunque su público abarca todas las edades, tienen mayor penetración entre los más jóvenes, los millenials y la generación Z (por desgracia ya se acaba ahí el alfabeto, pero no cabe duda de que seguirá naciendo gente). Estas generaciones tienen mucha vida por delante, así que es muy probable que las tendencias vayan a más junto con ellas, en las próximas dos o tres décadas. Y la industria alimentaria seguirá evolucionando e innovando para diseñar y proporcionar estos productos, cada vez más complejos, cada vez más variados, y también la inagotable serie de innovaciones que, sin duda, irán llegando.

Pero ¿esto sucede solo en lo que llamamos el Occidente más desarrollado (Europa, Norteamérica y poco más)? No, ni mucho menos: son tendencias que van ligadas a clases medias cada vez más educadas y con más poder adquisitivo. Y a nivel global, la clase media[43] presenta dos características: una, que no deja de crecer muy deprisa; y dos, que cada vez más, de forma rápida y abrumadora, se desplaza hacia Asia. Sé que suena raro, porque seguro que oye a menudo que la clase media se estrecha, que cada vez hay menos. Pero esto solo es cierto para ese Occidente al que me refería, donde hay un pequeño retroceso. Para el resto es todo lo contrario. La clase media se expande de forma consistente en Brasil, en México, en Rusia, en Colombia, en Turquía... y por supuesto en China e India. Solo China ha aportado casi 700 millones de personas a la clase media mundial en los últimos 20 años. Como se ve en las gráficas, la clase media global es cada vez más grande y sobre todo más asiática. Y eso influye también en su manera de comer.

Hay grandes cambios en el sector de la alimentación en Asia. Las tendencias que caracterizan el consumo en Europa y Norteamérica son también cada vez más populares en China, Tailandia, Vietnam, India y por supuesto Japón o Corea del Sur. Especialmente, una vez más, entre los jóvenes, aunque también combinadas con las peculiaridades de la cocina local. Los jóvenes asiáticos demandan más productos con proteínas —especialmente carne—, más elaborados vegetales, más comida preparada, y son adictos a pedir comidas a domicilio. Están abiertos a nuevos sabores, también porque viajan más y les atraen comidas de otras culturas.

Los mercados alimentarios de China o India están creciendo a doble dígito anual, con un valor estimado de 2,4 billones de euros en 2020. Billones de verdad, con doce ceros: millones de millones. La urbanización, las mejoras en la educación y, en general, la elevación

---

43 La definición de clase media es un tanto variable, pero para los análisis comparativos globales la mayoría de organismos utilizan el criterio de capacidad de gasto. Son clase media las personas que tienen una capacidad de gasto entre 10 y 100 dólares diarios, igualados en paridad de poder de compra para cada país. Para los países de renta alta el umbral inferior es bajo, en realidad, pero para el resto se adapta muy bien a su estructura.

del nivel de vida medio, están haciendo que los consumidores asiáticos se preocupen cada vez más por la seguridad, la variedad, los alimentos saludables y los productos de calidad. Ese mercado también está cambiando y además es cada vez más grande. Asumámoslo: Occidente cada vez tiene menos peso en esto, igual que en tantos otros aspectos globales.

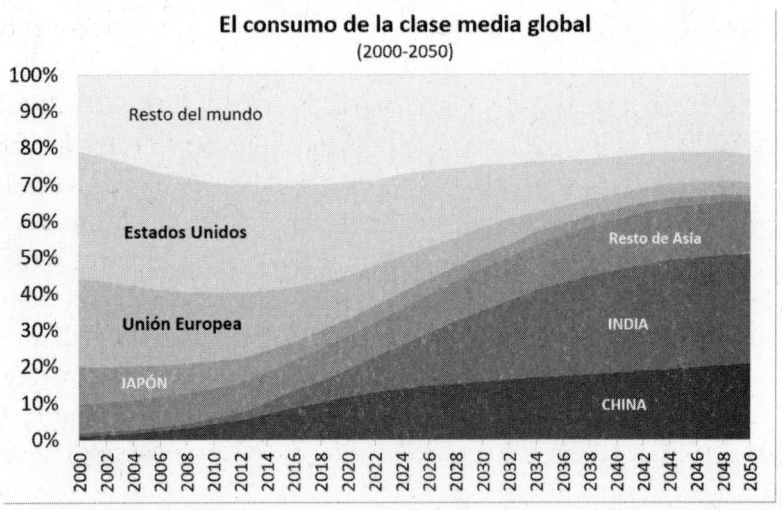

El consumo de la clase media global
(2000-2050)

Resto del mundo

Estados Unidos

Resto de Asia

Unión Europea

INDIA

JAPÓN

CHINA

Datos: OCDE

Clase media global
(millones de personas y porcentaje del total)

- China
- India
- Norteamérica
- Europa
- Resto del mundo

61 %

47 %

27 %

2009   2019   2030

Datos: Caixabank Research

En los países de renta baja y media-baja las cosas son distintas, aunque también llegan algunas de estas tendencias, pero de forma mucho más moderada y más de nicho. Sus sistemas alimentarios son sustancialmente distintos de los de los países más desarrollados, y el peso del sector industrial alimentario es mucho menor. En los países desarrollados la producción está muy mecanizada, ocupa a un porcentaje muy pequeño de la población activa, y se consumen muchos más productos procesados de alto valor. En cambio, en los más pobres la producción es más simple y más barata, con muchos procesos tradicionales, y emplea a un porcentaje muy alto de la población activa para el procesado de comida (a menudo entre 20 y 30 %).

El futuro más cercano estará muy marcado por estas tendencias que hemos visto. Pero aunque hoy son lo más *top*, aunque marcan la vanguardia más *trendy* y definirán el mercado para dos o tres décadas, muchas de ellas también pasarán. Parte de lo que hoy es la tendencia de moda, lo inédito, lo más fresco, se mirará con condescendencia y nostalgia dentro de veinte o treinta años («¿Cómo podíamos hacer las cosas así?»). Sin duda algunos conceptos quedarán integrados para siempre en nuestras costumbres, pero otros se irán apagando y es imposible saber cuáles serán, y qué sorprendentes novedades los sustituirán.

Aunque siempre hay algo que permanecerá: el trigo, el arroz, las patatas, las manzanas… Las materias primas seguirán ahí, incluso aunque tengan un genoma modificado y se cultiven con la mitad de energía. Por fuera serán igual, aunque por dentro y por su modo de producción sean algo bastante diferente.

LA COMIDA SE MUEVE

Hablemos otra vez de Nutella. Sí, vuelvo con ella —esta vez la normal— porque seguro que la conoce, y casi, casi seguro que le gusta. Nutella produce la burrada de 350.000 toneladas cada año de esa mágica pasta de cacao con avellanas, y lo hace en fábricas que están por todo el mundo: en Italia, Francia, Polonia, Alemania, Canadá, México, Brasil o Nueva Zelanda. No es precisamente un producto de proximidad... Para poder fabricar esa pequeña maravilla tienen que importar a cada fábrica todas las materias primas, que vienen de alrededor del mundo: avellanas de Turquía, Italia y Chile; granos de cacao de Costa de Marfil y Ghana; soja para la lecitina, de Italia, India y Brasil; aceite de palma de Malasia; azúcar de remolacha de varios puntos de Europa, y de caña de azúcar de Brasil, India, México y Australia... Productos de medio mundo se amalgaman en esa pasta oscura tan suave y deliciosa.

Así que cuando vea un bote de Nutella en el supermercado, mírelo atentamente e imagine por un momento el increíble viaje de cada uno de sus ingredientes hasta reposar allí, tan tranquilos y silenciosos, en el estante. Mire bien ese bote, porque es el resumen de un prodigio logístico de alcance mundial, un ejemplo notorio de cómo funciona la cadena de valor alimentaria a nivel global. Nutella cumplió 60 años en 2024. ¿A que está buena? Pues sepa que no me han pagado nada por la publicidad, la hago por pura afición; de hecho Ferrero, el fabricante italiano de la marca (y de los bombones Ferrero Rocher y los huevos Kinder), ni siquiera me envía un tarro.

La comida siempre ha estado en movimiento, esto no es algo nuevo. Las flotas de la Roma del siglo I ya transportaban cargamentos de trigo de Egipto y aceite de oliva de Hispania sin descanso. También la China de la dinastía Tang (siglo VII) construyó el Gran Canal, de 1700 km de longitud, para transportar, entre otras cosas, arroz del sur a las provincias del norte. La comida no siempre se produce donde se necesita, así que el comercio de alimentos es enorme, y además ha crecido muy deprisa en los últimos treinta años, en paralelo con el desarrollo global. La tendencia a futuro es que el comercio internacional de alimentos seguirá creciendo. Pero, aunque al pensar en «comercio de alimentos» solemos imaginar cosas como enormes barcos graneleros cargados de soja o maíz, lo cierto es que la mayoría de la comida que se negocia en el mundo no son materias primas, sino que está ya procesada. De hecho, el 60 % ha pasado por algún tipo de proceso industrial, aunque sea simple (cosas como salado, encurtido, ahumado o conserva), además de los alimentos preparados o precocinados.

En un caso como el de la Nutella, lo que se transportan son sobre todo materias primas, o también elaboradas, como el aceite de palma o el azúcar, para producir después algo mucho más complejo, con mucho valor añadido, un alimento procesado que luego puede seguir también el camino de la exportación. No nos asustemos con el término «procesado», no tiene nada de malo: simplemente, les hemos hecho algo y ya no son materias primas.

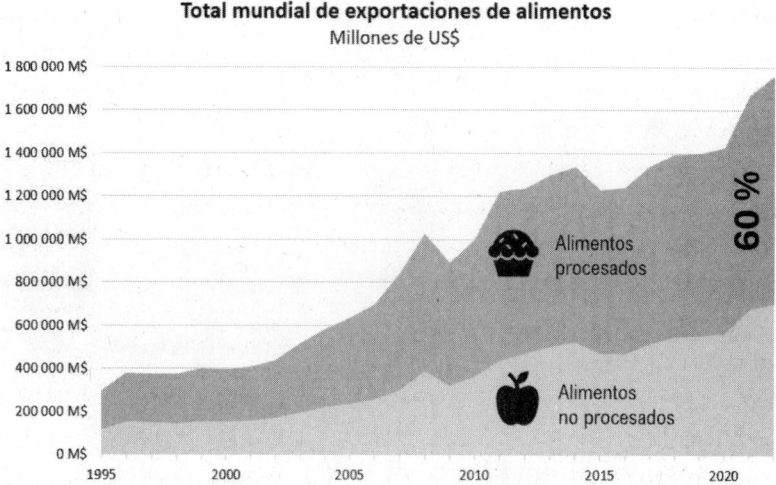

Total mundial de exportaciones de alimentos
Millones de US$

Es también llamativo que las economías más desarrolladas tienden a importar más productos elaborados que las economías en desarrollo, con una tendencia levemente ascendente.

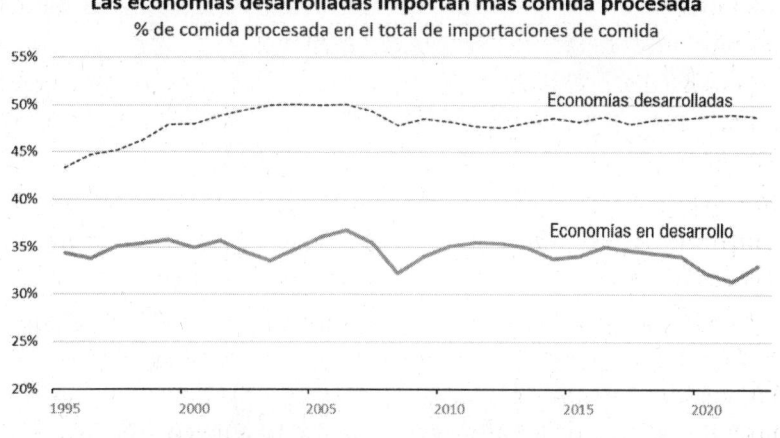

Las economías desarrolladas importan más comida procesada
% de comida procesada en el total de importaciones de comida

Veamos otro ejemplo, este de gran escala, de cómo se mueve la comida por el mundo. Hablemos de la soja, una de las materias primas alimentarias más importantes (si quiere parecer más entendido, también puede decir que es una *commodity*). Y lo es porque supone uno de los principales y más eficientes suministradores de proteínas para las personas pero, sobre todo, para el ganado.

PRINCIPALES PRODUCTORES DE SOJA
Millones de toneladas al año, 2024
Los países marcados suman el 93% del total mundial

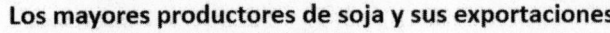

Los mayores productores de soja y sus exportaciones
(2024)

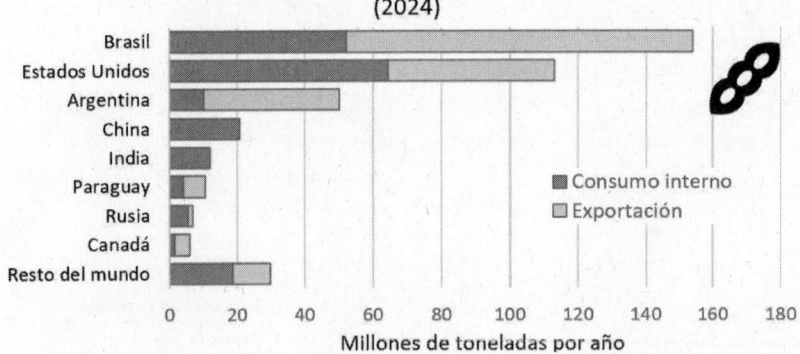

Millones de toneladas por año

Casi toda la soja del mundo —unos 400 millones de toneladas al año— se produce en América. Solo Brasil ya supone el 38 % de la producción mundial, y si le sumamos la de Estados Unidos y Argentina ya tenemos casi el 80 %. Estos tres países son los grandes exportadores de soja para el mundo: el 89 % de la soja que se compra viene de ellos. Se puede ver que, en general, los países muy grandes con baja densidad de población suelen ser exportadores de alimentos. China e India también producen soja, pero se la comen toda y todavía quieren mucha más. De hecho China, ella solita, importa 102 millones de toneladas, lo que supone casi la mitad de toda la que se exporta en el mundo, por lo que China claramente marca los precios del mercado internacional. En realidad se espera que sus importaciones empiecen a declinar hacia 2030, ya que el gobierno chino tiene en marcha una campaña para reducir su dependencia de la soja exterior para su ganadería, muy especialmente porque una parte importante de ella viene de Estados Unidos, su rival geopolítico. El plan incluye mejoras en su producción interna, reducción de la soja en la dieta de los animales y también un cierto freno en la demanda total de carne.

El segundo importador de soja del mundo, aunque muy lejos de China, es la Unión Europea. Centrémonos ahora en esta gran región. Es interesante observar los flujos netos de soja (importaciones menos exportaciones) hacia los distintos continentes, y también los flujos netos de productos animales, en este caso carne y lácteos.

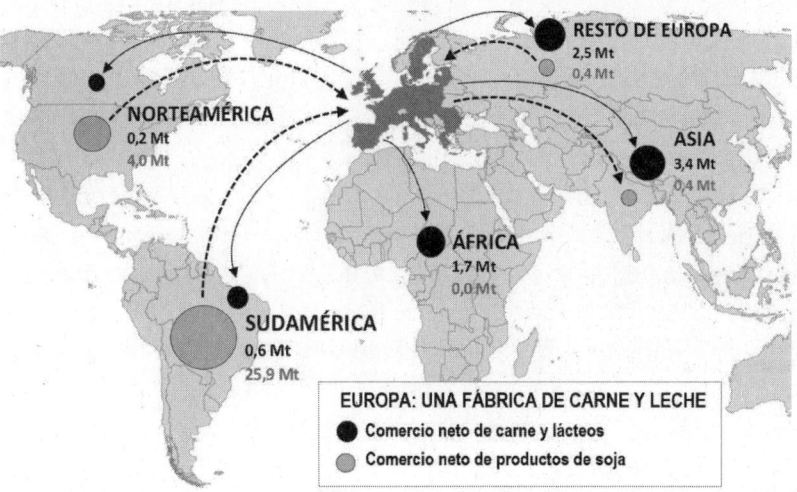

Según datos de la propia UE[44], la Unión es un importador neto de grandes cantidades de soja americana, sobre todo brasileña. A cambio es un exportador neto de productos cárnicos y lácteos, muchos de ellos elaborados, hacia el resto del mundo, y especialmente hacia Asia, África y el resto de Europa. La lectura global de estas cifras da un mensaje claro: la UE importa piensos a base de soja, cría ganado con ellos, este los convierte en proteínas animales, y luego se exporta

---

44   Son datos de la European Environment Agency, y aunque son cifras de 2012 (con Reino Unido aún en la UE) la lectura global no ha cambiado.

una parte de estas. Este sector de la UE actúa, así, como una especie de fábrica de carne y lácteos, cosa en la que, por cierto, resulta muy eficiente y tecnificada. Al final esto no es algo muy diferente a importar acero, fabricar maquinaria con él y luego exportar esas máquinas con un notable valor añadido. Es el mismo principio económico. Este es otro ejemplo de cómo se mueven las cadenas alimentarias globales, y de que la comida no se está quieta. Y si no existiera este comercio, muchas demandas no podrían cubrirse.

China vuelve a tener un puesto señalado en este caso, en particular con la carne de cerdo. De los 22 millones de toneladas de productos porcinos que la Unión Europea genera al año, exporta unos 4,2 millones, con España como principal exportador (un 32 % del total); España resulta ser el mayor exportador de carne porcina del mundo. Por otro lado, aunque China es el mayor productor mundial de carne de cerdo (55 millones de toneladas), seguido en segundo lugar por la UE, les pasa con esto igual que con la soja: que se la comen toda y aún tienen que importar otros 1,5 millones de toneladas. Y una buena parte les llega de Europa —la mayor parte de España—, en forma de carne congelada y embutidos.

Como todo está ligado, y no siempre por la comida, cuando la UE decidió aplicar aranceles a los coches eléctricos chinos en 2024, la respuesta de China fue anunciar una investigación *antidumping* a varios productos europeos. Esto se traducirá, en particular, en aranceles más altos para la carne de cerdo española y el brandy francés, que acabarán siendo menos competitivos en China y se venderán menos. El comercio internacional de alimentos responde a veces a criterios totalmente ajenos a la propia comida.

El hecho es que este comercio ha duplicado su valor en los últimos diez años, como se desprendía de una gráfica anterior, y todo apunta a que seguirá creciendo en el futuro pese a posibles perturbaciones, que en general nunca han sido muy duraderas. Según un estudio de la FAO[45], en el futuro muchas regiones aumentarán su dependencia del comercio de alimentos, ya sea porque necesitan importarlos para comer o porque necesitan exportarlos para tener ingresos. Asia ha sido el importador neto con un crecimiento más

---

45   FAO: *El estado de los mercados de productos básicos agrícolas 2024* (https://doi.org/10.4060/cd2144es).

rápido, sobre todo por el gran volumen de compras de China desde los años 2000. Por otro lado, en el mismo plazo Sudamérica ha superado a Norteamérica como el mayor exportador de alimentos. La redistribución de los recursos mundiales a causa de este comercio se está ampliando a un grupo creciente de países de ingresos medios, cuyas economías crecen de forma consistente.

Como vimos al principio de este libro, un futuro con un amplio intercambio internacional de alimentos nos permitirá ser más eficientes para producir comida para todo el mundo. Es más fácil asegurarse la alimentación global produciendo más de cada cosa donde las condiciones le son más favorables. Y de hecho, cuando este comercio se entorpece por la razón que sea, los problemas en el suministro alimentario se dejan sentir enseguida. Un ejemplo: el impacto de la guerra de Ucrania en la disponibilidad global de cereales.

El precio del trigo es el mejor indicador para ver cómo funciona esto. Cuanto más caro, menos comercio y menos accesible para muchas personas. Durante el año 2021, el precio del trigo había estado subiendo, como el de muchos alimentos, debido a la crisis logística posterior al COVID. Faltaban contenedores, faltaban transportes, el petróleo y el gas subían por el repentino aumento de la demanda. Pero de pronto hubo algo que disparó aún más los precios, en febrero de 2022: comenzó la guerra en Ucrania, y la armada rusa bloqueó el tráfico de cargueros ucranianos que exportaban cereales desde Odesa o Berdiansk al resto del mundo. El comercio global de cereales y girasol sufrió un duro golpe, porque Ucrania está entre los mayores exportadores, y el precio del cereal se disparó.

Índice de precios del trigo
(Enero 2000 = 100)

Ante el riesgo de desabastecimiento, especialmente para países más pobres que no podían pagarlo, se puso en marcha la diplomacia. A iniciativa de Turquía, que controla el tráfico marítimo del Mar Negro gracias a su posición sobre el Bósforo, se llegó a unos acuerdos para la reapertura parcial del tráfico marítimo de cereales, con Ucrania, Rusia y la ONU en la mesa. Fue la llamada «Iniciativa de Cereales del Mar Negro», de julio de 2022. En cuanto volvieron a circular los graneleros con trigo ucraniano, los precios cayeron en picado. Eso, y la recuperación progresiva del tráfico marítimo general, devolvieron poco a poco al trigo a precios similares a los de 2019, antes del COVID. Incluso la salida de Rusia de la Iniciativa del Mar Negro en 2023 ya no tuvo una repercusión significativa. Este episodio demuestra que un comercio de alimentos abierto y funcional es crítico para la seguridad alimentaria de muchos países.

Y algo más, que también es importante y que contaré con una pequeña anécdota. Hace un tiempo estuve visitando una central de procesado de cítricos cerca de Valencia (España). Estaban en plena campaña, así que allí había diez o doce camiones tráiler que estaban alineados, con sus traseras embutidas en los muelles de carga refrigerados, preparándose para el transporte. Algunos tenían matrícula española, otros alemana, pero me llamó la atención el más próximo, un camión negro de aspecto imponente con matrícula de Estonia. El conductor, un joven alto y rubio, que iba en camiseta en pleno febrero, revisaba unos papeles apoyado en la cabina. Supongo que estaba esperando que se completara la carga y preparándose para un largo viaje de 3700 km de vuelta a su país, allá en el norte.

Esto me dio que pensar. Allí estaba un transporte que se preparaba para mover 20 toneladas de fruta desde las orillas del Mediterráneo hasta el norte del mar Báltico. En 1900, nadie en Estonia comía naranjas, y muchos allí ni siquiera las habían visto nunca. Sin embargo, hoy es algo tan habitual como puede serlo un aguacate en Madrid o un kiwi en Roma, todos ellos productos exóticos hasta hace unas décadas. Y es que el comercio de alimentos es una herramienta básica de la seguridad en la alimentación, pero también de la diversidad y variedad de alimentos en todo el mundo. Algo muy interesante para la nutrición y también para la salud global.

TENDENCIAS EN LA DISTRIBUCIÓN

La comida hay que producirla, luego procesarla y luego debe moverse por una serie de complejos canales hasta ponerla en el sitio donde podemos comprarla: el supermercado, el mercado tradicional o la tienda de la esquina. O también el restaurante o la cafetería. Toda esta última parte de la cadena alimentaria es la distribución, un sector de enorme peso económico. De hecho, la mayor empresa del mundo por facturación no es una petrolera, ni fabrica coches, ni es una tecnológica de Silicon Valley: es Walmart, el gigante estadounidense de la distribución, que facturó 673.000 millones de dólares en 2024 —como el PIB de Bélgica—. Pero la distribución también está cambiando en los últimos años, y apunta a más cambios en el futuro.

Uno de ellos tiene que ver con la digitalización del comerci0. Los mayores supermercados llevan tiempo invirtiendo en infraestructura digital, incluyendo almacenes especializados para la preparación de los pedidos electrónicos, a menudo automatizados con robots que asisten a los operarios en la preparación de pedidos. La compra digital no es ni mucho menos mayoritaria, pero gana terreno. Hoy supone aproximadamente un 4 % del mercado global de alimentos, lo que puede parecer poco, o mucho, según se mire.

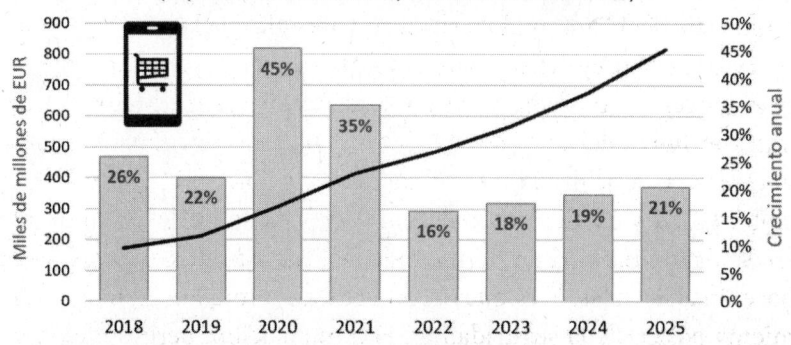

Comercio electrónico global de alimentos
(Izquierda: valor absoluto / Derecha: % crecimiento)

Hay que decir que el comercio digital creció espectacularmente en los años 2020 y 2021, los años de la pandemia de COVID, cuando mucha gente evitaba al máximo los contactos humanos. Algo así no se ha repetido, pero sí que sirvió como acicate, también porque introdujo en la compra electrónica a rangos de edad —las personas más mayores— que la habían evitado hasta entonces. Las tasas de crecimiento anual de este tipo de comercio siguen aumentando a dos dígitos, aunque está claro que eso es más fácil cuando creces desde muy abajo. Pero parece que aún le queda mucho recorrido.

También hay adaptaciones que aplican la inteligencia artificial y la automatización para mejorar la eficiencia de las tiendas, ayudar a cada cliente a buscar lo que le gusta o mejorar la experiencia de compra. Por ejemplo, los carritos de supermercado con una pantalla táctil acoplada. El carrito reconoce los productos al depositarlos en él y va sacando la cuenta de la compra, de manera que se visualiza en la pantalla y puede ayudar a controlar el gasto. También pueden ayudar a encontrar productos o enviar sugerencias. Al final se pasa con el carrito por una estación de pago automático y listo. El cliente también puede elegir pasar por una caja tradicional atendida por personas, pero pasar por la automática tiene premio: entra en un juego tipo «ruleta de la fortuna» que le puede regalar descuentos de 1, 2 o 5 €. Eso siempre anima.

Hay algunas primeras pruebas de este sistema en supermercados de la cadena neerlandesa Jumbo en Holanda, y también de ShopRites en New Jersey o Fairway Market en Manhattan, ambos en Estados Unidos. De momento uno de estos carritos le cuesta al supermercado unos 10.000 € frente a los 100 € de un carrito normal, así que aún falta mucha mejora para que esto pueda ser un estándar. Pero quién sabe.

No obstante, el autopago también tiene sus problemas. Básicamente son los *listillos*. Un estudio de 2024 del sector *retail* estadounidense llegaba a la conclusión de que los puntos de autopago tenían una tasa de pérdidas 16 veces mayor que los puntos con cajero. O sea, de ítems que salen sin pagar. Hay quien escanea un producto diferente al que se lleva (por supuesto, siempre más barato), o directamente evade el escaneo con disimulo. Y todo eso acaba siendo mucho dinero perdido para el supermercado. Para evitar esto están empezando a usarse cámaras en la tienda que, mediante sistemas de aprendizaje de inteligencia artificial, siguen las operaciones de cada cliente y luego contrastan lo que le han «visto hacer» con lo que se está pagando. El problema en este caso es la garantía de privacidad. Este es un tema, en fin, al que le queda bastante evolución.

Otra clara tendencia de la distribución es hacia la concentración progresiva de las grandes cadenas. Los supermercados de descuento, tipo Aldi o Lidl, se expanden rápidamente, y su pelea por el cliente se basa en los precios ajustados. Esto está ejerciendo una presión creciente sobre los productores de alimentos, ya sean agricultores o industrias, que van perdiendo capacidad de negociación.

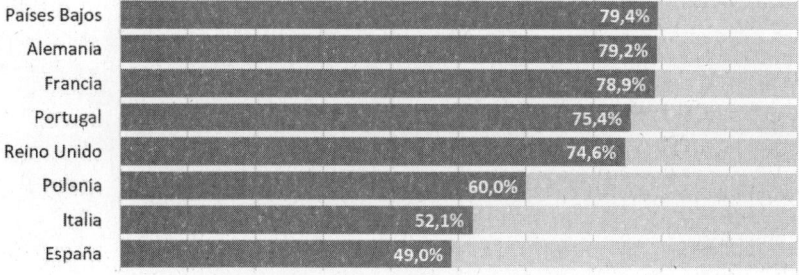

Concentración empresarial de la distribución de alimentos en Europa
(Cuota de mercado de las cinco primeras cadenas de cada país, 2021)

Países Bajos	79,4%
Alemania	79,2%
Francia	78,9%
Portugal	75,4%
Reino Unido	74,6%
Polonia	60,0%
Italia	52,1%
España	49,0%

Además, el crecimiento de las «marcas blancas», o marcas de distribuidor, va presionando también a la industria. La marca blanca suele tener una relación calidad-precio mucho más competitiva, por lo que gana espacio en los lineales de cada una de estas cadenas cada vez más grande.

Un ejemplo muy contundente es la cadena española Mercadona, una de las de mayor penetración individual en cualquier mercado europeo: roza el 30 % de cuota de mercado en un país que se acerca a los 50 millones de habitantes, superado solo por Albert Heijn (del grupo Ahold Delhaize), que tiene un 37 % del mercado holandés. Pues bien, en 2023 nada menos que el 75 % de las ventas de Mercadona eran marca de distribuidor, con «Hacendado» al frente como su marca blanca más representativa. En 2024 se abrió una «guerra» entre distribuidores y marcas, con Mercadona retirando de sus estantes a Leche Pascual —una marca *premium*—, y Carrefour haciendo lo mismo con productos de PepsiCo, como las patatas Lays. Mientras, la marca blanca en Lidl llegaba casi al 82 % de sus ventas.

Las mayores empresas de la distribución alimentaria europea

	Empresa		País origen	Nº tiendas	Nº países	Facturación (2024) Miles de millones EUR	
1	LIDL	Schwarz Group	Alemania	12.600	32	172,2	
2	REWE	Rewe	Alemania	10.000	11	90,9	
3	ALDI	Aldi	Alemania	11.235	20	85,3	
4	TESCO	Tesco	Reino Unido	6.800	5	77,3	
5	Carrefour	Carrefour	Francia	12.000	9	76,0	
6	Edeka	Edeka	Alemania	3.600	1	75,4	
7	E.Leclerc	E. Leclerc	Francia	700	4	51,9	
8	X5Group	X5 Retail Group	Rusia	17.000	1	40,6	
9	Intermarché	Intermarché	Francia	2.650	3	39,1	
10	MAGNIT	Magnit	Rusia	22.000	1	39,0	
11	MERCADONA	Mercadona	España	1.700	2	38,8	
12	Auchan	Auchan	Francia	4.000	13	38,3	
13	Sainsbury's	J. Sainsbury	Reino Unido	1.400	1	38,1	
14	Ahold Delhaize	Ahold Delhaize	Países Bajos	7.000	10	38,0	
15	METRO	Metro AG	Alemania	760	24	34,3	

Solo que esto tiene sus efectos secundarios a largo plazo: las marcas tienen más margen, cierto, pero eso precisamente les facilita innovar, desarrollar nuevos productos, avanzar, lo que es bueno para el consumidor. El resultado es que muchas industrias están repartiendo su producción entre marcas propias y marcas de distribuidor, un equilibrio entre los dos mundos. A la larga, todas estas tendencias pueden irse haciendo más acusadas.

Pero hay también canales totalmente nuevos que van creciendo poco a poco. Uno muy interesante es el de la venta directa desde la granja al consumidor. Claro, no todos los que viven en ciudades van al campo con frecuencia, como para poder comprar. Así que si esto funciona es también gracias al comercio electrónico y al teléfono inteligente, que está siempre a mano.

Es curioso el auge que esto ha tenido en China recientemente. Desde 2017 empezaron a popularizarse los videos de agricultores de zonas rurales que vendían directamente sus productos. Uno podía ver los videos y a la vez comprar fácilmente con la aplicación Kuaishou, una app de videos cortos tipo TikTok. Estos videos de campesinos contando su vida y a la vez vendiendo sus verduras tienen mucho éxito; en un país que ha crecido muy deprisa hay una especie de nostalgia por el mundo rural de sus abuelos. Se popularizaron muy pronto, y hoy más de 200 millones de seguidores compran directamente fruta, verdura, setas, artesanía y cualquier producto rural a sus productores. El modelo ha saltado ya a otras plataformas e incluso hay un nombre en chino para referirse a este género de vídeos rurales: *cunbo*. Kuaishou ha visto el negocio, así que proporciona formación a la gente de los pueblos sobre cómo hacer sus videos y cómo vender mejor. Los agricultores están felices porque venden sus productos mucho más caros a «bolsillos llenos» —como llaman allí a la gente con recursos— de lejanas ciudades.

Que esto funcione no es algo que salga porque sí. Solo ha empezado a ser viable cuando la penetración del internet rápido ha llegado a regiones rurales cada vez más remotas, cuando los servicios de mensajería son eficientes y baratos, y cuando todo el mundo tiene un *smartphone* en el bolsillo. Y todo eso pasa en China a velocidad de vértigo.

Los vídeos de agricultores que venden su comida directamente en Kuaishou (o Kwai), una app china de videos cortos con 200 millones de seguidores, movían ya 120 millones de euros en productos agrarios en 2022.

Por supuesto, no solo allí. La venta directa es una tendencia desde hace ya algunos años, animada como otras cosas de este tipo por el tiempo de la pandemia. En Estados Unidos, la venta directa desde las granjas al consumidor final movía ya 3000 millones de dólares en 2020 (aunque eso es solo un 0,4 % del valor de su mercado de alimentos). Y en la Unión Europea también tiene una cierta historia. Hoy, uno puede comprar en Luxemburgo una caja de mangos y papayas orgánicas de una huerta de Málaga, en el sur de España, que le llegará en unos días en perfecto estado. Obviamente esto es algo más bien para «bolsillos llenos», no algo para todos los días, pero tiene su mercado. Este tipo de ventas pueden ser muy importantes para mejorar las rentas de los agricultores, e incluso la percepción y la valoración en entornos urbanitas del valor de la comida.

Pero desde luego, como muchas otras tendencias que hemos ido viendo, todo esto nace de algo completamente nuevo que apenas existía hace veinte años: internet en el bolsillo.

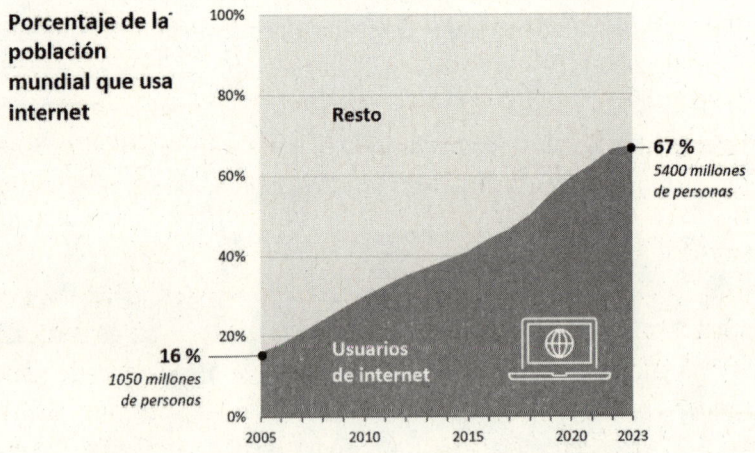

La cantidad de usuarios de internet ha crecido tanto y es tan masivamente mayoritaria, que ha cambiado muchísimas cosas. El gráfico siguiente muestra cómo en 20 años se ha llegado a que dos tercios de la humanidad tenga acceso a internet (y mil millones de ellos son chinos). Pero si se mira con detalle también se puede ver cómo hay dos momentos en que esto ha crecido un poco más deprisa, dos momentos que han supuesto vientos de cambio. Uno, en el entorno de 2008-2012, cuando el concepto de *smartphone* arrancó y se popularizó a toda velocidad, y con él internet en el bolsillo: el primer Iphone, el 3, salió al mercado en 2007. Y otro momento diez años después, hacia 2017-2022, cuando la ola de los Huawei, Xiaomi, Oppo y otros móviles chinos buenos y baratos se extendió veloz por el mercado asiático, ayudada una vez más por la pandemia. El hecho es que esto, hoy, ha cambiado totalmente el acceso a infinidad de servicios. Y muchos de ellos tienen que ver con comida.

LA COMIDA COMO SERVICIO

O, como se oye a menudo, *food as a service*. Ya sabemos que si algo se dice en inglés vale el doble, queda impecablemente tecnológico. Aunque en francés también queda bien, incluso más sofisticado y muy vendible: *la nourriture-service*. Pero ni se le ocurra decirlo en alemán (*Essen als Dienstleistung*, terrible), ni mucho menos en húngaro o croata (*Étel mint szolgáltatás*, o *Hrana kao usluga*, un desastre comercial garantizado). Bien, vamos a lo nuestro.

La comida como servicio no es más que la preparación, manipulación, envasado y distribución de comida lista para ser consumida. Así que el mundo de los restaurantes, los bares y las cafeterías forma parte de la comida como servicio. Pero actualmente asociamos más bien este término a nuevas formas de hacer todo esto.

Muchos negocios ligados al comercio minorista, que habían evolucionado muy poco durante décadas, han visto cambios radicales con la llegada de internet. De internet y de su capacidad de generar redes de conexiones completamente nuevas. Amazon, AirBnb, Netflix o Uber dieron un vuelco al comercio minorista, a los hoteles, al cine o al taxi, y los hicieron diferentes. El último en ser atacado fueron los restaurantes, y aquí han entrado empresas para cambiarlo todo, como Meituan, Deliveroo o Glovo.

Obviamente, los cambios que llegan solo tienen éxito cuando la sociedad está preparada para ello. Y hay cosas que están cambiando. Hace tiempo, mucha gente producía parte de su propia comida en pequeños huertos familiares o criando unas pocas gallinas; se estima que en 1850, con un mundo mucho más rural, un tercio de la comida se producía así. Hoy no queda nada de esto: menos de un 1 % de la comida total es autoproducida. Pues bien, algo parecido empieza a pasar con la cocina. Hace 50 años, la mayor parte de la comida se cocinaba en casa, pero hoy es muchísimo menos. Igual que ya no queremos ser granjeros, puede que llegue un día en que no queramos ser cocineros. Aunque personalmente tengo que decir que sería una enorme pérdida cultural, e incluso de calidad de vida, pero mi opinión tampoco es significativa en todo esto. El hecho es que cada vez más parte del consumo se hace fuera de casa, como se ve en esta gráfica (que hace referencia a los Estados Unidos).

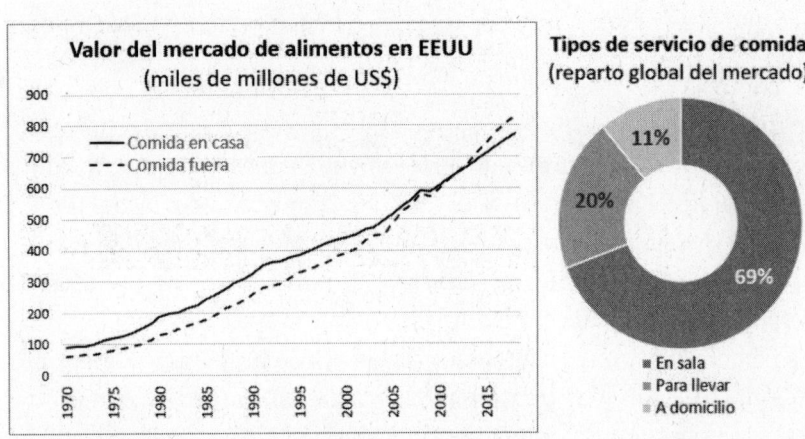

Pero el *delivery*, la comida a domicilio, es algo que está entre los dos mundos. Comer fuera, en un restaurante, quita todo el trabajo de comprar, cocinar y limpiar (además del trabajo no menor de pensar «¿Y qué cenamos hoy?»). Pero también implica salir, desplazarse, interactuar... y es bastante más caro. La comida a domicilio permite a la vez quitarse mucho trabajo, disfrutarla en la comodidad y privacidad del domicilio, y gastar bastante menos. Una comida hecha en casa cuesta en Europa entre 2 y 5 €. En un restaurante, si dejamos aparte experiencias gastronómicas y sociales que pueden costar cualquier cosa, una comida normalita propia de un menú de día de trabajo puede estar entre 10 y 18 €. A medio camino entre estas dos, puede tener muchas opciones de comida en Deliveroo o JustEat por 7 a 12 €.

Antes de internet, la comida a domicilio era poco más que pedir una pizza o comida china, con una carta que teníamos en un papelito. Pero hoy un Glovo puede ponerle a tiro infinidad de variantes, sea comida coreana o italiana, tailandesa o mejicana, japonesa o hawaiana y, por supuesto, una hamburguesa o las mejores tradiciones locales. Porque en realidad estas plataformas no tienen ningún suministro de comida. Son negocios de agregación de demanda, y lo que hacen es conectar millones de opciones, cambiantes e instantáneas, en el triángulo restaurante-consumidor-transportista. Las plataformas de comida a domicilio —o sea, de *delivery*— generan un enorme efecto de red, interconectan millones de demandas con millones de ofertas en tiempo real, con plazos de entrega muy exigentes (menos de 30 minutos), y cosechan sus millones de comisiones que convierten a muchas de ellas en enormes empresas, a pesar de ser un negocio relativamente nuevo.

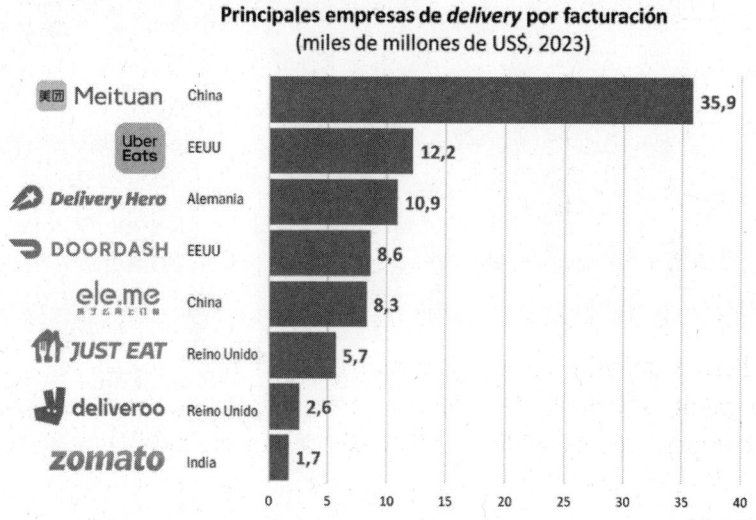

Principales empresas de *delivery* por facturación
(miles de millones de US$, 2023)

Meituan	China	35,9
Uber Eats	EEUU	12,2
Delivery Hero	Alemania	10,9
DOORDASH	EEUU	8,6
ele.me	China	8,3
JUST EAT	Reino Unido	5,7
deliveroo	Reino Unido	2,6
zomato	India	1,7

Las mayores plataformas de comida a domicilio no están en Estados Unidos, donde todo empezó, sino en China. Allí, Meituan es de lejos la primera y junto con Ele.me, la segunda, generan 44.000 millones de dólares en ventas anuales, aproximadamente el 98 % del sector en ese enorme país; o sea, todo. Y eso que ambas son empresas jóvenes, que empezaron a operar entre 2008 y 2010. Entre las dos procesan más de 30 millones de pedidos todos los días. Para ubicarse, es como si todos los habitantes de Polonia, desde el primer bebé hasta el más venerable ancianito, hicieran un pedido cada día, todos los días. Por cierto, el mayor accionista de Meituan es el gigante chino de servicios de internet Tencent, y Ele.me pertenece al grupo Alibaba.

En 2023, el sector del *delivery* estaba moviendo 390.000 millones de dólares en el mundo[46], un 3,3 % del valor total del mercado de comida. El crecimiento de este formato es rápido y se prevé que siga comportándose así, en paralelo a la extensión de zonas urbanas accesibles para el reparto, con clases medias crecientes, con capacidad adquisitiva, poco tiempo y nuevas maneras de pensar. Y por supuesto, porque hay internet rápido y siempre a mano.

Ingresos globales del sector de reparto de comida
(billones de US$)

■ Reparto de comida preparada
■ Reparto de supermercado

	2018	2019	2020	2021	2022	2023	2024	2025	2026	2027	2028	2029	2030
Preparada	0,16	0,20	0,32	0,45	0,52	0,63	0,77	0,92	1,04	1,14	1,24	1,35	1,44
Supermercado	0,14	0,17	0,25	0,32	0,35	0,39	0,42	0,46	0,48	0,49	0,50	0,51	0,52

Esta es la razón de que las mayores empresas del *foodtech* sean todas del ámbito del *delivery*. Empresas que crean un modelo, crecen deprisa y se venden después por cifras mareantes a plataformas cada vez más grandes. Y que integran sistemas digitales novedosos e inteligencia artificial para mover millones de pedidos cada día.

En general, solo la pata del transporte suele formar parte integrante del negocio de las plataformas, ya sea directamente o a través de empresas derivadas. Son millones de *riders* con sus bicis y sus motos o también, progresivamente, vehículos autónomos robóticos para reparto, como ya está utilizando Meituan en Beijing, Domino's Pizza en Houston o Rakuten en Tokio. No cabe duda de que cada vez veremos más de estos animalitos por las calles.

Pero la comida a domicilio tiene sus pegas, por supuesto. A menudo no está tan buena como la que haces en casa —si sabes cocinar un mínimo, claro—, ni tampoco como la del restaurante. Cuando la abres nunca es tan bonita como era en la foto. El tiempo y la forma

---

46   Datos de Statista. Hay que tener en cuenta que distintas fuentes dan datos bastante diferentes, porque no hay una fuente única y consolidada.

de transporte penalizan su calidad. Y para mitigar esto, tiene que consumir grandes cantidades de embalajes —plástico, porexpán, cartón— más esos cubiertos desechables, y todo este residuo debería preocupar a un cliente que piensa en la sostenibilidad. Y claro, está el tema del precio. Alguien tiene que prepararla y alguien más llevarla hasta donde estás, a toda velocidad, y eso hay que pagarlo.

Para intentar mejorar los escollos del servicio, el mundo del *delivery* trabaja en lo que son ya las nuevas tendencias, que seguramente serán estándares en diez o veinte años.

Por un lado está la forma de producción. Aunque generalmente recurren a recoger pedidos de una infinita cadena de restaurantes asociados, cada vez más están recurriendo a sus propias cocinas, las «cocinas fantasma» (en inglés se llaman *dark kitchens*). En realidad deberíamos llamarlas «restaurantes fantasma», porque la cocina sí que existe y es bien palpable, lo que no existe es la sala. Algunas compañías, como Uber Eats, recurren a este tipo de cocinas, que no son sino talleres de producción de comida preparada, diseñados para una elaboración y un transporte rápidos. Sobre todo resuelven la demanda de ciertos ítems muy demandados en horas de pico (imagine un sábado cualquiera por la noche, una final de la Champions o un festival de Eurovisión). Estas cocinas pueden estar en polígonos periurbanos o dentro de la ciudad, cerca de los centros de cada distrito, para minimizar los tiempos de transporte. Aunque también requieren cuidar mucho la ubicación para no molestar al vecindario con el trasiego constante de motos y furgonetas. Es probable que, con el tiempo, las grandes empresas de *delivery* tengan cada vez más sus propias cocinas de elaboración; o, lo que es casi el mismo resultado, que las grandes cadenas de restaurantes integren su propio sistema de reparto y sus plataformas de pedidos.

Pero, además, en esas cocinas están empezando a introducirse robots que colaboran en la elaboración. No hablo de cosas como una Thermomix, que también, sino de mecanismos mucho más avanzados como el robot DaVinci Kitchen, que colaboran con los humanos realizando muchas tareas sistematizadas y además aprenden continuamente. Se llama «c0bots» a esos robots diseñados para colaborar con humanos, no para trabajar solos. La inteligencia artificial incorporada les ayuda a gestionar la variabilidad y los imprevistos de una cocina y sus productos, y por supuesto tiempos e inventarios. Y al final, todo esto trata de abaratar costes, porque la elaboración viene a ser un tercio del precio de una comida tal como sale de la moto del *rider*.

El robot DaVinci Kitchen, de Alemania.

Y la otra pata en la que trabaja la optimización es precisamente el reparto. Es la clave, la particularidad del sistema. Forma parte de lo que la jerga de la logística llama «el transporte de última milla», y que supone cargar 2-4 € por pedido. Los pequeños vehículos de reparto autónomo ya están ahí, la tecnología ya existe, y serán las regulaciones y la seguridad las que vayan marcando el paso de su extensión. Veremos carritos de reparto autónomo rodando por las calles, o incluso algunos más pequeños por las aceras, y también drones ligeros para llegar a ciertos sitios. Pero poner en marcha todo ese tráfico secundario de enanitos, con todos los problemas que surgirán, aún tomará algún tiempo, y probablemente no llegue a todas partes. La inteligencia artificial, con su capacidad de manejar billones de datos, tendrá mucho que decir en la ordenación de un tráfico autónomo cada vez más denso.

El típico motorista de Meituan, frente a los vehículos autónomos de reparto de la misma compañía, que ya circulan por las calles de Beijing

10.
Si mi abuelo levantara la cabeza

LO QUE HA CAMBIADO Y LO QUE NOS ESPERA

Mi abuelo nació en 1910, hace ya más de un siglo. El mundo ha cambiado mucho desde que él era un niño. Parece mentira, pero entonces aún existía el Imperio austrohúngaro, los hermanos Wright estaban mejorando su primer avión de tela y madera, y las caballerías eran el medio de transporte más común, ya que el automóvil era una absoluta rareza: el primer Ford T había salido de la cadena de montaje solo dos años antes.

A principios de los años 70 yo era aún un niño pequeño. En verano, mi abuelo me llevaba en burro a su huerta, una vega fresca con una noria en el medio. No era un agricultor propiamente dicho: su principal actividad era el comercio de vinos. Pero, como casi todos entonces en el mundo rural, también tenía tierras, y cultivarlas era un complemento económico y de seguridad del que nadie se planteaba siquiera prescindir. Así que mi abuelo tenía unos olivares por aquí, unos frutales y viñas por allá, algunos corrales con ganado y una huerta de regadío. Con todo ello, sabían muy bien que la familia saldría adelante incluso si un año no se vendía suficiente vino.

Cuando llegábamos a la huerta, mi abuelo uncía el asno a la palanca de la noria y el animal daba vueltas al pozo sin ver apenas delante de él, con las anteojeras puestas. Giraba sin descanso, con paso pausado y constante. Su cabeza se movía arriba y abajo, y yo me preguntaba viéndole pasar si el burrito pensaría que en realidad estaba yendo a alguna parte. El chorro de agua fresca surgía continuo de las profundidades, con la cadencia del paso del animal, y luego se derramaba en los surcos oscuros, fértiles. Los tomates de aquel huerto eran grandes y carnosos, con un sabor que no he vuelto a encontrar. Cuando veía a mi abuelo cultivar su huerta y al burro sacar agua pacientemente con la noria, yo no era consciente de que estaba contemplando el final de un mundo que se extinguía. Al menos en Europa.

Cuando mi abuelo era un niño, ese mundo era lo normal, y la Europa rural era simplemente así: agricultura artesanal y caballerías como motor del mundo. No olvidemos que, justo por entonces, durante la Primera Guerra Mundial, los caballos suponían aún la abrumadora mayoría de la logística en los ejércitos europeos, y eso que estos podían contar con los mejores medios disponibles. Y aún tan tarde como 1941, cuando el mayor ejército conocido hasta entonces penetró en la Unión Soviética, en la más grande operación de logística terrestre de la historia (hablo de la invasión alemana durante la Segunda Guerra Mundial), ese ejército que imaginamos mecanizado y blindado con sofisticados tanques Panzer y vehículos semiorugas, recurrió en realidad para mover pertrechos a 600.000 camiones y... 650.000 caballos. Y es que hace poco más de un siglo, aunque los trenes estaban ya bien establecidos y los primeros automóviles empezaban a puntear los caminos, el mundo todavía se movía, en gran parte, con los músculos de los animales y de los seres humanos.

Pero sesenta años después, cuando mi abuelo era ya mayor, ese mundo estaba cambiando deprisa. Ya la agricultura había dejado de ser así, y tampoco hacían falta cuadrillas de cincuenta segadores arremangados para recoger el trigo a principios de verano: ya había cosechadoras y tractores. Aquel burro blanco fue el último que dio sus lentas y pacientes vueltas a la noria. Cuando el noble animal murió no vino ningún otro a ocupar su sitio, y todo el complejo mecanismo se quedó detenido para siempre. Los engranajes se fueron oxidando poco a poco y la hilera de cangilones enmoheció, silenciosa y nostálgica, en las profundidades de un pozo que ya no daba a nadie su agua. Mi abuelo, sentado en el poyo de piedra de su puerta, fue viendo cómo el pueblo se vaciaba poco a poco: sobraba gente en el campo porque se podía producir mucho más con menos brazos, y casi todos sus hijos —incluida mi madre— se habían marchado ya hacía tiempo a la ciudad. Ya solo venían de visita.

Si existiera una máquina del tiempo y yo hubiera podido hablar con mi abuelo cuando él era un niño, y si le hubiera explicado que en el futuro yo podría viajar de Madrid a París volando por el aire en poco más de una hora, movería la cabeza y diría que estaba leyendo demasiado a Julio Verne. O si le hubiese dicho que yo podría hablar con mi cuñada, que vive en San Francisco, en tiempo real y viéndonos las caras, simplemente no se lo habría creído. Qué inventiva tienen estos tipos del futuro, hubiera pensado. Y qué raro se visten.

Durante mucho tiempo pensé que la generación de mis abuelos, la que nació a principios del siglo XX, era la que había visto los cambios más drásticos en el mundo a lo largo de su vida. Su infancia había transcurrido en un mundo rural que, en muchos aspectos, no había cambiado tanto desde la época romana, dos mil años antes. Es verdad que ya los ferrocarriles y los barcos de vapor eran la espina dorsal del transporte a larga distancia, y eso ya era un gran cambio, pero en su día a día apenas lo percibían. Y sin embargo, cuando fueron muy mayores —y fue la primera generación que de forma generalizada superó los 80 años—, ya vivían en un mundo de ordenadores, telecomunicaciones, automóviles, aviones y sanidad universal, aunque mucho de eso no lo entendieran bien. Nada comparable había existido antes.

Sin embargo, ahora pienso que nuestra generación aún está en camino de vivir cambios más sustantivos. Nacimos en el punto álgido del desarrollo económico de la humanidad, en el último tercio del siglo XX, pero aún conviviendo con aquellos abuelos nuestros de raíces decimonónicas. Nos criamos con coches, televisión, teléfonos, energía nuclear y un mundo cada vez más interconectado. Después los ordenadores e internet cambiaron toda la forma de mover información, la velocidad y el volumen de los datos, y llegó el GPS, el teléfono inteligente, Google Maps, las redes sociales...

Estamos viviendo ahora una transición tecnológica monumental, la transición energética hacia un mundo más bajo en carbono. Un cambio de un alcance tremendamente superior a la transición del caballo al carbón en el siglo XIX, pues esta sucedió en un mundo con una economía incomparablemente más pequeña. Comprendemos cada vez más la genética y la bioquímica de los seres vivos y la utilizamos en la ingeniería de biosistemas y en la sanidad. Vivimos mucho más y en mejores condiciones. Y aún no sabemos adónde llegarán la inteligencia artificial, las máquinas autónomas, la biotecnología o la nueva generación de energía. El peso relativo de los continentes en el orden mundial cambia poco a poco, lo mismo que hacen las dinámicas sociales. Estamos en medio de cambios formidables y a menudo muy rápidos. He cambiado de opinión. Ahora creo que, en nuestra vida, somos nosotros los que veremos un cambio en el mundo muy superior al que vieron nuestros abuelos.

Hay que ser conscientes de que producir alimentos en el mundo actual no puede ser igual que en el pasado. Nos gusta imaginar —y la publicidad de los alimentos sustenta esta imagen— un mundo de comida rústica, producida por agricultores con sombrero de paja y camisa de cuadros, que llevan su cesto de tomates bajo el brazo. Pero en el mundo real, aunque esto existe, es una anécdota, una parte minúscula de la producción que nos alimenta. Ya no producimos comida así. Tampoco nos transportamos ya en carros ni en barcos de vela. Ya no nos enviamos correos en pliegos lacrados que viajan a caballo. Ya no nos curamos las enfermedades con sangrías y rezos a los santos. Nuestras carreteras ya no son de tierra ni se vuelven impracticables durante meses con la lluvia. El mundo ha cambiado en todo. Y en ese mundo, lo cierto es que somos muchos más y a pesar de ello vivimos mucho mejor. Nunca, en la historia de la humanidad, ha habido tan poca hambre en el mundo. Nunca la humanidad había tenido más problemas de obesidad (el 15 % de la población) que de desnutrición (el 9 %). Esa curiosa frontera se superó no hace mucho, en 2006.

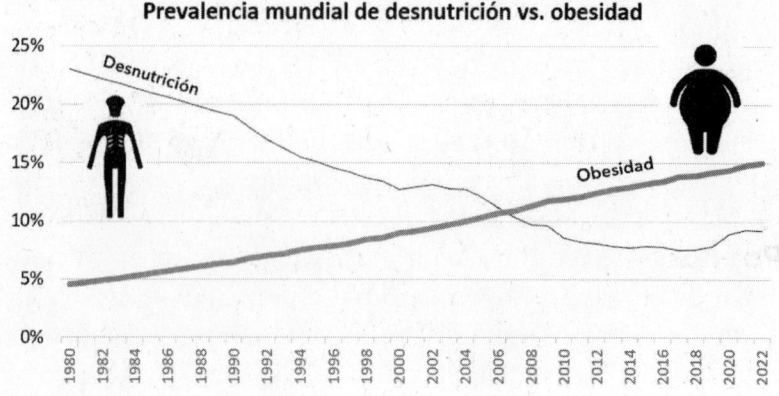

Prevalencia mundial de desnutrición vs. obesidad

Y sin embargo nos enfrentamos al reto de producir aún más comida, en torno al 30 % más de lo que podemos hacer ahora. Al reto de alimentar a más gente, a esos 10.000 millones que se esperan en nuestra máxima expansión, y eso en mejores condiciones, asegurándonos de que todos pueden comer y de que su comida es segura y saludable, y por supuesto, de que es asequible. Y también de que a la vez la producimos siendo más cuidadosos con nuestro propio medio ambiente. Y todo ello en un entorno de cambio climático que obligará a adaptar muchas cosas. Decididamente, parece que habrá que arremangarse.

Tenemos, como humanidad, un enorme trabajo por delante. Pero afortunadamente, también tenemos recursos. Sobre todo uno fundamental: tenemos nuestro ingenio, esos millones de personas que piensan, se preguntan, experimentan, prueban y mejoran las cosas constantemente. Y todos los que las llevan a la práctica día tras día y las convierten en resultados palpables. Tenemos un montón de ideas, tenemos tecnología que se desarrolla sin descanso y tenemos ganas de mejorar. El mundo de finales de siglo será, sin duda, muy diferente. Al que conoció mi abuelo, por supuesto, pero también al que conocemos nosotros hoy.

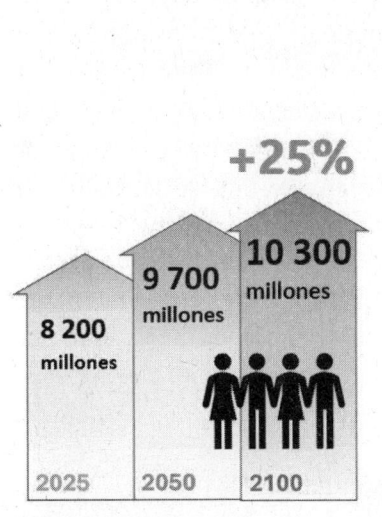

Población

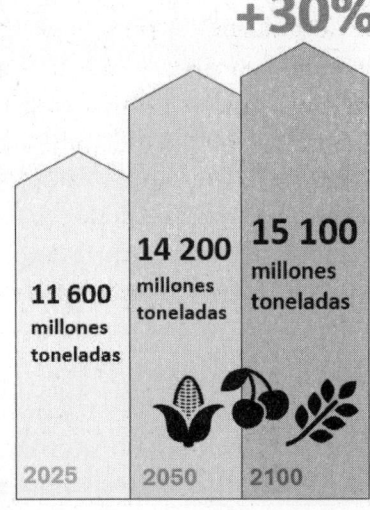

Comida

QUÉ CARO ESTÁ EL ACEITE

En España el aceite de oliva es la grasa alimentaria favorita. Se aprecia mucho su intenso sabor, su hermoso color y sus cualidades nutricionales, y no hay hogar que no lo use para ensaladas, tostadas, guisos, frituras, repostería o casi cualquier cosa. Supone el 60 % de las grasas vegetales que se consumen en el país, muy por encima del girasol o la soja. El aceite de oliva, especialmente el virgen extra, es casi un símbolo de la dieta mediterránea y también de los alimentos de calidad.

Por eso, cuando en 2023 sus precios empezaron a escalar rápidamente hasta niveles estratosféricos, nunca vistos, supuso una especie de *shock* nacional. La escalada sucedía en un entorno de inflación alimentaria, es cierto, pero en el caso del aceite llegó a pasar de unos 2-3 €/kg como precio habitual, a casi 9 €/kg, un 400 % más en un año. Cada semana se veía con estupor cómo remontaba el precio en el supermercado, sin pausa, y el coste del aceite se convirtió también en la cara más visible de ese repentino ataque de inflación al que ya nadie estaba acostumbrado. La gente lo comentaba espantada: «¡Qué caro está el aceite!».

Es verdad que los precios de casi todo habían empezado a subir de forma constante ya en 2021. Fue el efecto rebote del 2020 de parón «pandémico», por los atascos logísticos posteriores, la sobredemanda repentina de productos energéticos y materiales en general, y también, por qué no decirlo, por el fuerte endeudamiento de los Bancos Centrales de Europa y Estados Unidos, que cargaba más aún sobre una ya enorme deuda para compensar el parón económico. Y la deuda suele acabar pagándose con inflación. Sobre esto, los precios repuntaron otra vez con la guerra de Ucrania en 2022, por el bloqueo en el suministro de gas ruso y de granos ucranianos, aunque en realidad esto duró solo unos pocos meses y empezó luego a ceder. Pero el aceite de oliva había empezado a encarecerse *después* de esos dos zarpazos. ¿Qué más estaba pasando?

Pues fue sencillamente una cuestión de clima. España es el primer productor del mundo de aceite de oliva —produce el 40 % del total—, y uno de los mayores exportadores, por lo que la producción local marca las tendencias del precio en todo el mundo. Y se habían acumulado los problemas, uno sobre otro. En 2021 y 2022 había ido subiendo la energía, y con ella el gasoil, los fertilizantes, los plaguicidas, la electricidad para bombear agua, incluso la maquinaria, todo lo que necesitaban los agricultores para producir era mucho más caro. Y sobre esta base de problemas, para remate, en 2022 empezó una dura sequía que afectó sobre todo a Andalucía, la principal región olivarera. Duró dos años largos, en cada uno de los cuales la producción cayó casi a la mitad de lo normal. Claro, sin aceite para vender, los precios se dispararon, y aunque la demanda también cayó pronto por esa causa —muchos consumidores se pasaron al aceite de girasol— no bastaba para compensar el desfase. Así se llegaron a pagar 54 € por una garrafa de 5 litros, la misma que poco antes costaba 12 €. Y eso en un producto considerado tan básico como el pan.

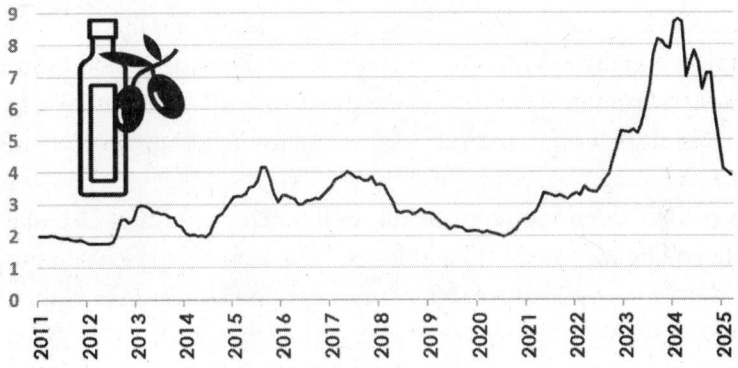

Evolución del precio del aceite de oliva en España
Mercado mayorista, €/kg

Pero tenía que pasar más pronto o más tarde: en 2024 volvió a llover. Siempre vuelve a llover. La cosecha recuperó los valores casi normales, solo que para entonces la demanda se había reducido porque mucha gente se había acostumbrado a los sustitutos de menos calidad. Así que ahora el precio bajó también muy deprisa, aunque aún no ha vuelto a lo que eran valores «normales», ni probablemente volverá por completo.

Todo esto es un ejemplo, muy representativo, de cómo la inflación alimentaria mostró su fea cara en una Europa que estaba acostumbrada a la contención de precios, a que las cosas subieran un 1-2 % anual, casi imperceptible, no un 20 % y menos un 400 %. Para mucha gente fue un desagradable choque el descubrir lo importante que es que los alimentos sean asequibles, que sus precios no escalen, que podamos prever lo que va a costar la compra de la semana que viene.

Que la comida tenga un precio abordable para todos es vital. Es muy importante disponer de alimentos seguros, abundantes y baratos, y si esto ya impacta mucho en las economías desarrolladas, es todavía mucho peor en los países más pobres, mucho más sensibles al precio.

Es importante seguir las tendencias en los precios de la comida, especialmente a largo plazo, porque la asequibilidad es básica para que la nutrición sea adecuada. Los precios altos hacen que la comida disponible sea menos y de menor calidad. En los países menos avanzados este impacto es aún mayor. Allí la mala nutrición de los niños conduce a menos crecimiento, menos desarrollo cognitivo, carencias nutricionales y más probabilidades de muerte prematura. A menudo implica que los niños dejan de ir al colegio porque tienen que trabajar más, la salud se atiende peor y las madres tienen más carga de trabajo. La vida es peor cuando la comida es más cara.

Así que es muy importante que en el futuro dispongamos de alimentos asequibles, para todos, pero especialmente para los países más pobres. Es importante seguir los precios de los alimentos a nivel global, y trabajar para que en el futuro los alimentos no sean caros. Pero si nos fijamos en la gráfica siguiente, en las últimas décadas el precio medio de los alimentos ha ido escalando, hasta alcanzar en 2024 un 84 % más que en 1990, descontando la inflación.

Índice de precios de la alimentación (FAO) / Precios del petróleo
(Valor 100 = Media 2014-2016)

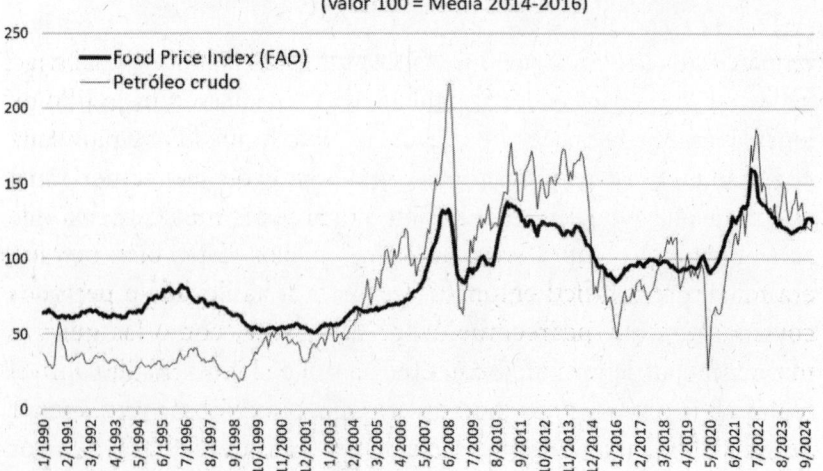

Como se puede ver además, hay un aceptable paralelismo entre las tendencias de los precios de la comida y los del petróleo. Porque producir comida supone, cada vez más, meter en cada tonelada una importante cantidad de energía para cultivar, cosechar, producir fertilizantes, procesar y transportar. Así que una comida asequible parece que está bastante ligada a energía barata y, sobre todo, a eficiencia en su uso.

Sin embargo, si miramos las tendencias a mucho más largo plazo, la perspectiva es diferente. La siguiente gráfica nos muestra la evolución de los precios de algunos alimentos básicos en el último siglo y medio, desde 1850, y ahí la cosa cambia de aspecto. El recuadro en gris (1990-2020) correspondería al periodo que se ve ampliado en la gráfica anterior.

Evolución a largo plazo de los precios de alimentos básicos
Precio de referencia en 1900 = 100

Efectivamente, aunque nos centramos solo en el precio del trigo y la carne de cerdo, se ve claramente que comerse un bocadillo de lomo o unos espaguetis boloñesa era mucho más caro para una persona de 1860, cuando la Guerra de Secesión norteamericana, que para una de hoy en día. Como cinco veces más caro, así que su esfuerzo de compra era cinco veces mayor. Estar bien nutrido era mucho más difícil entonces. La historia ha llevado a periodos coyunturales de encarecimiento de la comida, como las guerras mundiales, aunque evidentemente con sus particularidades a nivel regional. Pero se ve muy claro que la tendencia global es a disponer de una comida mucho más barata desde mediados del siglo XX. Por supuesto, la revolución verde ha tenido que ver en esto, poniendo muchos más alimentos en el mundo de forma mucho más eficiente. Y esto sin duda ha marcado también el descenso constante de la desnutrición.

Como observación, la gráfica recoge solo dos productos básicos, pero la tendencia es generalizada en otros como el arroz, el maíz, la cebada, las semillas oleaginosas, el pollo o el azúcar. Curiosamente, solo hay un tipo de productos que hoy son menos asequibles que en 1850: la carne de rumiantes (ternera y ovino), que cuesta casi el doble que entonces, y que se ha encarecido precisamente desde mediados del siglo XX. Esto probablemente se debe a que unas rentas crecientes a nivel global han aumentado su demanda, mientras que siguen siendo animales con baja tasa de conversión donde la eficiencia ha aumentado poco. Además, la cabaña de ovino es cada vez menor.

Así que, aunque hoy vivamos vaivenes en los precios de la comida que nos desasosiegan, es bueno ser consciente de que comer hoy es, en general, mucho más asequible de lo que era para nuestros abuelos, y no digamos para nuestros tatarabuelos. Hay muchísima más gente que puede permitirse comer, al menos, razonablemente bien. Esto es muy importante de cara al futuro, es una tendencia que debemos mantener. Imagine lo contrario: una comida cinco veces más cara. Nuestro mundo sería de repente un lugar mucho más duro.

En definitiva lo que necesitaremos es producir suficientes alimentos, a precio razonable, pero a la vez con menos impacto, porque el alto coste del cambio climático está ante nosotros. Y esto, básicamente, es una cuestión de energía.

La producción de alimentos supone una parte importante de las emisiones globales de gases de efecto invernadero. Así que es también uno de los ámbitos en los que podemos actuar, además de la generación de energía, que es globalmente nuestro mayor quebradero de cabeza. Comida y energía: los dos factores clave de la civilización, los mismos que nuestros antepasados buscaban sin descanso, igual que cuando encendían una hoguera en la entrada de una cueva para calentarse y asar un conejo.

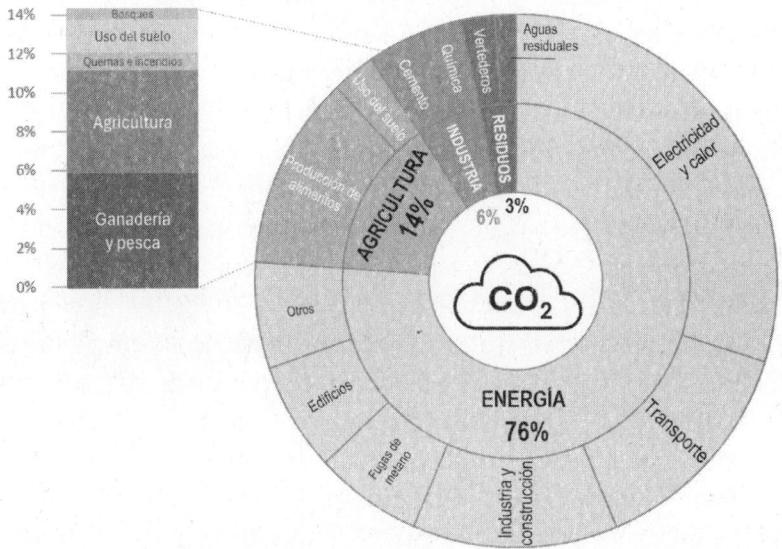

Emisiones globales de gases de efecto invernadero
Por sectores (%)
El total de emisiones globales es de 50,5 Gt/año (2023)

Según los números de la gráfica, el 14 % de las emisiones de GEI vienen del sistema alimentario. En realidad hay bastantes discrepancias sobre el valor concreto de estos datos. Esos proceden de Climate Watch[47], pero pueden encontrarse evaluaciones muy dispares que adjudican a la producción de alimentos desde el 25 % hasta el 34 % de las emisiones totales de GEI. Desde luego, no es fácil evaluar algo tan complejo, y las discrepancias de criterio pueden ser importantes. Por ejemplo, los datos de Climate Watch no incluyen las cadenas de suministro alimentarias. Algunos estudios consideran las emisiones del proceso de cocinado y gestión de residuos de comida, otros no. Algunos incluyen en el cálculo productos no alimentarios, como el algodón o la lana; otros no.

Pero en realidad da un poco igual que sea el 15 o el 30 %. En todo caso es mucho, es una parte muy relevante de las emisiones. No es

---

47   Climate Watch (climatewatchdata.org) es una plataforma de información del World Resources Institute, donde participan entre otros el Banco Mundial y Naciones Unidas. Por otro lado, un estudio de M. Crippa et al., del Joint Research Centre, un gran centro de investigación de la Comisión Europea, calculaba el valor en un 34 %, en 2021.

extraño, ya que se trata de producir nuestra comida, la única cosa de la que no podemos prescindir en absoluto. Pero también es cierto que, sobre unas cantidades tan grandes, es más decisivo y más importante ponerse al trabajo para rebajarlas, porque el efecto será notable.

Reducir las emisiones de la producción de alimentos será, por tanto, otro de los esfuerzos clave en el futuro. Podrá conseguirse de muchas maneras. La primera, con eficiencia: produciendo más con menos recursos. Aquí entran cosas como la agricultura de precisión, la digitalización del campo, los bioestimulantes o la agricultura regenerativa —y ojo, porque la agricultura orgánica va, en general, en contra de esta eficiencia—. También será importante el uso creciente de energías renovables, por ejemplo en los bombeos para riego, o algún día en tractores autónomos y eléctricos. También, por supuesto, en la producción de amoniaco —la madre de los fertilizantes nitrogenados— a partir de hidrógeno verde, una de las claves del consumo energético en la agricultura. Y sin duda, también contará el cambio hacia dietas con demandas más moderadas de proteína animal, y la reducción del desperdicio alimentario. Todo eso conducirá a invertir menos energía, y a la vez más descarbonizada, en cada tonelada de alimentos que necesite la humanidad. Desde luego, para muchas de estas cosas hace falta más desarrollo tecnológico y más implantación; por tanto, hace falta tiempo.

Pero, independientemente de cómo lo hagamos, necesitamos garantizar la alimentación. Y una regulación legal adecuada es vital para esto, porque en la mayor parte del mundo la agricultura y la alimentación son sectores tremendamente regulados, lo que por otra parte tiene mucho sentido, ya que estamos jugando con la comida y la salud de las personas. Un ejemplo de regulación intensiva en cualquier campo es, desde luego, la Unión Europea. Es interesante observar las tendencias de esa regulación, porque a pesar de su retórica y sus buenas intenciones, a largo plazo podrían incluso complicar la seguridad alimentaria europea, si no se producen ciertos ajustes. Veamos una historia reciente que nos habla sobre esto.

Todo empieza muy atrás, hace más de medio siglo. Desde la fundación de la Unión Europea en 1957 (entonces se llamaba Comunidad Económica Europea), una preocupación prioritaria fue asegurar la producción de alimentos para toda su población. Se venía de una posguerra de carencias y había que asegurarse de que eso no volviera a pasar. Así que muy pronto se estableció la PAC, la Política Agraria Común (o CAP, Common Agricultural Policy), ya en 1962. El objetivo inicial era garantizar los precios de los productos agrarios para fomentar la producción, y esto mediante ayudas directas, sobre todo mediante compras de intervención cuando el precio del trigo, de la cebada o de cualquier producto clave caía por debajo de un umbral fijado. El sistema funcionó tan bien que en los años 80 se había pasado ya de una situación de déficit a otra de excedentes alimentarios. Pero claro, eso costaba mucho dinero. De hecho, incluso hoy en día los fondos para agricultura de la PAC acaparan el 25 % del presupuesto anual de la UE, y supusieron unos 57.000 millones de euros en 2023. Es, de largo, la mayor partida presupuestaria de la Unión. Y es también el marco en que se desarrolla toda la agricultura y la ganadería de la Unión Europea.

A menudo se ha interpretado esa PAC inicial como un acuerdo general entre Alemania y Francia: el mercado francés iba a estar abierto para los productos industriales alemanes, así que a cambio los alemanes pagarían la mayor parte del coste de sostener a los granjeros franceses.

A partir de los años 90 la PAC fue cambiando, porque los objetivos ya eran distintos. Ya no tenía sentido gastar tanto dinero en ayudar a producir excedentes, así que la orientación cambió hacia las ayudas directas a los agricultores, no a la producción, para convertir esa política en una garantía de rentas. Se trataba de mantener un sector viable, apoyando así más a los agricultores medianos y pequeños.

Después, en 2008 y 2013, el enfoque evoluciona, buscando también una mayor legitimidad social de unas ayudas en las que se invertían tantos euros. Se introdujeron ya objetivos relacionados con el cambio climático, la biodiversidad, la energía y la gestión del agua. Pero el gran giro sucedió en la PAC de 2023. Esta política se convirtió en la herramienta de la Comisión Europea[48] para remodelar el sector agrario de acuerdo con las directrices, mucho más generales, de su gran política medioambiental: el *Green Deal* de 2020.

---

48   La Comisión Europea es una de las instituciones clave de la UE. Tiene el poder ejecutivo y la iniciativa legislativa (la capacidad de presentar leyes al Parlamento Europeo), así que actúa de facto como un «Gobierno de la Unión». Está formada por veintisiete comisarios, uno por cada Estado, y un presidente elegido por el Parlamento (en 2025, Ursula von der Leyen).

El *Green Deal*, o Pacto Verde Europeo, es la respuesta de la Unión al cambio climático. Una respuesta muy drástica: el objetivo básico es reducir las emisiones de GEIs en un 50 % para 2030, y en un 100 % —o sea, una emisión neta cero— para 2050. Ambicioso, sin duda. Estos objetivos se trasladarían con políticas diferenciadas a cada uno de los sectores económicos: a la industria, a la generación de energía, al transporte y por supuesto a la agricultura, que tiene mucho peso en las emisiones y por tanto tiene recorrido para recortarlas. Este Pacto Verde incluía entre sus estrategias dos que afectan directamente a la agricultura y la alimentación.

La primera es la Estrategia *Farm to Fork* («Del campo a la mesa»). Esta incluye algunos objetivos muy potentes: para 2030, una reducción del 50 % en el uso de plaguicidas, del 20 % en fertilizantes y del 50 % en antibióticos en usos ganaderos; también un incremento de la agricultura orgánica hasta suponer un 25 % de la superficie total en 2030.

La segunda es la Estrategia de Biodiversidad, que incluye de nuevo los objetivos de reducción de plaguicidas o aumento de la agricultura orgánica, y además el aumento de la biodiversidad en las áreas agrícolas, incluyendo la protección de polinizadores.

La herramienta para llevar a la práctica estos principios, declaraciones y objetivos es la PAC. Ahí es donde hay dinero, así que es la palanca que hace funcionar los mecanismos. Esta PAC se diseñó para distribuir ayudas a los agricultores de manera que se pueda dirigir su actividad hacia el cumplimiento de los objetivos definidos. Y así, tras largas negociaciones entre los países —ya que la agricultura de España es muy distinta de la de Francia, y esta de la de Polonia o Austria—, se aprobó la nueva PAC 2023-2027, que entró en vigor el 1 de enero de ese año, 2023.

Las ideas clave de esta PAC eran tres: a) el fomento de un sector agrícola inteligente y diversificado que garantice la seguridad alimentaria; b) el cuidado del medio ambiente y la acción por el clima; y c) el apoyo al tejido socioeconómico de las zonas rurales.

Todo suena muy bien, está lleno de buenas intenciones; tanto que sería de esperar que los agricultores salieran a la calle con botellas de cerveza y cava para celebrar esta nueva política que les pone en el centro de las preocupaciones ambientales de la Comisión. Y efectivamente, los agricultores salieron a la calle. En toda Europa: desde

Alemania a Portugal, desde Italia hasta Polonia, desde Países Bajos hasta Rumanía. Las carreteras se llenaron de tractores, se bloquearon autovías, se ocuparon con cosechadoras los centros de grandes capitales, y cientos de miles de agricultores europeos se manifestaron por todo el continente a principios de 2024. No, no estaban contentos. No estaban celebrando nada. De hecho, estaban furiosos porque veían que toda esa política podía acabar en realidad con sus explotaciones a medio plazo.

Protesta de agricultores en Hannover (Alemania), durante la oleada de manifestaciones del sector que recorrió Europa en 2024. En el cartel: *«Ellos no siembren, ellos no cosechan, pero ellos lo saben todo mejor».*

Había muchas cosas que no les gustaban de la nueva PAC ni de las estrategias ligadas a ella. Las protestas de los agricultores europeos fueron las más extensas y generalizadas de la historia, y eso preocupó mucho en Bruselas.

De entrada, no admitían una reducción tan drástica en los plaguicidas, porque eso les habría llevado a unas pérdidas de cosecha inasumibles en un entorno en el que ellos no pueden fijar los precios. A precios constantes, si cada hectárea producía menos con casi los mismos costes, muchos irían a la ruina. La cuestión de los fertilizantes era también difícil, aunque más asumible, porque las técnicas de cultivo (agricultura de precisión, rotación con leguminosas) podrían llegar a compensarlo. Y en cuanto a los antibióticos, el sector también entendía que su uso debía disminuir porque era un problema de salud pública.

La parte ambiental presentaba más pegas. Para darle prioridad, la PAC reservaba el primer tramo del 25 % de sus pagos a aquellos que se acogieran a los llamados «eco-esquemas». Se trata de ciertas técnicas de cultivo que son muy interesantes, como la rotación —o sea, dejar una parte de la finca sin cultivar de forma periódica—, la agricultura regenerativa o los pastizales de siega. Son técnicas que favorecen la acumulación de carbono en el suelo, la diversidad biológica, y a la larga mejoran la fertilidad de los suelos. Los eco-esquemas también incluyen algunas ayudas puntuales a la agricultura de precisión. Y también pagan por mantener un 3 % de suelo improductivo entre las parcelas agrarias: la agricultura se beneficia de una mayor biodiversidad y de ecosistemas más sanos.

Pero claro, los agricultores también sabían que, a corto plazo, casi todas estas técnicas harían caer la producción. Y consideraban que solo se estaba favoreciendo a las grandes explotaciones, que podrían hacer rotaciones, aplicar la agricultura 4.0 y mantener «parches de biodiversidad», mientras las medianas y pequeñas no podían permitirse esas técnicas y perderían ese 25 % de la ayuda. O en caso de aplicarlas, la ayuda nunca compensaría el coste. En resumen: fuese como fuese, un recorte en su producción y en sus ingresos.

Por si esto fuera poco, mientras tanto se estaban cerrando acuerdos favorables a la importación de alimentos de fuera de la UE, como los tomates de Marruecos —que ya superan en tonelaje a los españoles, el mayor productor de Europa—, o los acuerdos de comercio con Mercosur. Este bloque, formado por Brasil, Argentina, Bolivia, Uruguay y Paraguay, es como sabemos un formidable exportador de comida. Los agricultores europeos se quejaban de que ellos tenían que producir con infinidad de cortapisas —menos plaguicidas, menos fertilizantes, menos superficie, gasoil más caro—, y luego competir así con productores foráneos que usaban plaguicidas y fertilizantes sin los límites europeos, y en explotaciones muy grandes, muy eficientes y muy mecanizadas. ¿Quién podría competir con el trigo argentino, las terneras paraguayas o el maíz brasileño? Muchas explotaciones se iban a arruinar.

Para entender el punto de vista de los agricultores, tal como pudo leerse en muchas proclamas de aquellos días, podríamos hacer con retales variados un resumen como este: «Si analizamos fríamente todo lo que hemos visto sobre la nueva PAC, todo parece indicar que el objetivo de la Unión es reducir drásticamente la producción de alimentos autóctona para importarlos de terceros países. No afirmamos que ese sea el objetivo, pero sí que lo parece. Al fin y al cabo, si otros los pueden hacer más baratos, ¿para qué gastar dinero en la PAC? Llevemos a África o a Sudamérica la producción de alimentos, igual que llevamos en su día las plantas cementeras a Turquía o la producción de acero a China, todas esas cosas sucias y con tan poco *glamour* que estropean nuestro encantador paisaje rural y nuestra biodiversidad. Que las necesitemos es un asunto secundario, en un mundo globalizado siempre podremos comprarlas. Solo dejaremos aquí una amplia producción de agricultura orgánica (léase «para ricos»), igual que seguiremos fabricando coches de alta gama o moda de alta costura de marcas europeas. Para qué pensar en la soberanía alimentaria continental, si eso no va a fallar nunca, ¿verdad?... Pues la respuesta es no, no podemos convertir nuestras explotaciones en un jardín subvencionado y sin rentabilidad y que, al final, tengamos que depender aún más de importaciones a las que, por cierto, no exigen reciprocidad en las normas de producción».

Por supuesto, en el otro lado, asociaciones ambientalistas se quejaban de la escasa ambición de la PAC, que solo conseguiría que la agricultura y la ganadería europeas siguieran como siempre, «colaborando a la degradación medioambiental».

Lo cierto es que los políticos de Bruselas debieron darse cuenta de que algo habían hecho mal. Cuando se diseña una grandiosa política a nivel continental, que afecta a todo un sector productivo extendido por todos los países de la Unión, y lo que se consigue es que todos los afectados, unánimemente, se levanten en contra de forma muy virulenta, decididamente es que algo se ha hecho mal. Buena parte de la opinión pública, además, apoyaba a los agricultores, que se presentaban como bravos muchachos enfrentados al «*lobby* ecologista» de Bruselas.

El caso es que muchas de las propuestas que incluye la nueva PAC son muy razonables y van en la línea adecuada: agricultura con menos *inputs*, menos consumo de energía y capaz de producir a la vez que se conserva el medio ambiente. Pero, sin duda, no se puede hacer esto contra el sector, ni socavando su viabilidad económica, ni tampoco pretender que suceda en cinco años. Cuando en el siglo XIX se estaban expandiendo las máquinas de vapor y los primeros ferrocarriles, a nadie se le ocurrió prohibir de pronto los caballos: la evolución tecnológica es algo progresivo que sucede a lo largo de décadas. No se puede imponer de golpe, y menos con una mentalidad alejada de la realidad del campo y del medio rural.

¿Quién tiene razón? Lo cierto es que ante las protestas que se extendían desde el Mediterráneo hasta el Báltico, hubo un repliegue prudente de Ursula von der Leyen. No se renunciaba a los objetivos básicos, pero sí a la velocidad para alcanzarlos. Ya en 2024 se suspendió el objetivo de rebajar los plaguicidas un 50 % en 2030, y se flexibilizaron varios objetivos ambientales de la PAC. Y poco después, un grupo de trabajo de la Comisión publicó un documento llamado «Visión de la Agricultura y la Alimentación». Aquí se reescribían los objetivos de la PAC. Por un lado, se habla de simplificarla, hacerla más accesible, y a la vez fomentar la digitalización del sector agrario. Reconoce el papel de los agricultores en la seguridad alimentaria, y por eso pretende conseguir que la agricultura sea un sector atractivo y promover la entrada de jóvenes. Y es que la edad media de los agricultores europeos es de 57 años; la agricultura padece una grave crisis demográfica, y sin agricultores para el futuro no habrá comida.

La «Visión» también se compromete a garantizar la soberanía alimentaria, y para ello reestudiar los acuerdos comerciales con otros países, de manera que se exijan los mismos criterios de producción que a los europeos. Y también hace hincapié en la faceta medioambiental —decisiva— de la agricultura, pero armonizándola con la seguridad alimentaria (o sea, con producir suficiente). Por ejemplo, alude a agilizar la entrada de bioplaguicidas y a aplicar sistemas de sostenibilidad voluntarios. En resumen, parece que la Comisión ha entendido que no se puede hacer una política alimentaria contra el medio ambiente, pero tampoco contra los agricultores. Eso sí, el desarrollo de nuevas rondas de la PAC que recojan estos principios está por llegar.

Es verdad que es un debate politizado y quizá sobredimensionado. Por ejemplo, en el asunto de Mercosur se pone el foco sobre los productos agrarios, dejando en penumbra que Europa puede obtener enormes ventajas de este acuerdo en sus sectores industriales, como el automóvil, el de maquinaria o el sector alimentario de productos preparados, que van a tener mucha mejor entrada en Mercosur. El balance de algo así suele ser favorable a las dos partes.

El caso es que el futuro de la comida en la UE pasará probablemente por una progresión menos rápida, menos drástica, hacia una agricultura que sea baja en carbono, compatible con la biodiversidad, pero productiva. Se necesita tiempo para desarrollar tecnologías, aplicar inversiones, y además eso solo se hace si es rentable y merece la pena vivir de la agricultura. Aunque los objetivos ambientales del Green Deal —sobre todo el de neutralidad de emisiones— son muy deseables, incluso irrenunciables, seguramente no se puede ir tan deprisa. La prueba es cómo se están poniendo ya en entredicho otros compromisos, como la fecha límite para dejar de fabricar coches con motor de explosión (2035), que ahora empieza a parecer a todos demasiado cercana.

Aunque el comercio mundial de alimentos es fundamental, tampoco tiene sentido poner en riesgo la soberanía alimentaria futura del continente forzando a reducir su producción, porque una dependencia excesiva del exterior puede hacer que falten productos en momentos críticos; guerras, pandemias o crisis logísticas ya lo han demostrado recientemente. Los altos funcionarios europeos saben que la mayoría de los ciudadanos desean un futuro sostenible, la mitigación del cambio climático y la conservación de la biodiversidad. Eso es totalmente cierto. Pero también saben que, si esos ciudadanos ven un día que falta el pan en los supermercados, o que tienen que pagar veinte euros por una docena de huevos, se acabarán poniendo muy, muy furiosos y, como poco, no volverán a votarles. Con la comida no se juega. Es necesario llevar todo adelante, pero teniendo en cuenta todos los criterios a la vez, no solo los más atractivos. Y con realismo.

LA COMIDA DEL FUTURO

Voy a darle un par de pistas interesantes sobre cómo rastrear por dónde va a ir la alimentación. Si le interesa el futuro de la comida, a corto plazo y cerca de usted, observe los supermercados. Observe cómo evoluciona su oferta. Hay frutas nuevas, comidas preparadas diferentes, productos con nombres nuevos, formatos originales... Incluso el cambio de ubicación de los productos nos manda señales. Los supermercados nos estudian a nosotros, nos conocen muy bien como sociedad, saben mejor que nosotros por dónde va a ir el conjunto de la demanda y están prestos a abastecerla. Así que allí se ven las tendencias ya en su fase inicial.

Pero si le interesa el futuro de la comida a escala global, y a un plazo más largo, entonces olvídese de lo que ve cerca de usted. Europa tiene tecnología alimentaria muy avanzada, es cierto, pero cada vez pintamos menos en el conjunto. En lugar de eso, observe las tendencias en China —que es hoy el mayor agente de transformación global—, en la India, en Brasil, incluso en África, porque en realidad son ellos la mayoría de la humanidad, cada día lo serán más y su camino será el mayoritario. No hay ninguna duda.

De hecho, un informe de la FAO y la OCDE de 2024[49], indica que solo hasta 2030 la producción de alimentos aumentará en el mundo un 1,1 %, y casi todo ese incremento (el 94 %) estará en los países de ingresos medios y bajos. En concreto, la India aumentará su producción agraria un 22 %, China —que ya está más desarrollada y no crece en población— un más modesto 4 %, y África será la protagonista del mayor aumento de consumo de comida, con un 18 % global, sobre todo por el aumento de su población.

En los anteriores capítulos hemos ido desgranando las tendencias que se perciben, las tecnologías que apuntan o que empiezan ya a establecerse, y las necesidades futuras de la humanidad. Hemos visto algunos de los retos del cambio climático, de las amenazas sobre la biodiversidad y las derivadas de la contaminación. Todo esto nos da una idea de por dónde van a ir las cosas en el futuro. Podemos resumir en un gráfico las principales tendencias de las próximas décadas, concretadas en cómo vamos a producir, cómo vamos a elaborar, y los cambios que pueden llegar también en la forma en que transportamos, distribuímos y consumimos la comida.

49 OCDE-FAO Perspectivas agrícolas 2024-2033 (https://www.oecd.org/es/publications/2024)

TENDENCIAS MÁS RELEVANTES DEL SECTOR ALIMENTARIO

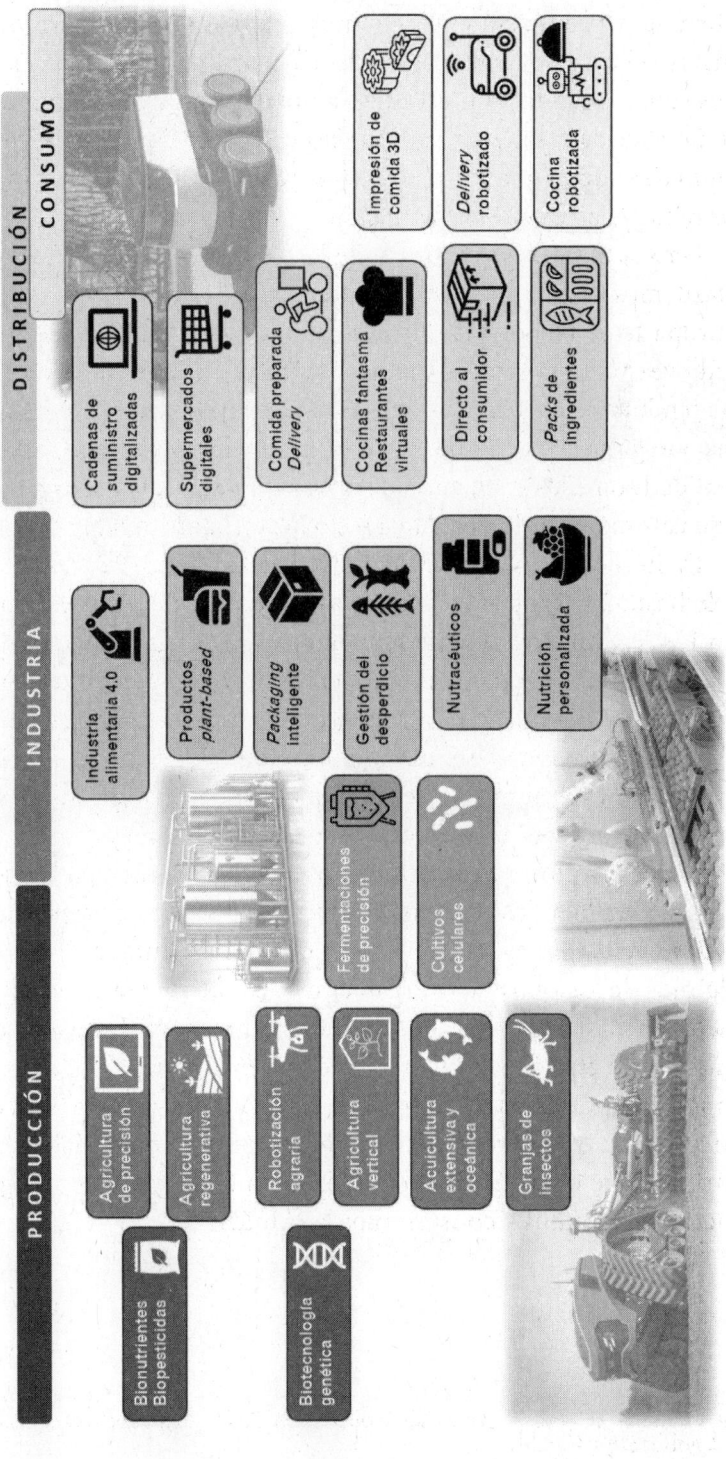

PRODUCCIÓN

- Bionutrientes Biopesticidas
- Biotecnología genética
- Agricultura de precisión
- Agricultura regenerativa
- Robotización agraria
- Agricultura vertical
- Acuicultura extensiva y oceánica
- Granjas de insectos
- Fermentaciones de precisión
- Cultivos celulares

INDUSTRIA

- Industria alimentaria 4.0
- Productos *plant-based*
- *Packaging* inteligente
- Gestión del desperdicio
- Nutracéuticos
- Nutrición personalizada

DISTRIBUCIÓN

- Cadenas de suministro digitalizadas
- Supermercados digitales
- Comida preparada *Delivery*
- Cocinas fantasma Restaurantes virtuales
- Directo al consumidor
- *Packs* de ingredientes

CONSUMO

- Impresión de comida 3D
- *Delivery* robotizado
- Cocina robotizada

¿Cómo será la agricultura dentro de 50 o 100 años? Pues podemos hacer un paseo imaginario por el futuro, mirando en el fondo de la bola de cristal, porque en ella se reflejan cosas que hoy empiezan ya a apuntar.

Podremos cambiar la fisiología de las plantas para que hagan cosas nuevas, como aguantar la sequía, producir más, tener más proteínas, resistir las plagas o estropearse más despacio, o simplemente ser más bonitas y más comerciales. Tendremos una agricultura muy digitalizada, con una aplicación muy precisa de los recursos, con lo que la eficiencia será muy alta. Habremos desarrollado infinidad de soluciones basadas en la biología, para combatir las plagas y para nutrir las cosechas, con poco impacto contaminante, combinadas con técnicas que conservan la biodiversidad y la fertilidad, e incluso el paisaje. El amoníaco verde será la base mayoritaria de los fertilizantes. Habrá algunas granjas verticales, también para animales, en las afueras de las grandes ciudades, aunque no será la norma. Consumiremos proteínas más variadas, muchas de ellas de fuentes que ya para entonces no serán nada nuevo, como los insectos, las piscifactorías oceánicas o las proteínas cultivadas. Más gente tendrá acceso a proteínas animales de alto valor biológico, y en los países desarrollados su consumo se moderará. Será normal reclamar normas de producción respetuosas: se comprará soja certificada libre de deforestación, manzanas producidas con polinizadores naturales, leche de bienestar animal o zanahorias certificadas de fertilización «hidrógeno verde». Algunas zonas de cultivo se habrán desplazado de lugar por el cambio climático, y habrá nuevas áreas cultivables más al norte.

Y produciremos en conjunto mucha más comida, suficiente para alimentar a 10.000 millones de personas con un porcentaje muy bajo de desnutrición. Y, esperemos, también un porcentaje más bajo de obesidad.

Sin duda, el futuro será mezclado. El mundo es muy grande y muy diverso, así que no habrá por todas partes un desarrollo hipertecnológico. Seguirán existiendo zonas más atrasadas, aunque una parte de las nuevas tecnologías llegará casi a cualquier rincón (igual que hoy llegan los teléfonos móviles). Siempre habrá nichos de agricultura ecológica y sistemas tradicionales, que tendrán su demanda. Las tecnologías nuevas se irán asumiendo e integrando en la producción, a medida que sean prácticas y económicas, y eso hará que a la larga muchas cosas cambien. Pero no en todas partes a la vez; siempre habrá adelantados y rezagados, e incluso a los adelantados de hoy los mirarán con ternura dentro de ochenta años, preguntándose con movimientos de cabeza «¿cómo podían hacer las cosas así?».

Pero también habrá muchas cosas que cambien poco. Durante mucho tiempo aún, los combustibles fósiles serán la principal fuente de energía. Los cereales se seguirán sembrando con tractores, y se seguirán recogiendo con cosechadoras que descargan en remolques, aunque todas estas máquinas puedan ser autónomas. El regadío seguirá distribuyendo agua en grandes canales y por extensas redes de tuberías, aunque veremos placas solares y parques de baterías junto a las balsas de riego.

En cuanto a la comida, la mayor parte será en esencia igual que ahora, no tenga la menor duda. Seguiremos queriendo queso, pasta, sardinas en lata y mermelada de melocotón. Seguiremos comiendo embutidos, ensaladas, fruta, arroz y chocolate, y seguiremos bebiendo vino, café, cerveza y refrescos, aunque cambien los gustos sobre ellos, pero en formas anecdóticas. Otra cosa es que esos alimentos tengan detrás una tecnología cada vez más compleja, cada vez más evolucionada, pero seguramente no nos daremos cuenta cuando los comamos. Es curioso ver cómo ya conviven tendencias tan aparentemente contradictorias como una mayor demanda de productos orgánicos («regreso a la naturaleza») y una creciente curiosidad por las carnes cultivadas o los productos de fermentación industrial («futurismo tecnológico»).

La verdad es que no podemos saber cómo será el mundo dentro de cien años. Qué cosas que hoy son normales parecerán entonces inasumibles, o al revés. Para hacerse una idea en perspectiva de cómo cambian las cosas, los modos de pensar, lo mejor es mirar cien años hacia atrás y comparar. Un solo ejemplo: hace poco más de esos cien años las mujeres no tenían derecho a votar en ningún país europeo. Hoy algo así nos parece inaudito, alucinante. Pero entonces era así. Pues bien, dentro de cien años nuestros descendientes nos mirarán a nosotros desde sus nuevas costumbres y usos, y se quedarán igual de boquiabiertos con algunas de las cosas que hacemos ahora. El problema es que no sabemos con cuáles.

Agradecimientos

Agradezco a muchas personas, todas ellas con grandes conocimientos y experiencia, la ayuda prestada en conversaciones, visitas y entrevistas. Me han dado información de primera mano sobre sus campos de conocimiento, así como comentarios y opiniones muy valiosos para este libro, e incluso correcciones y aportaciones sobre el texto.

Le doy las gracias por ello a Roberto Ortuño, responsable de seguridad alimentaria de AINIA (Asociación para la Investigación de la Industria Alimentaria, de Valencia). A Pedro Luis Rodríguez Egea, investigador del CSIC, que lleva toda la vida trabajando en biología molecular de plantas, entendiendo y mejorando los mecanismos de resistencia a la sequía. A Rafael Llamas, director de medioambiente de Bunge para Europa, América y Asia, en una de las mayores multinacionales de procesado de semillas (todos ellos son, además, grandes amigos míos desde siempre). A Olallo Villoldo Ruiz, CEO de Feedect, una empresa de cría de insectos para uso alimentario. A Kristel Santander, CEO de la empresa Neval, dedicada a novedosos ensayos de eficacia de productos para control de plagas.

También a dos buenos amigos que han dedicado tiempo a revisar el original con generosidad, conocimiento y sano espíritu crítico, y además son colegas míos en el gremio de ingenieros agrónomos: Carlos Lizama y Pepe Carbonell.

Y por supuesto a mi esposa Virginia y mi hijo Gonzalo, que son siempre mis primeros lectores de prueba, que aportan sus valiosos puntos de vista y a los que dedico estas páginas.

Fuentes

Muchos de los datos presentados proceden de las fuentes que se citan a continuación, bien directamente o bien mediante elaboraciones propias.

Información sobre la producción agraria mundial:
World Bank
https://datos.bancomundial.org
Ourworldindata:
https://ourworldindata.org/water-access
FAOStat: Estadísticas de la FAO
https://www.fao.org/faostat/es/#home
OECD: The Organization for Economic Cooperation and Development
https://www.oecd.org/en/data.html

Sobre la alimentación en general
FAO: The State of Food and Agriculture 2024
https://www.fao.org/publications/fao-flagship-publications/the-state-of-food-and-agriculture/en
International Food Policy Research Institute
https://www.ifpri.org
Índice Global del Hambre:
https://www.globalhungerindex.org/
European Environment Agency:
https://www.eea.europa.eu/data-and-maps
International Grains Council:
https://www.igc.int/en
Sobre la industria alimentaria:
FOODDRINK Europe (Asociación de la industria alimentaria europea):
https://www.fooddrinkeurope.eu/
Food Industry Asia (Asociación de la industria alimentaria asiática):
https://foodindustry.asia/about
UN Trade & Development
www.unctadstat.unctad.org
Agricultura 4.0
International Society of Precision Agriculture (ISPA)

https://ispa.org/
International Service for the Acquisition of Agri-biotech Applications (ISAAA)
https://isaaa.org/
Society of Precision Agriculture Australia (SPAA)
https://spaa.com.au/
Asociación española de obtentores vegetales
https://www.anove.es/
Iniciativa 4 por 1000
https://www.4p1000.org/

Seguridad alimentaria
World Bank: Food security trends in 2024 and beyond.
https://blogs.worldbank.org/en/agfood/food-security-trends-2024-and-beyond
Global Food Security Index (The Economist Intelligence Unit)
https://impact.economist.com/sustainability/project/food-security-index
Land Matrix (Contabilidad de adquisición de tierras en el mundo).
https://landmatrix.org/
Información general sobre disponibilidad y usos del agua:
World Bank Water Data
https://wbwaterdata.org/
AQUASTAT: Sistema mundial de información de la FAO sobre el agua en la agricultura: *https://www.fao.org/aquastat/es/*
Sequías:
Laboratorio de Climatología y Servicios Climáticos - CSIC
https://lcsc.csic.es/es/products/
U.S. Drought Monitor
https://droughtmonitor.unl.edu/

Sobre el futuro de la ganadería:
IPIFF (International Platform of Insects as Food&Feed), organización del sector de cría de insectos en la Unión Europea.
https://www.ipiff.org/
EU Consumer Acceptance Survey on Edible Insects 2024
https://ipiff.org/eu-consumer-acceptance-of-edible-insects-survey-report/
FAO: Estado mundial de la pesca y la acuicultura 2024
https://www.fao.org/publications/fao-flagship-publications/the-state-of-world-fisheries-and-aquaculture/es
DNV: Marine Aquaculture Forecast to 2050
https://www.dnv.com/publications/marine-aquaculture-forecast-to-2050-202391/

Riesgos del futuro:
IPCC (Panel Internacional para el Cambio Climático).
https://www.ipcc.ch/ar6-syr/
The atlas of economic complexity (Harvard Growth Lab recoge herramientas para visualizar las dinámicas económicas y de crecimiento de cada país).
https://atlas.cid.harvard.edu/
Climate Watch, plataforma del World Resources Institute, donde participan entre otros el Banco Mundial y Naciones Unidas.
www.climatewatchdata.org

CRÉDITOS DE GRÁFICOS Y FOTOGRAFÍAS

Capítulo 1

Norman Borlaug: Borlaug Global Rust Initiative (https://bgri.cornell.edu/dr-norman-borlaug/).

Yuan Longping: Yuan reading the newspaper in 1962 (Archivo: *Yuan Longping in 1962*.jpg), en Wikimedia Commons.

Capítulo 2

Banco Mundial de Semillas de Svalbard_01: Crop Trust (https://www.croptrust.org/resources/press-statement-on-the-seed-vault/).

Banco Mundial de Semillas de Svalbard_02: Dag Endresen (Archivo: Svalbard Global Seed Vault, tunnel down to the vault — panoramio.jpg), en Wikimedia Commons.

Capítulo 3

Tractor con guiado GPS: CLAAS (www.claas.es).

Airbus/AgNeo: Airbus (www.airbus.com/en/newsroom/press-releases).

Tractor autónomo: CNH Industrial (media.cnhindustrial.com/EMEA/case-ih-autonomous-concept-vehicle/a/8672dbf7-b5c1-4041-9931-e619d6347a02).

Robot LaserWeeder: Carbon Robotics (https://carbonrobotics.com/autonomous-weeder).

Dron agrícola: DJI (www.dji.com/es/mg-1s).

Teosinte y maíz: Photo courtesy of John Doebley (Archivo: Teosinte.png) en Wikimedia Commons.

Aegilops speltoides: DataBase Center for Life Science (DBCLS) (Archivo: 202304 1 Ae.speltoides color.svg) en Wikimedia Commons.

Triticum aestivum: Dag Terje Filip Endresen (Archivo: Wheat (Triticum aestivum L.) at Alnarp 1.jpg) en Wikimedia Commons.

Salmón AquAdvantage: AquaBounty Technologies, Inc. (https://aquabounty.com/)

Granja vertical en Novosibirsk: Ilnar A. Salakhiev (Archivo: Ifarm inside interior New.jpg) en Wikimedia Commons.

Granja vertical, Hubei: Agencia de noticias Xinhua (https://spanish.xinhuanet.com)

Dust Bowl: Franklin D. Roosevelt Presidential Library & Museum (http://www.fdrlibrary.marist.edu/archives/collections/franklin/?p=digitallibrary/digitalcontent&id=3054)

Meseta del loess en China: China Times (www.chinatimes.com).

Capítulo 4

Silos de Sinograin: Agencia de noticias Xinhua (https://spanish.xinhuanet.com).

Campaña Plato Limpio: China Global Television Network (www.cgtn.com).

Capítulo 5

Regadíos del río Orange: Google Maps.

Capítulo 6

Retrete-cochiquera de la dinastía Han: John Hill (Archivo: *Green glazed toilet with pigsty model. Eastern Han dynasty 25-220 CE*.jpg), en Wikimedia Commons.

Fritz Haber: Autor desconocido (Archivo: Portret van Professor Fritz Haber, een chemicus uit Duitsland (foto 1918-1934), SFA002023057.jpg), en Wikimedia Commons.

Carl Bosch: BASF Corporate History (Archivo: 1908 Carl Bosch (1874-1940).jpg), en Wikimedia Commons.

Planta de abonos en la India: IFFCO (www.iffco.in/en/production-unit-phulpur).

Capítulo 7

Cartel de las Cuatro Plagas: China Government (Archivo: Kill bird and insect.jpg), en Wikimedia Commons.

Fumigación con DDT: Willem van de Poll (Archivo: *In de haven van Haifa wordt de bagage van de emigranten (oliem) van boord van he,* Bestanddeelnr 255-1135. jpg), en Wikimedia Commons.

Pulverizador de plaguicidas: Web John Deere (www.deere.com/assets/pdfs/region—4/products/sprayers/4940012-self-propelled-sprayers-floaters.pdf).

Mariquita y pulgones: CheapCamera Dubrovnik (Archivo: The Aphid Party is Over! Attack of the Ladybug.jpg), en Wikimedia Commons.

Avispa parasitoide: United States Department of Agriculture (Archivo: Aleiodes indiscretus wasp parasitizing gypsy moth caterpillar.jpg), en Wikimedia Commons.

Capítulo 8

Mercado de insectos en Yunnan: Chinanews (www.chinanews.com).

Granja de insectos en Francia: Ynsect (www.ynsect.com/press-room/).

Interior granja de insectos: Protix (www.protix.com).

Biorreactor: Eat Just Inc., bajo la marca Good Meat (www.goodmeat.co).

Filete de pescado cultivado: Umami Bioworks (www.umamibioworks.com).

Carne plant-based: Beyond Foods (www.beyondmeat.com) e Impossible Foods (https://www.impossiblefoods.com).

Piscifactoría flotante: Asc1733 (Archivo: Fish-farm-hero.jpg), en Wikimedia Commons.

Parque acuícola de Wenchang: Agencia de noticias Xinhua (english.news.cn/20220609/d813b5cd038c406d8ebf7093e3161417/c.html).

Barco Guoxin 1: CCTV Video News Agency (www.cctvplus.com).

Granja oceánica Jostein Albert: Nordlaks (www.nordlaks.com/ocean-farm-jostein-albert).

Ocean Farm 1: SalMar (www.salmar.no/en/contact-and-press/media-gallery).

Capítulo 9

Robot en industria alimentaria: Universal Robots (https://blog.universal-robots.com/es/cobots-industria-alimentaria).

Gemelo digital: Dodman Ltd., fabricante de equipos de industria alimentaria (www.dodman.com).

Agricultores chinos vendiendo sus productos en Kuaishou: China Daily, diario en inglés propiedad del Departamento de Publicidad del Partido Comunista de China (https://www.chinadaily.com.cn).

Motorista y vehículo autónomo de Meituan: Meituan Dianping (www.meituan.com).

Robot de cocina DaVinci: DaVinci Kitchen (https://robotplace.io/product/davinci-kitchen/).

Capítulo 10

Protesta de agricultores en Alemania: Axel Hindemith (Archivo: Bauernprotest Hannover 2024 01 11 a.jpg), en Wikimedia Commons.